2021年
中国水稻产业发展报告

中国水稻研究所　国家水稻产业技术研发中心　编

中国农业科学技术出版社

图书在版编目（CIP）数据

2021年中国水稻产业发展报告 / 中国水稻研究所，国家水稻产业技术研发中心编. --北京：中国农业科学技术出版社，2021.11

ISBN 978-7-5116-5578-3

Ⅰ.①2… Ⅱ.①中…②国… Ⅲ.①水稻-产业发展-研究报告-中国-2021 Ⅳ.①F326.11

中国版本图书馆 CIP 数据核字（2021）第231396号

责任编辑 崔改泵
责任校对 马广洋
责任印制 姜义伟 王思文

出 版 者 中国农业科学技术出版社
北京市中关村南大街12号 邮编：100081
电 话 (010) 82109194（出版中心） (010) 82109702（发行部）
(010) 82109709（读者服务部）
传 真 (010) 82109698
网 址 http://www.castp.cn
经 销 者 各地新华书店
印 刷 者 北京地大彩印有限公司
开 本 185 mm×260 mm 1/16
印 张 17.25
字 数 400千字
版 次 2021年11月第1版 2021年11月第1次印刷
定 价 65.00元

《2021 年中国水稻产业发展报告》编委会

主　编　程式华

副主编　方福平

主要编写人员（以姓氏笔画为序）

于永红　万品俊　王　春　王彩红
方福平　冯金飞　冯　跃　庄杰云
朱智伟　纪　龙　卢淑雯　李凤博
陈　超　陈中督　时焕斌　周锡跃
庞乾林　张振华　张英蕾　胡慧英
邵雅芳　徐春春　章秀福　黄　勇
曹珍珍　程式华　傅　强　褚　光
魏兴华

前　言

2020年，全国水稻种植面积45 114.0万亩，比2019年增加573.0万亩；亩产469.6kg，下降1.0kg，仍为历史次高；总产21 186.0万t，增产225.0万t。2020年，早籼稻、中晚籼稻的最低收购价格每50kg分别提高至121元、127元，均比2019年提高1元，粳稻最低收购价格保持每50kg 130元不变。主产区早籼稻收购量608.9万t，比2019年增加8.9万t，中晚籼稻和粳稻收购量分别为2 326万t、2 590万t，同比分别减少526万t和163万t；累计向市场投放2014—2019年产稻谷10 179.4万t，实际成交1 722.2万t，成交率16.9%，成交量比2019年增加了461万t，增幅26.8%，创近年新高。进口大米294.3万t，增加39.8万t；出口230.5万t，减少44.3万t，非洲仍然是我国最主要的大米出口地区。国内稻米市场价格小幅上涨，2020年12月早籼稻、晚籼稻和粳稻的月平均收购价格分别为每吨2 501.7元、2 740.3元和2 802.5元，分别比2019年同期上涨5.0%、9.0%和6.8%，晚籼稻市场涨幅最大。

2020年，世界稻谷产量7.33亿t，比2019年增产1 450多万t，增幅0.5%，创历史新高。主要原因是亚洲主产国中国、孟加拉国、巴基斯坦、泰国、越南、柬埔寨，以及非洲的马达加斯加等水稻生长期间气候条件有利，水稻产量形势较好。2020年，世界全品类大米价格指数（以2014—2016年为100）由1月的103.4上涨至12月的111.4，涨幅7.7%，年均价格指数为110.2，比2019年的101.5上涨了8.6%。

2020年，水稻基础研究继续取得显著进展。国内外科学家以水稻为研究对象，在*Nature*及其子刊、*Science*等国际顶尖学术期刊上发表了一批研究论文。

*Nature*发表2篇，分别是：日本名古屋大学Motoyuki Ashikari研究组通过对水稻节间伸长的促进子和抑制子的鉴定及作用机制研究，阐明了GA如何通过这两个组分精细调节水稻节间伸长的作用机制。美国纽约大学Michael D. Purugganan团队应用大样本分析了水稻在正常和干旱条件下的基因表达，采用表型选择分析对15 000多个转录本估计了选择的类型与强度。研究发现，在正常大田环境下，大多数转录本的变化都接近中性，或者呈现非常弱的稳

定选择；但是在干旱条件下，选择的强度会增强。

Nature Communication 共发表10篇，分别是：中国科学院遗传与发育生物学研究所姚善国与储成才研究组发现了tRNA硫醇化途径中的关键基因*SLG*1在水稻抵抗高温胁迫中的重要功能。Shin等通过QTL作图，发现了两个水稻亚种（籼稻和粳稻）不同的生命周期和衰老模式的遗传基础，发现编码叶绿素降解脱Mg^{2+}螯合酶的持绿基因（*OsSGR*）的启动子变异可触发籼稻中更高和更早期*OsSGR*的诱导，从而加速籼稻品种的衰老。日本冲绳科学技术大学院大学Koji Koizumi团队应用突变体解析了可诱导phasiRNA产生的miR2118在水稻生殖发育中的作用。研究发现，miR2118缺失导致花药壁细胞的形态和发育异常，水稻出现严重的雄性和雌性不育。英国剑桥大学Uta. Paszkowski团队鉴定到一个D14L受体的下游基因*SMAX1*。该基因是拟南芥烟雾karrikin识别因子*AtSMAX1*的同源基因。研究发现*SMAX1*对水稻与丛枝菌根真菌的共生具有抑制作用，负调节真菌定植和关键信号成分和保守共生基因的转录。美国纽约大学Michael D. Purugganan团队应用9个功能基因组和表观基因组数据集，对染色质可接近性、mRNA和miRNA转录、DNA甲基化、组蛋白修饰和RNA聚合酶活性进行了分析，构建了一个高分辨率的水稻适应度图谱。该适应度图谱的提出对于基因组注释和作物育种均具有重要意义。中国科学院遗传与发育生物学研究所李云海研究员团队研究鉴定到一个水稻大粒突变体*large1*，图位克隆显示*LARGE1*基因编码一个MEI2-LIKE蛋白OML4；与野生型相比，*large1*突变体籽粒变大，粒重增加，为水稻高产育种提供了新的基因资源。中国科学院遗传与发育生物学研究所陈凡研究员团队鉴定到一个*OsWUS*功能缺失突变体*dc1*，表现出分蘖数目减少的表型。*dc1*突变体分蘖芽生长受主茎显著抑制，表现出生长素响应和顶端优势增强的表型。该研究揭示了*OsWUS*通过影响顶端优势促进分蘖芽生长的分子机制。中山大学生命科学学院陈月琴教授团队研究发现生殖相关的phasiRNA在减数分裂过程中对基因表达重新编程具有重要作用。美国麻省理工学院的Pranam Chatterjee等研究人员利用之前开发的SPAMALOT算法，通过结构域交换和进一步基因改造，获得新的iSpyMac酶作为首批已知的不需要G碱基的Cas9编辑器之一，其PAM序列为NAAN，可以靶向所有腺嘌呤（A）二核苷酸PAM序列，在人类细胞中具有强大和准确的编辑能力，可以进一步靶向之前无法靶向的20%的基因组。加州大学戴维斯分校的Pamela C. Ronald团队首次利用CRISPR/Cas9技术成功在水稻中特定位点插入表达5.2 kb的类胡萝卜素合成表达组件，获得了富含类胡萝卜素的黄金

大米。

Nature Plants 发表 1 篇，Gutaker 等利用 1 400 多个地方品种的全基因组序列及地理、环境、古植物和古气候资料，重建了亚洲稻米扩散的历史。结果表明，稻米起源于约 9 000 年前的长江流域，在约 4 200 年前的全球降温事件中，稻米又分为温带和热带粳稻。

Science 发表 1 篇，中国科学院遗传与发育生物学研究所傅向东研究员团队研究报道了赤霉素信号通路调控水稻氮肥利用率的新机制，为提高水稻氮肥利用率、实现农业可持续发展提供了新思路，*Science* 以封面文章的形式对该研究进行了推介。

在水稻栽培、植保、品质、加工等应用技术研究方面，科技工作者在水稻优质高产栽培理论、稻田生态与环境调控机制研究、水稻弱势粒充实机理及调控途径研究等方面取得积极进展；水稻精量穴直播技术、杂交稻单本密植机插高产高效栽培技术、水稻叠盘出苗育秧技术等稻作新技术、新体系推广应用；机插同步侧深施肥、稻田培肥技术、水稻节水灌溉技术、防灾减灾技术等研究稳步推进；病虫害发生规律与预测预报技术、化学防治替代技术、化学防治技术、水稻与病虫害互作关系、水稻重要病虫害的抗药性及机理、水稻病虫害分子生物学等方面均取得显著进展。以金龟子绿僵菌为主要代表的绿色生物农药，以结合香根草、螟虫性诱技术、赤眼蜂和低毒化学农药，以植保无人机为代表的高效施药技术等综合措施在水稻病虫害防控方面继续得到广泛应用；稻米品质的理化基础、不同地区的稻米品质差异、生态环境对品质的影响以及肥力、种植技术、交互因素等农艺措施对稻米品质的影响等方面研究，以及水稻重金属积累的遗传调控研究、水稻重金属胁迫耐受机理研究、水稻重金属污染控制技术研究、稻米中重金属污染状况及风险评价等方面研究也取得积极进展；产后处理与加工环节技术不断进步，稻米加工的无残渣工程技术日益完善，稻谷副产品也获得了较大限度的综合利用，包括大米蛋白、大米淀粉和米糠的应用，碎米、发芽糙米和米胚加工的产品在市场上逐渐出现。

2020 年，通过省级以上审定的水稻品种 1 936 个，比 2019 年增加 611 个，增幅达到 46.1%。其中，国家审定品种 574 个，增加 201 个；地方审定品种 1 362 个，增加 410 个；科研单位为第一完成单位育成的品种占 34.9%，比 2019 年提高 3.4 个百分点；种业公司育成的品种占 65.1%。农业农村部确认苏垦 118、中组 143 等 11 个品种为 2020 年度超级稻品种，取消因推广面积未达要求的丰优 299、两优培九等 10 个品种的超级稻冠名资格。全国杂交水稻制种面积121万亩，比2019年减少17万亩，减幅12%，降至近5年新低；常规稻繁种面积181万亩，比2019年增加8万亩，增幅4.6%。全年水稻种子出口量2.29万t，比2019年增加30.9%；出口金额8 269.3万美元，增加31.0%。

根据农业农村部稻米及制品质量监督检验测试中心分析，2015年以来我国稻米品质达标率总体持续回升，但不同年度间小幅波动。2020年检测样品达标率达到49.05%，比2019年略降2.77个百分点。其中，粳稻达标率44.17%，籼稻达标率50.50%，分别比2019年下降了3.03和1.27个百分点；垩白度和透明度达标率分别比2019年上升了7.01和0.47个百分点，整精米率和直链淀粉含量分别下降了10.54和0.43个百分点。

本年度报告的前五章，由中国水稻研究所稻种资源研究、基因定位与克隆、稻田生态与资源利用、水稻虫害防控、基因编辑与无融合生殖研究室组织撰写，第六章和第十章由农业农村部稻米及制品质量监督检验测试中心组织撰写，第七章由黑龙江省农业科学院食品加工研究所、第九章由中国种子集团战略规划部组织撰写，其余章节在中粮集团大米部、全国农业技术推广服务中心粮食作物处等单位的热心支持下，由稻作发展研究室完成撰写。报告还引用了大量不同领域学者和专家的观点，我们在此表示衷心感谢！

囿于编者水平，疏漏及不足之处在所难免，敬请广大读者和专家批评指正。

编　者

2021年6月

目　　录

上篇　2020年中国水稻科技进展动态

下篇　2020年中国水稻生产、质量与贸易发展动态

上篇

2020年中国水稻科技进展动态

第一章　水稻品种资源研究动态

2020 年，国内外科学家在水稻起源与驯化研究方面取得了新进展。浙江大学樊龙江教授研究团队通过对全球稻区杂草稻材料采集与分析，发现水稻在世界各稻区均存在野化或去驯化的现象，并提供了全球水稻趋同野化的基因组特征（Qiu et al.，2020）。纽约大学 Michael D. Purugganan 教授研究团队对 1 400 多份水稻材料全基因组序列进行分析，发现在水稻种植历史的前 4 000 年，主要局限于中国长江流域附近，但是 4 200 年前的全球降温事件（也称为“4.2k 事件”），导致热带水稻向南迁移，同时水稻也适应了高纬度地区，进化出温带和热带变种（Gutaker et al.，2020）。中国水稻研究所钱前院士团队联合深圳农业基因组研究所熊国胜研究员团队与中国科学院遗传与发育生物学研究所李家洋院士团队发现了一个水稻绿色革命的伴侣基因 *HTD1HZ*，并首次报道了独脚金内酯合成基因的有利等位变异如何在水稻绿色革命中被选择和广泛应用（Wang et al.，2020）。中国科学院遗传与发育生物学研究所姚善国与储成才研究组发现了 tRNA 硫醇化途径中的关键基因 *SLG1* 在水稻抵抗高温胁迫中的重要功能（Xu et al.，2020）。日本名古屋大学 Motoyuki Ashikari 研究组于 2020 年 7 月 15 日在 *Nature* 期刊上发表了题为“Antagonistic regulation of the gibberellic acid response during stem growth in rice”的研究论文，该研究通过对水稻节间伸长的促进子和抑制子的鉴定及作用机制研究，阐明了 GA 如何通过这两个组分精细调节水稻节间伸长的作用机制（Nagai et al.，2020）。

第一节　国内水稻品种资源研究进展

一、栽培稻的起源与驯化

Yao 等（2020）报道了使用叶绿体 DNA（cpDNA）指纹图来确定杂草稻是由野生（外生）还是人工栽培（内生）水稻祖先进化而来。此外，研究人员还应用了 SSR 标记来确认由 cpDNA 指纹确定了杂草稻野生或栽培的起源，结果发现，基于 cpDNA 网络和结构分析，所研究的杂草稻是从其野生的或栽培的水稻祖先进化而来。对 cpDNA 和核 SSR 标记的综合分析表明，杂草稻中有很大一部分是人工栽培的起源。此外，核 SSR 标记遗传结构的结果表明，来自人工栽培途径的杂草稻与籼稻和粳稻水稻品种均具有明显的相关性，表明其复杂的起源是通过作物—杂草的渗入。起源和进化的复杂途径可以极大地促进杂草稻的遗传多样性。因此，应开发创新的方法来有效控制杂草稻。

Zhou 等（2020）调查了 533 个不同栽培稻品种的口味评分和其他食味品质特征，

以评估大米口味与食味品质之间的关系及其遗传基础。全基因组关联研究显示 *Wx* 基因是引起口味和食味品质变化的主要因素。值得注意的是，结合了来自 Wx^{b} 和 Wx^{in} 的两个突变的新型蜡质（*Wx*）等位基因 Wx^{la} 表现出独特的表型。降低的 GBSSI 活性赋予 Wx^{la} 水稻具有透明的外观和良好的食味品质。单倍型分析显示 Wx^{la} 源自基因内重组。事实上，据估计 *Wx* 位点的重组率为 3.34kb/cM，比全基因组平均水平高约 75 倍，这表明基因内重组是驱动 *Wx* 位点多样性的主要力量。基于研究结果，研究人员提出了一个新的 *Wx* 进化网络，并指出新的 *Wx* 等位基因可以很容易地通过穿越不同基因型产生 *Wx* 等位基因。该研究为 *Wx* 的演变提供了见解，并促进了水稻品质分子育种。

Xie 等（2020）利用 Illumina、PacBio、BioNano 和 Hi-C 等技术，对一株来源于老挝的普通野生稻（IRGC106162，国际水稻研究所提供）进行了测序，并基于开发的单分子测序的高质量组装软件 HERA 获得了染色体水平的基因组序列，其 contig N50 和 scaffold N50 分别达到了 13.2Mb 和 20.3Mb。该基因组大小约为 399.8Mb，包含了 36 520 个蛋白质编码基因，其中 49.37%为重复序列，且以长末端重复的转座子最为丰富。通过比较基因组学和进化分析，揭示了普通野生稻和亚洲栽培稻（包括粳稻和籼稻）的基因组具有较强的共线性，但存在大量的遗传变异（包括单核苷酸多态性和结构变异）。在进化上，野生稻 IRGC106162 偏向为籼稻的近缘祖先。该高质量的普通野生稻基因组的完成，丰富了当前的水稻基因组图谱库，为挖掘野生稻遗传资源提供了重要的序列信息。

Qiu 等（2020）共收集了来自 16 个国家的 524 份杂草稻材料，涵盖全球各大洲主要稻区。通过基因组重测序，获得了这些材料的全基因组水平变异，结合已有当地栽培稻和野生稻基因组数据资源并开展了群体遗传学分析。该研究在前期工作基础上进一步对全球范围稻区的杂草稻进行了调查研究。该研究获得的最重要发现是全球稻区发生的野化水稻（杂草稻）都来自栽培稻。除了在少数地区存在少量野生稻遗传渗入（如马来西亚和我国南方等野生稻分布区域），目前杂草稻均来自栽培稻的去驯化过程。而最有趣的结果是发现水稻非常近代（水稻矮化育种之后）发生去驯化的证据。研究发现，水稻去驯化过程是一个持续的过程，在各地历史上持续多次发生，甚至有些发生在绿色革命——矮化育种之后。

二、遗传多样性与资源评价

为探究粳稻种质资源遗传多样性，提高粳稻育种组合选配的针对性和育种效率，宫彦龙等（2020）对不同生态区 80 份粳稻种质资源的 8 个表型性状的多样性水平进行了分析。结果表明：8 个表型性状的变异系数为 11.06%～36.97%，遗传多样性指数为 1.54～2.06；在欧式距离 9.0 处，可将参试材料分为 4 类；根据主成分分析和综合评价结果，贵州的毕大香 6 号综合性状排名第 1 位；利用主成分二维排序分析筛选到矮秆、大穗、分蘖能力强及结实率高的 4 类优异种质资源，其中大方晚糯是在二维排序重叠种质，可以作为育种中间材料。

水稻幼苗期对盐胁迫敏感，筛选幼苗期高耐盐水稻品种是利用水稻进行盐碱地改良的关键。张治振等（2020）通过分析15个粳稻品种在盐胁迫下的形态和生理特性，综合评价不同水稻品种幼苗期的耐盐性。结合形态分析和生理特性结果推测南粳46、盐丰47和宁粳44具有较强的过氧化物清除能力和渗透调节能力，可能是其幼苗期具有较强盐胁迫耐性的生理机制；筛选到的幼苗期耐盐性较强的水稻品种为南粳46和宁粳44。

虽然我国水稻种质资源储存量大，但近缘野生种（野生稻）资源较少，且分布不均衡；与中国相比，东南亚和南亚国家野生稻资源具有较高的潜在利用价值。郑晓明等（2020）总结了2009—2019年间对东南亚和南亚10个国家的普通野生稻和尼瓦拉野生稻野外考察结果，共收集2个物种66个群体，1 504份个体，分析其与中国野生稻的生态型差异及其生境特点；提出了上述国家野生稻资源收集的重点区域。

目前对水稻中的黄酮研究较少，对高黄酮水稻资源的筛选更是少有涉及。陈庭木等（2020）通过测定985份资源的黄酮含量，并应用系统聚类中的WARD法，将黄酮含量分为高黄酮、较高黄酮、中等黄酮及低黄酮四类，其中高黄酮品种有4个。黄酮含量高能显著降低稻米蛋白质含量，增加稻米垩白度，但对其他指标影响较小。将优异资源与高黄酮水稻育种结合，能够全面提高一般有色大米的黄酮含量，可为糖尿病患者与“三高”（高血糖、高血脂、高血压）患者、肝功能不良者及免疫力较低者提供理想膳食材料。

赵文锦等（2020）以9311为高镉对照，湘晚籼12号为相邻低镉对照，2014—2017年田间鉴定筛选出的15份镉低积累水稻资源为参试材料，鉴定精米的相对降镉率并筛选出年度间相对降镉率差异不显著的资源；采用45对SSR引物检测15份资源的遗传多样性，提出遗传距离大且相对降镉率高的育种可用资源。2018—2019年两年试验结果表明BS82、X211、7W172、7W216是镉低积累新品种选育可利用的宝贵资源。

潘大建等（2020）总结了广东省农业科学院建院60年来，水稻种质资源研究的成就与展望：已收集保存国内外栽培稻资源18 800多份、野生稻资源5 158份；建立了水稻种质中期库和野生稻圃；系统开展了稻种资源农艺性状、抗病虫、抗逆性、品质等性状的鉴定评价，以及资源遗传多样性、分类、核心种质构建、基因挖掘等基础研究；开展种质创新和利用研究，育成大批优良品种应用于生产。新中国成立以来，由广东省农业科学院水稻研究所育成、推广面积达66.67万hm^2以上的品种有31个；“十五”以来向国内高校、科研机构等单位提供栽培稻、野生稻资源累计近6 000份次。

为了筛选出福建省水稻稻瘟病重发区育种中可利用的新抗性资源，朱业宝等（2020）在福建省上杭县对156份外引水稻种质资源进行了两年田间自然诱发鉴定，并对*Pi2*、*Pi9*、*Pi5*、*Pi54*、*Pikm*、*Pita*、*Pia*和*Pib*等8个稻瘟病抗性基因做了分子检测。结果表明：分子标记检测到携带稻瘟病抗性基因*Pi9*、*Pi2*、*Pi54*、*Pikm*、*Pi5*、*Pib*、*Pia*和*Pita*的水稻资源分别有1、6、20、22、37、88、101和106份，其中携带

稻瘟病抗性基因 *Pi9* 和 *Pi2* 的水稻资源的抗性表现较好，表现抗病的超过 60%；该研究筛选了 8 份稻瘟病抗性较好的材料，提供育种者利用。

张上都等（2020）探讨了利用针对动物群体遗传学开发的相同起源基因比较的特性分值（identity score，IS）方法，对 6 个主流的两系法水稻杂交种雄性不育系亲本和“农垦 58”常规稻种子（农垦 58S 天然突变的出发材料）进行基因组相似度精确定量分析。本方法鉴定出的一对实质派生不育系，在使用 SSR 标记检验时，明显具有高度的多态性，表明 SSR 标记对水稻品种鉴定具有局限性，无法实现精准区分。

陈越等（2020）利用 SSR 分子标记构建了中国南方地区 100 份水稻资源的 SSR 指纹图谱身份证并对其进行遗传分析。22 对引物共检测到 161 个等位基因，平均每对引物为 7.3 个等位基因数（Na），多态性信息含量（PIC）平均为 0.6716；根据所用引物扩增条带的缺失情况、引物间的相似性并结合 IDAnalysis 软件分析结果，筛选出 RM17、RM21、RM241、RM542、RM5608 及 RM6371 共 6 对引物，并利用这 6 对引物构建了可区分 100 份水稻资源的 SSR 指纹图谱身份证。结果表明，南方地区不同省份水稻资源间的遗传差异较大，构建的南方地区水稻资源 SSR 指纹图谱身份证及遗传分析的结果可为中国南方地区水稻资源的品种鉴别及遗传差异提供分子水平上的依据。

彩色水稻赏食兼顾，为农业、旅游、教育及文化的多元融合提供了新途径。赏食兼用型彩色水稻的研究与选育适宜创意农业发展，可推动农旅结合。宋文健等（2020）综述了彩色水稻种质创制、主要类型、突变机制以及代表性应用，并探讨了彩色水稻未来的发展趋势。

徐志健等（2020）采用 7 个广西稻瘟病菌优势生理小种（ZA9、ZA13、ZB1、ZB9、ZB13、ZC3 和 ZC13），对 419 份广西水稻地方品种核心种质采用喷雾接种法进行苗期稻瘟病抗性鉴定。不同类型水稻对 7 个生理小种的抗谱比较结果显示，不同稻作区种质间的抗谱排序为桂中稻作区＞桂北稻作区＞高寒山区稻作区＞桂南稻作区。获得 14 份对 7 个广西稻瘟病菌优势生理小种抗谱在 80.00%以上的高抗品种，为稻瘟病抗病遗传育种及抗性基因定位提供了抗源材料。

陈析丰等（2020）通过抗谱鉴定和抗病基因的功能性分子标记分析，对 100 份中国地方稻种进行了白叶枯病抗性鉴定。结果显示：筛选到 1 个抗性强、抗谱广的抗病品种‘水原 300 粒’，其对强毒性小种 PXO99 表现抗病，其抗谱与分子标记检测与已知的抗白叶枯病基因不同。这些结果表明，‘水原 300 粒’含有新的抗病基因，具有重要的育种应用潜力。

野生稻是水稻基础研究与育种的战略性资源，野生稻的保护与利用事关国家粮食安全。我国是世界上野生稻种质资源分布最丰富的国家之一，但由于经济社会快速发展，野生稻栖息地遭到严重破坏，一些重要居群濒临灭绝。自 1996 年开始，农业农村部设立专项对我国野生稻种质资源进行系统调查和收集，并实施了异位保存和原生境保护项目。徐志健等（2020）全面总结了全国野生稻种质资源调查、取样、异位保存与原生境保护的技术、方法和成效，并通过对我国野生稻种质资源现状评估和未来水稻育种和生物技术研究发展趋势的分析，提出了我国野生稻保护与利用的建议。

三、有利基因发掘与利用

Wang 等（2020）通过将华占与广亲和品种热研 2 号杂交，构建重组自交系进行基因组重测序分析，最终完成了华占的多分蘖特性解析。研究表明华占中含有一个独角金内酯合成基因 *HIGH TILLERING AND DWARF1/DWARF17*（*HTD1/D17*），*HTD1* 新的等位形式 $HTD1^{HZ}$，能够有效增加水稻分蘖数但不影响结实率，并且 $HTD1^{HZ}$ 杂合状态就能够增加分蘖数，使华占配制的杂交稻组合也能获得稳产特性。该研究很好地回答了“华占”为何能配置如此多的杂交稻组合，并在生产上大面积推广应用。该研究成果表明在水稻育种的“绿色革命”及之后的现代籼稻品种育种过程中，$HTD1^{HZ}$ 与 $SD1^{DGWG}$ 同时被育种家共同选择并广泛利用，成功解析了绿色革命中矮秆多分蘖类型品种的分子机理，并首次报道了水稻独脚金内酯途径在绿色革命中如何被广泛应用，为稳产、广适性水稻品种分子设计育种提供了十分重要的理论和指导意义。

Xu 等（2020）鉴定了 *SLG1*，其编码水稻中的胞质 tRNA 2-硫醇化蛋白 2（RCTU2）。*SLG1* 在水稻植株的苗期和生殖生长期对高温胁迫的反应中起关键作用。*SLG1* 的功能障碍导致植物具有热敏表型，而 *SLG1* 的过度表达则增强了植物对高温的耐受性。*SLG1* 在两个亚洲栽培稻亚种之间有分化，籼稻和粳稻在两个启动子和编码区的变异导致硫醇化 tRNA 表达水平的增加，提高了籼稻品种的耐热性。研究结果证明 *SLG1* 等位基因差异赋予了籼稻高温耐受性，tRNA 硫醇途径可能是下一代水稻育种应对全球变暖的潜在目标。

郑传琴等（2020）以籼稻品种 93-11 为受体和轮回亲本，茶陵野生稻（*O. rufipogon* Griff.）为供体亲本构建的高代回交渗入系群体为材料，进行种子休眠性鉴定，获得 5 个表现较强休眠性的单株，其自交后的株系平均发芽率为 3.1%～17.4%，利用其中 3 个株系的强休眠后代单株，分别与 93-11 杂交构建 F_2 群体，共检测到 8 个 QTL，分别位于水稻第 3、第 5、第 6、第 10 号染色体上，为进一步精细定位和克隆种子休眠性 QTL 以及培育抗穗发芽水稻新品种奠定了理论和材料基础。

魏秀彩（2020）以多亲本重组自交系群体 MAGIC-Hei 群体为材料，分别于 2017 年和 2018 年连续两年种植，进行全基因组关联分析发掘影响水稻抽穗期、单株有效穗数、每穗粒数、结实率、千粒重和单株产量性状 QTL。在两个环境下共计检测到 26 个控制抽穗期和产量相关性状的 QTL，分布于除第 10 染色体外的其他染色体上。其中，11 个位点为新位点，1 个新位点（*qNTP9*）在两年均被检测到。根据抽穗期和产量性状表型数据，结合 SNP 基因型筛选到 5 个携带有利等位基因的优良株系，可用于将来的水稻高产育种。

姜树坤等（2020）利用丽江新团黑谷和沈农 265 构建的重组自交系群体及其重测序构建的包含 2 818 个 bin 标记的遗传图谱对水稻芽期的耐冷性进行 QTL 定位分析。共检测到 5 个芽期耐冷 QTL，分布在水稻的第 1、第 3、第 9、第 11 号染色体上；可解释的表型贡献率为 8.0%～53.5%。其中，*qCTB11b* 为主效 QTL，位于 11 号染色体长臂约 790 kb 区间内。经分析认为，可以通过 QTL 的累加聚合实现芽期耐冷能力的遗传改良，聚合的增效 QTL 越多，耐冷能力提升越明显。

许睿等（2020）利用 SSR 标记、InDel 标记以及简化基因组测序技术对一套以普通野生稻为供体亲本，“9311”为受体亲本的染色体置换系进行基因型鉴定，并通过对其不同生育期的耐盐性鉴定，共发掘 2 个与发芽期耐盐相关的 QTL，13 个与苗期耐盐性相关的 QTL。其中与苗期存活率相关的 QTL *qSSR5.1*、苗期耐盐等级相关的 QTL *qSSG5.1* 均被定位于同一位点。在此 QTL 内包含与非生物胁迫相关基因 *OsDi19-1*。经序列比对发现，*OsDi19-1* 启动子区域在两亲本间存在较大差异，且受到盐胁迫时该基因表达量上升。同时，鉴定出水稻芽期耐盐的优异种质资源 CSSL72，苗期耐盐的优异种质资源 CSSL23、CSSL153，为水稻育种中耐盐性的改良提供了新的种质资源。

马帅国等（2020）为鉴定和评价粳稻种质资源苗期耐盐性，利用 125mmol/L NaCl 盐胁迫对 165 份粳稻种质资源进行处理，并测定耐盐级别、叶片伤害百分率等耐盐性相关指标。筛选到 Bertone、长白 26、伊粳 12 号、宁资 629 和小琥板稻 5 个苗期综合耐盐性强的种质。通过聚类分析将 165 份粳稻种质资源划分为 4 类。结合主成分和逐步回归分析，确定耐盐级别、相对根长、相对地上部干重、相对根干重和地上部含水量 5 个指标可作为粳稻种质资源苗期耐盐性鉴定的重要指标，本研究结果可为耐盐水稻资源筛选及鉴定提供理论依据。

为了筛选携带 *NRT1.1B* 基因的粳稻资源，方琳等（2020）根据氮高效基因 *NRT1.1B* 与其等位基因 *nrt1.1b* 在功能区域存在的单核苷酸变异，设计和筛选出 *NRT1.1B* 的等位基因特异 PCR 功能标记 1nrt/1NRT。结合测序分析验证，1nrt/1NRT 可以准确快速鉴定出 *NRT1.1B* 的不同基因型。利用 1nrt/1NRT 对 71 份籼稻品种和 134 份粳稻品种进行 *NRT1.1B* 基因型检测，结果表明 71 份籼稻品种均携带 *NRT1.1B* 基因，134 份粳稻品种均携带 *nrt1.1b* 基因。进一步对 172 份太湖流域地方粳稻资源和 99 份粳稻育种中间品系进行 *NRT1.1B* 基因型检测，结果发现粳稻品系常粳 144 携带 *NRT1.1B* 基因，测序分析也进一步证实了该结果。本研究为利用 *NRT1.1B* 改良粳稻氮高效育种提供了科学依据。

吴婷等（2020）利用协青早 B//东乡野生稻/协 B BC_1F_{12} 回交重组自交系及其遗传图谱，应用 Windows QTL Cartographer 2.5 分析施氮肥和不施氮肥下的株高和产量相关性状 QTL。共检测到 57 个控制株高和产量性状的 QTL，分布于 10 条染色体上的 33 个区域，单个 QTL 表型贡献率为 3.17%～63.40%。19 个 QTL 在施氮和未施氮条件下均检测到，38 个 QTL 仅在单一环境下检测到显著效应，表明不同施氮水平下水稻性状的遗传机制不同。43 个 QTL 分别聚集于 7 条染色体上的 14 个 QTL 簇，表明不同性状涉及共同遗传机制，并可通过分子标记辅助选择方法进行耐低氮有利等位基因的聚合育种。

第二节　国外水稻品种资源研究进展

一、栽培稻的起源与驯化

Gutaker等（2020）利用1 400多个地方品种的全基因组序列及地理、环境、古植物和古气候资料，重建了亚洲水稻扩散的历史。结果表明，水稻起源于约9 000年前的长江流域，在约4 200年前的全球降温事件中，水稻又分为温带粳稻和热带粳稻。不久之后，热带粳稻进入东南亚，并在此地区迅速多样化，距今约2 500年。籼稻散播的历史更加复杂，大约在距今2 000年进入中国。研究还确定了影响基因组多样性的外在因素，其中温度是主要的非生物因素。

驯化是人类选择野生动植物首选遗传变化的过程，驯化的植物已经适应成为人类管理的生态系统的一部分。亚洲栽培稻（*Oryza sativa* L.）是世界上最重要的农作物之一，已知是从其野生祖先*O. rufipogon*驯化而来的。栽培稻的许多形态变化在提高栽培效率和产量方面都对人类有益，支持了人类文明发展。Ishikawa等（2020）回顾了几种遗传变化，并讨论了在野生稻遗传背景中评估这些性状的重要性，以了解水稻的驯化过程，研究人员还提供了驯化相关性状的表型评估。

结构变异（SVs）是植物基因组进化的一个主要未被研究的特征。Kou等（2020）在亚洲水稻（*Oryza sativa*）及其野生祖先（*O. rufipogon*）的347个高覆盖率，重排基因组的种群样本中发现了SVs。研究人员利用SVs进行的聚类分析概括了从SNP推断出的水稻品种组，还使用SVs来通过对比水稻和*O. rufipogon*研究驯化。栽培稻的基因组包含比*O. rufipogon*多25%的衍生SV和可移动元件插入，表明SVs会对水稻的驯化有贡献。SVs散布的峰富集了已知的驯化基因，但研究人员还检测了数百种在驯化过程中获得和失去的基因，其中一些因农艺性状而得到了丰富。

二、遗传多样性与遗传结构

为了更深入地研究现有的世界水稻核心种质（WRC）数据并进一步促进使用种质库水稻种质的研究，Tanaka等（2020）对WRC 69个种质进行了全基因组重测序，并通过定位到日本晴基因组上来检测其序列变异，获得了总共2 805 329个单核苷酸多态性（SNP）和357 639个插入-缺失。根据这些数据的主成分分析和群体结构分析，WRC可以分为三大类。研究人员应用了TASUKE（一种多基因组浏览器）来可视化不同的WRC基因组序列，并对影响种子特性和抽穗期基因的单倍型进行了分类。结果表明，抽穗期受大量数量性状基因座（QTL）的影响，与已知基因无关，但与种子相关的几种表型与已知基因有关。这些信息有助于了解保存在种质库中的37 000种水稻品种的遗传多样性，并找到与不同表型相关的基因。

Nilthong 等（2020）利用 9 个 SSR 标记对来自泰国北部的 98 个陆地稻品种的遗传多样性和种群结构进行了研究。由上述引物检测到的等位基因数目为 50 个，每个基因座的最小和最大频率分别为 2～10 个等位基因。引物 RM164 和 RM1 的多态信息含量（PIC）值分别在 0.375～0.714，平均为 0.605。对 SSR 数据的树状图聚类分析将所有基因型清楚地分为三个主要组（Ⅰ、Ⅱ和Ⅲ），这三个组对应于它们的收集地点。群体结构将这些基因型分为两个不同的亚群。亚群 1 由清莱省收集的旱稻品种组成，而大多数亚群 2 由拍天府省和彭世洛府省收集。分子变异分析表明，两个亚群之间有 68%的变异，两个亚群内有 32%的变异，表明这两个亚群之间存在高度遗传分化。

Adeboye 等（2020）使用基于多样性阵列技术（DArT）的测序平台（DArTseq）的 7 063 个全基因组 SNP 标记阐明了 176 份适应旱地生态水稻种质的种群结构和遗传多样性。这些 SNP 在整个水稻基因组中分布合理，最小次要等位基因频率为 0.05，平均多态性信息含量和杂合度分别为 0.25 和 0.03。基于模型的种群结构分析确定了研究水稻种质的两个主要类别。研究结果表明，遗传交换或基因流量高（$Nm=622.65$），多样性水平高（$Pa=1.52$ 不同等位基因数量，$Na=2.67$；Shannon 信息指数，$I=0.084$）；以及群体中多态性位点的百分比（$PPL=55.9\%$），代表了水稻改良的宝贵资源。该研究的发现为陆稻种质的遗传多样性提供了重要分析，有助于提高水稻产量。

Nithya 等（2020）使用了 100 个 SSR 标记分析了 36 个改良品种和 45 个地方品种共 81 种水稻的遗传多样性。与改良品系相比，地方品种表现出更大的基因多样性，表明地方品种可以为将来的繁殖提供更多的遗传多样性。利用沃德方法进行聚类，将所有基因型主要分为 5 类。主成分分析显示，第一个主成分显示 42.87%的变异，而第二个成分显示 14.01%的变异。主坐标分析明显地将基因型区分为具有共同血统的高产品种。群体结构分析也显然将基因型分为高产易感群体和本地耐受群体。作物种质资源中存在的这些旧品种和地方品种代表了遗传变异的战略储备，可用于了解品种胁迫反应并开发生理上适应高度变化的，具有气候适应性的新品种。

Tanaka 等（2020）对 50 个日本水稻地方品种核心种质（JRC）进行了全基因组重测序，并通过映射到日本晴基因组来获得总计 2 145 095 个单核苷酸多态性（SNP）和 317 832 个插入-缺失。基于 1 394 个代表性 SNP 的 JRC 系统发育树显示，JRC 种质被分为两个主要组和一个小组。研究人员使用 JRC 和另一个核心种质［世界水稻核心种质（WRC）］进行了农艺性状的全基因组关联研究（GWAS），其中包括 NARO 种质库提供的 69 种材料。在叶片宽度中，靠近 *NAL1* 的强峰是调节叶片宽度的关键基因，而在抽穗期中，靠近 *HESO1* 的峰使用 JRC 在 GWAS 中观察到参与开花调控的基因。还使用联合 JRC + WRC 在 GWAS 中检测到它们。因此，JRC 和 JRC + WRC 是具有特定性状的 GWAS 的合适种群。

三、有利基因鉴定和资源筛选

日本名古屋大学 Motoyuki Ashikari 课题组研究发现了一个 ACE1（ACCELERATOR

OF INTERNODE ELONGATION 1）和一个抑制因子 DEC1（DECECERATOR OF INTERNODE ELONGATION 1），通过与 GA 共同作用，拮抗调节水稻节间生长的作用机制。禾本科家族中由 ACE1 和 DEC1 介导的这种节间延伸机制是保守的，并在作物驯化过程中具有重要作用。从历史上讲，ACE1 和 DEC1 的突变有助于选择水稻驯化种群中较矮的植株，以增加其抗倒伏性，而野生稻种中较高的植株则可以适应深层水里的生长。他们对这些拮抗调节因子的鉴定，增强了他们对赤霉素反应的理解，这是除生物合成和赤霉素信号转导之外的另一种调节节间延伸和环境适应性的机制（Nagai et al.，2020）。

Shin 等（2020）通过 QTL 作图，发现了两个水稻亚种（籼稻和粳稻）不同的生命周期和衰老模式的遗传基础。发现编码叶绿素降解脱 Mg^{2+} 螯合酶的持绿基因（*OsSGR*）的启动子变异可触发籼稻中更高和更早期 *OsSGR* 的诱导，从而加速籼稻品种的衰老。籼稻型启动子存在 *O. nivara* 亚种且因此在水稻亚种的快速循环性状演变过程中很早获得。在韩国稻田中，粳稻 *OsSGR* 等位基因渗入籼稻型品种会导致延迟衰老，谷物产量增加，光合能力增强。研究表明，可以在育种计划中利用天然存在的 *OsSGR* 启动子和相关的寿命变异来提高水稻产量。

水稻白叶枯病菌毒力基因 *Tal7b* 是对水稻中病原体的致病力逐渐增加的次要毒力因子，是病原体的适应性因子，广泛存在于水稻白叶枯病菌的不同地理菌株中。为了鉴定对该保守效应子的抗性来源，Huerta 等（2020）使用了带有 Tal7b 质粒携带拷贝的高毒力菌株来筛选一套籼稻多亲本高代互交（MAGIC）种群。通过全基因组关联研究和区间作图分析揭示的 18 个 QTL 中，有 6 个特异于 Tal7b（qBB-*tal7b*）；有 150 个预测的 Tal7b 基因靶标与 qBB-*tal7b* QTL 重叠，其中 21 个在预测的效应子结合元件（EBE）位点显示出多态性，而 23 个完全失去了 EBE 序列。接种和生物信息学研究表明，Tal7b 特异性 QTL 之一 qBB-*tal7b-8* 中的 Tal7b 靶标是疾病易感基因，该基因座的耐药机制可能是由于易感性降低。该研究表明，次要毒力因子可显著促进疾病，并提供了一种潜在的新方法来鉴定有效的抗病性。

稻属 22 个野生种作为重要的遗传资源，可以定量地遗传性状，如对非生物和生物胁迫的抗性和/或耐受性。Solis 等（2020）通过严格分析稻属的进化、生态、遗传和生理方面，讨论了这种方法的挑战和机遇。该综述总结了栽培稻和野生稻亲属之间盐分胁迫适应的差异，并确定了未来育种计划中应针对的几个关键性状，包括：①有效地隔离叶肉细胞液泡中的 Na^+，重点是控制液泡膜渗漏通道；②更有效地控制木质部离子的负载；③在根和叶的叶肉细胞中有效的胞质 K^+ 保留；④将 Na^+ 螯合结合到三色中。研究者认为尽管在所有野生近缘种中，*O. rufipogon* 可以说是目前种质的最佳来源，但是野生近缘种 *O. coarctata*、*O. latifolia* 和 *O. alta* 的基因和性状应在将来的遗传计划中作为目标来开发耐盐栽培稻。

Shim 等（2020）利用普通野生稻和 IRGC 105491 韩国优良品种 Hwaseong 杂交、回交构建的 BC_4F_8 群体定位了 2 个控制低温发芽性（LTG）的 QTL *qLTG1* 和 *qLTG3*。研究人员分析了普通野生稻等位基因在 *qLTG1* 和 *qLTG3* 位点的互作，结果表明：与仅具有 *qLTG1* 或 *qLTG3* 的植株相比，同时拥有来自普通野生稻的 *qLTG1* 和 *qLTG3* 等位基因的植株显示出更高的 LTG 分值。没有观察到 *qLTG1* 和 *qLTG3* 之间的显著相互作用，表明它们可能通过不同途径调节 LTG。研究人员发现 *qLTG3* 是一个已知控制 LTG 的主要 QTL *qLTG3-1* 的等位基因，进一步比较了亲本的 *qLTG3-1* 序列，在编码区中，Hwaseong 和普通野生稻之间存在 3 个导致氨基酸变化的序列变异。研究人员基于这 3 个变异和一个 71bp 的缺失，将 98 个亚洲栽培稻品种的 *qLTG3-1* 分为 5 个单倍型。比较了单倍型的平均低温发芽率，单倍型 5（*O. rufipogon* 型）的发芽率明显高于单倍型 2（Nipponbare 型）和单倍型 3（意大利里窝那型）。

参考文献

陈庭木，方兆伟，王宝祥，等，2020. 高黄酮水稻品种资源的鉴定与筛选［J］. 中国稻米，26（2）：41-43.

陈析丰，梅乐，冀占东，等，2020. 中国稻种资源中新抗白叶枯病基因的发掘［J］. 浙江师范大学学报（自然科学版），43（1）：8-12.

陈越，陈玲，丁明亮，等，2020. 基于 InDel 分子标记的云南地方稻籼粳属性与表型性状相关分析［J］. 南方农业学报，51（4）：758-766.

方琳，陶亚军，张灵，等，2020. 水稻氮高效基因 *NRT1.1B* 功能标记开发和资源筛选［J］. 分子植物育种，18（23）：7795-7800.

宫彦龙，雷月，闫志强，等，2020. 不同生态区粳稻资源表型遗传多样性综合评价［J］. 作物杂志，5：71-79.

姜树坤，王立志，杨贤莉，等，2020. 基于高密度 SNP 遗传图谱的粳稻芽期耐低温 QTL 鉴定［J］. 作物学报，46（8）：1174-1184.

马帅国，田蓉蓉，胡慧，等，2020. 粳稻种质资源苗期耐盐性综合评价与筛选［J］. 植物遗传资源学报，21（5）：1089-1101.

潘大建，李晨，范芝兰，等，2020. 广东省农业科学院水稻种质资源研究 60 年：成就与展望［J］. 广东农业科学，47（11）：18-31.

宋文健，梅忠，李玉，等，2020. 彩色水稻研究与利用现状［J］. 中国水稻科学，34（3）：191-204.

魏秀彩，刘金栋，刘利成，等，2020. 基于 MAGIC 群体的水稻抽穗期和产量相关性状全基因组关联分析［J］. 中国水稻科学，34（4）：325-331.

吴婷，李霞，黄得润，等，2020. 应用东乡野生稻回交重组自交系分析水稻耐低氮产量相关性状 QTL［J］. 中国水稻科学，34（6）：499-511.

徐志健，农保选，张宗琼，等，2020. 广西水稻地方品种核心种质抗稻瘟病鉴定及评价［J］. 南方农业学报，51（5）：1039-1046.

徐志健，王记林，郑晓明，等，2020. 中国野生稻种质资源调查收集与保护［J］. 植物遗传资源学报，21（6）：1337-1343.

许睿，张莉珍，谢先芝，等，2020. 基于染色体置换系的普通野生稻耐盐性 QTL 定位 [J]. 植物遗传资源学报，21（2）：442-451.

张上都，袁定阳，路洪凤，等，2020. 基因组学方法用于水稻种质资源实质派生的检测结果和应用讨论 [J]. 中国科学：生命科学，50（6）：633-649.

张治振，李稳，周起先，等，2020. 不同水稻品种幼苗期耐盐性评价 [J]. 作物杂志，3：92-101.

赵文锦，黎用朝，李小湘，等，2020. 镉低积累水稻资源的镉积累稳定性及遗传相似性分析 [J]. 植物遗传资源学报，21（4）：819-826.

郑传琴，江南，曾苗春，等，2020. 茶陵野生稻种子休眠性 QTL 定位 [J]. 植物遗传资源学报，21（6）：1521-1526.

郑晓明，周海飞，陈文俐，等，2020. 东南亚和南亚野生稻种质资源收集与初步研究 [J]. 植物遗传资源学报，21（6）：1503-1511，1520.

朱业宝，方珊茹，沈伟峰，等，2020. 国外引进水稻种质资源的稻瘟病抗性基因检测与评价 [J]. 21（2）：418-430.

Adeboye K，Oyedeji O，Alqudah A，et al.，2020. Genetic structure and diversity of upland rice germplasm using diversity array technology（DArT）- based single nucleotide polymorphism（SNP）markers [J]. Plant Genetic Resources，18（5）：343-350.

Gutaker R，Groen S，Bellis E，et al.，2020. Genomic history and ecology of the geographic spread of rice [J]. Nat Plants，6：492-502.

Huerta A，Delorean E，Bossa-Castro A，et al.，2020. Resistance and susceptibility QTL identified in a rice MAGIC population by screening with a minor-effect virulence factor from *Xanthomonas oryzae pv. oryzae* [J]. Plant Biotech J，19（1）：51-63.

Ishikawa R，Castillo C，Fuller D. 2020. Genetic evaluation of domestication-related traits in rice：implications for the archaeobotany of rice origins. Archaeological and Anthropological Sciences，12：197.

Kim H，Lee K，Jeon J，et al.，2020. Domestication of *Oryza* species eco-evolutionarily shapes bacterial and fungal communities in rice seed [J]. Microbiome，8：20.

Kou Y，Liao Y，Toicainen T，et al.，2020. Evolutionary genomics of structural variation in Asian rice（*Oryza sativa*）domestication [J]. Mol Biol and Evol，37（12）：3507.

Nagai K，Mori Y，Ishikawa S，et al.，2020. Antagonistic regulation of the gibberellic acid response during stem growth in rice [J]. Nature，584：109-114.

Nilthong A，Chukeatirote E，Nilthong R，2020. Assessment of genetic diversity in Thai upland rice varieties using SSR markers [J]. Australian Journal of Crop Science，14（04）：597-604.

Nithya N，Beena R，Abida P，et al.，2020. Genetic diversity and population structure analysis of bold type rice collection from Southern India [J]. Cereal Research Communications，49：311-328.

Qiu J，Jia L，Wu D Y，et al.，2020. Diverse genetic mechanisms underlie worldwide convergent rice feralization [J]. Genome Biology，21：70.

Shim K，Kim S，Lee H，et al.，2020. Characterization of a new *qLTG3-1* allele for low-temperature germinability in rice from the wild species *Oryza rufipogon* [J]. Rice，13：10.

Shin D，Lee S，Kim T，et al.，2020. Natural variations at the Stay-Green gene promoter control lifespan and yield in rice cultivars [J]. Nat Commun，11：2819.

Solis C, Yong M, Vinarao R, et al., 2020. Back to the wild: on a quest for donors toward salinity tolerant rice [J]. Front Plant Sci, 11: 323.

Tanaka N, Shenton M, Kawahara Y, et al., 2020. Investigation of the genetic diversity of a rice core collection of Japanese landraces using whole-genome sequencing [J]. Plant Cell Physiology, 61 (12): 2087-2096.

Tanaka N, Shenton M, Kawahara Y, et al., 2020. Whole-genome sequencing of the NARO world rice core collection (WRC) as the basis for diversity and association studies [J]. Plant Cell Physiolgy, 61 (5): 922-932.

Wang Y X, Shang L G, Yu H, et al., 2020. A strigolactones biosynthesis gene contributed to the green revolution in rice [J]. Mol Plant, 13 (6): 923-932.

Xie R X, Du H L, Tang H W, et al., 2020. A chromosome-level genome assembly of the wild rice *Oryza rufipogon* facilitates tracing the origins of Asian cultivated rice [J]. Science China Life Sciences, 64: 282-293.

Xu Y F, Zhang L, Ou S J, et al., 2020. Natural variations of *SLG1* confer high-temperature tolerance in *indica* rice [J]. Nat Commun, 11: 5441.

Yao N, Wang Z, Song Z J, et al., 2020. Origins of weedy rice revealed by polymorphisms of chloroplast DNA sequences and nuclear microsatellites [J]. Journal of Systematics and Evolution, 59 (2): 316-325.

Zhou H, Xia D, Zhao D, et al., 2020. The origin of Wx^{la} provides new insights into the improvement of grain quality in rice [J]. Journal of Integrative Plant Biology, 63 (5): 878-888.

第二章　水稻遗传育种研究动态

2020年水稻分子遗传学研究的重大成果不断涌现，部分研究成果发表在世界顶级学术期刊上。中国科学院遗传与发育生物学研究所傅向东研究员团队关于“转录因子*NGR5*通过介导组蛋白表观修饰提高水稻氮肥利用率”的研究发表在*Science*上。该研究报道了赤霉素信号通路调控水稻氮肥利用率的新机制，为提高水稻氮肥利用率、实现农业可持续发展提供了新思路。*Science*杂志更是以封面文章的形式对该研究进行了推介。另外，美国纽约大学Michael D. Purugganan团队报道了“赤霉素通过拮抗作用调控水稻茎秆生长”和“水稻基因表达的自然选择强度和模式”，成果发表在*Nature*上。国内外科学家在其他国际主流高影响力学术期刊上发表了众多重要研究成果，涉及水稻生长发育的各个方面，鉴定和克隆了一批控制水稻产量、耐生物/非生物胁迫、元素吸收、生殖发育等重要农艺性状的基因，并解析了其分子调控机制。

第一节　国内水稻遗传育种研究进展

一、水稻产量性状分子遗传研究进展

中国水稻研究所钱前院士团队研究鉴定到一个新的水稻粒重QTL *TGW2*。*TGW2*编码一个细胞数目调控因子OsCNR1，该基因ATG上游1 818bp的单核苷酸多态性变异能够导致基因表达差异，继而影响颖壳的细胞增殖和扩增，调控籽粒宽度和重量。研究发现，TGW2与植物细胞周期调控因子KRP1存在互作，在粒重和粒宽调控中扮演负向作用。对141份水稻品种遗传多样性的分析表明，*TGW2*所在区域在进化过程中存在选择性清除。该研究进一步解析了水稻粒重调控的分子机制，并且为水稻的高产育种提供了新的基因资源（Ruan et al.，2020）。

中国科学院遗传与发育生物学研究所李云海研究员团队研究鉴定到一个水稻大粒突变体*large1*，图位克隆显示*LARGE1*基因编码一个MEI2-LIKE蛋白OML4。与野生型相比，*large1*突变体籽粒变大，粒重增加；而过表达*OML4*导致水稻籽粒变小，表明*OML4*是籽粒大小的负调控因子。细胞学观察表明*OML4*通过抑制颖壳的细胞扩展来调节籽粒大小。进一步研究发现，OML4与GSK2存在蛋白互作，GSK2可以通过磷酸化OML4影响后者的稳定性。这些结果揭示了GSK2-OML4调控水稻粒形的分子机制，为水稻高产育种提供了新的基因资源（Lyu et al.，2020a）。

中国科学院植物生理生态研究所林鸿宣院士团队研究鉴定到一个新的水稻粒数调控基因*OsER1*。研究发现，*OsER1*位于MAPK级联信号的上游，OsER1-OsMKKK10-

OsMKK4-OsMPK6 途径对于维持细胞分裂素稳态具有重要作用。OsMPK6 通过磷酸化转录因子 DST，增强了后者对细胞分裂素氧化酶 OsCKX2 的转录激活，表明 OsER1-OsMKKK10-OsMKK4-OsMPK6 途径可通过调节细胞分裂素代谢来影响水稻穗部形态建成。此外，过表达 *DST* 或 *OsCKX2* 可以恢复 *oser1*、*osmkkk10*、*osmkk4* 和 *osmpk6* 突变体每穗粒数增多的表型，表明 DST-OsCKX2 位于 OsER1-OsMKKK10-OsMKK4-OsMPK6 途径的下游。这些结果揭示了 MAPK 信号途径与细胞分裂素代谢之间的交互作用在调节植物激素稳态以及影响水稻穗发育中的重要作用，为水稻高产育种提供了新的策略（Guo et al.，2020）。

中国水稻研究所钱前院士团队和西南大学何光华教授团队分别通过不同突变体图位克隆鉴定到同一个控制水稻多花小穗基因 *MOF1/MFS2*（Ren et al.，2020；Li et al.，2020b）。*MOF1/MFS2* 编码一个 MYB 转录因子，该基因在所有器官和组织中均有表达，蛋白定位于细胞核中。研究发现，*MOF1/MFS2* 是一个转录阻遏物，通过与水稻 TOPLESS 和 TOPLESS 相关蛋白形成阻抑复合体，抑制 *DL* 和 *OsMADS56* 的表达，最终参与小穗分生组织确定性的调控。该研究解析了水稻小穗内小花数目的调控机制。

北京大学邓兴旺院士/何航教授团队与湖南亚华种业科学院首席科学家杨远柱团队合作应用大面积推广的两系杂交稻亲本构建的 2 000 个组合，开展基因组测序和表型考查，结合前期已报道的约 4 200 个水稻地方品种和改良品种的相关数据，进行杂种优势位点鉴定和溯源分析。结果显示，两系杂交稻的父本和母本，在籼稻、粳稻和 Aus 稻基因组渗入方面存在差异，从而形成了很多杂种优势位点。这些杂种优势位点在野生稻中便已经存在，它们在驯化过程中受到分化选择，不同的水稻亚群体固定了特异的等位基因。杂交稻育种过程中，这些位点中存在负向效应的被剔除，具有正向效应的则被固定并得到聚合（Lin et al.，2020）。这些结果提高了我们对杂种优势遗传基础的认识，为杂交稻培育提供了理论基础。

二、水稻耐生物/非生物胁迫分子遗传研究进展

中国科学院遗传与发育生物学研究所翟文学研究员和朱立煌研究员团队克隆到一个控制水稻白叶枯抗性的 QTL。该 QTL 编码一个 NB-ARC 蛋白 NBS8R，参与病原体相关分子模式触发的免疫。非 TAL 效应子 XopQ 诱导的 Osa-miR1876，可以通过甲基化调控 *NBS8R* 的表达。野生稻和栽培稻 *NBS8R* 的序列分析表明，*Nsa8R* 的 5′UTR 中的 Osa-miR1876 结合位点是偶然插入的，并且在进化过程中与 Osa-miR1876 一起发生了变异。XopQ 触发的 NBS8R 与 Osa-miR1876 之间的相互作用部分符合 zigzag 模型，表明数量基因可能也遵循该模型来控制天然免疫反应或基础抗病性。同时，一些地方品种具有 Osa-miR1876 结合位点缺失的 *NBS8R* 等位基因，它们在白叶枯抗病育种中具有重要价值（Jiang et al.，2020）。

扬州大学梁国华教授团队报道了水稻蛋白磷酸酶 OsPP2C09 在协调植物生长和耐旱

性中的作用。该研究发现，*OsPP2C09* 基因正向调控水稻生长，但通过与 ABA 信号的核心组分互作负向调控水稻耐旱性。外源 ABA 处理可迅速诱导 *OsPP2C09* 表达，从而抑制了过量的 ABA 信号导致的植物生长停滞。在正常条件下，*OsPP2C09* 在水稻根部的转录水平高于茎中的水平。在干旱胁迫条件下，*OsPP2C09* 在根部的表达较茎中更快且更多，进而增加植株的根茎比（Miao et al.，2020）。这一过程有助于干旱胁迫条件下水稻根的伸长。

中国农业科学院生物技术研究所黄荣峰研究员团队研究发现 UBL-UBA 蛋白 OsDSK2a 可以与多聚泛素链结合，并能够与赤霉素代谢负调控因子 EUI 相互作用，使得 EUI 通过泛素蛋白酶体系统降解。*osdsk2a* 突变体降低了赤霉素水平，并延缓了植物的生长。相比之下，*eui* 突变体的幼苗生长更好，活性赤霉素的水平更高。盐胁迫下，*OsDSK2a* 水平降低，导致 EUI 蛋白积累增加，从而降低活性赤霉素含量，实现盐胁迫对植物生长的抑制作用（Wang et al.，2020b）。该研究首次揭示了泛素受体蛋白通过调节赤霉素代谢平衡植物生长和盐胁迫应答的分子机制。

Na^+ 选择性转运蛋白在维持水稻盐胁迫下 K^+/Na^+ 稳态中发挥着重要作用。东北师范大学徐正一教授团队研究发现，由 OsBAG4、OsMYB106 和 OsSUVH7 组成的蛋白复合体可调节盐胁迫下水稻盐胁迫应答关键基因 *OsHKT1；5* 表达。该研究分离到一个盐胁迫敏感突变体 *osbag4-1*，该突变体中 *OsHKT1；5* 表达显著降低、K^+ 水平降低、Na^+ 水平升高。研究发现，OsBAG4 可以与转录因子 OsMYB106 和 DNA 甲基化读取蛋白 OsSUVH7 互作。OsMYB106 和 OsSUVH7 可以分别与 *OsHKT1；5* 启动子的 MYB 结合顺式元件及上游微型反向重复转座元件结合。OsBAG4 具有分子伴侣的作用，充当 OsSUVH7 和 OsMYB106 之间的桥梁，促进 OsMYB106 与 *OsHKT1；5* 启动子结合，从而激活 *OsHKT1；5* 表达。消除 *OsHKT1；5* 上游微型反向重复转座元件、敲除 *OsMYB106* 或 *OsSUVH7*，都导致 *OsHKT1；5* 表达降低，植株盐敏感性增加。该研究揭示了 DNA 甲基化读取蛋白、分子伴侣调节因子和转录因子组成的转录复合体，协同调节 *OsHKT1；5* 表达，调控水稻盐胁迫应答反应的分子机制（Wang et al.，2020a）。

中国农业科学院作物科学研究所童红宁研究员团队研究发现，过表达 *AGO2* 基因可以同时增加水稻耐盐性和粒长。这一过程是通过表观修饰激活细胞分裂素转运基因 *BG3* 实现的。AGO2 可以富集在 *BG3* 基因座位上，改变 *BG3* 组蛋白甲基化水平，从而促进 *BG3* 表达。*AGO2* 过表达植株的细胞分裂素水平在芽中降低，但在根中升高。*bg3* 基因敲除突变体对盐胁迫高度敏感，而 *BG3* 过表达植株表现出更强的耐盐性和更大的籽粒。盐处理能够抑制 *AGO2* 和 *BG3* 的转录，使得根中的细胞分裂素水平增加，而芽中细胞分裂素水平降低，出现类似于 *AGO2* 过表达植株的激素分布方式。这些结果揭示了细胞分裂素的空间分布在应激反应和籽粒发育中的作用，为解决高产和高抗负相关难题提供了新的思路（Yin et al.，2020）。

中国科学院植物研究所林荣呈研究员团队研究发现过表达光敏色素互作因子 *OsPIL14* 或者赤霉素信号转导核心抑制因子 *SLR1* 缺失，能够促进黑暗条件下水稻中胚轴的伸长。进一步研究发现，OsPIL14 与 SLR1 能相互作用，这种互作使 SLR1 抑制了 OsPIL14 对下游细胞伸长相关基因的转录激活能力。盐处理促进了 OsPIL14 蛋白的降解，增强了 SLR1 蛋白的稳定性。该研究揭示了水稻光敏色素互作因子 *OsPIL14* 整合光信号与赤霉素信号调控水稻在盐胁迫下生长的分子机制（Mo et al.，2020）。

中国科学院植物研究所种康院士团队和中国科学院北京基因组研究所杨运桂研究员团队合作报道甲基转移酶 OsNSUN2 介导 mRNA 的 5-甲基胞嘧啶（m5C）修饰在水稻的高温适应性调控中的作用（Tang et al.，2020）。*osnsnu2* 突变体表现出明显的温度敏感表型。野生型和突变体的 mRNA m5C 甲基化图谱比较发现了 527 个 OsNSUN2 依赖的 m5C 位点。高温可以增强 *beta-OsLCY*，*OsHO2*，*OsPAL1* 和 *OsGLYI4* 等光合作用和解毒系统相关基因 mRNA 的 m5C 修饰。此外，*osnsun2* 突变体的光系统易受环境温度的影响，无法在高温下进行修复，导致活性氧过度积累，这些结果表明水稻中 mRNA m5C 依赖性热驯化的重要机制。

中国科学院遗传与发育生物学研究所姚善国研究员团队与储成才研究员团队合作报道了 tRNA 硫醇化途径关键基因 *SLG1* 在水稻抵抗高温胁迫中的作用。*SLG1* 编码一个保守的细胞质 tRNA 2-硫化蛋白 2，该基因功能缺陷会导致水稻高温敏感，过表达该基因则能够显著提高水稻对高温的耐受性。品种资源分析发现，*SLG1* 在籼稻和粳稻中存在单倍型分化，籼型 *SLG1* 等位基因由于启动子区和编码区的序列变异，能够提高 tRNA 硫醇化水平，增强水稻高温耐受能力。该结果揭示了 tRNA 硫醇化修饰在水稻响应高温胁迫中的重要作用，也为培育耐高温水稻品种提供了基因资源（Xu et al.，2020）。

三、水稻元素吸收与转运分子遗传研究进展

"绿色革命"过程中，赤霉素合成途径关键基因 *sd1* 的使用，使得水稻植株半矮化，不再因为大量施肥而倒伏，大幅提高了稻谷产量，但这也带来了氮肥利用效率下降的缺点。中国科学院遗传与发育生物学研究所向东研究员团队鉴定到一个氮响应正向调控因子 *NGR5*。该基因编码一个 AP2 转录因子，其表达随着外源施氮量的增加而显著提高。NGR5 可以与氮素依赖的 PRC2 蛋白复合物互作，通过介导组蛋白 H3K27me3 甲基化水平来调节下游靶基因的表达，促进植株分蘖和提高稻谷产量。进一步研究发现，赤霉素通过受体蛋白 GID1 介导着 NGR5 蛋白的降解，而赤霉素负向调控因子 DELLA 可以竞争性地与 GID1 结合，抑制 NGR5 降解（Wu et al.，2020b）。这解释了"绿色革命"提高水稻产量的原因：*sd1* 的使用引起 DELLA 蛋白的积累，DELLA 的积累抑制了赤霉素介导的 NGR5 降解，*NGR5* 在高氮肥施用下介导组蛋白修饰，最终提高稻谷产量。提高 NGR5 表达量可以在保持水稻半矮化的条件下，提高氮肥利用效率，使水稻在适当减少施用氮肥的条件下获得更高的产量，对于水稻"少投入、多产出、保护环境"的可持续农业发展提供了一种新的育种策略。

中国科学院遗传与发育生物学研究所周奕华研究员团队与中国水稻研究所钱前院士团队及扬州大学刘巧泉教授团队合作研究鉴定到一个控制水稻氮利用效率和纤维素水平的 QTL，图位克隆发现该 QTL 编码转录因子 MYB61。研究发现，*MYB61* 受到氮代谢关键控制因子 GRF4 的调控，GRF4 可以直接结合在 *MYB61* 基因的启动子区，增强 *MYB61* 的表达。种质资源分析发现，*MYB61* 在籼粳品种中存在分化，籼稻 *MYB61* 等位基因转录水平更高（Gao et al.，2020）。该研究揭示了碳—氮协同代谢分子机制，为培育氮高效水稻品种，实现农业绿色可持续发展提供了新途径。

南京农业大学徐国华教授团队研究发现，硝酸盐转运辅助蛋白 OsNAR2 在水稻硝酸盐吸收中具有重要作用，OsNAR2.1 与腈水解酶蛋白 OsNIT1 和 OsNIT2 存在互作。*OsNIT1* 具有将吲哚乙腈水解为吲哚乙酸的能力，该能力能够被 *OsNAR2.1* 和 *OsNIT2* 所增强。敲除 *OsNAR2.1* 基因能够抑制 *OsNIT1* 和 *OsNIT2* 的表达。而 *OsNIT1* 和 *OsNIT2* 敲除植株中，*OsNAR2.1* 的表达以及根系吸收硝的速率并不受影响。在供硝条件下，敲除 *OsNAR2.1*、*OsNIT1* 或 *OsNIT2*，导致主根变短和侧根密度下降；同时敲除 *OsNAR2.1* 和 *OsNIT2*，表型更为明显。供铵条件一方面抑制 *OsNAR2.1* 表达，另一方面增强了 *OsNIT1* 和 *OsNIT2* 的表达。*OsNIT1* 和 *OsNIT2* 敲除植株的根对外源铵呈现敏感，*GH3* 家族基因和 *PIN2* 基因的表达增强，生长素向根尖的分配受到抑制。这些结果说明 OsNAR2.1 与 OsNIT1 和 OsNIT2 的相互作用对于调节根系在硝态氮和铵态氮条件下生长具有重要作用（Song et al.，2020）。

植物中磷的吸收依赖于质膜中磷酸盐转运体 PT 蛋白。水稻蛋白激酶 CK2 能够磷酸化 PT 蛋白，抑制 PT 蛋白从内质网向质膜的转运。但是 PT 蛋白如何去磷酸化的机制并不清楚。浙江大学毛传澡教授团队与四川大学杨健副研究员团队鉴定到了一个 PP2C 家族的蛋白磷酸酶 OsPP95，它能够与 OsPT8 互作，去除 OsPT8 第 517 位丝氨酸的磷酸化。过表达 *OsPP95* 会降低 OsPT8 的磷酸化水平，从而促进 OsPT8 从内质网到质膜的转运，导致磷的积累。在磷充足的条件下，*OsPP95* 突变体新叶中的磷浓度降低，而老叶中磷浓度增加，整个植株的磷含量与野生型相当。进一步研究发现，OsPHO2 可以与 OsPP95 互作并降解 OsPP95。这些结果表明，OsPP95 是一个受 OsPHO2 调控蛋白磷酸酶，其通过调控 PT 的磷酸化状态，影响 PT 从内质网向质膜的转运，进而调控植株磷的平衡（Yang et al.，2020b）。

浙江大学毛传澡教授团队报道了水稻磷吸收重要调控因子 *OsPHO2* 翻译后的调控机制（Wang et al.，2020a）。该研究发现，水稻酪蛋白激酶 2（OsCK2）的催化亚基 OsCK2α3 可以与 OsPHO2 互作，进而磷酸化 OsPHO2 蛋白第 841 位的丝氨酸，被磷酸化的 OsPHO2 的降解速度加快。进一步研究发现，OsPHO2 可以与 OsPHO1 互作，并通过多泡体介导途径降解 OsPHO1。*OsPHO1* 突变能部分挽救 *ospho2* 突变表型，非磷酸化的 OsPHO2 能够更好地挽救 *ospho2* 突变表型。该研究揭示了 OsCK2α3 通过调节 OsPHO2 的磷酸化状态和丰度来调控植物体内磷稳态的分子机制。

磷酸盐饥饿胁迫可以诱导植物碳水化合物的积累。然而，内源碳水化合物变化能否影响植物磷酸盐饥饿响应并不清楚。南京农业大学徐国华教授团队对水稻ADP-葡萄糖焦磷酸化酶的大小亚基编码基因*AGPL1*（大亚基1）和*AGPS1*（AGP小亚基1）在磷酸盐饥饿响应中的功能进行了解析（Meng et al.，2020）。该研究发现，*AGPL1*和*AGPS1*均正向响应低氮和低磷，并且在除根分生组织和成熟区之外的所有组织中都有表达。AGPL1和AGPS1在叶绿体中可以直接相互作用，催化淀粉生物合成的限速步骤。与野生型相比，*agpl1*单突变，*agps1*单突变和*apgl1agps1*双突变体叶片中，低氮或低磷诱发的淀粉积累受到损害。该研究结果表明，碳水化合物的平衡对于维持植物体内的磷稳态具有重要作用。

华中农业大学练兴明教授团队发现OsZIP9蛋白定位于质膜中，主要在侧根表皮和外皮层细胞中表达，缺锌可诱导其表达（Yang et al.，2020a）。*OsZIP9*敲除植株在低锌浓度下生长减缓，提高锌供应可以回复生长减缓表型。与野生型相比，*OsZIP9*敲除植株根、茎和籽粒中锌的积累较低，尤其是在低锌种植情况下。进一步发现，*OsZIP9*表达水平的自然变异与籽粒中锌含量高度相关。这些结果表明，OsZIP9是重要的内向转运蛋白，负责将锌从外部介质吸收到根细胞中。

四、水稻株型分子遗传研究进展

中国科学院遗传与发育生物学研究所李家洋院士团队鉴定到一个水稻多分蘖突变体*t20*，其表型可以被独脚金内酯及其类似物rac-GR24处理恢复（Liu et al.，2020）。研究发现，*t20*突变表型是由编码类胡萝卜素合成途径的关键酶的*Z-ISO*突变导致的。该酶同时参与独脚金内酯和脱落酸合成的协同调控，*t20*突变体中类胡萝卜素合成代谢受到抑制，独脚金内酯和脱落酸含量均显著降低。深入研究发现独脚金内酯与脱落酸之间存在相互调控关系：rac-GR24能够通过诱导*OsHOX12*表达上调脱落酸合成关键基因*OsNCED1*的表达，促进茎基部脱落酸的合成；而脱落酸能够抑制独脚金内酯的合成，脱落酸合成相关突变体中独脚金内酯合成明显上调。进一步研究发现，独脚金内酯主要抑制水稻茎基部分蘖的形成，而脱落酸对水稻高位分蘖的形成呈抑制作用。该研究阐明了独脚金内酯与脱落酸紧密偶联而协同调控水稻分蘖发育的分子机制。

云南大学农学院胡凤益研究员团队发现许多禾本科作物在驯化过程中都存在分蘖减少的过程。玉米分蘖调控关键基因*Tb1*就在驯化过程中受到了选择。但是，*Tb1*在水稻中的直系同源基因*OsTb1*并未受到驯化选择。该研究鉴定到*OsTb1*的一个复制基因*OsTb2*。*OsTb2*表现出与*OsTb1*相反的遗传作用，过表达*OsTb2*使得水稻分蘖增加，而非减少。进一步分析发现，OsTb2蛋白通过与OsTb1蛋白互作，抵消了*OsTb1*对分蘖的抑制作用。品种资源分析发现，*OsTb2*编码区和启动子区存在自然变异，陆稻等位基因能够显著减少植株分蘖，在陆稻进化过程受到选择（Lyu et al.，2020b）。

中国科学院遗传与发育生物学研究所陈凡研究员团队鉴定到一个*OsWUS*功能缺失突变体*dc1*，表现出分蘖数目减少的表型。*dc1*突变体分蘖芽生长受主茎显著抑制，表现出生长素响应和顶端优势增强的表型。分蘖期去除 *dc1* 突变体主茎顶端或敲除生长素作用相关基因 *ASP1* 能够解除主茎对分蘖芽的抑制，促进分蘖芽的生长。转录组分析发现，去顶会显著影响 *dc1* 突变体中分生组织关键因子 *OSH1* 下游靶转录因子的表达（Xia et al.，2020）。该研究揭示了 *OsWUS* 通过影响顶端优势促进分蘖芽生长的分子机制，提高了人们对水稻分蘖发育机理的认识。

华中农业大学邢永忠教授团队研究发现两个Ⅱ类同源异型域——亮氨酸拉链基因 *OsHOX1* 和 *OsHOX28* 通过影响茎的向重力性调节分蘖角度。*OsHOX1* 和 *OsHOX28* 在水稻原生质体中具有较强的转录抑制活性，并形成复杂的自转录和互转录负反馈回路。它们可以与 *HSFA2D* 启动子的假回文序列 CAAT（C/G）ATTG 结合，抑制 *HSFA2D* 的表达。与 *HSFA2D* 和 *LA1* 不同，*OsHOX1* 和 *OsHOX28* 减少了生长素横向运输，从而抑制了 *WOX6* 和 *WOX11* 在植物茎基下侧的表达。进一步证实，*OsHOX1* 和 *OsHOX28* 在 *HSFA2D* 的上游起作用。它们均抑制多个 *OsYUCCA* 基因的表达，减少生长素的生物合成（Hu et al.，2020）。这些结果表明 *OsHOX1* 和 *OsHOX28* 通过抑制 HSFA2D-LA1 途径和减少内源性生长素的含量来调节生长素的局部分布，最终影响水稻分蘖角度。

武汉大学李绍清教授团队研究报道了生长调节因子 *OsGRF7* 在水稻株型调控中的作用。*OsGRF7* 主要在叶枕、节、节间、腋芽和幼穗中表达。过表达 *OsGRF7* 会导致半矮化而紧凑的株型，茎壁厚度增加，叶倾角变窄，这是由于细胞长度变短、细胞排列方式改变以及茎和叶枕近轴侧的薄壁细胞层增加所导致的。*OsGRF7* 敲除和敲低株系表现出相反的表型，茎和叶枕中的薄壁细胞在成熟时严重降解。进一步分析表明，OsGRF7 能够与细胞色素 P450 基因 *OsCYP714B1* 和生长素应答基因 *OsARF12* 的启动子 ACRGDA 基序结合，*OsCYP714B1* 和 *OsARF12* 分别参与赤霉素合成和生长素信号通路。相应的，*OsGRF7* 改变了内源赤霉素和生长素含量以及对外源植物激素的敏感性（Chen et al.，2020）。这些结果说明 *OsGRF7* 通过调节生长素和赤霉素代谢来调控水稻株型。

五、水稻生殖发育分子遗传研究进展

植物精子产生的减数分裂早期，基因的丰度发生着特异性的快速变化。中山大学生命科学学院陈月琴教授团队研究发现生殖相关的 phasiRNA 在减数分裂过程中对基因表达重新编程具有重要作用。水稻生殖相关的 phasiRNA 对于消除减数分裂前期过程中特定的 RNA 必不可少。这些 phasiRNA 在切割靶 mRNA 过程中，一个 phasiRNA 可以靶向切割多个基因，或多个 phasiRNA 可靶向切割同一基因，进而高效沉默靶基因。进一步对 phasiRNA 敲低和 PHAS 编辑植株研究发现，phasiRNA 为减数分裂进程和水稻生殖所必需（Zhang et al.，2020b）。

中山大学陈月琴教授、张玉婵副教授团队研究揭示了 miR528 通过靶向蓝铜蛋白家族成员 *UCL23*，影响黄酮类物质代谢，调控水稻花粉粒发育的机制。该研究发现

miR528 在花粉粒内壁的形成和花粉育性中具有重要作用。miR528 敲除突变体在双核花粉晚期终止了花粉发育，结实率显著降低。研究发现，miR528 可以直接调控植物特异性蓝铜蛋白家族的成员 *OsUCL23*。过表达 *OsUCL23* 出现与 miR528 敲除突变体同样的表型。进一步研究发现，OsUCL23 可以与质子依赖的寡肽转运蛋白家族的成员相互作用，共同调节类黄酮等花粉发育过程中代谢产物的产生（Zhang et al.，2020a）。

上海交通大学梁婉琪教授团队研究报道了一个参与水稻花粉外壁建成过程的禾本科特异性基因 *EPAD1*，该基因编码一个 G 类脂转运蛋白。研究发现，*EPAD1* 是水稻初生外壁层完整性和花粉外壁所必需的。*EPAD1* 突变不影响孢粉蛋白的形成，但会造成花粉雄性不育。同源比对分析发现，*EPAD1* 在其他禾本科植物中具有保守性。该研究揭示了 *EPAD1* 在水稻花粉外壁模式形成中扮演重要角色，为深入阐述禾本科花粉外壁模式的形成机制提供了新的理论基础（Li et al.，2020a）。

扬州大学陈忱教授团队研究报道了水稻黄素单加氧酶编码基因 *OsYUC11* 介导的生长素生物合成在胚乳发育过程中的作用。研究发现，*osyuc11* 突变阻碍了水稻籽粒灌浆和贮藏产物的积累，但是施用外源生长素可以恢复这种缺陷。该研究进一步鉴定到一个能够与 *OsYUC11* 启动子结合的转录因子 OsNF-YB1。OsNF-YB1 可以结合以诱导 *OsYUC11* 表达。*osyuc11* 和 *osnf-yb1* 突变体的种子体积减小，垩白增加，同时吲哚-3-乙酸的生物合成减少。该研究还发现，*OsYUC11* 是一个动态印迹基因，在受精后 10d 主要在胚乳中表达父本等位基因，在受精后 15d 成为非印迹基因。*OsYUC11* 的功能性母本等位基因能够恢复父本等位基因的缺陷（Li et al.，2020a）。

六、水稻分子遗传学其他方面研究进展

南京农业大学万建民院士团队研究鉴定了一个抽穗期关键基因 *Ehd1* 的调控因子 OsRE1。OsRE1 可以与 *Ehd1* 启动子中的 A-box 基序结合，上调 *Ehd1* 的表达水平，进而促进水稻抽穗。进一步研究发现 OsRE1 可以与 OsRIP1 蛋白结合，OsRIP1 以 OsRE1 依赖的方式抑制 *Ehd1* 的转录表达，二者通过影响 *Ehd1* 的表达水平协同调控水稻抽穗期（Chai et al.，2020）。

扬州大学刘巧泉教授团队研究针对稻米蒸煮品质关键调控基因 *Wx* 启动子上的关键顺式作用元件，开展 CRISPR/Cas9 编辑，创制出 6 种农艺性状良好的新 *Wx* 等位基因，它们可微调稻米直链淀粉含量，在稻米品质改良育种中具有良好的应用潜力。该研究还说明，编辑核心启动子可能是适度调节靶基因表达的通用方法（Huang et al.，2020）。

中国水稻研究所钱前院士团队研究报道了一个水稻铁氧还蛋白（Fd）编码基因 *Fd1*，Fd1 具有光合电子传递能力，但不直接参与水稻碳同化，属于光合型 Fd。该研究明确了 Fd1 是水稻中主要的光合碳同化电子传递蛋白，加深了对 Fd 参与水稻光合电子传递的分子机制以及 Fd 对水稻生长发育影响的理解。为阐明水稻不同铁氧还蛋白在调控光合电子向下游代谢途径分配的分子机制奠定了基础（He et al.，2020a）。

中国水稻研究所吴建利研究员团队研究鉴定到一个水稻叶片褪绿坏死基因 *OsABCI7*，该基因编码 ATP 结合盒式转运蛋白，通过与高叶绿荧光蛋白 OsHCF222 互作，调节细胞活性氧平衡，从而维持水稻类囊体膜的稳定。与 *OsABCI7* 突变体不同的是，*OsHCF222* 敲除突变体不能进行光合自养，致使植株苗期死亡。因此，研究人员推断 *OsABCI7* 与 *OsHCF222* 可能是在独立的调控途径中起协同作用。该研究解析了水稻 ABC 蛋白功能在 ROS 稳态与类囊体膜稳定方面的分子机制（He et al.，2020b）。

中国水稻研究所张健研究员团队研究报道了脱落酸经由 SAPK10-bZIP72-AOC 通路介导茉莉酸合成，协同抑制水稻种子萌发的分子机制。研究发现，SAPK10 在 177 位丝氨酸上表现出自磷酸化活性，并能够磷酸化 bZIP72 的 71 位丝氨酸。SAPK10 依赖性磷酸化增强了 bZIP72 蛋白的稳定性及对 *AOC* 启动子 G-box 顺式元件的结合能力，从而提高了 *AOC* 的转录和茉莉酸内源浓度。该研究揭示了脱落酸与茉莉酸协同调控水稻种子萌发的分子机制（Wang et al.，2020d）。

中国科学院遗传与发育生物学研究所杨维才研究员团队应用 MutMap 方法克隆了一个调控水稻花器官发育的基因 *OsPID*，其与拟南芥 *PID* 基因同源。研究发现，OsPID 通过与 OsPIN1a 和 OsPIN1b 相互作用调节植物生长素的转运。此外，OsPID 还与 OsMADS16 和 LAX1 存在互作，进而调节水稻花器官发育中的转录过程。该研究揭示了 *OsPID* 调控水稻花器官发育的分子机制，为水稻花器官发育机制和高产育种的遗传改良提供了新的理论基础（Wu et al.，2020a）。

华中农业大学李兴旺教授团队和李国亮教授团队合作研究开发了一种增强型的染色质免疫沉淀 ChIP 方法，鉴定了水稻组蛋白翻译后修饰和转录因子全基因组结合位点。通过整合全基因组开放染色质区域图谱、DNA 甲基化和转录组数据集，构建了 20 个代表性水稻品种中各个组织的综合表观基因组景观。结果显示，约有 81.8%的水稻基因组具有不同的表观基因组特性。进一步研究发现水稻中存在大量的具有增强子活性的启动子，通过染色质远程相互作用，调控远端与其互作基因的表达（Zhao et al.，2020）。这些结果为全面解析水稻表观遗传基础提供了重要的资源。

湖南省农业科学院袁定阳研究员团队对国内近 50 年杂交水稻育种过程中具有代表性的 1 143 份籼型亲本材料进行了全基因组重测序，通过创新的亲本变异差异频率（FPVD）分析方法在三系组合中发现了 98 个与杂种优势相关的基因位点，两系组合中发现了 36 个基因位点（Lv et al.，2020）。该研究进一步鉴定到 2 个水稻镉吸收主效基因 *OsNramp5* 缺失的种质，这两个自然变异材料对培育低镉水稻品种具有重要意义。

七、育种材料创制与新品种选育

（一）水稻育种新材料创制

开展水稻种质资源的收集、筛选和评价，创制一批优良新种质及中间材料，能够为水稻育种提供丰富的资源性材料。浙江省选育并审定通过了嘉禾832A、嘉禾549A、嘉禾112A、浙粳12A和浙杭K2A等5个粳型不育系，这些粳型不育系开花习性好，配合力好，异交结实率较高；浙397S、中智2S、哈勃1S、之5012S、之5038S、中广A、浙大抗1S、浙大01S、泰3S、中767S等10个籼型不育系，开花习性好，配合力较强。福建省选育并审定通过了清达A、创源A、启源A、福泰1A、旗5A、明太A、福玖A、君A、明糯A、陆A、佳谷A、秾谷A、榕盛A、金达A、云香A、1678S、闽糯2S、虬S、榕夏S、榕S、N15S、君S、紫05S、杉农S、柏农S、榕25S、春80S等27个籼型不育系，这些不育系具有开花习性好、柱头外露高、品质优良、配合力好等特点。江西省选育并审定通过了1000A、晶泰A、华盛A、长田A、金丰A、金珍A、汇098S、钢S、岑3518S、兴1539S、宸S等11个籼型不育系，不育性较稳定，可恢复性较好，配合力较强。湖北省选育并审定通过了银58S、魅051S、襄1S、华1006S、华1037S、勇658S、伍331S、郢216S、凯68S、香62S、G98S、清-1S、长农2A、崇农A等14个籼型不育系。海南省选育并审定通过了海文483S、海文486S等2个籼型不育系。

（二）水稻新品种选育

在农业农村部主要农作物品种审定绿色通道政策实施以及商业化育种体系的引领和推动下，水稻审定品种数量继续呈现大幅增长。2020年全国水稻科研单位和种业企业等共选育1 936个水稻新品种通过国家和省级审定，比2019年增加611个，增幅达到46.1%。通过国家审定品种574个（表2-1），比2019年增加201个，其中杂交稻品种493个、常规稻品种81个。杂交稻品种中，籼型三系杂交稻品种208个、占42.2%，籼型两系杂交稻品种270个、占54.8%，杂交粳稻品种13个、占2.6%，籼粳交三系杂交稻2个、占0.4%；常规稻品种中，常规粳稻63个、占77.8%，常规籼稻18个、占22.2%。分稻区育成品种结构看，东北稻区以常规粳稻品种为主，内蒙古、辽宁、吉林和黑龙江4省（自治区）合计审定通过249个水稻品种，比2019年增加114个，其中常规粳稻品种246个，辽宁育成3个杂交粳稻品种。华北地区审定通过水稻品种23个，比2019年减少2个。其中，山东审定通过了3个品种，比2019年减少8个；河南审定通过了9个品种，和2019年数量一致；天津、河北分别审定6个和5个水稻品种。西北地区审定通过水稻品种11个，比2019年增加5个，其中陕西审定通过6个水稻品种，宁夏审定通过5个水稻品种。西南地区审定品种仍以籼型三系杂交稻为主，2020年重庆、四川、贵州和云南4省（直辖市）合计审定通过157个水稻品种，比2019年增加55个，其中籼型三系杂交稻品种119个、占75.8%，籼型两系杂交稻品种17个、占10.8%，云南省、贵州省分别审定通过4个和2个常规粳稻品种。长江中下游稻区审定品种数量继续大幅增加，上海、江苏、浙江、安徽、江西、湖北和湖南7省（直辖市）合计审定通过水稻新品种478个，比2019年增加164个，其中两系杂交水稻继续呈现快速发展势头，2020年合计审定186个、占38.9%，籼型三系杂交稻100个、占20.9%，常规粳稻83个、占17.3%，籼粳亚种间杂交水稻品种审定12个，继续保持

表 2-1　2020 年国家及主要产稻省（自治区、直辖市）审定品种情况

审定级别	总数	类型								第一选育单位	
		常规籼稻	常规粳稻	籼型三系杂交稻	籼型两系杂交稻	粳型不育系	籼型不育系	杂交粳稻	籼粳交三系杂交稻	科研单位	种业公司
国家	574	18	63	208	270			13	2	107	467
天津	6		5					1		5	1
河北	5		5							5	
内蒙古	1		1							1	
辽宁	52		49					3		19	33
吉林	56		56							33	23
黑龙江	124		124							68	56
黑龙江农垦	16		16							5	11
上海	14	2	9	1				2		11	3
江苏	55	1	41	4	2			5	2	33	22
浙江*	36	6	5	2	4	6	9		4	24	12
安徽	105	6	26	13	57			2	1	21	84
福建*	97	9		47	13		27		1	63	34
江西*	64	8	2	22	19		11		2	14	50
山东	3		3							3	
河南	9		6	1	1			1		5	4
湖北*	101	13		28	43		14		3	23	78
湖南	103	12		30	61					10	93
广东	96	34		36	26					46	50
广西	235	21		148	65			1		64	171
海南*	16	3		9	2		2			10	6
重庆	34	3		26	5					19	15
四川	63	2		61						41	22
贵州	18		2	10	5			1		8	10
云南	42	8	4	22	7			1		31	11

（续表）

审定级别	总数	类型								第一选育单位	
		常规籼稻	常规粳稻	籼型三系杂交稻	籼型两系杂交稻	粳型不育系	籼型不育系	杂交粳稻	籼粳交三系杂交稻	科研单位	种业公司
陕西	6			5	1					3	3
宁夏	5		5							3	2

* 部分省份审定品种中含不育系

较快发展势头，在相邻省份有多个组合通过审定。华南地区审定品种也大幅增长，福建、广东、广西和海南4省（自治区）合计审定通过444个水稻新品种，比2019年增加74个，其中籼型三系杂交稻品种240个、占54.1％，籼型两系杂交稻品种106个、占23.9％，籼型不育系29个、占6.5％。从选育单位来看，34.9％左右的品种由科研单位育成，65.1％的品种由种业公司育成，种业公司育成品种继续增加。

八、超级稻品种认定与示范推广

（一）新认定超级稻品种

2020年，为规范超级稻品种认定，加强超级稻示范推广，根据《超级稻品种确认办法》（农办科〔2008〕38号），经各地推荐和专家评审，新确认苏垦118、中组143等11个品种为2020年度超级稻品种，取消因推广面积未达要求的丰优299、两优培九、内2优6号、淦鑫688、Ⅱ优航2号、荣优3号、扬粳4038、武运粳24号、楚粳28号、金优785等10个品种的超级稻冠名资格。截至2020年，由农业农村部冠名的超级稻示范推广品种共计133个。其中，籼型三系杂交稻49个、占36.8％，籼型两系杂交稻42个、占31.6％，粳型常规稻25个、占18.8％，籼型常规稻9个、占6.8％，籼粳杂交稻8个、占6.0％。

（二）超级稻高产示范与推广

2020年，在农业农村部水稻绿色高质高效创建等科技项目示范带动下，我国水稻绿色高产高效技术集成与示范力度继续加大，高产攻关在多个方面取得新的突破，再创多项世界纪录。湖南省江永县“超级稻+再生稻”模式核心示范片头季稻亩产达830.5kg，比2019年增产76kg，创下超级稻单产新纪录；加上再生稻亩产400kg，每亩总产量达到1 200kg以上。超级稻品种“甬优1540”在浙江省宁波市奉化区江口街道作为连作晚稻种植，亩产达到801.79kg，再次刷新了“连作晚稻百亩方最高产”的“浙江农业之最”纪录。“浙粳99”在浙江省诸暨市百亩方平均亩产869.94kg，攻关田最高亩产891.73kg，双双打破2019年海宁创造的827.1kg和871.5kg的浙江农业之最纪录。

第二节　国外水稻遗传育种研究进展

一、水稻生长发育的分子遗传研究进展

日本名古屋大学 Motoyuki Ashikari 团队研究鉴定到 2 个控制水稻节间生长的 QTL：一个为促进因子 *ACE1*，另一个为抑制因子 *DEC1*，它们通过与赤霉素作用，拮抗调节水稻节间生长。*ACE1* 编码一个功能未知的蛋白，过表达该基因能够赋予节间细胞分裂能力，延迟赤霉素在节间的存在时间，进而增加植株节间长度。*DEC1* 编码一个具有锌指结构的转录因子，上调 *DEC1* 表达能够抑制节间延伸，而下调 *DEC1* 则使得节间长度增加。*ACE1* 和 *DEC1* 对节间长度的拮抗作用在禾本科植物中存在保守性。水稻品种资源分析显示，*ACE1* 和 *DEC1* 的短秆等位基因在驯化过程中受到选择，提高栽培稻植株的抗倒伏能力；而高秆野生稻所携带的等位基因有利于植株适应深水生长环境。这些结果提高了我们对水稻乃至禾本科植物茎秆伸长调控遗传基础的认识（Nagai et al.，2020）。

东京大学 Wakana Tanaka 团队报道了水稻 *TAB1* 和 *FON2* 基因在腋生分生组织发育中的作用。研究发现，*TAB1* 对于腋生分生组织形成过程中干细胞的维持具有重要作用，而 *FON2* 主要通过抑制 *TAB1* 的表达来负向调控干细胞维持。这两个基因分别与拟南芥中控制茎顶端分生组织发育的 *WUSCHEL* 和 *CLAVATA3* 同源，这说明水稻腋生分生组织的干细胞维持与拟南芥具有同源性的通路。该研究揭示了为阐明水稻腋生分生组织发育机制提供了新的理论支撑（Tanaka and Hirano，2020）。

日本东北大学 Yusaku Uga 团队和日本国家农业和食品研究组织 Tadashi Satog 团队合作克隆到一个控制水稻地表根系的 QTL *qSOR1*。*qSOR1* 一个编码 E3 泛素连接酶，该基因主要在根系表达，通过控制生长素反应影响根系向地性。通过导入 *qSOR1* 或其同源基因 *DRO1* 的功能缺失型或功能获得型等位基因，可以将水稻根系改良成超浅、浅、中和深根等不同形状。*qSOR1* 的功能丧失型突变体呈现土壤表层根系，有利于水稻在缺磷土壤中对磷的获取，也可以通过获取氧气提高耐涝能力，可以提高盐碱地水稻产量（Kitomi et al.，2020）。

日本冲绳科学技术大学 Koji Koizumi 团队应用突变体解析了可诱导 phasiRNA 产生的 miR2118 在水稻生殖发育中的作用。研究发现，miR2118 缺失导致花药壁细胞的形态和发育异常，水稻出现严重的雄性和雌性不育。进一步研究发现，不同于精细胞中的 phasiRNA，花药壁中依赖 miR2118 的 21 nt phasiRNA 富含尿嘧啶，而且这些 21 nt phasiRNA 的合成可能与花药壁细胞层中大量存在的 Argonaute 蛋白 OsAGO1b 和 OsAGO1d 有关。该研究突出了体细胞花药壁和精细胞之间 phasiRNA 的特异性差异，并证明了 miR2118/U-phasiRNA 在花药壁发育和水稻繁殖中的作用（Araki et al.，2020）。

二、水稻生物/非生物胁迫分子遗传研究进展

基因的表达是生物表型的基础，但是我们对基因表达的自然选择及其在适应性中的作用并不清楚。美国纽约大学 Michael D. Purugganan 团队应用大样本分析了水稻在正常和干旱条件下的基因表达，采用表型选择分析对15 000多个转录本估计了选择的类型与强度。研究发现，在正常大田环境下，大多数转录本的变化都接近中性，或者呈现非常弱的稳定选择；但是在干旱条件下，选择的强度会增强。总体上，条件性中性的转录本（2.83%）较拮抗多效性转录本（0.04%）更多；表达水平低、随机噪音水平低、可塑性高的转录本受到的选择更强。选择强度与顺式调控和网络连接性水平呈现较弱的负相关。多变量分析显示，选择作用于光合基因的表达，但是选择的效果在干旱条件下受到遗传因素的限制。研究还发现，干旱条件对抽穗期基因 *OsMADS18* 存在选择，干旱可以诱导 *OsMADS18* 表达，促使植株提前抽穗，进而逃避干旱（Groen et al.，2020）。该研究结论对于选择强度的估计为选择如何塑造核心基因功能的分子性状提供了新的见解。

哥伦比亚国际热带农业中心 Michael Gomez Selvaraj 团队报道了锌指蛋白编码基因 *OsTZF5* 在水稻耐旱中的作用（Selvaraj et al.，2020）。研究发现，*OsTZF5* 受脱落酸、干旱和低温诱导。它在水稻干旱应答中扮演正向调控作用，在增强植株耐旱性的同时，还能够促进植株避旱。过表达 *OsTZF5* 能够提高干旱条件下植株存活率，同时可以最大限度地减少干旱导致的产量损失。

印度国际基因工程和生物技术中心 V. Mohan Murali Achary 团队通过氨基酸替换开发了两个改良型水稻 *EPSPS* 基因：*TIPS-OsEPSPS* 和 *GATIPS-OsEPSPS*，并将它们在玉米泛素启动子驱动下于水稻中表达。结果显示，在施用草甘膦的条件下，*TIPS-OsEPSPS* 过表达植株的草甘膦耐受性显著提高，而其他农艺性状无显著变化。而且，在不施用草甘膦的条件下，*TIPS-OsEPSPS* 过表达植株的稻谷产量提高了17%～19%，种子中苯丙氨酸和色氨酸含量也有明显升高（Achary et al.，2020）。这是首次观察到 *EPSPS* 基因在提高水稻产量方面的作用，*TIPS-OsEPSPS* 不仅可以用于增强草甘膦耐受性，还有可能大幅提高水稻产量。

病原体利用多种类型的效应子来调节植物的免疫力，前人报道了许多质外体效应子和胞质效应子，但是真菌病原体中核效应子相关研究很少。韩国首尔大学 Yong-Hwan Lee 团队鉴定了稻瘟病病菌的两个核效应子 MoHTR1 和 MoHTR2，并揭示了它们影响水稻免疫的机制。两种核效应子都是通过活体营养表面复合体分泌的，转位到最初穿透的细胞和周围细胞的核中，并通过结合水稻中的效应子结合元件，重新编程免疫相关基因的表达。在水稻中过表达这两个效应子，使得水稻植株对半营养型的米曲霉和米线黄单胞菌的易感性增加，对坏死性的米氏菌的抵抗力增加（Kim et al.，2020）。这些结果说明效应子介导的一种病原体对植物免疫力的操纵也可能会影响其他病原体的抗性。

三、水稻品质相关性状分子遗传学研究进展

西班牙莱里达大学 Paul Christou 研究团队研究报道了胚乳中支链淀粉合成所必需的淀粉支化酶Ⅱb 突变对整个淀粉生物合成途径和更广泛代谢的影响。结果显示，淀粉支化酶Ⅱb 编码基因 *OsSBEIIb* 功能缺失，导致种子呈现不透明状，淀粉储备不足，直链淀粉含量从 19.6% 增加到 27.4%，抗性淀粉含量从 0.2% 增加到 17.2%。同时，AGPase 编码基因以及很多 *SBE* 基因均显著上调，而 GBSS、脱支酶、支链淀粉酶和淀粉磷酸化酶编码基因则显著下调（Baysal et al.，2020）。这些结果表明，OsSBEIIb 活性丧失导致植株淀粉代谢途径的转录水平改变，进而改变了水稻籽粒淀粉的含量和结构特征。

国际水稻研究所 Nese Sreenivasulu 团队应用 281 个籼稻品种开展了抗性淀粉含量 GWAS 分析。这些品种呈现中低水平的抗性淀粉含量表型变异，多个支链淀粉合成和降解相关基因被发现与抗性淀粉含量存在相关，进一步选择了具有不同抗性淀粉含量和淀粉合成酶等位基因的品种开展转录组学、代谢组学、非淀粉膳食纤维和淀粉结构分析，探讨了水稻天然抗性淀粉含量形成的分子生理机制及其对质地、烹饪和味觉品质特征的影响，为今后优质、特殊功能型水稻品种的培育奠定理论基础（Parween et al.，2020）。

Nese Sreenivasulu 团队研究通过全基因组关联分析鉴定到 78 个控制水稻垩白度的 QTL 位点，其中有 21 个贡献率大于 10%。上位性分析发现，位于第 6 染色体的 *PGC6.1* 和第 7 染色体的 *PGC7.8* 存在显著的遗传互作。进一步对 *PGC6.1* 的不同单倍型进行了鉴定，从中筛选到多个 *PGC6.1* 低垩白单倍型，这些结果可为优质水稻品种培育提供帮助（Misra et al.，2020）。

四、水稻分子遗传学其他方面研究进展

东京大学 Shuichi Yanagisawa 团队应用 20 个具有不同氮素吸收能力的亚洲栽培稻品种开展根部 RNA-seq 分析，通过对高氮和低氮条件下的测序数据进行共表达和机器学习途径分析，剖析了水稻氮素吸收的基因调控网络。结果显示，G2-like 和 bZIP 家族成员的 4 个转录因子在响应氮缺乏的网络中具有关键作用，进一步通过共转化和基因敲除对这些转录因子的功能进行了验证，研究结果使我们对水稻氮素吸收的分子基础有了更多了解（Ueda et al.，2020）。

水稻 D14L 是调控植株与丛枝菌根真菌共生的关键受体，该受体同时能够识别烟雾中的 karrikin 成分。英国剑桥大学 Uta. Paszkowski 团队鉴定到一个 D14L 受体的下游基因 *SMAX1*。该基因是拟南芥烟雾 karrikin 识别因子 *AtSMAX1* 的同源基因。研究发现 *SMAX1* 对水稻与丛枝菌根真菌的共生具有抑制作用，负调节真菌定植和关键信号成分和保守共生基因的转录。*SMAX1* 对独脚金内酯的合成亦呈现负调控作用。D14L 信号

通路的激活能够去除 SMAX1，进而抑制植株与丛枝菌根真菌的共生，并提高了独脚金内酯的产生（Choi et al.，2020）。这些结果使我们对水稻与丛枝菌根真菌共生的分子机制有了更多了解。

日本立命馆大学 Hiroyoshi Matsumura 团队与神户大学 Hiroshi Fukayama 团队合作应用 CRISPR/Cas9 敲除了水稻的 *RbcS* 基因，然后将高粱的 *RbcS* 基因导入水稻中进行异源表达。转基因植株表现出与 C_4 植物相似的催化特性，催化速率和二氧化碳亲和力较野生型显著增加，而二氧化碳特异性明显降低。Rubisco 复合体晶体结构分析发现，Rubisco 的中心孔和 RbcS 的 βC–βD 结构变化，可能是导致转基因植株与野生型催化活性差异的原因（Matsumura et al.，2020）。该研究完成了 C_4 植物 RbcS 家族基因在水稻的初步研究，为提高水稻光和效率提供了理论基础。

美国纽约大学 Michael D. Purugganan 团队应用 9 个功能基因组和表观基因组数据集，对染色质可接近性、mRNA 和 miRNA 转录、DNA 甲基化、组蛋白修饰和 RNA 聚合酶活性进行了分析，构建了一个高分辨率的水稻适应度图谱。进一步将这些数据与来自稻属 1 477 个水稻种质和 11 个参考基因组的全基因组多态性进行了整合，结果显示大约 2％的水稻基因组表现出较弱的负向选择，这些区域通常位于基因调控区域，包括一系列潜在的新型增强子（Joly-Lopez et al.，2020）。该适应度图谱的提出对于基因组注释和作物育种均具有重要意义。

控制水稻重要农艺性状的部分基因见表 2-2。

表 2-2　控制水稻重要农艺性状的部分基因

基因	基因产物	功能描述	参考文献
ACE1	未知功能蛋白	促进茎秆生长	Nagai et al.，2020
AGO2	ARGONAUTE 蛋白	过表达增加耐盐性和籽粒长度	Yin et al.，2020
DEC1	具有锌指结构的转录因子	抑制茎秆生长	Nagai et al.，2020
EPAD1	G 类脂转运蛋白	敲除花粉不育	Li et al.，2020a
OsER1	受体蛋白激酶	突变增加粒数，降低粒重	Guo et al.，2020
OML4	MEI2-LIKE 蛋白	突变粒重增高，过表达粒重降低	Lyu et al.，2020a
miR2118	Micro RNA	缺失导致花药壁发育异常	Araki et al.，2020
miR528	Micro RNA	敲除花粉不育	Zhang et al.，2020a
MOF1/MFS2	MYB 转录因子	突变产生多花小穗	Ren et al.，2020/Li et al.，2020b
MYB61	MYB 转录因子	籼稻等位基因提高氮肥利用率	Gao et al.，2020
NBS8R	NB-ARC 蛋白	不携带 miR1876 靶点的等位基因提高白叶枯抗性	Jiang et al.，2020
NGR5	AP2 转录因子	过表达提高氮肥利用率	Wu et al.，2020b
OsABCI7	ATP 结合盒式转运蛋白	突变叶片褪绿坏死	He et al.，2020b
OsBAG4	分子伴侣调节因子	突变增加盐胁迫敏感性	Wang et al.，2020b

（续表）

基因	基因产物	功能描述	参考文献
OsDSK2a	泛素连接酶	突变导致生长放缓，增加盐胁迫敏感性	Wang et al.，2020c
OsGRF7	生长调节因子	过表达株高半矮化株型变紧凑	Chen et al.，2020
OsHOX1	ZIP 转录因子	过表达增加分蘖角度	Hu et al.，2020
OsHOX28	ZIP 转录因子	过表达增加分蘖角度	Hu et al.，2020
OsNSUN2	甲基转移酶	突变对高温敏感	Tang et al.，2020
OsPID	蛋白激酶	突变花器官发育异常，结实率下降	Wu et al.，2020a
OsPIL14	光敏色素互作因子	过表达增加中胚轴生长	Mo et al.，2020
OsPP2C09	蛋白磷酸酶	正向调控水稻生长，负向调控水稻耐旱性	Miao et al.，2020
OsPP95	PP2C 蛋白磷酸酶	过表达提高磷含量	Yang et al.，2020b
OsRE1	bZIP 转录因子	敲除抽穗提早	Chai et al.，2020
OsSBEIIb	淀粉支化酶	功能缺失导致抗性淀粉含量增加	Baysal et al.，2020
OsSGR	叶绿素降解 Mg^{2+} 脱氢酶	粳稻等位基因延迟植株衰老	Shin et al.，2020
OsTb2	TCP 转录因子	过表达分蘖增加	Lyu et al.，2020b
OsTZF5	锌指蛋白	过表达提高耐旱性	Selvaraj et al.，2020
OsWUS	拟南芥 WUS 同源基因	突变顶端优势增强	Xia et al.，2020
OsYUC11	黄素单加氧酶	突变阻碍籽粒灌浆和贮藏产物的积累	Li et al.，2020a
OsZIP9	流入转运蛋白	敲除植株在低锌浓度下生长减缓	Yang et al.，2020a
qSOR1	E3 泛素连接酶	功能丧失型形成土壤表层根系	Kitomi et al.，2020
SAPK10	丝氨酸/苏氨酸蛋白激酶	抑制水稻种子萌发	Wang et al.，2020d
SLG1	tRNA 2-硫化蛋白	突变对高温敏感，过表达耐高温	Xu et al.，2020
SLR1	赤霉素信号抑制因子	突变增加中胚轴生长	Mo et al.，2020
SMAX1	SMAXL 基因家族成员	对水稻与丛枝菌根真菌的共生具有抑制作用	Choi et al.，2020
TGW2	细胞数目调控因子	高表达等位基因降低粒重	Ruan et al.，2020
Z-ISO	胡萝卜素合成关键酶	突变分蘖增加	Liu et al.，2020

参考文献

Achary V M M，Sheri V，Manna M，et al.，2020. Overexpression of improved *EPSPS* gene results in field level glyphosate tolerance and higher grain yield in rice [J]. Plant Biotechnol J，18：2504-2519.

Araki S, Le N T, Koizumi K, et al., 2020. miR2118-dependent U-rich phasiRNA production in rice anther wall development [J]. Nat Commun, 11, 3115.

Baysal C, He W, Drapal M, et al., 2020. Inactivation of rice starch branching enzyme IIb triggers broad and unexpected changes in metabolism by transcriptional reprogramming [J]. Proc Natl Acad Sci U S A, 117: 26503-26512.

Chai J, Zhu S, Li C, et al., 2020. OsRE1 Interacts with OsRIP1 to regulate rice heading date by finely modulating *Ehd1* expression [J]. Plant Biotechnol J.

Chen Y P, Dan Z W, Gao F, et al., 2020. Rice GROWTH-REGULATING FACTOR7 modulates plant architecture through regulating GA and indole-3-acetic ccid metabolism [J]. Plant Physiology, 184: 393-406.

Choi J, Lee T, Cho J, et al., 2020. The negative regulator SMAX1 controls mycorrhizal symbiosis and strigolactone biosynthesis in rice [J]. Nat Commun, 11: 2114.

Gao Y, Xu Z, Zhang L, et al., 2020. *MYB61* is regulated by *GRF4* and promotes nitrogen utilization and biomass production in rice [J]. Nat Commun, 11: 5219.

Groen S C, Calic I, Joly-Lopez Z, et al., 2020. The strength and pattern of natural selection on gene expression in rice [J]. Nature, 578: 572-576.

Guo T, Lu Z Q, Shan J X, et al., 2020. *ERECTA1* acts upstream of the OsMKKK10-OsMKK4-OsMPK6 cascade to control spikelet number by regulating cytokinin metabolism in rice [J]. Plant Cell, 32: 2763-2779.

He L, Li M, Qiu Z N, et al., 2020a. *Primary leaf-type ferredoxin* 1 participates in photosynthetic electron transport and carbon assimilation in rice [J]. Plant Journal, 104: 44-58.

He Y, Shi Y, Zhang X, et al., 2020b. The OsABCI7 transporter interacts with OsHCF222 to stabilize the thylakoid membrane in rice [J]. Plant Physiol, 184: 283-299.

Hu Y, Li S, Fan X, et al., 2020. *OsHOX1* and *OsHOX28* redundantly shape rice tiller angle by reducing *HSFA2D* expression and auxin content [J]. Plant Physiol, 184: 1424-1437.

Huang L, Li Q, Zhang C, et al., 2020. Creating novel *Wx* alleles with fine-tuned amylose levels and improved grain quality in rice by promoter editing using CRISPR/Cas9 system [J]. Plant Biotechnol J, 18: 2164-2166.

Jiang G, Liu D, Yin D, et al., 2020. A rice NBS-ARC gene conferring quantitative resistance to bacterial blight is regulated by a pathogen effector-inducible miRNA [J]. Mol Plant, 13: 1752-1767.

Joly-Lopez Z, Platts A E, Gulko B, et al., 2020. An inferred fitness consequence map of the rice genome [J]. Nat Plants, 6: 119-130.

Kim S, Kim C Y, Park S Y, et al., 2020. Two nuclear effectors of the rice blast fungus modulate host immunity via transcriptional reprogramming [J]. Nat Commun, 11: 5845.

Kitomi Y, Hanzawa E, Kuya N, et al., 2020. Root angle modifications by the *DRO1* homolog improve rice yields in saline paddy fields [J]. Proc Natl Acad Sci U S A, 117: 21242-21250.

Li H, Kim Y J, Yang L, et al., 2020a. Grass-specific *EPAD1* is essential for pollen exine patterning in rice [J]. Plant Cell, 32: 3961-3977.

Li Y F, Zeng X Q, Li Y, et al., 2020b. *MULTI-FLORET SPIKELET 2*, a MYB transcription factor, determines spikelet meristem fate and floral organ identity in rice [J]. Plant Physiol, 184: 988-1003.

Lin Z, Qin P, Zhang X, et al., 2020. Divergent selection and genetic introgression shape the genome landscape of heterosis in hybrid rice [J]. Proc Natl Acad Sci U S A, 117: 4623-4631.

Liu X, Hu Q, Yan J, et al., 2020. ζ-carotene isomerase suppresses tillering in rice through the coordinated biosynthesis of strigolactone and abscisic acid [J]. Mol Plant , 13: 1784-1801.

Lv Q, Li W, Sun Z, et al., 2020. Resequencing of 1, 143 indica rice accessions reveals important genetic variations and different heterosis patterns [J]. Nat Commun, 11: 4778.

Lyu J, Huang L, Zhang S, et al., 2020b. Neo-functionalization of a Teosinte branched 1 homologue mediates adaptations of upland rice [J]. Nat Commun, 11: 725.

Lyu J, Wang D, Duan P, et al., 2020a. Control of grain size and weight by the GSK2-LARGE1/OML4 pathway in rice [J]. Plant Cell, 32: 1905-1918.

Matsumura H, Shiomi K, Yamamoto A, et al., 2020. Hybrid rubisco with complete replacement of rice rubisco small subunits by sorghum counterparts confers C4 plant-like high catalytic activity [J]. Mol Plant, 13: 1570-1581.

Meng Q, Zhang W, Hu X, et al., 2020. Two ADP-glucose pyrophosphorylase subunits, OsAGPL1 and OsAGPS1, modulate phosphorus homeostasis in rice [J]. Plant J, 104: 1269-1284.

Miao J, Li X, Li X, et al., 2020. *OsPP2C09*, a negative regulatory factor in abscisic acid signalling, plays an essential role in balancing plant growth and drought tolerance in rice [J]. New Phytol, 227: 1417-1433.

Misra G, Badoni S, Parween S, et al., 2020. Genome-wide association coupled gene to gene interaction studies unveil novel epistatic targets among major effect loci impacting rice grain chalkiness [J]. Plant Biotechnol J.

Mo W, Tang W, Du Y, et al., 2020. PHYTOCHROME-INTERACTING FACTOR-LIKE14 and SLENDER RICE1 interaction controls seedling growth under salt stress [J]. Plant Physiol, 184: 506-517.

Nagai K, Mori Y, Ishikawa S, et al., 2020. Antagonistic regulation of the gibberellic acid response during stem growth in rice [J]. Nature, 584: 109-114.

Parween S, Anonuevo J J, Butardo V M, et al., 2020. Balancing the double-edged sword effect of increased resistant starch content and its impact on rice texture: its genetics and molecular physiological mechanisms [J]. Plant Biotechnol J, 18: 1763-1777.

Ren D Y, Rao Y C, Yu H P, et al., 2020. *MORE FLORET1* encodes a MYB transcription factor that regulates spikelet development in rice [J]. Plant Physiology, 184: 251-265.

Ruan B, Shang L, Zhang B, et al., 2020. Natural variation in the promoter of*TGW2* determines grain width and weight in rice [J]. New Phytol, 227: 629-640.

Selvaraj M G, Jan A, Ishizaki T, et al., 2020. Expression of the CCCH-tandem zinc finger protein gene*OsTZF5* under a stress-inducible promoter mitigates the effect of drought stress on rice grain yield under field conditions [J]. Plant Biotechnol J, 18: 1711-1721.

Shin D, Lee S, Kim T H, et al., 2020. Natural variations at the Stay-Green gene promoter control lifespan and yield in rice cultivars [J]. Nat Commun, 11: 2819.

Song M, Fan X, Chen J, et al., 2020. OsNAR2.1 Interaction with OsNIT1 and OsNIT2 Functions in Root-growth Responses to Nitrate and Ammonium [J]. Plant Physiol, 183: 289-303.

Tanaka W, Hirano H Y, 2020. Antagonistic action of *TILLERS ABSENT1* and *FLORAL ORGAN NUMBER2* regulates stem cell maintenance during axillary meristem development in rice [J]. New Phytol, 225, 974-984.

Tang Y, Gao C C, Gao Y, et al., 2020. OsNSUN2-mediated 5-Methylcytosine mRNA modification enhances rice adaptation to high temperature [J]. Dev Cell, 53: 272-286 e277.

Ueda Y, Ohtsuki N, Kadota K, et al., 2020. Gene regulatory network and its constituent transcription factors that control nitrogen-deficiency responses in rice [J]. New Phytol, 227: 1434-1452.

Wang F, Deng M, Chen J, et al., 2020a. CASEIN KINASE2-dependent phosphorylation of PHOSPHATE2 fine-tunes phosphate homeostasis in rice [J]. Plant Physiol, 183: 250-262.

Wang J, Nan N, Li N, et al., 2020b. A DNA methylation reader-chaperone regulator-transcription factor complex activates *OsHKT1; 5* expression during salinity stress [J]. Plant Cell, 32: 3535-3558.

Wang J, Qin H, Zhou S, et al., 2020c. The ubiquitin-binding protein OsDSK2a mediates seedling growth and salt responses by regulating gibberellin metabolism in rice [J]. Plant Cell, 32: 414-428.

Wang Y, Hou Y, Qiu J, et al., 2020d. Abscisic acid promotes jasmonic acid biosynthesis via a' SAPK10-bZIP72-AOC' pathway to synergistically inhibit seed germination in rice (*Oryza sativa*) [J]. New Phytol, 228: 1336-1353.

Wu H M, Xie D J, Tang Z S, et al., 2020a. PINOID regulates floral organ development by modulating auxin transport and interacts with MADS16 in rice [J]. Plant Biotechnol J, 18: 1778-1795.

Wu K, Wang S, Song W, et al., 2020b. Enhanced sustainable green revolution yield via nitrogen-responsive chromatin modulation in rice [J]. Science, 367.

Xia T, Chen H, Dong S, et al., 2020. *OsWUS* promotes tiller bud growth by establishing weak apical dominance in rice [J]. Plant J, 104: 1635-1647.

Xu Y, Zhang L, Ou S, et al., 2020. Natural variations of *SLG1* confer high-temperature tolerance in indica rice [J]. Nat Commun, 11: 5441.

Yang M, Li Y, Liu Z, et al., 2020a. A high activity zinc transporter OsZIP9 mediates zinc uptake in rice [J]. Plant J, 103: 1695-1709.

Yang Z, Yang J, Wang Y, et al., 2020b. *PROTEIN PHOSPHATASE95* regulates phosphate homeostasis by affecting phosphate transporter trafficking in rice [J]. Plant Cell, 32: 740-757.

Yin W, Xiao Y, Niu M, et al., 2020. *ARGONAUTE2* enhances grain length and salt tolerance by activating *BIG GRAIN3* to modulate cytokinin distribution in rice [J]. Plant Cell, 32: 2292-2306.

Zhang Y C, He R R, Lian J P, et al., 2020a. OsmiR528 regulates rice-pollen intine formation by targeting an uclacyanin to influence flavonoid metabolism [J]. Proc Natl Acad Sci U S A, 117: 727-732.

Zhang Y C, Lei M Q, Zhou Y F, et al., 2020b. Reproductive phasiRNAs regulate reprogramming of gene expression and meiotic progression in rice [J]. Nat Commun, 11: 6031.

Zhao L, Xie L, Zhang Q, et al., 2020. Integrative analysis of reference epigenomes in 20 rice varieties [J]. Nat Commun, 11: 2658.

第三章　水稻栽培技术研究动态

2020年，突如其来的新冠肺炎疫情尽管对我国水稻产业发展造成了一定影响，但我国稻作科研工作者仍然在水稻高产栽培理论创新、高产高效栽培技术研发与推广等方面做了大量工作，取得了丰硕成果。一些代表性科研成果已转化为生产力，推动我国水稻产业绿色高质量发展。

2020年，水稻栽培领域多项科研成果荣获国家级与省部级科技成果奖励。如中国农业科学院农业资源与区划研究所周卫研究员主导开发的“主要粮食作物养分资源高效利用关键技术”获2020年度国家科技进步二等奖，该成果全面构建了主要粮食作物（水稻、小麦、玉米）养分资源高效利用理论与技术体系，大幅提高了养分资源利用效率、作物产量和综合效益。南京农业大学丁艳锋教授主导研发的“稻—麦两熟丰产高效绿色栽培关键技术创建与应用”获2020年度江苏省科技进步一等奖，该成果重构了不同生态区稻—麦两熟丰产接茬模式，提高了光温生产效率；创新了高效接茬的立苗障碍消减技术，解决了大量秸秆短期集中还田引发的机插稻僵苗和小麦出苗不匀不全等两大难题；创建了稻麦周年氮素养分高效绿色管理技术，显著提高氮肥利用率；以稻麦高效接茬技术为核心，周年秸秆高效还田、立苗障碍消减、养分优化管理、水稻规模化集中育秧和小麦机械匀播为关键技术，集成创新了适用于江淮下游各主产区稻—麦两熟丰产高效绿色栽培技术体系5套。

在水稻高产栽培理论研究方面，双季稻高产高效栽培理论、稻田温室气体排放与减排、水稻产量与效率层次差异形成机理等方面研究取得了积极进展，丰富和发展了水稻栽培技术理论体系；在水稻机械化生产技术方面，杂交稻精准播种技术、杂交水稻高活力种子生产技术等一批新技术、新体系逐步推广。此外，针对生产中存在的过量施用氮肥、水肥利用效率低、气象灾害预防与补救等问题，科研工作者在深施肥、肥料运筹、灌溉模式、防灾减灾等方面也开展了相关研究。通过上述研究，不断提升国内水稻栽培理论研究与技术创新水平。

第一节　国内水稻栽培技术研究进展

一、水稻高产高效栽培理论

（一）双季稻高产高效栽培理论

2020年，国务院常务会议提出“鼓励有条件的地区恢复双季稻”。双季稻主产区各级政府陆续出台了一系列政策措施，积极引导农户恢复双季稻种植。2020年，我国稻作科研工作者也开展了大量有关双季稻高产高效栽培理论的研究工作。殷敏等（2020）研究发现，双季晚稻“籼改粳”最主要的优势在于延长灌浆期，从而提高全生育期温光资源积累量。与其他类型水稻相比，籼粳杂交稻产量高，表现为大穗型、高库容及长灌浆期，更适宜于长江下游双季晚稻种植。选用籼粳杂交稻，对于提高双季晚稻产量和温光资源利用率、保证双季稻生产安全性具有十分重要的意义。Chen等（2020）发现，在减少氮肥用量的基础上，增加双季稻种植密度，可以促进水稻根系生长，提高双季稻产量以及氮肥利用效率。周雯雯等（2020）研究发现，施用木质素缓释肥可以显著提高双季稻产量以及经济收益，同时提高土壤肥力和氮肥利用率。叶春等（2020）研究了不同育秧盘对机插双季稻株型与产量的影响，发现与毯状盘和钵体盘相比，钵体毯状盘可提高秧苗素质和产量，认为该项技术在江西双季稻生产中具有推广应用价值。彭术等（2020）以我国南方典型红壤双季稻田为研究对象，系统分析了连续7年化肥深施结合不同氮肥用量措施条件下双季稻产量、氮肥偏生产力、根际土壤速效养分含量和土壤肥力的差异特征，发现长期减施氮肥结合深施不仅可以维持双季稻产量和稻田土壤肥力稳定，还可以显著提高氮肥偏生产力。钟雪梅等（2020）在典型双季稻种植区以测土配方施肥量为依据，结合精量施肥机，研究机插同步一次性精量施肥对双季稻产量及经济效益的影响，发现通过施肥技术和机插模式的集成与优化，能够有效减少稻田氮肥施入，有利于形成有效穗数，扩充籽粒库容，从而达到双季稻生产节肥、省工、增产的目的。

（二）稻田温室气体的排放与减排

作为世界上最大的水稻生产国以及氮肥消耗国，我国农业生产过程排放了大量温室气体CH_4和N_2O。因此，减少农田土壤CH_4和N_2O排放以及提高土壤碳库储量对于缓解全球气候变暖以及确保粮食安全至关重要。中国农业科学院作物科学研究所作物耕作与生态创新团队和南京农业大学水稻栽培团队等联合攻关，揭示了秸秆还田和大气二氧化碳浓度升高对稻田甲烷排放的互作效应，发现大气二氧化碳浓度升高的稻田甲烷增排效应被国际上高估了10倍左右（Qian et al.，2020）。同时，该团队的另一项研究也证明，近50年来我国水稻品种改良与稻作技术创新在促进粮食增产的同时，也为碳减排作出了重大贡献，纠正了世界对我国现代稻作高产高碳排放的错误认识。合理的水分管理措施对于稻田减排尤为重要。林森等（2020）研究发现，在干湿交替条件下，水稻土产生的CH_4显著低于持续淹水处理。刘燕等（2020）研究指出，夜间增温可显著促进CH_4和N_2O的综合增温潜势和排放强度，而施硅可降低其综合增温潜势和排放强度，可缓解夜间增温对综合增温潜势和排放强度的促进作用。一项基于双季稻温室气体排放的研究指出，增密减氮可作为一种稻田减排措施，但在不同地区，由于环境条件不同，应选择适宜的增密减氮幅度，在确保水稻高产稳产的同时，有利于稻田温室气体减排（周文涛等，2020）。生物炭比表面积大、富含有多种营养元素，目前已被广泛应用于农业生产。向伟等（2020）研究发现，减氮30%配施生物炭能有效降低稻田N_2O排放、增加水稻产量、提高氮肥利用率，是一项值得推广的可持续农艺措施；但生物炭与化肥配施并不能减少稻田 CH_4 排放。也有研究认为，在稻田中添加外源水热炭，可以在减少稻田温室气体排放的基础上提高水稻产量与氮素利用效率（Hou 等，2020）。

（三）水稻产量与效率层次差异的形成机理

作物产量差是指作物在特定生态气候条件下能获得的潜在产量与农民实际产量之差，可以有效反映现阶段作物的生产水平和潜在可增长幅度。近年来作物产量与效率层次差异形成机理的分析成为国际作物学研究热点之一。2020 年，我国稻作科研工作者在水稻产量与效率层次差异形成的机理方面开展了大量研究工作，并取得了一定成果。Xin 等（2020）研究认为，采用合理的栽培管理技术，如增密减氮、干湿交替灌溉等，可以显著提高我国东北稻区水稻产量与水肥利用效率，缩小农户水平与潜在产量水平之间的差异。但另一项研究却指出，东北稻区水稻农户产量水平已与潜在产量水平非常接近，缩差增效的难度较大（Wang et al.，2020）。江淮地区是我国水稻和小麦重要的生产基地。杜祥备等（2020）研究指出，缩小该区域产量差，水稻主要依赖于增加每穗粒数，小麦靠穗数和每穗粒数的协同提高。生育期累积辐射和积温较低是导致江淮地区水稻产量差异的主要气候因素，而生育期降水过多是导致该区域小麦产量差异的主要气候因素。在此基础上，提出了“强稻稳麦”是提升江淮地区周年粮食生产的有效途径。再生稻具有稻米品质好、口感佳，劳动用工减少，经济效益高等优点，近年来在我国长江流域得到快速发展。曹玉贤等（2020）研究发现，我国再生稻头季、再生季及两季总产量尚有很大提高空间，增产潜力分别为 3.38 t/hm^2、3.27 t/hm^2 和 5.41 t/hm^2。合适的品种、肥料管理、种植密度、留桩高度、种植和收割方式可以缩小产量差。

二、水稻机械化生产技术

（一）杂交稻精准播种技术

针对杂交稻采用传统机插育秧技术用种量大、成本高的缺点，稻农往往选择常规稻种植；针对传统育秧机插技术育成的秧苗质量差、不能发挥杂交稻增产增效优势这一问题，中国水稻研究所朱德峰研究员团队联合相关企业，研发了杂交稻精准播种技术。该技术采用气吸定量、秧盘及播种红外线定位、吸嘴防阻方法、槽式自流浇水等多项新技术，确保杂交稻机插秧盘每穴播种 2～3 粒，每盘播种量从 70～80g 降至 35～50g，每亩播种量下降 25%～40%，秧盘播种均匀度大幅提高，通过精准大钵取秧机插，漏秧率低、插苗均匀、插后返青快，可增产 5%～10%，解决杂交稻机插的瓶颈问题，实现稀播少本稀植，实现杂交稻绿色高产高效。研究表明，杂交稻通过精量播种能显著降低漏秧率，中浙优 1 号播量 3 粒时穴播和条播漏秧率分别为 0.52% 和 1.04%，比撒播漏秧率显著降低 10.4 和 9.7 个百分点，甬优 1540 播量 3 粒时穴播和条播漏秧率分别为

0.78%和1.30%，比撒播漏秧率显著降低11.9和11.5个百分点，还能同时提高机插苗数的均匀度，尤其是在低播量下能使机插苗数有效达到预期效果，从而有利于高产群体形成，促进杂交稻机插高产。

（二）杂交水稻高活力种子生产技术

水稻机械精量轻简化高产种植方式，如大苗单本机插、有序机抛秧、有序穴机播的精量播种，对种子提出了高活力特性（高出苗率、高成秧率、高秧苗素质、高均匀度）的要求。基于我国杂交水稻商品种子活力较差不能满足精量播种要求的现状，湖南农业大学农学院唐启源教授团队研发了杂交水稻高活力种子生产技术，该技术通过高活力种子生产的生产环境、栽培技术、化学调控及适期收获等技术研究，在研究创新了稳定可靠与快速的水稻种子活力检验方法的基础上，创建了杂交水稻高活力制种技术体系：揭示了稻穗群体种子活力差异的时空变化规律，创新提出和建立了增加早授粉强势粒比率、强化晚授粉弱势粒灌浆以提高杂交种子活力的途径与技术；首次发现了种子活力和发芽率的高值交叠区间并由此建立了杂交水稻种子适时早收技术与穗萌风险控制技术；创新集成了以“一养二早三适”为核心的杂交水稻高活力种子生产技术体系，解决了杂交水稻制种种子活力偏低的理论与技术问题，结合研发的种子复合引发技术，为杂交水稻制种技术提质与水稻机械化高产高效栽培的精量播种提供了技术支撑。

三、水稻肥水管理技术

（一）水稻氮肥高效利用技术

氮是影响植物生长发育的重要矿质营养元素，也是叶绿体、核酸、蛋白质以及很多次生代谢产物的重要组成成分。增加氮肥施用是农作物增产的主要手段，但同时也会带来土壤酸化、水体富营养化、农业生产成本增加等问题。稻麦两熟地区，旱直播水稻生产受前茬小麦收获、全量麦秸秆还田及耕整地质量不高等因素影响，常采用迟播期、大播量、高基本苗和主茎成穗为主的独秆栽培模式。龙瑞平等（2020）研究发现，在水旱轮作系统中，油菜茬口残留的肥力要高于小麦和蚕豆茬口。小麦—水稻和蚕豆—水稻轮作，两年内水稻可不施基肥和分蘖肥，只施180kg/hm^{2}纯氮作穗肥，按促花肥：保花肥为6：4的比例施用，能够实现减肥不减产的目标。而油菜—水稻轮作体系采用此施肥方法减氮效果明显，但持续减氮栽培可能会大幅降低水稻产量。一项来自南京农业大学水稻栽培研究团队的9年定位试验结果表明，长期秸秆还田可能是通过提高土壤肥力，如降低土壤容重，提高土壤有机质、总氮、速效氮、磷和钾含量来增强水稻对低光合有效辐射的耐性，进而提高水稻产量的稳定性。合理的种植密度及配套的氮肥管理是实现水稻高产氮高效利用的关键。Huang和Zou（2020）指出，发展密植机插栽培是一条既能减少稻田氮素损失，又能保证水稻高产的有效途径。一项基于12年的长期定位研究指出，免耕并不会对单本移栽杂交稻的产量和氮素需要量产生不利影响。单本移栽杂交稻的产量构成因素可实现协调发展，产量与氮素利用效率可实现协同提高。李敏等（2020）也发现，合理的控水增密耦合模式能在少量减氮条件下调控群体生长特性以实现水稻增产，但过量减氮条件下控水增密模式的调控效应变弱、难以实现高产。水稻机插同步侧深施肥是一项新兴技术，深入探究不同类型氮肥机械侧深施用对机插水稻产量及氮素利用效率的影响，有利于提高水稻机械化种植水平，为机插水稻节本增效提供理论依据。Zhu 等（2020）研究了川西平原稻麦轮作区机械侧深施减氮肥条件下机插水稻产量形成及氮素利用规律，认为控释尿素和尿素混合机械侧深施可协同提高水稻产量与氮肥利用效率，该技术是一种既能提高机插水稻产量和氮肥利用率，又能减少氮肥用量的高效种植技术。近年来，华南农业大学罗锡文院士团队研发的具有同步开沟、起垄、深施肥、精量穴直播功能的机械可实现水稻的精量穴直播和同步深施肥。华南农业大学农学院潘圣刚副教授团队研究指出，与人工撒施肥相比，机械深施肥处理可以增产 11.8%～19.6%；氮素积累总量增加 10.3%～13.1%，氮素籽粒生产效率增加 29.7%～31.5%，氮素农学利用率增加 71.3%～77.2%，氮素吸收利用率增加 42.4%～56.7%。深施肥处理还可减少温室气体排放 14.7%～22.9%。

（二）水稻节水灌溉技术

随着我国人口增长以及工业化、城镇化快速发展，水资源短缺问题日益突出。自 20 世纪 70 年代以来，干湿交替灌溉一直被发展和应用，目的是在不影响作物产量的情况下获得高产。通过减少所需的灌溉次数，干湿交替灌溉可以减少约 30% 的灌溉用水量。干湿交替灌溉可以改善茎秆到籽粒的碳储备运输，加快籽粒灌浆速率，并增加稻谷粒重，特别是弱势粒的粒重。宋涛等（2020）分析了干湿交替灌溉和常淹灌溉下茎秆转录组学的差异，发现干湿交替灌溉下差异基因富集于淀粉和蔗糖代谢通路、植物激素信号转导通路、丝裂原活化蛋白激酶信号通路以及多个转录因子家族。水稻的产量和品质一方面取决于其遗传特性，另一方面生态环境和栽培措施对其也有很大影响，其中水分管理是重要的调控手段之一。张耗等（2020）研究发现，全生育期干湿交替灌溉不仅可以获得较高的产量和水分利用效率，并且能够明显改善杂交籼稻米质及淀粉特性。一项在江西开展的双季籼稻灌溉试验中也观察到相似的结果，研究者观察到干湿交替灌溉通过显著改善稻米淀粉组分及结构特性，优化稻米的淀粉理化特性包括热力学及糊化特性，从而提高稻米品质。熊若愚等（2020）通过间歇灌溉处理提高了供试品种的水分利用率，有利于增加优质食味籼稻产量，改善了稻米加工，但不利于外观品质的改善，同时间歇灌溉处理可降低消减值及稻米蛋白质含量，提升胶稠度、峰值黏度、热浆黏度及崩解值，有利于改善稻米蒸煮食味的适口性；而持续淹水灌溉有利于改善稻外观品质，并认为间歇灌溉方式可作为南方优质食味晚籼稻品种高质高效的节水灌溉模式。针对干湿交替灌溉中土壤水势或土壤含水率难以判断这一问题，吴汉等（2020）提出了不同间歇时间灌溉的节水灌溉新技术，并研究了该技术对水稻水分生产力的影响，发现穗分化前水层落干后7～9d，穗分化后水层落干3～5d的补充灌溉方式能有效减少灌水量、灌排水次数，显著提高灌溉水利用效率和降水利用率，稳定水稻产量，并认为这种灌溉模式是较为适合江淮地区稻田高产水分高效利用的间歇灌溉方式。

四、水稻抗灾栽培技术

（一）高温

由人类活动引发的以全球变暖为特征的气候变化正日益威胁作物生产和粮食安全。频繁发生的极端高温事件给水稻生产造成了严重损失。中国水稻研究所稻作逆境与调控课题组的研究表明，开花期高温下，增强酸性转化酶活性可促进颖花蔗糖代谢，维持颖花能量平衡，为柱头花粉萌发及花粉管伸长提供充足能量，从而提高小穗育性，有效减缓高温热害（Jiang et al.，2020）。中国水稻研究所另一项针对灌浆初期高温影响水稻籽粒碳氮代谢机理的研究指出，高温下籽粒发育受阻的主要原因包括蔗糖转运受阻、籽粒淀粉合成受阻和三羧酸循环过程紊乱（王军可等，2020）。以光温敏核不育系为技术核心的“两系法”杂交水稻具有强大的杂种优势。但水稻光温敏核不育系的育性受自然温光影响，在杂交制种期间如遇高温胁迫，可导致不育系性器官（雌蕊）不能正常受精，严重降低制种产量。扬州大学作物栽培与生理课题组的一项研究指出，油菜素甾醇能够调控高温对水稻雌蕊活性的影响，通过增强AOS或抑制ROS减轻高温危害，这一发现为减轻水稻高温危害提供了新的调控途径。石涛等（2020）设计了基于消费级无人机与便携式多光谱传感器的水稻长势遥感监测系统，并建立水稻高温胁迫的反演识别模型，认为相对于传统人工田间调查和卫星遥感调查的作物长势监测方法，便携式无人机多光谱遥感监测技术具有空间分辨率高、可实时大范围监测、简单易行以及应用成本低等特点，有利于普及与推广，在农作物自然灾害监测方面具有应用前景。郭立君等（2020）发现灌深水对缓解早稻灌浆结实期高温热害具有一定功效，增加灌水深度水稻群体平均温度降低0.6～1.9℃，结实率提高2.88%～5.06%、千粒重提高0.53～0.93g，产量增加2.9%～7.9%。

（二）干旱

干旱是全球范围内发生频繁的气候灾害之一，严重影响社会经济可持续发展。干旱作为影响粮食作物生产的重要环境因子，其风险研究日益受到学者关注。2020年，一项来自中国水稻研究所的研究指出，与野生型植株相比，*psl1*突变体细胞壁组分中果胶含量显著增加，从而降低了植株水分渗透胁迫和干旱环境下的水分流失，进而增强了突变植株的耐旱性，研究结果对于指导抗旱育种与栽培具有重要意义。根系为水稻生长提供水分和养分，干旱胁迫下根系性状也会发生一定变化。饶玉春等（2020）认为，在干旱胁迫早期，水稻通过诱导许多蛋白质参与根形态发生和碳/氮代谢，加速根生长以促进水分吸收；当干旱程度进一步加剧时，水稻通过调控木质素合成相关蛋白和分子伴侣，增强物理干燥耐受性和维持蛋白质完整性，从而加强根系的穿透和保水能力。徐强等（2020）通过对滴灌水稻分蘖期进行干旱胁迫，研究不同干旱胁迫处理对滴灌水稻光合特性及产量的影响，认为滴灌水稻分蘖期水分调控时应考虑利用干旱胁迫的补偿效应，于分蘖期采用轻中度控水措施，有利于滴灌水稻光合作用和产量提高。冯红玉等（2020）研究了外源乙酸对干旱条件下水稻幼苗抗氧化系统的调节作用，认为外源乙酸可以通过上调抗氧化酶编码基因表达水平调节抗氧化酶活性，缓解干旱胁迫对水稻幼苗造成的损伤，提高其抗旱性。

第二节　国外水稻栽培技术研究进展

在水稻生产技术方面，以日本、韩国等国家为代表发展机插秧，形成了适应全程机械化生产的水稻栽培理论与技术体系。以美国、意大利和澳大利亚等为代表的国家形成了以水稻机械化直播为主体的水稻种植体系，大幅度降低水稻生产成本。如美国水稻种植80%采用旱直播，20%采用飞机“水直播”，平均每日每人飞播种植水稻1 400亩。

为提高资源利用效率，增强稻田环境可持续发展能力，稻作科研工作者们探索了提高土地生产能力的管理措施；改进水分管理措施和发展节水栽培技术；探索水稻营养理论，形成了“三黄三黑”施肥、“V”形施肥、平衡施肥、诊断施肥、实时实地氮肥管理、精确定量施肥、计算机决策施肥等施肥理论和技术，实现高产稳产和提高肥料利用率；建立了气候变化对水稻生产影响的预测模型，明确未来气候对水稻种植制度的影响；探明了种植制度和稻田作物多样性引起的土壤碳变化和温室气体排放，提出基于水稻种植系统中减少温室气体排放的措施，有效消除农业活动对气候的负面效应。

在稻米品质生理与栽培技术方面，探索了品种与环境因子（包括土壤、气候、水分、营养等）的互作对稻米淀粉形成等品质因子的影响，建立了适合不同生态区和消费需求的优质栽培技术体系。为提高稻米营养和稻农健康水平，除了从品种改良入手以外，探索应用栽培管理措施提高稻米中人体所需的铁、锌等微量元素含量也取得了显著进展；在轻度污染土壤或灌溉水区域，形成了相应的有效降污技术，可以显著降低来自灌溉水或土壤的谷粒Pb、Cd等重金属污染。

随着信息技术和农机装备生产技术的发展，与水稻栽培管理紧密结合开发的精准农业装备也不断投入生产实践。如精确变量施肥装备通过实时监测水稻群体营养状况、土壤养分与水分供应水平，在运行过程中实时调整施肥量，实现精确施肥；采用无人机获取作物生长动态信息，结合数据解析后，指导GPS引导的自动施肥机械变量施肥和管理，可以实现丰产优质精确定量管理。

参考文献

曹玉贤，朱建强，侯俊，2020. 中国再生稻的产量差及影响因素［J］. 中国农业科，53（4）：

707-719.

冯红玉，张璐璐，陈惠萍，2020. 外源乙酸对水稻幼苗根系干旱胁迫的缓解效应［J］. 植物生理学报，56（2）：209-218.

李敏，罗德强，江学海，等，2020. 控水增密模式对杂交籼稻减氮后产量形成的调控效应［J］. 作物学报，46（9）：1430-1447.

刘燕，娄运生，杨蕙琳，等，2020. 施硅对增温稻田 CH_4 和 N_2O 排放的影响［J］. 生态学报，40（18）：6621-6631.

龙瑞平，张朝钟，戈芹英，等，2020. 不同轮作模式下基于机插粳稻稳产和氮肥高效的氮肥运筹方式［J］. 植物营养与肥料学报，26（4）：646-656.

彭术，王华，张文钊，等，2020. 长期氮肥减量深施对双季稻产量和土壤肥力的影响［J］. 植物营养与肥料学报，26（06）：999-1007.

饶玉春，戴志俊，朱怡彤，等，2020. 水稻抗干旱胁迫的研究进展［J］. 浙江师范大学学报（自然科学版），43：417-429.

石涛，杨太明，黄勇，等，2020. 无人机多光谱遥感监测水稻高温胁迫的关键技术［J］. 中国农业气象，41，597-904.

宋涛，阳峰，许卫峰，等，2020. 水稻茎秆响应干湿交替灌溉的转录组分析［J］. 植物生理学报，56（12）：2655-2663.

王军可，王亚梁，陈惠哲，等，2020. 灌浆初期高温影响水稻籽粒碳氮代谢的机理［J］. 中国农业气象，41（12）：774-784.

吴汉，柯健，何海兵，等，2020. 不同间歇时间灌溉对水稻产量及水分利用效率的影响［J］. 灌溉排水学报，39（1）：37-44.

向伟，王雷，刘天奇，等，2020. 生物炭与无机氮配施对稻田温室气体排放及氮肥利用率的影响［J］. 中国农业科学，53（22）：4634-4645.

徐强，马晓鹏，吕廷波，等，2020. 分蘖期干旱胁迫对水稻光合特性及产量的影响［J］. 干旱地区农业研究，38：133-139.

叶春，李艳大，曹中盛，等，2020. 不同育秧盘对机插双季稻株型与产量的影响［J］. 中国水稻科学，34（5）：435-442.

殷敏，刘少文，褚光，等，2020. 长江下游稻区不同类型双季晚粳稻产量与生育特性差异［J］. 中国农业科学，53（5）：890-903.

张耗，马丙菊，张春梅，等，2020. 全生育期干湿交替灌溉对稻米品质及淀粉特性的影响［J］. 州大学学报（农业与生命科学版），41：1-8.

钟雪梅，吴远帆，彭建伟，等，2020. 机插同步一次性精量施肥对双季稻产量及经济效益的影响［J］. 核农学报，34（5）：1079-1087.

周雯雯，贾浩然，张月，等，2020. 不同类型新型肥料对双季稻产量、氮肥利用率和经济效益的影响［J］. 植物营养与肥料学报，26（4）：657-668.

Chen J，Fei K Q，Zhang W Y，et al.，2021. Brassinosteroids mediate the effect of high temperature during anthesis on the pistil activity of photo-thermosensitive genetic male-sterile rice lines［J］. The Crop Journal，9：109-119

Chen J，Zhu X C，Xie J，et al.，2020. Reducing nitrogen application with dense planting increases nitrogen use efficiency by maintaining root growth in a double-rice cropping system [J]. The Crop Journal. Published Online.

Hou P F, Feng Y F, Wang N, et al., 2020. Win-win: Application of sawdust-derived hydrochar in low fertility soil improves rice yield and reduces greenhouse gas emissions from agricultural ecosystems. Science of the total environment [J]. 748: 142457.

Huang M, Zou Y B, 2020. Reducing environmental risk of nitrogen by popularizing mechanically dense transplanting for rice production in China [J]. Journal of Integrative Agriculture, 19 (9): 2362-2366.

Jiang N, Yu P H, Fu W M, et al., 2020. Acid invertase confers heat tolerance in rice plants by maintaining energy homoeostasis of spikelets [J]. Plant, Cell & Environment, 43: 1273-1287.

Qian H Y, Huang S, Chen J, et al., 2020. Lower-than-expected CH4 emissions from rice paddies with rising CO_2 concentrations [J]. Global Change Biology, 26: 2368-2376.

Wang J W, Zhang J H, Bai Y, et al., 2020. Integrating remote sensing-based process model with environmental zonation scheme to estimate rice yield gap in Northeast China [J]. Field Crops Research, 246: 107682.

Xin F F, Xiao X M, Dong J W, et al., 2020. Large increases of paddy rice area, gross primary production, and grain production in Northeast China during 2000—2017 [J]. Science of The Total Environment, 711: 135183.

Zhu C H, Ouyang Y Y, Diao Y, et al., 2021. Effects of mechanized deep placement of nitrogen fertilizer rate and type on rice yield and nitrogen use efficiency in Chuanxi Plain, China [J]. Journal of Integrative Agriculture, 20 (2): 581-592.

第四章　水稻植保技术研究动态

2020年，我国水稻病虫害总体发生重于常年。据统计，水稻病虫害累计发生7 600万公顷次，其中病害发生5 300公顷次，虫害发生2 300公顷次；稻飞虱、稻纵卷叶螟、二化螟、纹枯病偏重发生，局部大发生；稻瘟病、稻曲病中等发生；三化螟、纹枯病、白叶枯病偏轻发生。国内水稻植保技术研究在病虫害发生规律与预测预报技术、化学防治替代技术、化学防治技术、水稻与病虫害互作关系、水稻重要病虫害的抗药性及机理、水稻病虫害分子生物学等方面均取得了显著进展。在病虫害发生规律与预测预报技术方面，深入研究了气象因素对水稻迁飞性害虫迁飞习性的影响，开发并优化了病虫害智能预测预报模型。在化学防治替代技术方面，筛选出淀粉芽孢杆菌S170、1,3,4-噁二唑类衍生物4和氟啶虫胺腈多糖载药微球等多种对水稻病原物或害虫具有较好杀灭活性的生防菌、化合物或农药新剂型。在水稻病虫害基础研究方面，报道了线粒体分裂介导水稻与稻瘟菌互作等多个与稻瘟病菌侵染过程或致病力相关的新机制，克隆了*OsRLR1*等多个水稻与病原菌互作的核心元件，育成RMH-3等多个水稻害虫抗性中间材料，发现了*OsEBF1*、*OsEIL1*和羟基肉桂酸酰胺类物质等一大批调控水稻与褐飞虱抗性关系的信号分子或化合物，解析了*CCNE*、*mir-9a*和*NlUbx*等多个基因介导的褐飞虱翅型分化新机制。

第一节　国内水稻植保技术研究进展

一、水稻主要病虫害防控关键技术

（一）病虫害发生规律与预测预报技术

全国农技推广中心刘万才等（2020）提出，在国内水稻重大病虫害预警体系基础上，深入建立与中南半岛国家间的跨境跨区域监测预警体系。龚元成等（2020）总结了湖北省竹山县在1978—2019年40多年间水稻纹枯病的发病规律、病害程度及气象资料，发现水稻纹枯病的发生程度与降水量、相对湿度的相关性极小，而与田间湿度（灌水）极相关。辽宁省农业科学院植物保护研究所徐晗等（2020）对稻曲病菌的研究发现，不同地区种植的同一水稻品种或同一稻曲球上分离的菌株致病力均存在差异，同一菌株接种不同水稻品种的株发病率主要与水稻抗性相关，低温处理有利于提高稻曲病病菌的接种成功率。

韦丽莉等（2020）调查了滇西南稻区2015—2019年稻飞虱的越冬情况，发现当地越冬稻飞虱混合种群中的白背飞虱虫量较大，褐飞虱次之，灰飞虱虫量最低，指出当地越冬虫源地面积少且虫量低，且对来年春季初始虫源的影响较小。林泗海（2020）通过对福建南安2007—2019年白背飞虱发生动态的系统监测发现，其上半年灯下白背飞虱的数量高于下半年，始见日主要在3月中旬至4月下旬，而灯下虫量在5月上旬前较低，5月中旬急剧增多，5月下旬至6月中旬出现峰期，10月中旬后逐渐减少。Yang等（2020a）报道，持续高温、间断高温和低温均能显著降低褐飞虱卵孵化率、若虫存活率及雌成虫产卵量。黄保宏等（2020）研究发现，不同虫态和性别的2代褐飞虱趋光性略有差异，褐飞虱雄虫比雌虫表现更强的趋光性，2代5龄若虫趋光性最低，最佳波长范围集中在360～365 nm。

邓金奇等（2020）应用虫情信息自动采集系统对湖南汉寿田间稻飞虱、稻纵卷叶螟、稻螟蛉和二化螟4种水稻主要害虫进行监测，发现自动计数与人工计数的结果存在一定差别，但在发生盛期和高峰期上相对一致。刘又夫等（2020）提出，将空气温度、相对湿度、水温等气象因子与水稻冠层的热成像特征数相结合，可对水稻受褐飞虱侵害的冠层温度特征进行评估，为水稻虫害的监测与诊断提供参考。姚青等（2020）提出了一种基于RetinaNet的水稻冠层害虫为害状自动检测模型，其对稻纵卷叶螟和二化螟为害区域的平均识别精度均值达93.76%。Yao等（2020）开发并优化了一种基于机器视觉的水稻灯诱害虫自动识别系统，可用于自动监测稻田诱虫灯下的大螟、二化螟、稻纵卷叶螟、白背飞虱和褐飞虱等5种害虫的种类和数量。周晓等（2020）以归一化植被指数（NDVI）、红边归一化植被指数（NDVI705）及红边位置构建了SPAD单因子估算模型和多元逐步回归模型，指出可利用水稻冠层光谱参数，建立水稻叶片叶绿素相对含量估算模型，实现对稻纵卷叶螟发生量持续、动态和长期定位监测。

张梅（2020）系统研究了2013—2018年四川稻区白背飞虱、褐飞虱、稻纵卷叶螟及黏虫等4种迁飞性害虫的种群发生动态和关键气象因子，建立了准确率达70%～94%的线性判别模型。包云轩等（2020）研究了2000—2017年华南和西南稻区褐飞虱的迁飞轨迹，指出缅甸是西南稻区稻飞虱的虫源区，越南和老挝中北部及海南是华南稻区的虫源区，而褐飞虱初始迁入时间的提前可能与越冬北界的北移有关，发现褐飞虱年内初始迁入当晚降虫地的平均低温强度为13.45℃。

Yang等（2020b）采用线粒体基因、2b-RAD简化基因组测序和SNP等技术对我国山东省的18个地区和大湄公河次区域6个地区的白背飞虱进行了种群遗传结构分析，发现山东白背飞虱种群可能是辽宁和朝鲜白背飞虱种群的迁飞中转站，其主要遗传来源是大湄公河次区域。Hereward等（2020）分析了我国温带和热带地区褐飞虱种群的基因组，指出温带地区褐飞虱的迁飞源主要来源于中南半岛。Hu等（2020）报道，我国云南、贵州和四川与泰国、缅甸等东南亚国家的白背飞虱种群间存在地理和遗传结构的相关性。Han等（2020a）采用mtDNA COI基因从我国49个灰飞虱地理中检测到83个单倍型，发现不同种群间的遗传多样性、遗传分化指数和遗传结构无明显的相关性和地理分布特性。

（二）化学防治替代技术

1. 病害生防菌的筛选与应用

Wei 等（2020b）从中国吉林松原盐碱地的冻土层中分离鉴定出 *Bacillus safensis* JLS5，*Pseudomonas koreensis* JLS8，*P. saponiphila* JLS10，*Stenotrophnmonas rhizophila* JLS11 和 *B. tequilensis* JLS12 等 5 株对稻瘟病菌有强抑制作用的菌株，并通过拮抗试验、人工接种试验和温室试验证明 JLS5 和 KLS12 可以有效降低稻瘟病菌的孢子萌发力和致病力。Sha 等（2020）从水稻根围土壤中分离到 232 株细菌，并从中筛选出短小芽孢杆菌 S09 和淀粉芽孢杆菌 S170 等 2 株对稻瘟病菌 *Magnaporthe oryzae* P131 有明显抑菌活性的菌株，其在温室中对稻瘟病的防治效果分别是 76.56%和 80.57%，田间喷施 S09 和 S170 不仅可以有效控制水稻叶瘟和穗颈瘟，还有明显的促生、增产和改善稻米品质的效果。

Qiang 等（2020）报道，枫香拟茎点霉 *Phomopsis liquidambaris* B3 不仅对水稻穗腐病有较好的生防效果，还可以增加水稻根部细菌群落的多样性，降低稻谷中伏马毒素的含量。

2. 虫害的非化学防治技术

何雨婷等（2020）发现黄腿双距螯蜂偏好寄生褐飞虱和灰飞虱，控害作用适中，稻虱红单节螯蜂偏好寄生白背飞虱且控害作用最强。He 等（2020）发现，黄腿双距螯蜂对褐飞虱的寄生和取食习性符合 HollingⅡ模型，对 4 龄若虫的寄生率以及 1 龄的取食率最高。Fan 等（2020）报道，螟甲腹茧蜂 *Chelonus munakatae* Munakata 对二化螟有较好的控害能力。李姝等（2020）研究指出，稻螟赤眼蜂在不同释放高度下对二化螟的防控效果差异不明显，在稻株顶部以上 5cm、8 个点/0.07hm^2 释放密度时对稻纵卷叶螟的防治效果最优。何馥晶等（2020）报道，二化螟盘绒茧蜂对水稻二化螟有一定防控能力，但氯虫苯甲酰胺等 7 种杀虫剂会显著降低其控害效能。

Wang 等（2020a）报道，外源施硅可增强水稻对二化螟的抗性，并降低二化螟幼虫中肠乙酰胆碱酯酶、谷胱甘肽硫转移酶和细胞色素 P450 酶等杀虫剂解毒代谢酶的活性。孙李曈等（2020）报道，外施适量的海藻糖能改善水稻抗非生物胁迫的能力，降低水稻对褐飞虱的抗性。Chen 等（2020a）报道，生物炭改良剂可降低水稻上灰飞虱的刺探取食效率。

周淑香等（2020）报道，不同悬挂高度诱捕器诱集到的二化螟成虫数量随悬挂高度的增加而显著减少，其中以高于水稻上部叶片 20cm 的诱集效果较好，但悬挂高度不影响对二化螟成虫高峰期的监测。黄贤夫等（2020）报道，性诱剂和黑光灯诱捕到的越冬代二化螟成虫数量消长动态基本一致，且与田间越冬幼虫的基数正相关，与温度呈负相关，而其余各代的诱捕虫量则与温度呈正相关，但采用性诱剂诱捕的成虫峰期出现早、峰次多，诱捕量高。

（三）化学防治技术

1. 农药新品种、新剂型研究

Zeng 等（2020）合成了抗水稻纹枯病去氢骆驼蓬碱类活性化合物 I-55。Jiang 等

(2020)合成了抗稻瘟病杨梅素衍生物 A2 和 A12。Wang 等(2020b)合成了抗水稻白叶枯病 1,3,4-噁二唑类衍生物(4a-1~4a-4,4a-11~4a-16)。

Wang 等(2020c)筛选得到一个褐飞虱和白背飞虱化学激发子 4-氟苯氧乙酸(4-fluorophenoxyacetic acid,4-FPA)。Liu 等(2020)开发了 Z-11-十六碳烯醛、Z-13-十八碳烯醛和 Z-9-十六碳烯醛等二化螟性信息素合成新途径和微胶囊膏剂型诱芯。Wu W 等(2020)合成了 2 种含嘧啶环的吡唑酰胺类褐飞虱高毒力化合物。Wang X 等(2020)报道了几丁聚糖、碳量子点(CQD)及脂质体 2000 等 3 种 dsRNA 转运纳米粒子(NPs)。Sun 等(2020a)研制了 SPc 型二化螟 dsRNA 纳米包裹材料。

2. 施药新技术

兰波等(2020)报道,以极飞无人机 P20 喷施 240g/L 噻呋酰胺 SC 和 5%阿维菌素 EC 对水稻纹枯病和二化螟进行防治的最优作业参数为:飞行速度 3~4m/s,飞行高度 2~2.5m,喷雾用水量为 15.0~22.5L/hm^2。

Liang 等(2020)发现在田间混合使用二化螟与稻纵卷叶螟信息素无法捕获二化螟雄性成虫,证实稻纵卷叶螟性信息素中的(Z)11-十八碳-1-醇(Z11-18:OH)和(Z)-13-十八碳-1-醇(Z13-18:OH)与二化螟性信息素复配后会导致其对二化螟雄虫的吸引力显著降低。

二、水稻病虫害的应用基础研究

(一)水稻与病虫害互作关系

1. 水稻抗病性及其机制

中国农业科学院植物保护研究所作物有害生物功能基因组研究创新团队 Xu 等(2020b)报道了线粒体分裂介导的水稻与稻瘟菌互作新机制,阐明了稻瘟菌效应蛋白 MoCDIP4 通过靶标水稻线粒体分裂相关的 OsDRP1E-OsDjA9 蛋白复合体,影响线粒体分裂并削弱寄主抗病性的新型侵染策略。Zhang 等(2020a)揭示了蛋白酶抑制剂 APIP4 介导水稻与稻瘟菌 NLR-AvrPiz-t 互作的分子机制,发现病原菌效应蛋白通过靶标寄主胰蛋白酶抑制剂削弱抗病性,而寄主 NLR 蛋白通过诱导蛋白酶抑制剂积累进而增强抗病性。西南大学何光华课题组 Du 等(2020)克隆了一个 CC-NB-LRR 蛋白编码基因 *OsRLR1*,揭示了 *OsRLR1* 与转录因子 *OsWRKY19* 共同调控水稻对稻瘟菌和白叶枯菌等病原物抗性的分子免疫机制。Ke 等(2020)报道,*OsALDH2B1* 是调节水稻生长和防御的主要调节因子,不仅可作为线粒体乙醛脱氢酶调控水稻花粉育性,还可作为转录因子调节包括油菜素内酯(BR)、G 蛋白、茉莉酸和水杨酸信号通路等多种生物过程。中国科学院微生物所刘俊团队报道,水稻 bHLH 类转录激活因子 *OsbHLH6* 能够与水杨酸途径的 *OsNPR1* 和茉莉酸途径的 *OsMYC2* 互作,调控水稻抗病性(Meng et al.,2020a)。

Liu 等(2020c)采用全基因组关联分析(GWAS)技术并结合 700K 的高密度 SNP 图

谱，从我国 3 个稻瘟病菌生理小种及来自国际水稻研究所的 584 份多样性水稻种质资源中发掘出 27 个与水稻稻瘟病抗性相关位点 LABRs 和一个新的非菌株特异性部分抗性基因 *PiPR1*。Dong 等（2020）从非洲栽培稻中鉴定了一个新的稻瘟病抗性基因 *Pi69*（t）。Tian 等（2020a）开发了一个用于区分稻瘟病抗性基因簇 Pi2/9 内的 *Pigm*、*Pi9* 及 *Pi2*/*Piz-t* 基因型的新分子标记 Pigm/2/9InDel，并分别对来自中国（681）、国际水稻研究所（119）及其他国家（105）共 905 个水稻品种进行基因型鉴定，发现 *Piz-t* 基因型在中国、国际水稻研究所和其他国家等 3 个地区的水稻品种中均能被检测到，而可检测到 *Pigm*、*Pi2*、*Pi9* 的水稻品种来源地分别为中国广东及福建、中国广东、国际水稻研究所（IR-04361）。Yang 等（2020c）通过图位克隆的方法克隆了一个稻瘟病广谱抗性基因 *Pigm*-1，并利用分子标记技术将 *Pigm-1* 转到优良恢复系明恢 86 等材料中，获得了有稻瘟病广谱抗性的纯合株系。Wang 等（2020d）报道，稻瘟病菌 *AvrPiz-t* 的变异会导致毒性改变，且其变异方式包括点突变、反转座子插入、移码突变和结构变异。

Hou 等（2020）报道，水稻胞吐复合体 OsExo70B1 正向调控水稻对稻瘟病菌的抗性，推测胞吐复合体可能通过运输 OsCERK1 等一些重要的免疫相关蛋白到细胞膜上而参与对水稻的免疫调控。Liu X 等（2020d）报道 *OsAAA-ATPase1* 在水杨酸介导的稻瘟病免疫反应中有重要作用。Yang 等（2020d）研究了 FLR 基因家族在水稻生长调节和稻瘟病抗性中的作用，发现 *FLR2* 和 *FLR11* 基因的突变会改变水稻对稻瘟病菌的抗性水平。Tian 等（2020b）研究发现，水稻 *SL*（sekiguchi lesion）基因通过阻碍病原体模式分子引发的免疫反应（PTI）通路信号传导和抑制防御反应相关激素的积累，负调控水稻对稻瘟菌及白叶枯菌的抗性。Wang 等（2020e）报道，拟南芥 *AtSAG101* 免疫调节因子可调控穗短柄草对稻瘟病菌等病原物的抗性。Panthapulakkal 等（2020）发现，水稻中编码第三类酰基辅酶 A 结合蛋白（ACBPs）的基因 *OsACBP5* 可能参与调控水稻对稻瘟病菌、纹枯病菌、赤霉病菌和白叶枯病菌等病原物的抗性。Qiu 等（2020）报道，显性基因 *FSR1* 控制水稻品种 Nanjing 11 对稻曲病的抗性。Wang 等（2020f）进行了抗病基因选择下的稻瘟病遗传演化研究，发现稻瘟病菌强致病小种通过快速无性繁殖成为优势小种是水稻稻瘟病抗性丢失的主要原因。

2. 水稻抗虫性及害虫致害机制

罗亮等（2020）报道，普通野生稻 GXU186 在苗期对褐飞虱表现较强且稳定的抗性。Sun 等（2020c）研究发现，褐飞虱在珞优 9348 和扬两优 6 号水稻品种上的产卵偏好性、产卵量、卵孵化率及水稻挥发性多萜类化合物含量随氮素水平的升高而增加，珞优 9348 中 *Bph14* 的表达量、胼胝质含量和褐飞虱取食次数显著低于扬两优 6 号，指出水稻品种及氮素水平与褐飞虱的取食行为有明显的相关性。

冯锐等（2020）采用常规回交育种和分子标记辅助选择技术获得了抗褐飞虱水稻中间材料 RMH-3、RMH-58、RMH-153 和 RMH262。王飞名等（2020）将褐飞虱抗性基因 *Bph15* 导入到优良常规稻“黄华占”中，获得 3 个既抗褐飞虱又抗旱且农艺性状优良的水稻材料 W1、W2 及 W3。鄢柳慧等（2020）报道了含 *Bph6* 等位基因的籼稻品种 ARC5833。

Wang 等（2020h）研究了褐飞虱抗性基因 *Bph9* 的 CC-NBS-NBS-LRR 区段各个结构域在褐飞虱抗性中的作用，发现 CC 结构中第 97～115 位氨基酸是自激活的重要部分，NBS2 是调控 *Bph9* 的分子开关，LRR 结构域决定了 *Bph9* 对褐飞虱的特异性抗性。马银花等（2020）报道，水稻类胞质受体激酶 RLCK Ⅵ 家族蛋白编码基因 *OsRRK1* 通过与 *OsLecRK*、*OsLecRK2* 和 *OsLecRK3* 等 *Bph15* 和 *Bph3* 的候选基因互作，参与水稻对褐飞虱的抗性。卿冬进等（2020）利用 PARMS 技术开发了 *Bph3* 的共显性荧光分子标记 MM3T。Tan 等（2020）从 miRNA 及转录组的角度分析了 *Bph6* 的抗性机理，并筛选出 29 个在褐飞虱取食前后的 *Bph6* 抗性基因渗入系及对应感性品系中差异表达的 miRNAs、9 个在 *Bph6* 抗性基因渗入系中特异性表达的 miRNAs、24 个可能参与褐飞虱抗性的编码基因和 34 个 miRNAs 靶标 42 个基因形成的 miRNA-mRNA 对，并根据其中 2 个 miRNA-mRNA 对（miR156b-3p、miR169i-5p. 2）的植物体内活性验证指出，miRNAs 及 miRNA-mRNA 可能参与了水稻与褐飞虱间的互作关系。Nanda 等（2020）构建了 miRNA 调控 IR56 水稻品种对褐飞虱抗性响应的信号网络，发现 *osa-miR2871a-3p*、*osa-miR172a*、*osa-miR166a-5p*、*osa-miR2120* 和 *osa-miR1859* 可能参与了 IR56 水稻品种对褐飞虱的抗性反应，*osa-miR530-5p*、*osa-miR812*、*osa-miR2118g*、*osa-miR156l-5p*、*osa-miR435*、*novel-16* 和 *novel-52* 可能负调控 IR56 水稻品种对褐飞虱的抗性。周若男（2020）研究了 14 个基于水稻品种 9311 的抗虫近等基因系对 4 个不同致害性褐飞虱种群的抗性特征和其中 5 个代表性近等基因系（*Bph3-NIL*、*Bph6-NIL*、*Bph14-NIL*、*Bph18-NIL*、*Bph24-NIL*）对褐飞虱危害的分子响应机制，发现 *Bph24-NIL* 对 4 个不同致害性褐飞虱种群均表现出抗性，而水稻凝集素受体激酶（LecRKs）、有丝分裂原活化蛋白激酶（MAPKs）和转录因子 WRKY 等化合物，及水杨酸、茉莉酸和胼胝质等合成代谢途径均参与对褐飞虱的免疫响应。

Ye 等（2020）研究发现，沉默 *OsLRR-RLK2* 会增强水稻对褐飞虱的抗性，抑制 *OsMPK6*、*OsWRKY13*、*OsWRKY30* 的表达，增强 *OsWRKY89* 的表达，抑制茉莉酸、乙烯的合成，促进水杨酸、H_2O_2 的合成及水稻挥发物的释放。Ma 等（2020）报道，茉莉酸和乙烯信号途径协同负调控水稻对褐飞虱的抗性，其中乙烯信号途径分子 *OsEIL1* 对茉莉酸信号途径分子 *OsLOX9* 的转录调控介导了二者的协同性。Chen 等（2020b）克隆了水稻胞质 6-磷酸葡萄糖酸脱氢酶编码基因 *Os6PGDH1*，指出 *Os6PGDH1* 主要通过茉莉酸、乙烯和 H_2O_2 途径影响水稻对褐飞虱的抗性。Li 等（2020a）报道，二化螟与褐飞虱引起的水稻防御反应不同，参与水稻对二化螟危害响应的转录因子和激素信号通路主要为 C_2H_2、Tify 和茉莉酸、水杨酸、脱落酸，参与水稻对褐飞虱响应的转录因子和激素信号通路主要为 Orphans、G2-like 和水杨酸、乙烯。

Huang 等（2020a）报道，褐飞虱能将唾液蛋白 NlSP1 随取食分泌到水稻中，并与水稻中的作用底物形成复合物，从而诱导植物细胞死亡、H_2O_2 积累、防御相关基因表达和胼胝质沉积，抑制 *NlSP1* 的表达会降低褐飞虱的取食能力并产生致死作用。贾浩康（2020）报道，白背飞虱多铜氧化酶 4（multicopper oxidase 4，MCO4）、黏液样蛋白（mucin-like）和内切-β-1，4-葡聚糖酶（endo-β-1，4-glucanase，SfEG1）等 3 种唾液蛋白在取食及对水稻防御反应的诱导中有重要作用。

（二）水稻重要病虫害的抗药性及机制

1. 抗药性监测

Liu 等（2020e）从黑龙江省 10 个水稻种植区的水稻立枯病样本中分离鉴定出 225 株立枯病菌，其中优势种尖镰孢（*F. oxysporum*）占比 48%，而链格孢（*Alternaria alternata*）和缩窄弯孢（*Curvularia coatesiae*）作为水稻立枯病的病原菌在中国东北地区首次被发现，此外尖镰孢菌株对多菌灵产生了一定程度的抗药性，但对咪鲜胺和咯菌腈的抗性水平较低，且尖镰孢群体地理来源、致病力和对多菌灵的敏感性（10μg/mL）之间均存在显著相关性。

Zhang 等（2020b）用点滴法测得三氟苯嘧啶对褐飞虱、白背飞虱和灰飞虱敏感系成虫的 LC_{50} 分别为 0.026ng/头、0.032ng/头和 0.094ng/头，并证实三氟苯嘧啶与吡虫啉、烯啶虫胺、呋虫胺、噻虫嗪和氟啶虫胺腈等 5 种新烟碱类杀虫剂间无交互抗性，且抗性风险低于吡虫啉。任志杰等（2020）采用稻苗浸渍法测定了我国 7 省 10 地的褐飞虱田间种群和 5 省 8 地的白背飞虱田间种群对氟吡呋喃酮的抗性，发现供试 10 个地区的褐飞虱田间种群对氟吡呋喃酮表现为低至中等水平抗性（RR：6.1～17.4）。

2. 抗药机制

Miao 等（2020）测得肟菌酯对稻瘟病菌的 EC_{50} 为 0.024μg/mL，发现肟菌酯和嘧菌酯存在正相关交互抗性，但与多菌灵、稻瘟灵、咪鲜胺及百菌清之间无交互抗性，推测稻瘟病菌对肟菌酯的抗性与细胞色素 b 基因的 G143S、G137R 和 M296V 突变有关。

Wu 等（2020b）综述了国内外 40 多年来有关稻飞虱再猖獗的研究成果，首次提出并阐明了稻飞虱再猖獗的两种类型即急性再猖獗和慢性再猖獗的定义，总结了所有可能诱导稻飞虱再猖獗的药剂，并从药剂对天敌的胁迫、药剂对水稻植株和稻飞虱生理生化的影响、稻飞虱再猖獗的种群与群落特征等方面介绍了农药对稻飞虱组团再猖獗的作用，还从化学药剂对稻飞虱雌虫的生殖、飞行和抗逆性以及对雄虫生殖效应的影响等方面揭示了药剂诱导稻飞虱再猖獗的机制。

Tang 等（2020a）研究发现，吡虫啉对褐飞虱脂动激素 AKH 的抑制会导致 ROS 的快速累积，进而激活异源物质感受器类转录因子 *CncC* 和 *MafK*，诱导 *CYP6AY1* 和 *CYP6ER1* 表达，进而使褐飞虱对吡虫啉产生抗药性。Elzaki 等（2020）报道，精氨酸和瓜氨酸可激活褐飞虱体内的 NO 信号通路，并抑制 *CYP6AY1* 和 *CYP6ER1* 的表达，进而恢复褐飞虱对吡虫啉的敏感性。

Meng 等（2020b）和张乾等（2020）指出二化螟 ABC 转运蛋白和 P-糖蛋白对氯虫苯甲酰胺和甲维盐的代谢中具有重要的中作用。Sun 等（2020b）发现 *APN6* 和 *APN8* 参与了

Cry1Ab/Ac 和 Cry1Ca 对二化螟的杀虫机制，但不参与 Cry2Aa 对二化螟的杀虫机制。Huang 等（2020b）测定了 2016—2018 年间我国 7 省二化螟种群对氯虫苯甲酰胺的抗性水平，发现 *RyR* 基因多个位点的突变可以显著提高二化螟对氯虫苯甲酰胺的抗性。

（三）水稻病虫害分子生物学研究进展

1. 水稻病害

Tang 等（2020b）报道，内质网跨膜蛋白编码基因 *MoHrd1* 和 *MoDer1* 共同参与调控内质网压力胁迫应答、营养生长、无性繁殖及致病过程，证实内质网相关性降解（ER-associated degradation，ERAD）途径在稻瘟病菌的生长发育和致病过程中具有非常重要的作用；Chen 等（2020c）完成了稻瘟病菌菌株 2539 的基因组测序和注释；Zhong 等（2020）研究发现，稻瘟病菌继代培养过程中非编码区发生单碱基突变（SNVs）、插入和缺失（indels）、转座子（TE）插入的频率较快而编码区慢且少，其中转座子（TE）插入多发生在分泌蛋白（SP）的近侧区，推测稻瘟病菌快速进化与非编码区和 SP 基因近侧区核苷酸序列的遗传分化有关。

Liu 等（2020f）报道，稻瘟病菌蛋白激酶编码基因 *MoOsm1* 通过与转录因子 *MoAtf1* 和转录阻遏抑制子 *MoTup1/2* 的磷酸化或去磷酸化，监测水稻活性氧、控制自身致病力和维持半活体营养生长。

Qu 等（2020）和 Wei 等（2020a）研究了 P5 型 ATP 酶 Spf1 和 Sec61 复合体亚基 MoSec61β 在稻瘟病菌菌丝发育、孢子分化、逆境响应和致病力方面的功能，其中 MoSec61β 还参与质外体效应蛋白 Bas4 和 Slp1 的分泌及内质网自噬。

Chen 等（2020d）率先绘制了稻瘟病菌 355 个蛋白共 559 个位点的 N-糖基化修饰图谱，发现参与细胞内质网质量控制系统（ERQC）的绝大部分蛋白均为 N-糖基化蛋白，其中 ERQC 系统的关键蛋白编码基因 *Gls1*、*Gls2*、*GTB1* 和 *Cnx1* 对病原菌侵染循环的菌丝生长、分生孢子发育以及侵染菌丝扩展等过程有重要作用，揭示了 N-糖基化修饰通过调控内质网质量控制系统（ERQC）参与致病过程的分子机制。Liu 等（2020b）对稻瘟病菌中的第三种糖基化修饰（GPI 锚定修饰）进行了研究，共鉴定得到包括 Gel1、Gel2、Gel3、Gel4 和 Gel5 等 Gel 家族蛋白在内的 219 个 GPI 锚定修饰蛋白，其中 *MoGPI7* 对稻瘟菌细胞壁完整性、环境响应、菌落生长、分生孢子形成、附着胞穿透能力以及侵染菌丝扩展等有重要作用，证实 GPI 锚定修饰可通过调控 Gel 家族蛋白的丰度和细胞壁定位进而阻碍寄主对 PAMPs 的识别，揭示了 GPI 锚定修饰帮助植物病原真菌实现免疫逃避的机制。Cai 等（2020）研究发现，稻瘟病菌脂滴包被蛋白 Ldp1 作为脂滴利用的分子开关受 cAMP/PKA 信号途径调控，并在 Thr96 位点受到 CpkA 的磷酸化，进而调控稻瘟菌脂滴的合成利用及附胞对寄主的侵染过程。

Min 等（2020）研究了超长链脂肪酸调控稻瘟病菌致病性的分子机理，解析了膜磷脂酰肌醇磷酸（PIPs）与 septin 蛋白间的结构关系，明确了超长链脂肪酸（VLCFAs）合成限速酶 Elo1 对超长链脂肪酸的合成及其致病性的重要作用，发现靶向

VLCFAs合成的抑制剂不仅能有效抑制稻瘟病菌septin环的形成进而降低稻瘟病菌致病性，还不会对水稻宿主造成伤害。Li等（2020c）报道，稻瘟病菌精氨酸甲基转移酶基因*MoHMT1*可催化核内核糖核蛋白体MoSNP1的247、251、261和271位氨基酸的甲基化，还可改变自噬相关基因*MoATG4*的可变剪切形式，指出精氨酸甲基化在调控自噬小体形成和生长发育相关的pre-mRNA可变剪切方面有关键作用。

Wang等（2020g）测定了杀菌剂SYP-14288对稻瘟病菌的生物活性并进行了非靶向代谢组学研究，发现SYP-14288对各个生命周期内的稻瘟病菌都有较高的抑菌活性且在病菌高能耗阶段的抑菌活性最佳，指出SYP-14288的抑菌机理可能与2，4-二硝基苯酚类似，通过破坏氧化磷酸化偶联使脂肪酸累积进而抑制植物病原体生长。Xin等（2020）报道，丁香菌酯对稻瘟病菌有极好的抑菌活性，发现其可改变病菌细胞膜的渗透性并对菌丝有致畸作用，测得其对采自江苏不同地区的100个稻瘟病菌菌株的平均EC_{50}为（0.0163 ± 0.0036）μg/mL。Que等（2020）报道，去泛素化酶基因*MoUBP4*参与稻瘟病菌侵染中的形态分化和致病过程。

2. 水稻虫害

水稻害虫的基因组信息进一步完善。Zhao等（2020）构建了稻纵卷叶螟的染色体水平基因组，大小为528.3 Mb，39.5%为重复序列，含有15 045个编码基因，激素合成相关基因表现扩张现象，具有31个染色体，染色体与其他鳞翅目昆虫染色表现高度共线性，其W性染色体为20.75 Mb。Ma等（2020b）建了二化螟染色体水平基因组，大小为824.35 Mb，具有29个染色体，含有15 653个编码基因，推测二化螟通过甘油合成基因、脂肪酸合成和海藻糖转运等耐低温相关基因形成其特有的耐低温机制。

褐飞虱翅型分化取得重要进展。Liu等（2020g）揭示了*Hox*基因Ultrabithorax（*Ubx*）在水稻重要害虫褐飞虱中独特的表达模式及其在翅型分化过程中的关键作用，发现了昆虫翅发育调控的新机制。研究结果表明，褐飞虱*Ubx*的表达模式与作用模式，与现有昆虫*Ubx*的经典理论存在显著不同。主要表现在一是表达模式不同，褐飞虱*Ubx*在前翅与后翅翅芽中均有表达。二是*Ubx*通过剂量效应调控褐飞虱翅的发育程度，褐飞虱后翅*Ubx*的表达量高于前翅，短翅品系*Ubx*表达量高于长翅品系，*Ubx*剂量越高，翅发育程度越低，翅越小，反之，*Ubx*剂量越低，翅发育程度越高，翅越大。三是水稻营养状况调控褐飞虱胰岛素受体*InR1/2*的表达量，而*InR1/2*进一步调控褐飞虱Ubx的表达，营养贫乏的黄熟期水稻使*InR1*表达量升高，*InR1*抑制*Ubx*的表达量，使褐飞虱发育为长翅型，利于褐飞虱种群迁飞，寻找新的栖息地；营养丰富的分蘖期水稻使*InR*2表达量升高，进一步上调*Ubx*的表达量，使褐飞虱发育成短翅型，利于种群增殖。

褐飞虱重要功能基因的研究持续开展（表4-1）。Gao等（2020）研究指出，褐飞虱驱动蛋白编码基因*KIF2A*通过参与细胞周期进程或卵黄蛋白原的转运调控卵巢发育。Jia等（2020）克隆了3个褐飞虱跨膜通道样蛋白编码基因（*Nltmc3*、*Nltmc5*和*Nltmc7*）并发现*Nltmc3*在褐飞虱卵巢发育中有关键作用。Wang等（2020e）克隆了编码5种蛋白磷酸酶1（*NlPPP1α*、*NlPPP1β*、*NlPPP1-Y*、*NlPPP1-Y1*和*NlPPP1-Y2*）的10个*PPP1*基因，

其中 *NlPPP1-Y*、*NlPPP1-Y1* 和 *NlPPP1-Y2* 在雌成虫中几乎不表达，指出蛋白磷酸酶 1 对褐飞虱的生长及雄虫生殖发育有重要作用。Ge 等（2020）报道，井冈霉素（JGM）能提高水稻植株中葡萄糖和类胰岛素等物质的含量及相关基因表达量，证实井冈霉素可通过改变水稻植株的糖浓度来调控褐飞虱类胰岛素信号通路，调控褐飞虱的繁殖力。Xue 等（2020）报道，抑制褐飞虱类胰岛素生长因子 *Nlilp1*、*Nlilp2*、*Nlilp3* 或 *Nlilp4* 的表达会削弱雌虫繁殖力，延长若虫发育历期，诱导葡萄糖、海藻糖和糖原的积累或增强成虫对饥饿的耐受性。

3. 水稻害虫与共生菌、病毒的互作

Gong 等（2020）首次报道了具有应用潜力的稳定携带人工转染的 *Wolbachia* 农业昆虫品系的成功建立。通过昆虫胚胎显微注射技术，成功将灰飞虱感染的 *wStri Wolbachia* 株系转入到新宿主褐飞虱体内并得到 100%稳定的遗传品系。同时，该昆虫品系的成功建立也是第一次成功实现胚胎显微注射的方式在半翅目昆虫中的 *Wolbachia* 转染。新建立的褐飞虱 wStri 转染品系在对宿主适合度影响轻微的情况下不仅能够诱导高强度的细胞质不亲和表型，并以不同的释放比例替换实验室饲养的野生种群，同时也能起到显著抑制褐飞虱所传播的水稻齿叶矮缩病毒复制和传播的效果。

Zhang 等（2020c）绘制了未感染和感染水稻黑条矮缩病毒（RBSDV）的灰飞虱中肠 circRNAs 表达谱，推测 *circRNA2030* 可能通过调节 *PTA* 的表达来影响 RBSDV 的侵染。Han 等（2020b）发现，水稻条纹病毒（RSV）的 CP 蛋白作为关键因子可激活茉莉酸信号途径对 RSV 侵染的响应，同时吸引灰飞虱对水稻的取食以利于 RSV 的水平传递。Li 等（2020b）报道，灰飞虱感染水稻条纹病毒后体内 *LsTUB* 水平升高，且 *LsTUB* 介导 RSV 通过中肠和唾液腺实现水平传递。Xu 等（2020a）研究发现，亚致死剂量的三唑磷在刺激灰飞虱产卵、卵黄蛋白及卵黄蛋白受体基因表达上调的同时，还可使卵巢内 RSV 的丰度及子代灰飞虱的带毒率显著上升，证实灰飞虱卵黄蛋白原参与了三唑磷诱导的水稻条纹病毒在宿主内的垂直传递。

表 4-1　水稻抗虫基因及害虫功能基因的鉴定

基因名称	功能	参考文献
水稻		
osa-miR2871a-3p、*osa-miR172a*、*osa-miR166a-5p*、*osa-miR2120*	褐飞虱抗性	Nanda et al.（2020）
OsDREB1A	褐飞虱抗性	周书行等（2020）
OsEIL1、*OsLOX9*、*OsEBF1*	褐飞虱抗性	Ma et al.（2020）
OsLRR-RLK2	褐飞虱抗性	Ye et al.（2020）
OsmiR156b-3p、*miR169i-5p. 2*	褐飞虱抗性	Tan et al.（2020）
Orphans、*G2-like*	褐飞虱抗性	Li et al.（2020）
OsRRK1	褐飞虱抗性	马银花等（2020）
Os6PGDH1	褐飞虱抗性	Chen et al.（2020）

（续表）

基因名称	功能	参考文献
OsPRK	褐飞虱、白背飞虱和二化螟抗性	陈林等（2020）
OsHRG-7	褐飞虱、二化螟抗性	王静静（2020）
C2H2、*Tify*	二化螟抗性	Li et al.（2020）
Os P_{HPL2}	二化螟抗性	Li et al.（2020）
褐飞虱		
NlNan	生殖	Wang et al.（2020）
NlFAR1、*4*、*5*、*6*、*7*、*8*、*9*、*11*、*13*、*15*	生殖、蜕皮	Li et al.（2020）
Nlilp1、*Nlilp2*、*Nlilp3*、*Nlilp4*	生殖、营养利用	Xue et al.（2020）
NlBmm	生殖、营养利用、致害性	Zheng et al.（2020）
NlNF-YA、*NlNF-YB*、*NlNF-YC*	生长发育、蜕皮、生殖	Chen et al.（2020）
NlABCB	生长发育	闸雯俊等（2020）
Hairy	生长发育、蜕皮、生殖	Mao et al.（2020）
NlTh	蜕皮	Liu et al.（2020）
Nox5	蜕皮、产卵	Peng et al.（2020）
GSK-3	蜕皮、翅发育	Ding et al.（2020）
nvd、*SDR*、*CYP302A1*、*CYP307A2*、*CYP307B1*、*CYP314A1*、*CYP315A1*	蜕皮、卵巢发育	Zhou et al.（2020d）
FoxN1	蜕皮、卵巢发育	Ye（2020c）
NlCPAP1-N	几丁质合成	Yue et al.（2020）
PGM1、*PGM2*	几丁质合成	Pan et al.（2020）
MiR-2703	几丁质合成代谢	Chen et al.（2020）
KNRL	卵发育	Lu et al.（2020）
hub	胚胎发育	Fan et al.（2020）
NlHsp90 和 *NlGRP94*	卵、胚胎发育	Chen et al.（2020）
NlTret1-like X1、*NlTret1-2 X1*	糖转运	於卫东等（2020）
TPS3	能量代谢	Wang et al.（2020）
NlGP、*NlGS*	糖原合成	Zeng et al.（2020）
Nlug-desatA2	脂代谢、卵巢发育	Ye et al.（2020b）
NlSP1	取食	Huang et al.（2020）
Inactive（*Iav*）、*Nanchung*（*Nan*）	行动、取食	Zhu et al.（2020）

（续表）

基因名称	功能	参考文献
mir-9a、*NlUbx*	翅型分化	Li et al.（2020）
NlUbx-L、*NlUbx-S*	翅型分化	Fu et al.（2020）
E2F/DPs、*CCNE*、*CDKs*	翅型分化	Lin et al.（2020）
NlugCSP10	化学感知	Waris et al.（2020）
NlGr11	化学感知	Chen et al.（2020）
Cry1	磁场感知与趋光性	Wan et al.（2020）
Nl-fh	磁场感知与趋光性	Zhang et al.（2020）
NlHsp20.9、*NlHsp21.6*、*NlHsp21.9*、*NlHsp22.4*、*NlHsp23.1*、*NlHsp28.7*	响应温度胁迫	潘磊等（2020）
Hsp70-2、*Hsp70-3*、*Hsp70-4*、*Hsp70-5*、*Hsp70-6*	响应 UV-A 胁迫、温度胁迫	Zhou et al.（2020）
白背飞虱		
SfCht5、*SfCht7*、*SfCht10*、*SfIDGF2*	几丁质代谢、翅发育	Yang et al.（2020g）
SfKr-h1	卵巢发育	Hu et al.（2020）
MCO4、*mucin-like*、*SfEG1*	致害性	贾浩康（2020）
sfPPO1、*SfPPO2-1*、*SfPPO2-2*	免疫反应	张道伟等（2020）
灰飞虱		
LstrOBP1、*2*、*5*、*6*、*7*、*10*、*LstrSNMP1*	化学感知	Li et al.（2020）
IKKα、*TBK1*	对 RSV 的免疫反应	鲁燕华等（2020）
circRNA2030	对 RSV 的免疫反应	Zhang et al.（2020）
LstrE2 A、*LstrE2 E*、*LstrE2 G2*、*LstrE2 H*	对 RSV 的免疫反应	Li et al.（2020）

第二节 国外水稻植保技术研究进展

一、水稻病虫害防控技术

（一）非化学农药防治技术

印度的 Sahu 等（2020）从稻瘟病病斑部位分离鉴定出 17 种细菌，包括 *Achromobacter*（2）、*Comamonas*（1）、*Curtobacterium*（1）、*Enterobacter*（1）、*Leclercia*（2）、*Microbacterium*（1）、*Pantoea*（3）、*Sphingobacterium*（1）和 *Stenotrophomonas*

(5)，发现其中大部分细菌的分泌物或挥发性代谢物可抑制稻瘟病菌菌丝的生长，其中 *S*. sp. 和 *M. oleivorans* 对叶片上稻瘟病菌的抑制率超过 60%，并能激活水稻中 *OsCEBiP*、*OsCERK1*、*OsEDS1* 和 *OsPAD4* 等防御反应相关基因的表达。泰国 Chaiharn 等（2020）从水稻根际土壤中分离了 112 株细菌，其中链霉菌 *Streptomyces* PC12 不仅对稻瘟病菌表现出较强的抑制率，还可显著提高水稻植株高度、根长和根干重，具有作为生物肥料的潜力。韩国 Nguyen 等（2020）筛选出一株对水稻上匍匐剪股颖币斑病菌 *Sclerotinia homoeocarpa* 有较强抑菌活性的菌株 *Humicola* sp.，并从该菌中分离出一种根赤壳菌素 monorden，发现 monorden 不仅能抑制热激蛋白 Hsp90 的活性，还可有效抑制稻瘟病菌和水稻白叶枯病菌的危害。

（二）化学农药防治技术及抗药性

英国的 Steinberg 等（2020）报道了单烷基亲脂性阳离子（MALCs）影响植物病原体细胞活性的新机制，指出 MALCs 主要通过抑制真菌线粒体的氧化磷酸化发挥杀菌作用，还可利用线粒体复合体 I 中的 mROS 激活植物免疫。此外还发现，C18-SMe^{2+} 不仅可有效保护谷类作物免受小麦黑斑病和稻瘟病的侵害，还对植物、人类和大型蚤（*Daphnia magna*）细胞的毒性较低且没有诱变活性，揭示了 MALCs 具有作为安全无毒农作物杀菌剂的潜力。

日本的 Fujii 等（2020）通过分析 2005—2017 年菲律宾和越南的褐飞虱吡虫啉抗性品系和对照品系对 5 种新烟碱类药物的敏感性数据，证实褐飞虱对吡虫啉的抗性发展导致其对噻虫嗪和噻虫胺产生交互抗性，而对呋虫胺和烯啶虫胺无交互抗性。

二、水稻病虫害的分子生物学机制

（一）主要病原菌的致病性

美国的 Rocha 等（2020a）在稻瘟病菌附着胞黏附这一环节取得重大研究进展，发现了精胺介导稻瘟病菌侵染叶片的新机制。该团队 Rocha 等（2020b）还发现，稻瘟病菌核苷二磷酸激酶编码基因 *NDK1* 通过调节胞内核苷酸代谢平衡，抑制寄主植物的活性氧爆发并调控菌丝生长。

奥地利 Zámocký 等（2020）在稻瘟病菌中鉴定得到了血红素过氧化物酶编码基因 *MohyBpox1* 和 *MohyBpox2*，发现 H_2O_2 及过氧乙酸均能增强 *MohyBpox1* 和 *MohyBpox2* 的表达水平，证实 *MohyBpox1* 能结合可溶性淀粉，推测 *MohyBpox1* 与稻瘟病菌的致病力相关。

印度 Bhatt 等（2020）报道，稻瘟病菌 *MoNdt80* 能特异性结合 *MoDac*、*MoDeam* 及 *MoHex* 启动子中的 NCRCAAA［AT］序列，并调控 N-乙酰葡萄糖胺（GlcNAc）分解酶、转运蛋白及细胞壁降解酶等与菌丝生长和定殖寄主有关基因的表达，揭示了转录

因子 *MoNdt80* 在对 N-乙酰葡萄糖胺（GlcNAc）的转化利用和病原菌致病力中的关键作用。Pramesh 等（2020）从印度卡纳塔克邦（Karnataka）的 4 个水稻种植区分离获得了 15 株稻曲病菌（*U. virens*），并对致病力最强的 Uv-Gvt 进行了基因组测序，发现 Uv-Gvt 与中国 UV-8b 和日本 MAFF 236576 株系的基因组相似程度较高，且遗传多样性较低（0.073%～0.088%）。

日本的 Umemura 等（2020）报道，黄曲霉（*A. flavus*）和稻曲病菌（*U. virens*）中稻曲毒素（Ustiloxin）的合成机制不同，指出黄曲霉只能合成 Ustiloxin A，而稻曲病菌可合成 Ustiloxin A 和 Ustiloxin B，调节 Ustiloxin A 和 Ustiloxin B 合成的核心多肽的关键基序分别为 Tyr（Y）-Val（V）-Ile（I）-Gly（G）和 Tyr（Y）-Ala（A）-Ile（I）-Gly（G），且 Tyr 苯环上的羟基是稻曲毒素合成过程中的关键结构。

（二）水稻的抗病虫害机制

比利时的 De Zaeytijd 等（2020）报道，*OsRIP1* 参与调控水稻对褐飞虱的抗性。Scheys 等（2020）报道，褐飞虱中 N-糖基化蛋白存在性别相关性。英国的 Zdrzalek 等（2020）报道，水稻 *AVR-PikD* 通过与其受体的互作激活 NLR 受体蛋白编码基因 *Pikp-1* 和 *Pikp-2*，进而调控水稻对稻瘟病菌的抗性。

参考文献

包云轩，苍薪竹，杨诗俊，等，2020. 大气低温胁迫对中国褐飞虱年内初始迁入的影响 [J]. 生态学报，40（20）：7519-7533.

邓金奇，何行建，李先喆，等，2020. 湖南汉寿应用虫情信息自动采集系统对水稻主要害虫的监测及识图统计效果 [J]. 中国植保导刊，40（12）：35-40.

冯锐，郭辉，陈灿，等，2020. 分子标记辅助选育抗褐飞虱水稻恢复系 [J]. 西南农业学报，33（3）：562-567.

龚元成，邵曙光，施丽，等，2020. 竹山县水稻纹枯病发生规律和综合防控技术研究 [J]. 湖北植保，（3）：42-43+49.

何馥晶，朱凤，严卫飞，等，2020. 化学农药与二化螟盘绒茧蜂对控制二化螟的不相容 [J]. 应用昆虫学报，57（4）：921-929.

何雨婷，何佳春，魏琪，等，2020. 三种稻田常见螯蜂对半翅目害虫的寄主偏好性及控害作用 [J]. 昆虫学报，63（8）：999-1009.

黄保宏，罗定荣，刘师佳，等，2020. 褐飞虱趋光性的最佳波长研究 [J]. 安徽科技学院学报，34（2）：18-22.

黄贤夫，陈海波，李程巧，等，2020. 性诱剂与黑光灯对二化螟的诱捕效果及其影响因子 [J]. 农药学学报，22（4）：602-610.

贾浩康，2020. 白背飞虱三种唾液基因的功能初探 [D]. 北京：中国农业科学院.

兰波，杨迎青，陈建，等，2020. 无人飞机低容量喷雾中影响药剂对水稻纹枯病和二化螟防治效果的因素分析［J］. 农药学学报，22（3）：543-549.
李姝，庄家祥，杭德龙，等，2020. 不同释放密度和高度对稻螟赤眼蜂防控两种水稻螟虫效果的影响［J］. 环境昆虫学报，42（2）：294-298.
林泗海，2020. 福建南安灯下白背飞虱种群数量动态分析［J］. 中国植保导刊，40（8）：50-52.
刘万才，陆明红，黄冲，等，2020. 水稻重大病虫害跨境跨区域监测预警体系的构建与应用［J］. 植物保护，46（1）：87-92+100.
刘又夫，肖德琴，刘亚兰，等，2020. 褐飞虱诱导的水稻冠层热图像温度特征变异评估方法［J］. 农业机械学报，51（5）：165-172.
罗亮，李容柏，2020. 普通野生稻 GXU186 对褐飞虱稳定抗性的鉴定［J］. 南方农机，51（10）：53.
马银花，李萍芳，董文静，等，2020. 水稻抗性蛋白 OsRRK1 抗褐飞虱机理分析［J］. 中国水稻科学，34（6）：512-519.
卿冬进，邓国富，黄凤宽，等，2020. 水稻抗褐飞虱基因 *Bph3* 荧光分子标记的开发及应用［J］. 分子植物育种，18（14）：4665-4670.
任志杰，龚培盼，徐鹏飞，等，2020. 2017 年褐飞虱和白背飞虱田间种群对氟吡呋喃酮的抗性监测［J］. 农药学学报，22（1）：176-181.
孙李瞳，冯玲，刘子睿，等，2020. 外源海藻糖对水稻生理生化及褐飞虱抗性的影响［J］. 应用昆虫学报，57（4）：814-822.
王飞名，孔德艳，刘国兰，等，2020. 分子标记辅助选择改良‘黄华占’的褐飞虱抗性与抗旱性［J］. 上海农业学报，36（3）：9-14.
韦丽莉，林兴华，李文芳，等，2020. 滇西南稻区稻飞虱越冬情况调查［J］. 中国植保导刊，40（4）：39-42.
徐晗，闫晗，褚晋，等，2020. 稻曲病菌致病力分化与接种处理条件优化［J］. 江苏农业科学，48（18）：128-131.
鄢柳慧，黄福钢，舒宛，等，2020. 籼稻品种‘ARC5833’抗褐飞虱基因的遗传分析与定位［J］. 分子植物育种，18（18）：6038-6043.
姚青，谷嘉乐，吕军，等，2020. 改进 RetinaNet 的水稻冠层害虫为害状自动检测模型［J］. 农业工程学报，36（15）：182-188.
张梅，2020. 四川稻区主要迁飞性害虫种群动态研究［D］. 重庆：西南大学.
张乾，潘峰，梁建文，等，2020. 二化螟 P-糖蛋白基因的克隆、序列分析及在阿维菌素处理下的表达模式［J］. 江西农业大学学报，42（3）：475-486.
周若男，2020. 抗虫近等基因系水稻对不同褐飞虱种群的抗性与分子响应［D］. 北京：中国农业科学院.
周淑香，李丽娟，鲁新，等，2020. 诱捕器类型和悬挂高度对二化螟诱集效果的影响［J］. 东北农业科学，45（2）：32-35.
周晓，包云轩，王琳，等，2020. 稻纵卷叶螟为害水稻的冠层光谱特征及叶绿素含量估算［J］. 中国农业气象，41（3）：173-186.
Bhatt D N，Ansari S，Kumar A，et al.，2020. *Magnaporthe oryzae* MoNdt80 is a transcriptional regulator of GlcNAc catabolic pathway involved in pathogenesis［J］. Microbiological Research，

239：126550.

Cai X，Yan J，Liu C，et al.，2020. Perilipin LDP1 coordinates lipid droplets formation and utilization for appressorium-mediated infection in *Magnaporthe oryzae* [J]. Environmental Microbiology，22 (7)：2843-2857.

Chaiharn M，Theantana T，Pathom-Aree W，2020. Evaluation of biocontrol activities of *Streptomyces* spp. against rice blast disease fungi [J]. Pathogens，9 (2)：126.

Chen L，Kuai P，Ye M，et al.，2020b. Overexpression of a cytosolic 6-phosphogluconate dehydrogenase gene enhances the resistance of rice to *Nilaparvata lugens* [J]. Plants (Basel)，9 (11)：1529.

Chen M，Wang B，Lu G，et al.，2020c. Genome sequence resource of *Magnaporthe oryzae* laboratory strain 2539 [J]. Molecular Plant-Microbe Interactions，33 (8)：1029-1031.

Chen X L，Liu C，Tang B，et al.，2020d. Quantitative proteomics analysis reveals important roles of N-glycosylation on ER quality control system for development and pathogenesis in *Magnaporthe oryzae* [J]. PLoS Pathogens，16 (2)：e1008355.

Chen Y，Rong X，Fu Q，et al.，2020a. Effects of biochar amendment to soils on stylet penetration activities by aphid *Sitobion avenae* and planthopper *Laodelphax striatellus* on their host plants [J]. Pest Management Science，76 (1)：360-365.

De Z J，Chen P，Scheys F，et al.，2020. Involvement of OsRIP1，a ribosome-inactivating protein from rice，in plant defense against *Nilaparvata lugens* [J]. Phytochemistry，170：112190.

Dong L，Liu S，Kyaing M S，et al.，2020. Identification and fine mapping of *Pi69* (t)，a new gene conferring broad-spectrum resistance against *Magnaporthe oryzae* from *Oryza glaberrima* Steud [J]. Frontiers in Plant Science，11：1190.

Du D，Zhang C，Xing Y，et al.，2020. The CC-NB-LRR OsRLR1 mediates rice disease resistance through interaction with OsWRKY19 [J]. Plant Biotechnology Journal，In press.

Elzaki M E A，Li Z F，Wang J，et al.，2020. Activiation of the nitric oxide cycle by citrulline and arginine restores susceptibility of resistant brown planthoppers to the insecticide imidacloprid [J]. Journal of Hazardous Materials，396：122755.

Fan D，Zhang H，Liu T，et al.，2020. Control effects of *Chelonus munakatae* against *Chilo suppressalis* and impact on greenhouse gas emissions from paddy fields [J]. Frontiers in Plant Science，11：228.

Fujii T，Sanada-Morimura S，Oe T，et al.，2020. Long-term field insecticide susceptibility data and laboratory experiments reveal evidence for cross resistance to other neonicotinoids in the imidacloprid-resistant brown planthopper *Nilaparvata lugens* [J]. Pest Management Science，76 (2)：480-486.

Gao H，Zhang Y，Li Y，et al.，2020. *KIF2A* regulates ovarian development via modulating cell cycle progression and vitollogenin levels [J]. Insect Molecular Biology，30 (2)：165-175.

Ge L，Zhou Z，Sun K，et al.，2020. The antibiotic jinggangmycin increases brown planthopper (BPH) fecundity by enhancing rice plant sugar concentrations and BPH insulin-like signaling [J]. Chemosphere，249：126463.

Gong J-T，Li Y，Li T-P，et al.，2020. Stable introduction of plant-virus-inhibiting *Wolbachia* into planthoppers for rice protection [J]. Current Biology，30：1-9.

Han K, Huang H, Zheng H, et al., 2020b. Rice stripe virus coat protein induces the accumulation of jasmonic acid, activating plant defence against the virus while also attracting its vector to feed [J]. Molecular Plant Pathology, 21 (12): 1647-1653.

Han L, Zhang J T, Wang M M, et al., 2020a. Mitochondrial DNA diversity and population structure of *Laodelphax striatellus* across a broad geographic area in China [J]. Mitochondrial DNA Part A DNA Mapping, Sequencing, and Analysis, 31 (8): 346-354.

He J, He Y, Lai F, et al., 2020. Biological traits of the pincer wasp *Gonatopus Flavifemur* (Esaki & Hashimoto) associated with different stages of its host, the brown planthopper, *Nilaparvata Lugens* (Stål) [J]. Insects, 11 (5): 279.

Hereward J P, Cai X, Matias A M A, et al., 2020. Migration dynamics of an important rice pest: The brown planthopper (*Nilaparvata lugens*) across Asia-Insights from population genomics [J]. Evolutionary Applications, 13 (9): 2449-2459.

Hou H, Fang J, Liang J, et al., 2020. *OsExo70B1* positively regulates disease resistance to *Magnaporthe oryzae* in rice [J]. International Journal of Molecular Sciences, 21 (19): 7049.

Hu S J, Sun S S, Fu D Y, et al., 2020. Migration sources and pathways of the pest species *Sogatella furcifera* in Yunnan, China, and across the border inferred from DNA and wind analyses [J]. Ecology and Evolution, 10 (15): 8235-8250.

Huang J M, Rao C, Wang S, et al., 2020b. Multiple target-site mutations occurring in lepidopterans confer resistance to diamide insecticides [J]. Insect Biochem Mol Biol, 121: 103367.

Huang J, Zhang N, Shan J, et al., 2020a. Salivary protein 1 of brown planthopper is required for survival and induces immunity response in plants [J]. Frontiers in Plant Science, 11: 571280.

Jia Y L, Zhang Y J, Guo D, et al., 2020. A mechanosensory receptor TMC regulates ovary development in the brown planthopper *Nilaparvata lugens* [J]. Frontiers in Genetics, 11: 573603.

Jiang S, Tang X, Chen M, et al., 2020. Design, synthesis and antibacterial activities against *Xanthomonas oryzae* pv. *oryzae*, *Xanthomonas axonopodis* pv. *Citri* and *Ralstonia solanacearum* of novel myricetin derivatives containing sulfonamide moiety [J]. Pest Management Science, 76 (3): 853-860.

Ke Y, Yuan M, Liu H, et al., 2020. The versatile functions of OsALDH2B1 provide a genic basis for growth-defense trade-offs in rice [J]. Proceedings of the National Academy of Sciences, USA, 117 (7): 3867-3873.

Li H, Zhou Z, Hua H, et al., 2020a. Comparative transcriptome analysis of defense response of rice to *Nilaparvata lugens* and *Chilo suppressalis* infestation [J]. International Journal of Biological Macromolecules, 163: 2270-2285.

Li Y, Chen D, Hu J, et al., 2020b. The α-tubulin of *Laodelphax striatellus* mediates the passage of rice stripe virus (RSV) and enhances horizontal transmission [J]. PLoS Pathogens, 16 (8): e1008710.

Li Z, Wu L, Wu H, et al., 2020c. Arginine methylation is required for remodelling pre-mRNA splicing and induction of autophagy in rice blast fungus [J]. New Phytologist, 225 (1): 413-429.

Liang Y Y, Luo M, Fu X G, et al., 2020. Mating disruption of *Chilo suppressalis* from sex pheromone of another pyralid rice pest *Cnaphalocrocis medinalis* (Lepidoptera: Pyralidae) [J].

Journal of Insect Science (Ludhiana), 20 (3): 19.

Liu B, Syu K-J, Zhang Y-X, et al., 2020a. Practical synthesis and field application of the synthetic sex Pheromone of rice stem borer, *Chilo suppressalis* (Lepidoptera: Pyralidae) [J]. Journal of Chemistry, 1-9.

Liu C, Xing J, Cai X, et al., 2020b. GPI7-mediated glycosylphosphatidylinositol anchoring regulates appressorial penetration and immune evasion during infection of *Magnaporthe oryzae* [J]. Environmental Microbiology, 22 (7): 2581-2595.

Liu F, Li X, Zhao M, et al., 2020. Ultrabithorax is a key regulator for the dimorphism of wings, a main cause for the outbreak of planthoppers in rice [J]. National Science Review, 7 (7): 1181-1189.

Liu J X, Cai Y N, Jiang W Y, et al., 2020e. Population structure and genetic dversity of fungi causing rice seedling blight in northeast China based on microsatellite markers [J]. Plant Disease, 104 (3): 868-874.

Liu M H, Kang H, Xu Y, et al., 2020c. Genome-wide association study identifies an NLR gene that confers partial resistance to *Magnaporthe oryzae* in rice [J]. Plant Biotechnology Journal, 18 (6): 1376-1383.

Liu X, Inoue H, Tang X, et al., 2020d. Rice *OsAAA-ATPase1* is Induced during blast infection in a salicylic acid-dependent manner, and promotes blast fungus resistance [J]. International Journal of Molecular Sciences, 21 (4): 1443.

Liu X, Zhou Q, Guo Z, et al., 2020f. A self-balancing circuit centered on MoOsm1 kinase governs adaptive responses to host-derived ROS in *Magnaporthe oryzae* [J]. Elife, 9: e61605.

Ma F, Yang X, Shi Z, et al., 2020a. Novel crosstalk between ethylene- and jasmonic acid-pathway responses to a piercing-sucking insect in rice [J]. New Phytologist, 225 (1): 474-487.

Ma W, Zhao X, Yin C, et al., 2020b. A chromosome-level genome assembly reveals the genetic basis of cold tolerance in a notorious rice insect pest, *Chilo suppressalis* [J]. Molecular Ecology Resources, 20 (1): 268-282.

Meng F, Yang C, Cao J, et al., 2020a. A *bHLH* transcription activator regulates defense signaling by nucleo-cytosolic trafficking in rice [J]. Journal of Integrative Plant Biology, 62 (10): 1552-1573.

Meng X, Yang X, Wu Z, et al., 2020b. Identification and transcriptional response of ATP-binding cassette transporters to chlorantraniliprole in the rice striped stem borer, *Chilo suppressalis* [J]. Pest Management Science, 76 (11): 3626-3635.

Miao J, Zhao G, Wang B, et al., 2020. Three point-mutations in cytochrome *b* confer resistance to trifloxystrobin in *Magnaporthe oryzae* [J]. Pest Management Science, 76 (12): 4258-4267.

Min H, Jia S, Youpin X, et al., 2020. Discovery of broad-spectrum fungicides that block septin-dependent infection processes of pathogenic fungi [J]. Nature Microbiology, 5 (12): 1565-1575.

Nanda S, Yuan S Y, Lai F X, et al., 2020. Identification and analysis of miRNAs in IR56 rice in response to BPH infestations of different virulence levels [J]. Scientific Reports, 10 (1): 19093.

Nguyen H T T, Choi S, Kim S, et al., 2020. The Hsp90 inhibitor, monorden, is a promising lead compound for the development of novel fungicides [J]. Frontiers in Plant Science, 11 (371).

Panthapulakkal N S, Lung S C, Liao P, et al., 2020. The overexpression of *OsACBP5* protects transgenic rice against necrotrophic, hemibiotrophic and biotrophic pathogens [J]. Scientific Reports, 10 (1): 14918.

Pramesh D, Prasannakumar M K, Muniraju K M, et al., 2020. Comparative genomics of rice false smut fungi *Ustilaginoidea virens* Uv-Gvt strain from India reveals genetic diversity and phylogenetic divergence [J]. 3 Biotech, 10 (8): 342.

Qiang Z, MengJun T, Yang Y, et al., 2020. Endophytic fungus *Phomopsis liquidambaris* B3 induces rice resistance to control RSRD caused by *Fusarium proliferatum* and promote plant growth [J]. Journal of the Science of Food and Agriculture, In press.

Qiu J, Lu F, Wang H, et al., 2020. A candidate gene for the determination of rice resistant to rice false smut [J]. Molecular Breeding, 40: 105.

Qu Y, Wang J, Zhu X, et al., 2020. The P5-type ATPase Spf1 is required for development and virulence of the rice blast fungus *Pyricularia oryzae* [J]. Current Genetics, 66 (2): 385-395.

Que Y, Xu Z, Wang C, et al., 2020. The putative deubiquitinating enzyme MoUbp4 is required for infection-related morphogenesis and pathogenicity in the rice blast fungus *Magnaporthe oryzae* [J]. Current Genetics, 66 (3): 561-576.

Rocha R O, Elowsky C, Pham N T T, et al., 2020a. Spermine-mediated tight sealing of the *Magnaporthe oryzae* appressorial pore - rice leaf surface interface [J]. Nature Microbiology, 5 (12): 1472-1480.

Rocha R O, Wilson R A, 2020b. *Magnaporthe oryzae* nucleoside diphosphate kinase is required for metabolic homeostasis and redox-mediated host innate immunity suppression [J]. Molecular Microbiology, 114 (5): 789-807.

Sahu K P, Kumar A, Patel A, et al., 2020. Rice blast lesions: an unexplored phyllosphere microhabitat for novel antagonistic bacterial species against *Magnaporthe oryzae* [J]. Microbial Ecology, 81 (3): 731-745.

Scheys F, Van Damme E J M, Pauwels J, et al., 2020. N-glycosylation site analysis reveals sex-related differences in protein N-glycosylation in the rice brown planthopper (*Nilaparvata lugens*) [J]. Molecular and Cellular Proteomics, 19 (3): 529-539.

Sha Y, Zeng Q, Sui S, 2020. Screening and application of *Bacillus* strains isolated from nonrhizospheric rice soil for the biocontrol of rice blast [J]. The Plant Pathology Journal, 36 (3): 231-243.

Steinberg G, Schuster M, Gurr S J, et al., 2020. A lipophilic cation protects crops against fungal pathogens by multiple modes of action [J]. Nature Communications, 11 (1): 1608-1608.

Sun Y, Wang P, Abouzaid M, et al., 2020a. Nanomaterial-wrapped ds *CYP15C1*, a potential RNAi-based strategy for pest control against *Chilo suppressalis* [J]. Pest Management Science, 76 (7): 2483-2489.

Sun Y, Yang P, Jin H, et al., 2020b. Knockdown of the aminopeptidase N genes decreases susceptibility of *Chilo suppressalis* larvae to *Cry1Ab/Cry1Ac* and *Cry1Ca* [J]. Pesticide Biochemistry and Physiology, 162: 36-42.

Sun Z, Shi J H, Fan T, et al., 2020c. The control of the brown planthopper by the rice *Bph14* gene is affected by nitrogen [J]. Pest Management Science, 76 (11): 3649-3656.

Tan J, Wu Y, Guo J, et al., 2020. A combined microRNA and transcriptome analyses illuminates the resistance response of rice against brown planthopper [J]. BMC Genomics, 21 (1): 144.

Tang B, Cheng Y, Li Y, et al., 2020a. Adipokinetic hormone regulates cytochrome P450-mediated imidacloprid resistance in the brown planthopper, *Nilaparvata lugens* [J]. Chemosphere, 259: 127490.

Tang W, Jiang H, Aron O, et al., 2020b. Endoplasmic reticulum-associated degradation mediated by MoHrd1 and MoDer1 is pivotal for appressorium development and pathogenicity of *Magnaporthe oryzae* [J]. Environmental Microbiology, 22 (12): 4953-4973.

Tian D, Lin Y, Chen Z, et al., 2020a. Exploring the distribution of blast resistance alleles at the *Pi2/9* locus in major rice-producing areas of China by a novel InDel marker [J]. Plant Disease, 104 (7): 1932-1938.

Tian D, Yang F, Niu Y, et al., 2020b. Loss function of SL (sekiguchi lesion) in the rice cultivar Minghui 86 leads to enhanced resistance to (hemi) biotrophic pathogens [J]. BMC Plant Biology, 20 (1): 507.

Umemura M, Kuriiwa K, Tamano K, et al., 2020. Ustiloxin biosynthetic machinery is not compatible between *Aspergillus flavus* and *Ustilaginoidea virens* [J]. Fungal Genetics and Biology, 143: 103434.

Wang J, Xue R, Ju X, et al., 2020a. Silicon-mediated multiple interactions: Simultaneous induction of rice defense and inhibition of larval performance and insecticide tolerance of *Chilo suppressalis* by sodium silicate [J]. Ecology and Evolution, 10 (11): 4816-4827.

Wang K, Peng Y, Chen J, et al., 2020. Comparison of efficacy of RNAi mediated by various nanoparticles in the rice striped stem borer (*Chilo suppressalis*) [J]. Pesticide Biochemistry and Physiology, 165: 104467.

Wang L, Zhou X, Lu H, et al., 2020b. Synthesis and antibacterial evaluation of novel 1, 3, 4-Oxadiazole derivatives containing sulfonate/carboxylate moiety [J]. Molecules, 25 (7): 1488.

Wang N, Song N, Tang Z, et al., 2020. Constitutive expression of *Arabidopsis* senescence associated gene 101 in *Brachypodium distachyon* enhances resistance to *Puccinia brachypodii* and *Magnaporthe oryzae* [J]. Plants (Basel), 9 (10): 1316.

Wang Q, Li J, Lu L, et al., 2020d. Novel variation and evolution of *AvrPiz-t* of *Magnaporthe oryzae* in field isolates [J]. Frontiers in Genetics, 11: 746.

Wang W, Su J, Chen K, et al., 2020f. Dynamics of the rice blast fungal population in the field after deployment of an improved rice variety containing known resistance genes [J]. Plant Disease.

Wang W, Zhou P, Mo X, et al., 2020c. Induction of defense in cereals by 4-fluorophenoxyacetic acid suppresses insect pest populations and increases crop yields in the field [J]. Proceedings of the National Academy of Sciences, USA, 117 (22): 12017-12028.

Wang W, Zhu T, Lai F, et al., 2020e. Identification and functional analysis of five genes that encode distinct isoforms of protein phosphatase 1 in *Nilaparvata lugens* [J]. Scientific Reports, 10 (1): 10885.

Wang Z, Dai T, Peng Q, et al., 2020g. Bioactivity of the novel fungicide SYP-14288 against plant pathogens and the study of its mode of action based on untargeted metabolomics [J]. Plant Disease, 104 (8): 2086-2094.

Wang Z, Huang J, Nie L, et al., 2020h. Molecular and functional analysis of a brown planthopper resistance protein with two nucleotide binding site domains [J]. Journal of Experimental Botany, 72 (7): 2657-2671.

Wei Y, Li L, Hu W, et al., 2020b. Suppression of rice blast by bacterial strains isolated from cultivated soda saline-sodic soils [J]. International Journal of Environmental Research and Public Health, 17 (14): 5248.

Wei Y-Y, Liang S, Zhang Y-R, et al., 2020a. MoSec61β, the beta subunit of Sec61, is involved in fungal development and pathogenicity, plant immunity, and ER-phagy in *Magnaporthe oryzae* [J]. Virulence, 11 (1): 1685-1700.

Wu J, Ge L, Liu F, et al., 2020b. Pesticide-induced planthopper population resurgence in rice cropping systems [J]. Annual Review of Entomology, 65 (7): 409-429.

Wu W, Chen M, Fei Q, et al., 2020a. Synthesis and bioactivities study of novel pyridylpyrazol amide derivatives containing pyrimidine motifs [J]. Frontiers in Chemistry, 8: 522.

Xin W, Mao Y, Lu F, et al., 2020. *In vitro* fungicidal activity and in planta control efficacy of coumoxystrobin against *Magnaporthe oryzae* [J]. Pesticide Biochemistry and Physiology, 162: 78-85.

Xu G, Jiang Y, Zhang N, et al., 2020a. Triazophos-induced vertical transmission of rice stripe virus is associated with host vitellogenin in the small brown planthopper *Laodelphax striatellus* [J]. Pest Management Science, 76 (5): 1949-1957.

Xu G, Zhong X, Shi Y, et al., 2020b. A fungal effector targets a heat shock-dynamin protein complex to modulate mitochondrial dynamics and reduce plant immunity [J]. Science Advances, 6 (48): eabb7719.

Xue W H, Liu Y L, Jiang Y Q, et al., 2020. Molecular characterization of insulin-like peptides in the brown planthopper, *Nilaparvata lugens* (Hemiptera: Delphacidae) [J]. Insect Molecular Biology, 29 (3): 309-319.

Yang D, Li S, Lu L, et al., 2020c. Identification and application of the *Pigm-1* gene in rice disease resistance breeding [J]. Plant Biology (Stuttgart, Germany), 22 (6): 1022-1029.

Yang L, Huang L F, Wang W L, et al., 2020a. Effects of temperature on growth and development of the brown planthopper, *Nilaparvata lugens* (Homoptera: Delphacidae) [J]. Environmental Entomology, 50 (1): 1-11.

Yang N, Dong Z, Chen A, et al., 2020b. Migration of *Sogatella furcifera* between the Greater Mekong Subregion and northern China revealed by mtDNA and SNP [J]. BMC Evolutionary Biology, 20 (1): 154.

Yang Z, Xing J, Wang L, et al., 2020d. Mutations of two *FERONIA-like* receptor genes enhance rice blast resistance without growth penalty [J]. Journal of Experimental Botany, 71 (6): 2112-2126.

Yao Q, Feng J, Tang J, et al., 2020. Development of an automatic monitoring system for rice light-trap pests based on machine vision [J]. Journal of Integrative Agriculture, 19 (10): 2500-2513.

Ye M, Kuai P, Hu L, et al., 2020. Suppression of a leucine-rich repeat receptor-like kinase enhances host plant resistance to a specialist herbivore [J]. Plant, Cell & Environment, 43 (10): 2571-2585.

Zdrzalek R, Kamoun S, Terauchi R, et al., 2020. The rice NLR pair Pikp-1/Pikp-2 initiates cell death through receptor cooperation rather than negative regulation [J]. PLoS One, 15 (9): e0238616.

Zeng J, Zhang Z, Zhu Q, et al., 2020. Simplification of natural beta-carboline alkaloids to obtain indole derivatives as potent fungicides against rice sheath blight [J]. Molecules, 25 (5): 1189.

Zhang C, Fang H, Shi X, et al., 2020a. A fungal effector and a rice NLR protein have antagonistic effects on a Bowman-Birk trypsin inhibitor [J]. Plant Biotechnology Journal, 18 (11): 2354-2363.

Zhang J, Wang H, Wu W, et al., 2020c. Systematic identification and functional analysis of circular RNAs during Rice black-streaked dwarf virus infection in the *Laodelphax striatellus* (Fallén) midgut [J]. Frontiers in Microbiology, 11: 588009.

Zhang Z, Zhou L, Gao Y, et al., 2020b. Enantioselective detection, bioactivity, and metabolism of the novel chiral insecticide fluralaner [J]. J Agric Food Chem, 68 (25): 6802-6810.

Zhong Z, Chen M, Lin L, et al., 2020. Genetic variation bias toward noncoding regions and secreted proteins in the rice blast fungus *Magnaporthe oryzae* [J]. mSystems, 5 (3): e00346-20.

Zámocký M, Kamlárová A, Maresch D, et al., 2020. Hybrid heme peroxidases from rice blast fungus *Magnaporthe oryzae* involved in defence against oxidative stress [J]. Antioxidants (Basel, Switzerland), 9 (8): 655.

第五章　水稻基因组编辑技术研究动态

2012年以来，CRISPR/Cas作为一种新兴的基因组编辑技术，以其简单、高效和通用性等特点被广泛应用于多个物种的研究和品种改良。2020年在水稻基因组编辑领域，技术上的研究进展主要延续了2019年的研究热点，开发新的蛋白变体扩大基因组的编辑范围，在提高单碱基编辑效率和双碱基编辑上取得了很大进步，并且还系统研究了降低单碱基编辑脱靶效应的方法，基于（微）同源末端连接在靶向插入、替换和大片段缺失方面也有较大突破。此外，国内外多个研究团队陆续报道了引导编辑系统在水稻中的应用。同时，通过基因组编辑技术在提高水稻产量、改善稻米品质、创造抗病抗除草剂新种质以及利用基因编辑技术优化第三代杂交水稻技术体系方面取得较大进展。

第一节　基因组编辑技术在水稻中的研究进展

一、扩大基因组编辑范围

CRISPR/Cas可以对基因组DNA进行特异性编辑。CRISPR/Cas基因编辑的靶向特异性有两个条件决定：一个是sgRNA序列与基因组DNA序列进行特异性结合；另一个是Cas蛋白特异性地识别基因组DNA特定短的DNA序列，即PAMs序列，两个条件共同决定Cas蛋白的切割位点。CRISPR/Cas系统在基因组上的精准编辑范围常受限于PAMs序列。虽然来自酿脓链球菌的Cas9（SpCas9）受到最广泛使用，但是SpCas9识别的PAM序列为NRG（R=A/G），只有不到10%的DNA序列符合这一要求。另一个使用广泛的Type V型CRISPR/Cas12a（也叫CRISPR/Cpf1）能够识别富含胸腺嘧啶（T）的PAM序列，可以扩展CRISPR的编辑范围，但在基因组上可访问的位置数量仍然有限。研究人员通过开发各种新的Cas蛋白突变体和不同物种Cas蛋白来增加新的基因编辑工具，以扩大基因组编辑范围。

美国哈佛大学David R. Liu课题组报道了利用噬菌体辅助连续（非连续）进化技术开发出的三种SpCas9变体，其不受限于必须含G碱基的要求，分别识别NRRH、NRCH和NRTH PAM序列（Miller et al.，2020）。此外，哈佛医学院Benjamin P. Kleinstiver团队报道了SpG的变体，能够稳定识别NGN PAM，进一步优化该酶，获得了一种几乎不受PAM限制的SpCas9变体SpRY，SpRY核酸酶和碱基编辑器变体可以靶向几乎所有PAM（Walton et al.，2020）。

来自美国麻省理工学院的Pranam Chatterjee等研究人员成功设计出具有增强基因组编辑能力的新蛋白ScCas9，虽然与SpCas9相似，但ScCas9具有更广泛的靶向DNA序列能力，ScCas9 不需要两个 G 核苷酸作为其 PAM 序列，只需要一个 G，就可以在基因组上打开更多位置，即 NNG 是 ScCas9 的 PAM 序列。这一发现将 Cas9 酶可以靶向的位置从最初的基因组上的 10%位点扩大到将近 50%（Chatterjee et al.，2020a）。多个课题组在水稻中先后证明了 ScCas9 可以工作（Wang et al.，2020a，Xu et al.，2020b）。

与此同时，这些作者成功地利用他们之前开发的 SPAMALOT 算法，发现了需要两个 A 碱基而不是两个 G 碱基的猕猴链球菌（Streptococcus macacae）Cas9（SmacCas9）。通过结构域交换和进一步基因改造，他们获得新的 iSpyMac 酶作为首批已知的不需要 G 碱基的 Cas9 编辑器之一，其 PAM 序列为 NAAN，可以靶向所有腺嘌呤（A）二核苷酸 PAM 序列，在人类细胞中具有强大和准确的编辑能力，这样就可以进一步靶向之前无法靶向的 20%的基因组（Chatterjee et al.，2020b）。随后，在植物中也开发了一种基于杂交 iSpyMacCas9 的新植物基因组编辑系统，可以在富含 A 的 PAM 上进行靶向突变、C 到 T 和 A 到 G 的单碱基编辑，这项研究填补了 CRISPR/Cas9 系统在植物 NAAR PAM 编辑方面的技术空白（Sretenovic et al.，2020）。

二、单碱基编辑系统

在不依赖 DNA 双链断裂的情况下，基于 CRISPR/Cas 系统发展起来的单碱基编辑器的开发为动植物定向编辑和精准基因修饰提供了重要工具。目前常用的碱基编辑系统主要有两类：胞嘧啶碱基编辑器（CBE）和腺嘌呤碱基编辑器（ABE）。这两类碱基编辑系统利用胞嘧啶脱氨酶或人工进化的腺嘌呤脱氨酶与 Cas9 缺口酶（nCas9）进行融合，融合蛋白在 sgRNA 介导下对靶位点进行精准的碱基编辑，最终可以分别实现 C-T（G-A）或 A-G（T-C）的碱基转换。其中，ABE 的应用受到脱氧腺苷脱氨酶组分与 SpCas9 以外 Cas 同系物的有限兼容性限制。美国哈佛大学 David R. Liu 课题组使用噬菌体辅助的非连续和连续进化来改进了 ABE7.10 的脱氨酶成分，从而产生了 ABE8e，与各种 Cas9 或 Cas12 同源物配对时，ABE8e 可以大大提高编辑效率（Richter et al.，2020）。此外，虽然 CBEs 和 ABEs 能够精确实现基因组编辑，但是这两种碱基编辑器只能催化单一类型碱基的转换，即嘧啶对嘧啶、嘌呤对嘌呤的转换，而不能实现碱基之间的颠换，单一的产物类型也使其在分子进化、饱和突变筛选等基础研究方面的应用受到很大限制。

最近，多个研究团队几乎同时报道了一种能同时编辑 C 和 A 两种碱基的双碱基编辑器，它是由 nCas9 与胞嘧啶脱氨酶和腺嘌呤脱氨酶融合而成，能同时使 C-G 和 A-T 转变为 T-A 和 G-C。华东师范大学李大力课题组通过多轮优化密码子、核定位信号、linker 序列以及融合表达的 nCas9-UGI 开发了一种高效的 A/C 同时转换的编辑工具 A&C-Bemax，与 CBE 和 ABE 相比，A&C-BEmax 编辑效率、碱基突变类型和 A/C 同时转换活性显著提高，几乎不产生 DNA 脱靶，RNA 水平的脱靶也大幅降低，是一款非常高效、特异且安全的双功能碱基编辑工具（Zhang et al.，2020d）。美国麻省总医院的

J. Keith Joung 团队将腺苷脱氨酶（TadA）、来源于七鳃鳗的胞嘧啶脱氨酶（PmCDA1），分别融合到 nCas9 的 N 端和 C 端开发出了一种同步可编程腺嘌呤和胞嘧啶编辑器 SPACE，可以同时引入 A-G 和 C-T 替代。与 CBE 和 ABE 相比，SPACE 的C-T编辑效率与 CBE 相当，对 A-G 编辑效率则略有降低，总体来说 SPACE 双碱基编辑器效率高于 CBE+ABE，SPACE 拓宽了 CRISPR 碱基编辑器可编辑范围和研究应用（Grünewald et al.，2020）。日本东京大学 Nozomu Yachie 团队通过将胞嘧啶脱氨酶 PmCDA1、腺苷脱氨酶 TadA 和 nCas9 进行融合开发了 Target-ACEmax，整合了先前开发的 A-G 和 C-T 碱基编辑器的功能，其编辑效率与原先的单碱基编辑器相当（Sakata et al.，2020）。中国科学院遗传与发育生物学研究所高彩霞研究组和李家洋研究组合作将胞嘧啶脱氨酶 APOBEC3A 和腺嘌呤脱氨酶 ecTadA-ecTadA7.10 同时融合在 nCas9 的 N 端，构建了新型的饱和靶向内源基因突变碱基编辑器 STEME，只在一个 sgRNA 引导下就可以诱导靶位点 A-G 和 C-T 的同时突变，显著增加了靶基因碱基突变的饱和度及产生突变类型的多样性，在植物中实现了基因的定向进化和功能筛选（Li et al.，2020b）。双碱基编辑器的开发能够进一步实现复杂的碱基编辑，解决了同时表达两个单碱基编辑器效率低的问题，既是概念上的创新，也进一步拓宽了碱基编辑器的功能，在基因治疗、物种改良和分子进化等方面均有重要意义。

三、降低单碱基编辑的脱靶效应

单碱基编辑技术由于可以在不切断 DNA 双链的情况下实现单核苷酸的定向突变，所以在疾病治疗、缺陷修复上被寄予了厚望，自 2016 年首次报道以来受到了广泛关注。2019 年，单碱基编辑工具的安全性受到了质疑，先后有不同团队报道了单碱基编辑器存在严重的 DNA 脱靶和 RNA 脱靶效应。

最近，中国科学院脑科学与智能技术卓越创新中心杨辉团队、中国科学院上海营养与健康研究所隶属的计算生物学研究所李亦学团队和中国农业科学院深圳农业基因组研究所左二伟团队合作得到了一个 CBE 突变体 YE1-BE3-FNLS，它保持了高的靶基因编辑效率，同时也显著降低 DNA 和 RNA 的脱靶效应，从而成为既安全又高效的新型基因编辑工具（Zuo et al.，2020）。该研究结果和美国哈佛大学 David R. Liu 团队的研究结论一致（Doman et al.，2020），两篇文章都报道 YE1 在保持较高编辑效率的同时降低了 DNA 和 RNA 上的脱靶，同时缩小了编辑窗口，并降低了 indel 产生的比例。但是 David R. Liu 团队基于细菌抗性筛选的方法只适用于 CBE，而杨辉团队基于 GOTI 的方法是不受限制的，不仅可以检测单碱基编辑器，还可以用于其他基于融合蛋白的基因编辑工具的安全性检测和改进。塔斯马尼亚大学的 Nguyen Tran 团队基于结构导向设计开发出了 SaCas9 ABE 变体 microABE I744，与目前的 N 末端连接的 SaCas9 ABE 变体相比，该变体显著提高了靶向 DNA 的编辑效率，减少了 RNA 的脱靶（Nguyen et al.，2020）。复旦大学脑科学转化研究院程田林团队、中国科学院脑科学与智能技术卓越创新中心仇子龙团队以及复旦大学附属中山医院王小林团队通过将腺嘌呤脱氨酶融合于Cas9内部特定位点的方式，实现了ABE工具活性窗口和RNA脱靶风险的协同优化，在保持ABE工具活性窗口多样性的基础上，进一步降低甚至消除了RNA水平的脱靶风险（Li S et al.，2020e）。中国农业科学院农业基因组研究所左二伟团队和莱斯大学Xue Sherry Gao团队通过一系列的蛋白工程实验来开发一种新型的碱基编辑器A3G-BE，通过仅编辑连续碱基C中的第二个C，大大提高了编辑精度，还可以在DNA和RNA水平上减少脱靶编辑（Lee et al.，2020）。上海科技大学池天、黄行许团队以及中国科学院脑科学与智能技术卓越创新中心的杨辉研究团队将碱基编辑酶插入至nCas9中间的耐受位点，开发出了高度特异性的新碱基编辑器CE-ABE，该碱基编辑器可实现对甲基化和GC富集区的碱基编辑，同时可减少碱基编辑过程中的脱靶效应（Liu et al.，2020d）。中国科学院遗传与发育生物学研究所高彩霞团队通过对人类胞嘧啶脱氨酶（APOBEC3B）蛋白的理性设计，并结合新型的CBE筛选方法，开发出了两种新型的能保持高编辑效率且无脱靶效应的CBE变体，为基因治疗和植物分子设计育种提供了强有力的工具支撑（Jin et al.，2020）。此外，美国圣犹达儿童研究医院的研究人员开发出了可预测基因组编辑器脱靶活性的工具CHANGE-seq，CHANGE-seq是第一个真正可扩展的用于阐明CRISPR/Cas核酸酶的非预期活性的方法，有了这种方法，可以快速挑选出最好的、最安全的基因组编辑器和靶点，以用于治疗性编辑（Lazzarotto et al.，2020）。

四、定向插入、替换和大片段缺失

目前CRISPR/Cas基因组编辑技术在基因敲除、单碱基编辑等方面已成功实现，然而在基因插入方面仍然面临许多挑战。Yariv Houvras团队利用合成的gRNAs和线性dsDNA模板，成功在多个基因组位点上敲入荧光基因，证明了利用合成的同源模板进行同源定向修复和基因组编辑的可行性（DiNapoli et al.，2020）。加州大学戴维斯分校的Pamela C. Ronald团队首次利用CRISPR/Cas9技术成功在水稻中特定位点插入表达5.2 kb的类胡萝卜素合成表达组件，获得了富含类胡萝卜素的黄金大米（Dong et al.，2020）。

同源重组（HDR）介导修复机制，可精确编辑基因组序列，实现目标基因的定向编辑，然而HDR只发生在细胞分裂的特定时期，并且在植物细胞内HDR发生频率极低，极大限制了基于HDR的基因编辑技术的应用。中国科学院上海分子植物科学卓越创新中心朱健康研究团队利用修饰后的DNA片段作为供体，在水稻上建立了一种高效的片段靶向敲入和替换技术，又巧妙地设计了一种片段精准替换的策略，称之为重复片段介导的同源重组（TR-HDR）方法，通过将修饰的片段靶向敲入至目标位点后，人为制造串联重复结构，诱导TR-HDR去实现片段替换，这一技术突破将大大促进农作物定向遗传改良的进程（Lu et al.，2020）。

Cas蛋白靶向基因组特定位置，产生DNA双链断裂，常通过非同源末端连接

(NHEJ) 修复方式，在靶位点处产生一个或几个碱基的插入或缺失，但是 NHEJ 介导的片段缺失效率相对较低。华南农业大学的刘耀光院士团队提出了一种利用微同源末端连接 MMEJ 介导的修复方式促进 CRISPR/Cas9 的植物基因组大片段删除新策略（Tan et al.，2020)。此外，该团队还开发了一个方便用户使用的工具 MMEJ-KO，可以帮助研究人员自动设计基于 MMEJ 的片段删除的靶点（Xie et al.，2020)。

五、引导编辑技术体系

现有的碱基编辑器仅能完成特定的 4 种形式的碱基转换，为了实现碱基间的任意颠换和短片段的精准插入和缺失，美国哈佛大学 David R. Liu 团队开发了引导编辑器(prime editors，PEs)，可以实现全部 12 种类别的碱基替换和小片段的插入缺失突变。PEs 系统由 nSpCas9（H840A)、pegRNA 和逆转录酶 M-MLV 组成，其中 pegRNA 是在 gRNA 序列的 3’末端添加引物结合位点和携带编辑信息的逆转录模板。该系统的主要工作机制是：nSpCas9（H840A）与工程化改造的逆转录酶 M-MLV 的融合蛋白在 pegRNA 的引导下在非靶标链上引入切口，切口的末端与 pegRNA 上的引物结合位点结合并在逆转录酶 M-MLV 的作用下将 pegRNA 的逆转录模板携带的编辑信息直接反转录到目标 DNA 链上，随后在生物体内的修复机制的作用下，将编辑信息引入基因组上。此外，在 Cas9 非编辑链上引入第二切口，诱导细胞以编辑链为模板对非编辑链进行修复，有助于引导编辑的效率。在此基础上，中国科学院遗传与发育生物学研究所高彩霞团队构建了适于植物表达的引导编辑工具，并成功在水稻和小麦中完成了 DNA 的精确编辑（Lin et al.，2020)。成都电子科技大学张勇团队、中国农业科学院作物研究所夏兰琴团队、北京市农林科学院杨进孝团队、中国科学院上海植物逆境生物学研究中心朱健康团队、沙特阿拉伯阿卜杜拉国王科技大学 Mahfouz 团队以及安徽省农业科学院的魏鹏程团队陆续报道了引导编辑系统在水稻中的应用（Butt et al.，2020；Hua et al.，2020，Li et al.，2020c；Tang et al.，2020a；Xu et al.，2020c；Xu et al.，2020d)。虽然引导编辑系统在植物中实现了其他编辑工具无法完成的多种精准突变，使得在植物功能基因组研究和作物定向改良方面的精准编辑成为可能，但是目前的植物引导编辑器受到细胞类型、Cas9 活性以及 pegRNA 等多种因素的影响（Anzalone et al.，2020；Li et al.，2020d)，在植物中的编辑效率偏低且不稳定，因此还需要进一步的优化和探索。

六、基因编辑产品的“人脸识别”技术

基因编辑技术为快速创制新的遗传资源提供新的技术手段，基因编辑过程中需要引入外源转基因成分，但是通过后代的分离，可以将外源成分剔除，如何检测外源成分是否剔除完全，是基因编辑产品监管中的重要一环。目前，外源成分检测主要采用 PCR 等分子检测手段。但是，基于 PCR 的检测方法需要已知外源片段序列才能设计扩增引

物，在外源片段序列未知或在体内出现变异等情况下，基于 PCR 的方法将无法对其进行有效检测。另外，基于 PCR 的检测方法易受实验条件的影响，导致假阳性或假阴性情况的发生。因此，迫切需要发展一种高效灵敏的外源成分检测方法，即基因编辑产品的“人脸识别”技术来保障基因编辑产品的安全。中国水稻研究所王克剑团队和中国科学院遗传与发育生物学研究所李家洋团队合作开发了一种外源成分检测工具（Foreign Element Detector，FED），不同于传统的 PCR 检测，FED 对全基因组重测序数据进行分析，可在外源成分信息未知的情况下，一次性完成对 46 695 种不同外源成分序列的检测，同时 FED 还可以精确鉴定出外源成分的片段长度及在基因组上的插入位置，有望为全球基因组编辑产品的应用和安全监管提供重要工具平台（Liu et al.，2020b）。同时也有望为我国基因编辑产品的开发和应用提供安全保障，将基因编辑技术研发的领先优势尽快地转化为产品优势，有效应对外来基因编辑产品的冲击，保障国家粮食安全。

第二节　基因组编辑技术在水稻育种上的应用

一、通过基因编辑手段来提高水稻产量

（一）编辑水稻减产基因来提高水稻产量

利用基因编辑技术去除水稻减产的功能基因是培育理想水稻品种的有效途径。比如，利用 CRISPR/Cas9 系统同时对 *GS3*、*GW2* 和 *Gn1a* 三个负调控粒型和穗粒数功能基因进行基因编辑，产生的突变体可以显著提高水稻产量（Lacchini et al.，2020）。利用 CRISPR/Cas9 系统对水稻分蘖数和单株产量的负功能基因 *OsFWL4* 进行定向编辑，产生的功能缺失突变体可以显著提高分蘖数和单株产量（Gao et al.，2020）。Lv 等（2020）利用 CRISPR/Cas9 技术敲除负向调节中胚轴伸长的 *OsPAO5*，显著增加了水稻籽粒重、穗粒数和水稻产量，同时也显著促进了水稻中胚轴伸长，促进水稻直播出苗。

（二）编辑细胞分裂素合成和信号响应基因来提高水稻产量

细胞分裂素是调控细胞分裂和维持分生组织活性的激素，在提高作物产量中具有重要作用。利用基因编辑技术编辑细胞分裂素稳态和信号响应的调节因子是提高水稻产量的实用方法。例如，OsLOGL5 编码细胞分裂素激活酶，*OsLOGL5* 3′端的 CRISPR 编辑变体在各种田间环境下都显著增加了水稻产量（Wang et al.，2020b）。细胞分裂素氧化酶/脱氢酶（CKX）是使细胞分裂素失活的主要酶，与野生型水稻相比，使用 CRISPR/Cas9 系统破坏 *OsCKX11* 显著增加了细胞分裂素含量和水稻产量（Zhang et al.，2020c）。由于 *OsCKX* 可以调节体内细胞分裂素的水平，因此，*OsCKX* 是提高水稻产量较好的编辑靶标。耐旱耐盐基因 *DST* 可以直接调控 *OsCKX2*/*Gn1a* 的表达，CRISPR/Cas9 介导 *DST* 的基因组编辑，可以培育出高产的水稻品种（Santosh et al.，

2020）。此外，ERECTA1 是 OsMKKK10-OsMKK4-OsMPK6 信号级联的上游，可以调控细胞分裂素的代谢水平，对 *ERECTA1* 的基因组编辑可以显著增加每穗颖花数，继而增加水稻产量（Guo et al.，2020）。OsNAC2 作为生长素和细胞分裂素信号的上游因子，通过 CRISPR/Cas9 系统获得的 *OsNAC2* 敲除植株表现出更发达的根系和更高的水稻产量（Mao et al.，2020）。

（三）编辑植物生长和环境响应因子来提高水稻产量

在自然环境中，水稻需要很长一段时间来适应动态的环境变化。利用 CRISPR/Cas9 系统编辑控制植物生长和环境响应的基因是促进水稻生长和提高水稻产量的有效方法。因此，研究人员试图创造具有抵抗各种胁迫因素的新型高产水稻种质。通过 CRISPR/Cas9 系统编辑 *OsPYL9* 基因（水稻 ABA 受体之一）增加了水稻的耐旱性和谷物产量（Usman et al.，2020）。利用 CRISPR/Cas9 系统同时编辑两个与产量相关的负调控基因（*OsPIN5b* 和 *GS3*）和一个耐寒基因（*OsMYB30*），获得了兼具高产和高耐寒性的水稻新品种（Zeng et al.，2020b）。通过 CRISPR/Cas9 技术产生的水稻 *OsPQT3* 敲除突变体具有更高的水稻产量和对氧化和盐胁迫的抵抗力（Alfatih et al.，2020）。

（四）编辑 microRNA 因子来提高水稻产量

MicroRNA（miRNA）是在真核生物中发现的一类内源的、长度约 20～24 个核苷酸的非编码 RNA，在真核基因表达调控中有着广泛作用。破坏 miRNA 调节因子可能是提高水稻产量的一种有前景的方法。据报道，几种 miRNA 通过靶向其直接转录因子、生长调节因子来控制水稻产量。例如，Miao 等利用 CRISPR/Cas9 系统靶向一个影响粒型和株型的关键调控因子 *miR396*，在获得的所有突变体中，*miR396e/f* 突变体的粒长和粒宽显著增加，穗长和穗分枝数目也显著增加，从而提高了水稻产量。并且 *miR396e/f* 突变体还可以显著提高植物体的耐低氮逆境胁迫，在低氮条件下仍表现出高产稳产的特性（Miao et al.，2020，Zhang et al.，2020b）。此外，Sun 等（2020）报道了抑制 *OsmiR530* 的表达会增加水稻产量，而过表达 *OsmiR530* 会显着降低籽粒大小和穗分枝，导致产量损失，即 *OsmiR530* 可以负调控水稻产量。因此，*OsmiR530* 也是可以通过基因组编辑技术来培育高产水稻的优良靶点。

二、利用基因编辑技术改善稻米品质

稻米品质主要包括加工品质、外观品质、蒸煮食用品质和营养品质等几个方面。其中稻米外观品质在很大程度上影响了市场的接受度，稻米垩白是衡量稻米品质的一个重要性状，垩白率高的稻米会严重影响其外观品质和蒸煮食用品质，因此，垩白率高的水稻品种在市场的接受度很小。在粳稻品种日本晴中，*GS3* 和 *GL3.1* 是粒型大小的负调节因子，通过 CRISPR/Cas9 介导的多基因编辑系统，在 T_1 代中，*gs3* 形成了具有较低垩白度的细长米粒，而 *gs3gl3.1* 产生具有较高垩白度的较大米粒（Yuyu et al.，2020）。

水稻蒸煮和食用品质（eating and cooking quality，ECQ）主要由 3 种理化性质决定：直链淀粉含量（amylose content，AC）、凝胶稠度和糊化温度，其中 AC 是 ECQ 最重要的决定因素。蜡质（*Waxy*，*Wx*）基因决定了水稻 AC 含量，控制胚乳中直链淀粉的合成。近几十年来，在 *Wx* 位点发现的多个等位基因（如 Wx^{lv}、Wx^{a}、Wx^{b}、Wx^{in}、$Wx^{op/hp}$、Wx^{mp}、Wx^{mq}、Wx^{mw}和 *wx*）在不同程度上影响了水稻 AC 含量，并进一步增加了消费者的选择（Zhang et al.，2020a）。在多个水稻品种中，利用 CRISPR/Cas9 系统对 *Wx* 的编码区进行编辑产生的功能缺失突变体均表现出 AC 含量降低并产生糯米，这远不能满足 ECQ 的多样化需求。最近，中国的几个研究团队采用不同的策略编辑 *Wx* 基因产成了新的 *Wx* 等位基因，这些等位基因可以微调水稻直链淀粉含量。Xu 等（2020a）利用碱基编辑器 CBE，对水稻品种日本晴 Wx^{b}基因的 N 端结构域进行功能位点突变，获得了 AC 含量在 1.4%～11.9% 连续分布的水稻新种质。Huang 等（2020）利用 CRISPR/Cas9 系统对 Wx^{b}启动子的 TATA box 区域进行编辑，AC 从野生型的 16.80%下降到 10.66%～14.85%。Zeng 等（2020a）利用 CRISPR/Cas9 系统对 Wx^{a}启动子及其 5′UTR 内含子剪接位点进行编辑，AC 含量分别下降到 17%～18%（食味适宜）和 9%～10%（达到软米标准）。

香稻品种因其独特的香气和口感而广受欢迎。大米中有许多风味化合物，最重要的是 2-乙酰基-1-吡咯啉（2AP），它主要受 *OsBADH2* 基因调控。利用 CRISPR/Cas9 技术获得 *OsBADH2* 的功能缺失突变体，其 2AP 积累增加，水稻香味增强（Ashokkumar et al.，2020）。利用 CRISPR/Cas9 系统对 *OsBADH2* 的外显子和内含子交接处进行编辑，引起外显子的跳跃，从而导致了其阅读框的移位也得到了类似的结果（Tang et al.，2020b）。

三、利用基因编辑技术获得抗除草剂新种质

培育抗除草剂水稻可以减少除草剂对水稻的危害，提高化学除草效率，降低除草成本。传统培育抗除草剂水稻的方法包括使用转基因技术将外源抗除草剂基因（如 *Bar*）引入优良水稻品种中。但出于安全考虑，这些抗除草剂水稻品种不能用于生产。CRISPR/Cas 技术能够在体内对除草剂靶向基因进行精确修饰，并赋予水稻内源性除草剂抗性，从而为水稻改良提供广阔前景。Kuang 等提出了将单碱基编辑技术应用于植物内源基因定向进化的理念，通过合用两类单碱基编辑器，在水稻中对除草剂内源靶标基因 *OsALS1* 实现近似饱和突变，从而成功发掘出 4 个自然界中未曾被发现的、对除草剂具有不同抗性程度的 *OsALS1* 新等位基因，并进一步通过单碱基编辑器介导的精准编辑技术，成功将变异位点 P171F 引入到水稻品种南粳 46 中，由此南粳 46 升级为“洁田稻”（Kuang et al.，2020）。Liu 等针对 *OsACCase* 的羧基转移酶结构域的序列设计了 141 个 sgRNA，构建了 3 个碱基编辑文库，并把碱基编辑文库导入粳稻品种肥粳 2020 中，

获得2个*OsACC*抗性新位点（I1879V和W2125S），实现植物体内重要农艺性状基因关键功能结构域氨基酸高密度诱变和定向进化（Liu et al.，2020c）。Li等设计了200个独立的sgRNA靶向水稻*OsACCase*的羧基转移酶结构域，随后对再生苗喷洒高效氟吡甲禾灵进行筛选，共发现4个除草剂抗性突变位点：P1927F、W2125C、S1866F和A1884P。除W2125C以外，其余3个抗性位点未曾在植物中有过报道。P1927F与W2125C突变一样表现出强除草剂抗性，具有较高的生产应用潜能（Li et al.，2020a）。Li等利用单碱基编辑技术对水稻α-微管蛋白基因*OsTubA2*进行了定点核苷酸编辑，获得了第268位氨基酸残基Met突变为Thr的突变体，该突变赋予了水稻对二硝基苯胺类除草剂氟乐灵的抗性（Liu et al.，2020a）。

四、利用基因编辑技术获得抗病新种质

植物病原菌对粮食安全构成严重威胁，每年造成20%～40%的全球粮食生产损失。利用CRISPR/Cas技术敲除病害易感基因可以减少病害对水稻发育和产量的影响。水稻白叶枯病是由水稻白叶枯病菌引起的，是水稻上主要病害之一。华中农业大学林拥军团队利用CRISPR/Cas9系统特异性的剪切水稻*Xa13*基因的启动子，获得*Xa13*启动子缺失149个碱基的"无转基因"的水稻植株，该植株失去了被白叶枯病菌诱导表达的能力，从而表现出对白叶枯病菌的抗性（Li et al.，2020a）。稻瘟病是一种影响全球水稻生产的毁灭性病害，开发具有宿主抗性的栽培品种已被证明是疾病防治的最佳策略。Nawaz等（2020）通过CRISPR/Cas9靶向诱变*Pi21*基因，获得了*Pi21*的纯合突变植株，对稻瘟病的抗性增加，但主要农艺性状没有变化。

五、利用基因编辑技术优化第三代杂交水稻技术体系

第三代杂交水稻技术体系，克服了"三系法"中不育系受恢复系、保持系的制约而配组不自由、两系不育系育性不稳定制种有风险的缺点，该技术体系最大的优点是利用花粉致死基因使带有外源育性基因的花粉致死，获得100%全不育隐性核不育群体，从而获得不含转基因成分的杂种F_1，建立高效稳定的不育系和保持系一体的新型不育杂交育种体系。湖南杂交水稻研究中心袁隆平院士/李莉研究员团队首先利用CRISPR/Cas9基因组编辑技术敲除水稻花粉发育的调控基因*CYP703A3*，获得优良性状的普通核不育突变体9311^{03a3}。然后利用花粉形成后期特异启动子驱动水稻细胞质雄性不育基因*orfH79*在花粉中特异表达，并通过信号肽把编码蛋白定位在线粒体内，利用其毒肽功能将携带有转基因元件的花粉致死。随后构建包含有*CYP703A3*、*orfH79*以及*DsRed2*荧光基因表达盒的连锁表达载体，转化普通核不育突变体9311^{03a3}的幼穗愈伤组织，成功创制第三代杂交水稻繁殖系9311-3B，通过繁殖系自交能够等比例产生不含转基因成分的不育系9311A和含有转基因成分的繁殖系9311-3B。进一步利用不育系

9311A与恢复系进行杂交测配，获得了一批杂交水稻优良组合，该研究有助于第三代杂交水稻育种技术的发展和产业化（Song et al.，2020）。

参考文献

Alfatih A，Wu J，Jan S U，et al.，2020. Loss of rice PARAQUAT TOLERANCE 3 confers enhanced resistance to abiotic stresses and increases grain yield in field [J]. Plant，cell & environment，43：2743-2754.

Anzalone A V，Koblan L W，Liu D R，2020. Genome editing with CRISPR-Cas nucleases，base editors，transposases and prime editors [J]. Nat Biotechnol，38：824-844.

Ashokkumar S，Jaganathan D，Ramanathan V，et al.，2020. Creation of novel alleles of fragrance gene OsBADH2 in rice through CRISPR/Cas9 mediated gene editing [J]. PloS one，15：e0237018.

Butt H，Rao G S，Sedeek K，et al.，2020. Engineering herbicide resistance via prime editing in rice [J]. Plant biotechnology journal，18：2370-2372.

Chatterjee P，Jakimo N，Lee J，et al.，2020a. An engineered ScCas9 with broad PAM range and high specificity and activity [J]. Nat Biotechnol，38：1154-1158.

Chatterjee P，Lee J，Nip L，et al.，2020b. A Cas9 with PAM recognition for adenine dinucleotides [J]. Nature communications，11：2474.

DiNapoli S E，Martinez-McFaline R，Gribbin C K，et al.，2020. Synthetic CRISPR/Cas9 reagents facilitate genome editing and homology directed repair [J]. Nucleic acids research，48：e38.

Doman J L，Raguram A，Newby G A，et al.，2020. Evaluation and minimization of Cas9-independent off-target DNA editing by cytosine base editors [J]. Nat Biotechnol，38：620-628.

Dong O X，Yu S，Jain R，et al.，2020. Marker-free carotenoid-enriched rice generated through targeted geneinsertion using CRISPR-Cas9 [J]. Nature communications，11：1178.

Gao Q，Li G，Sun H，et al.，2020. Targeted Mutagenesis of the Rice FW 2.2-Like Gene Family Using the CRISPR/Cas9 System Reveals OsFWL4 as a Regulator of Tiller Number and Plant Yield in Rice [J]. International journal of molecular sciences，21.

Grünewald J，Zhou R，Lareau C A，et al.，2020. A dual-deaminase CRISPR base editor enables concurrent adenine and cytosine editing [J]. Nat Biotechnol，38：861-864.

Guo T，Lu Z Q，Shan J X，et al.，2020. ERECTA1 Acts Upstream of the OsMKKK10-OsMKK4-OsMPK6 Cascade to Control Spikelet Number by Regulating Cytokinin Metabolism in Rice [J]. The Plant cell，32：2763-2779.

Hua K，Jiang Y，Tao X，et al.，2020. Precision genome engineering in rice using prime editing system [J]. Plant biotechnology journal，18：2167-2169.

Huang L，Li Q，Zhang C，et al.，2020. Creating novel Wx alleles with fine-tuned amylose levels and improved grain quality in rice by promoter editing using CRISPR/Cas9 system [J]. Plant biotechnology journal，18：2164-2166.

Jin S，Fei H，Zhu Z，et al.，2020. Rationally Designed APOBEC3B Cytosine Base Editors with Improved Specificity [J]. Molecular cell，79，728-740 e726.

Kuang Y, Li S, Ren B, et al., 2020. Base-Editing-Mediated Artificial Evolution of OsALS1 In Planta to Develop Novel Herbicide-Tolerant Rice Germplasms [J]. Mol Plant, 13: 565-572.

Lacchini E, Kiegle E, Castellani M, et al., 2020. CRISPR - mediated accelerated domestication of African rice landraces [J]. PloS one, 15, e0229782.

Lazzarotto C R, Malinin N L, Li Y, et al., 2020. CHANGE-seq reveals genetic and epigenetic effects on CRISPR-Cas9 genome-wide activity [J]. Nat Biotechnol, 38: 1317-1327.

Lee S, Ding N, Sun Y, et al., 2020. Single C-to-T substitution using engineered APOBEC3G-nCas9 base editors with minimum genome- and transcriptome-wide off-target effects [J]. Science advances, 6: 1773.

Li C, Li W, Zhou Z, et al., 2020a. A new rice breeding method: CRISPR/Cas9 system editing of the Xa13 promoter to cultivate transgene-free bacterial blight-resistant rice [J]. Plant biotechnology journal, 18: 313-315.

Li C, Zhang R, Meng X, et al., 2020b. Targeted, random mutagenesis of plant genes with dual cytosine and adenine base editors [J]. Nat Biotechnol, 38: 875-882.

Li H, Li J, Chen J, et al., 2020c. Precise Modifications of Both Exogenous and Endogenous Genes in Rice by Prime Editing [J]. Mol Plant, 13: 671-674.

Li J, Li H, Chen J, et al., 2020d. Toward Precision Genome Editing in Crop Plants [J]. Mol Plant, 13: 811-813.

Li S, Yuan B, Cao J, et al., 2020e. Docking sites inside Cas9 for adenine base editing diversification and RNA off-target elimination [J]. Nature communications, 11: 5827.

Lin Q, Zong Y, Xue C, et al., 2020. Prime genome editing in rice and wheat [J]. Nat Biotechnol, 38: 582-585.

Liu L, Kuang Y, Yan F, et al., 2020a. Developing a novel artificial rice germplasm for dinitroaniline herbicide resistance by base editing of OsTubA2 [J]. Plant biotechnology journal, 19: 5-7.

Liu Q, Jiao X, Meng X, et al., 2020b. FED: a web tool for foreign element detection of genome-edited organism [J]. Science China. Life sciences, 64: 167-170.

Liu X, Qin R, Li J, et al., 2020c. A CRISPR-Cas9-mediated domain-specific base-editing screen enables functional assessment of ACCase variants in rice [J]. Plant biotechnology journal, 18: 1845-1847.

Liu Y, Zhou C, Huang S, et al., 2020d. A Cas-embedding strategy for minimizing off-target effects of DNA base editors [J]. Nature communications, 11: 6073.

Lu Y, Tian Y, Shen R, et al., 2020. Targeted, efficient sequence insertion and replacement in rice [J]. Nat Biotechnol, 38: 1402-1407.

Lv Y, Shao G, Jiao G, et al., 2020. Targeted mutagenesis of POLYAMINE OXIDASE 5 that negatively regulates mesocotyl elongation enables the generation of direct-seeding rice with improved grain yield [J]. MolPlant, 14: 344-351.

Mao C, He J, Liu L, et al., 2020. OsNAC2 integrates auxin and cytokinin pathways to modulate rice root development [J]. Plant biotechnology journal, 18: 429-442.

Miao C, Wang D, He R, et al., 2020. Mutations in MIR396e and MIR396f increase grain size and modulate shoot architecture in rice [J]. Plant biotechnology journal, 18: 491-501.

Miller S M, Wang T, Randolph P B, et al., 2020. Continuous evolution of SpCas9 variants compatible with non-G PAMs [J]. Nat Biotechnol, 38: 471-481.

Nawaz G, Usman B, Peng H, et al., 2020. Knockout of Pi21 by CRISPR/Cas9 and iTRAQ-Based Proteomic Analysis of Mutants Revealed New Insights into M. oryzae Resistance in Elite Rice Line [J]. Genes, 11.

Nguyen Tran M T, Mohd Khalid M K N, Wang Q, et al., 2020. Engineering domain-inlaid SaCas9 adenine base editors with reduced RNA off-targets and increased on-target DNA editing [J]. Nature communications, 11: 4871.

Richter M F, Zhao K T, Eton E, et al., 2020. Phage-assisted evolution of an adenine base editor with improved Cas domain compatibility and activity [J]. Nat Biotechnol, 38: 883-891.

Sakata R C, Ishiguro S, Mori H, et al., 2020. Base editors for simultaneous introduction of C-to-T and A-to-G mutations [J]. Nat Biotechnol, 38: 865-869.

Santosh Kumar V V, Verma R K, Yadav S K, et al., 2020. CRISPR-Cas9 mediated genome editing of drought and salt tolerance (OsDST) gene in indica mega rice cultivar MTU1010 [J]. Physiology and molecular biology of plants: an international journal of functional plant biology, 26: 1099-1110.

Song S, Wang T, Li Y, et al., 2020. A novel strategy for creating a new system of third-generation hybrid rice technology using a cytoplasmic sterility gene and a genic male-sterile gene [J]. Plant biotechnology journal.

Sretenovic S, Yin D, Levav A, et al., 2020. Expanding plant genome-editing scope by an engineered iSpyMacCas9 system that targets A-rich PAM sequences [J]. Plant communications, 2: 100101.

Sun W, Xu X H, Li Y, et al., 2020. OsmiR530 acts downstream of OsPIL15 to regulate grain yield in rice [J]. The New phytologist, 226: 823-837.

Tan J, Zhao Y, Wang B, et al., 2020. Efficient CRISPR/Cas9-based plant genomic fragment deletions by microhomology-mediated end joining [J]. Plant biotechnology journal, 18: 2161-2163.

Tang X, Sretenovic S, Ren Q, et al., 2020a. Plant Prime Editors Enable Precise Gene Editing in Rice Cells [J]. Mol Plant, 13: 667-670.

Tang Y, Abdelrahman M, Li J, et al., 2020b. CRISPR/Cas9 induces exon skipping that facilitates development of fragrant rice [J]. Plant biotechnology journal.

Usman B, Nawaz G, Zhao N, et al., 2020. Precise Editing of the OsPYL9 Gene by RNA-Guided Cas9 Nuclease Confers Enhanced Drought Tolerance and Grain Yield in Rice (Oryza sativa L.) by Regulating Circadian Rhythm and Abiotic Stress Responsive Proteins [J]. International journal of molecular sciences, 21.

Walton R T, Christie K A, Whittaker M N, et al., 2020. Unconstrained genome targeting with near-PAMless engineered CRISPR-Cas9 variants [J]. Science (New York, N. Y.), 368: 290-296.

Wang C, Wang G, Gao Y, et al., 2020b. A cytokinin-activation enzyme-like gene improves grain yield under various field conditions in rice [J]. Plant molecular biology, 102: 373-388.

Wang M, Xu Z, Gosavi G, et al., 2020a. Targeted base editing in rice with CRISPR/ScCas9 system [J]. Plant biotechnology journal, 18: 1645-1647.

Xie X, Liu W, Dong G, et al., 2020. MMEJ-KO: a web tool for designing paired CRISPR guide RNAs for microhomology-mediated end joining fragment deletion [J]. Science China. Life sciences.

Xu R, Li J, Liu X, et al., 2020c. Development of Plant Prime-Editing Systems for Precise Genome Editing [J]. Plant communications, 1: 100043.

Xu W, Zhang C, Yang Y, et al., 2020d. Versatile Nucleotides Substitution in Plant Using an Improved Prime Editing System [J]. Mol Plant, 13: 675-678.

Xu Y, Lin Q, Li X, et al., 2020a. Fine-tuning the amylose content of rice by precise base editing of the Wx gene [J]. Plant biotechnology journal.

Xu Y, Meng X, Wang J, et al., 2020b. ScCas9 recognizes NNG protospacer adjacent motif in genome editing of rice [J]. Science China. Life sciences, 63: 450-452.

Yuyu C, Aike Z, Pao X, et al., 2020. Effects of GS3 and GL3.1 for Grain Size Editing by CRISPR/Cas9 in Rice [J]. Rice Science, 27: 405-413.

Zeng D, Liu T, Ma X, et al., 2020a. Quantitative regulation of Waxy expression by CRISPR/Cas9-based promoter and 5′UTR-intron editing improves grain quality in rice [J]. Plant biotechnology journal.

Zeng Y, Wen J, Zhao W, et al., 2020b. Rational Improvement of Rice Yield and Cold Tolerance by Editing the Three Genes OsPIN5b, GS3, and OsMYB30 With the CRISPR-Cas9 System [J]. Front Plant Sci, 10: 1663.

Zhang C, Yang Y, Chen S, et al., 2020a. A rare Waxy allele coordinately improves rice eating and cooking quality and grain transparency [J]. Journal of integrative plant biology, 63: 889-901.

Zhang J, Zhou Z, Bai J, et al., 2020b. Disruption of MIR396e and MIR396f improves rice yield under nitrogen-deficient conditions [J]. National Science Review, 7: 102-112.

Zhang W, Peng K, Cui F, et al., 2020c. Cytokinin oxidase/dehydrogenase OsCKX11 coordinates source and sink relationship in rice by simultaneous regulation of leaf senescence and grain number [J]. Plant biotechnology journal, 19: 335-350.

Zhang X, Zhu B, Chen L, et al., 2020d. Dual base editor catalyzes both cytosine and adenine base conversions in human cells [J]. Nat Biotechnol, 38: 856-860.

Zuo E, Sun Y, Yuan T, et al., 2020. A rationally engineered cytosine base editor retains high on-target activity while reducing both DNA and RNA off-target effects [J]. Nat Methods, 17: 600-604.

第六章　稻米品质与质量安全研究动态

水稻是我国最主要的口粮作物，全国60%以上居民以稻米为主食，稻米品质和质量安全事关居民健康福祉，稻米品质和质量安全日益成为国内外学者研究的焦点。2020年，国内外稻米品质与质量安全研究取得积极进展。在国内稻米品质研究方面，重点围绕稻米品质的理化基础、不同地区的稻米品质差异、生态环境对品质的影响以及肥力、种植技术、交互因素等农艺措施对稻米品质的影响等方面开展研究工作；在国内稻米质量安全研究方面，主要集中在水稻重金属积累的遗传调控研究、水稻重金属胁迫耐受机理研究、水稻重金属污染控制技术研究以及稻米中重金属污染状况及风险评价等方面。国外稻米品质与质量安全研究主要集中在稻米品质的理化基础、营养功能、稻米品质与生态环境的关系、水稻对重金属转运的调控机理研究、水稻重金属胁迫耐受机理研究、减少稻米重金属吸收及相关修复技术研究以及稻米重金属污染风险评估研究等方面。

第一节　国内稻米品质研究进展

一、稻米品质的理化基础

稻米中的蛋白质含量占粒重的7%～10%，其中谷蛋白是最主要的储藏蛋白，占稻米总蛋白的60%～80%，是最容易被人体吸收的蛋白。但对于慢性肾脏病患者和并发肾脏机能损害的糖尿病患者，需要严格控制蛋白质的摄入。郭涛等（2020）研究了谷蛋白含量降低对稻米淀粉颗粒结构和淀粉快速黏度仪（RVA）特征值的影响。结果表明，谷蛋白含量降低对稻米淀粉颗粒形态影响不大，但颗粒大小均匀度降低，峰值黏度、热浆黏度、冷胶黏度、崩解值、糊化温度、到达峰值黏度时间均减少，而回复值和消减值增加。张顺等（2020）研究了不同品种精白米的必需氨基酸、总氨基酸和蛋白质含量的相关性，结果表明，不同品种、不同产地稻米的必需氨基酸与蛋白质之间呈正相关；总氨基酸与蛋白质、必需氨基酸与蛋白质、必需氨基酸与总氨基酸的相关系数分别为0.940、0.950、0.995，提出可以用必需氨基酸含量作为指标来衡量稻米蛋白营养。季宏波等（2020）通过分析不同加工精度大米的食味值、直链淀粉含量、蛋白质含量，研究了不同加工精度对粳稻谷品质的影响。结果表明，糙米在碾磨成三级大米后，食味值提升2.5%，直链淀粉升高7%，蛋白质损失率19.35%；加工成3个不同等级大米后，二级大米比三级大米食味值提升1.5分，3个等级大米直链淀粉和蛋白质含量无显著性差异。

维生素是稻米中重要的营养物质之一，其中B族维生素是维持人体正常机能与代谢活动不可或缺的水溶性维生素，人体无法合成必须额外补充。不同种皮颜色稻米间的维生素B有差异。邹德堂等（2020）通过分析56份有色稻和33份无色稻糙米中6种B族维生素含量，研究了有色稻米中B族维生素含量与种皮颜色的关系。结果表明，除V_{B_7}外，其他5种B族维生素含量在有色稻米和无色稻米间差异显著，有色稻米显著高于无色稻米，其含量依次为$V_{B_6}>V_{B_1}>V_{B_9}>V_{B_5}>V_{B_3}>V_{B_7}$；分析4种不同种皮颜色稻米6种B族维生素含量，发现V_{B_1}、V_{B_5}、V_{B_6}和V_{B_9}含量在不同种皮颜色稻米间差异显著，V_{B_3}和V_{B_7}含量在不同种皮颜色稻米间差异不显著。

稻米RVA谱特征值与蒸煮食味品质关系密切，特别是崩解值、消减值、回复值等特征值能较好反映稻米蒸煮食味品质的优劣。陈丽等（2020）研究了杂草稻稻米RVA谱特征值与外观品质及蒸煮食味品质性状的相关性。结果表明，RVA谱8个特征值之间、最高黏度与热浆黏度、热浆黏度与起浆温度之间相关性不显著，其余特征值之间均呈显著或极显著相关；RVA谱特征值与外观品质（粒长、长/宽比、垩白粒率、垩白度、透明度）指标相关性不显著，与直链淀粉含量、胶稠度呈显著或极显著相关，与碱消值相关性不显著。

二、不同地区的稻米品质差异

孙旭超等（2020）以来自不同产地的75份粳稻品种为试验材料，分析了不同地域粳稻米的直链淀粉含量、胶稠度、糊化温度、快速黏度仪（RVA）特征值等食味品质特性。结果表明，各指标中RVA谱消减值的变异系数最大，其余性状的变异幅度和变异系数均较小。相比其他地区品种，黑龙江省和辽宁省的直链淀粉含量较高、糊化温度较低，江苏省的糊化温度较高；黑龙江与吉林省品种的RVA谱相似，北京、天津与山东河南的品种在胶稠度、糊化温度和RVA谱特征值上相近。相关性分析表明，直链淀粉与糊化温度相关性显著，糊化温度与多个RVA谱特征值相关性显著，RVA谱特征值间大多相关性显著。主成分分析表明，直链淀粉含量和RVA谱特征值为影响稻米食味品质特性的最重要因素。

王昕等（2020）以宁夏6个县（市、区）大面积种植的15个水稻品种为材料，研究不同地区稻米品质的差异。结果表明，优质米达标率的地区排序依次是青铜峡市＞利通区＞灵武市、贺兰县、中宁县＞平罗县，各县（市、区）之间的差异达到了显著水平；影响优质米达标率的主要品质性状为整精米率、垩白度、垩白粒率等；不同种植地点对水稻品种生产稻谷的垩白度、垩白粒率和整精米率影响较大，对食味品质的影响差异不显著，并且品种在地点间的稳定性表现不一致。

三、生态环境对品质的影响

不同生态环境对稻米品质有较大影响，包括海拔、温度等因素。施继芳等

(2020) 研究了不同海拔 (550～1 250m) 地区种植的多年生稻的品质差异，结果表明，稻米的出糙率和精米率受海拔高度影响较小，而整精米率受海拔影响较大，随海拔升高，整精米率明显增加；外观品质受海拔高度影响大，稻米垩白度和垩白粒率随海拔升高呈先增加后降低的趋势；蒸煮品质表现较为稳定，海拔对稻米直链淀粉含量影响较小，胶稠度随海拔的升高先降低后增加，但不同海拔区域胶稠度的变异系数较小。

褚春燕等 (2020) 以龙粳 29、龙粳 31 和龙粳 46 为材料，分析灌浆期低温胁迫对碾磨品质、营养品质和 RVA 谱特征参数的影响。结果表明，灌浆期不同时期分批低温处理后水稻的糙米率、精米率、整精米率均降低，且与对照相比呈显著差异 ($P<0.05$)；低温处理后稻米蛋白质含量降低，直链淀粉含量增加，食味评分或高或低；RVA 谱特征参数因品种差异与对照相比有增有减，但均呈显著性差异 ($P<0.05$)。灌浆前期对碾磨品质和 RVA 谱特征参数影响最大，灌浆后期低温胁迫对水稻营养品质影响比较大，且 3 个品种之间存在明显差异 ($P<0.05$)。低温胁迫下龙粳 46 的碾磨品质、营养品质和 RVA 谱特征参数与对照相比差异较小，表现出较强的耐冷性。

张玉屏等 (2020) 以浙禾香 2 号为材料，研究夜温变化对水稻淀粉形成的影响。研究发现，夜间高温对淀粉积累的影响大于夜间低温，夜间高温/低温抑制全天蔗糖转运及代谢，进而抑制淀粉积累；支链淀粉合成受阻是导致直链淀粉相对含量升高的主要原因，直链淀粉合成相关酶活性（白天）受夜温变化影响，而支链淀粉合成相关酶活性（白天）受夜温变化的影响不显著。

四、农艺措施对品质的影响

(一) 灌溉方式

殷春渊等 (2020) 以新稻 567、新稻 568 和新科稻 31 为材料，研究了不同灌溉方式对直播稻品质的影响。结果表明，与常规灌溉相比，节水灌溉处理的新稻 567 和新稻 568 的稻米加工和食味品质分别下降了 6.21%和 3.84%，垩白粒率和垩白度分别增加了 18.9%和 5.37%；新科稻 31 的加工品质提高了 3.4%，垩白粒率和垩白度分别下降了 19.59%和 27.84%。

燕辉等 (2020) 研究了亏水灌溉对稻米籽粒外观品质的影响。结果表明，灌浆期水分亏缺会导致稻米籽粒脱落酸与乙烯等化学信号含量变化，从而实现对蔗糖淀粉代谢酶活性的调节。其中，轻度亏水造成的稻米籽粒中一定程度的脱落酸含量升高能够有效增强稻米籽粒蔗糖淀粉代谢酶的活性，导致稻米籽粒中灌浆速率升高和垩白度降低；随着亏水程度加剧，稻米籽粒中高水平的脱落酸含量也会对籽粒灌浆造成不利影响。

张耗等 (2020) 以常规籼稻和杂交籼稻品种为材料，研究全生育期常规灌溉和干湿交替灌溉对稻米品质和淀粉特性的影响。结果表明，与常规灌溉相比，干湿交替灌溉可以改善稻米的加工和外观品质，增加支链淀粉和总淀粉含量中淀粉粒数量和体积百分比，优化蛋白质组分，提高淀粉的峰值黏度、热浆黏度、最终黏度、崩解值，降低淀粉消减值、相对结晶度、大淀粉粒数量和体积百分比。在干湿交替灌溉下，杂交籼稻品质和淀粉特性改善幅度大于常规籼稻。

袁元荣等（2020）以嘉58为材料，比较了淹水有机栽培与常规栽培管理两种模式下稻米品质的差异。结果表明，与常规栽培管理模式相比，淹水有机栽培模式下稻米垩白粒率、垩白大小、垩白度、糙米率、精米率和整精米率均较低，但差异不显著；稻米直链淀粉含量和胶稠度显著高于常规栽培管理模式，蛋白质含量显著低于常规栽培管理模式。

韦小珊等（2020）以象牙香占和美香占2号为材料，研究不同灌溉方式对品质的影响。结果表明，与常规灌溉相比，齐穗后期轻度落干能够显著提高稻米品质，干湿交替灌溉能够有效改善稻米品质，自然补水灌溉处理能显著降低稻米品质，齐穗后期重度落干能显著提高稻米的外观品质，但研磨品质显著降低。

（二）肥力

成臣等（2020）研究了秸秆全量还田下磷钾配施对晚粳稻产量及品质的影响。结果表明，磷钾合理配施能够提高出糙率、精米率、整精米率及胶稠度，但增加了垩白粒率、垩白度、直链淀粉及粗蛋白含量。除峰值黏度、热浆黏度及冷胶黏度在钾肥用量上存在显著性差异外，各RVA谱特征值在钾肥、磷肥及二者互作上均无显著性差异；随着钾肥增施，峰值黏度、热浆黏度及冷胶黏度均先增后降。

冯乐为等（2020）在相同的氮钾肥施用量下，研究了不同施肥模式对晶两优534农艺性状和品质的影响。结果表明，氮钾肥的施用时间适当后移，对水稻产量增产显著；穗期施用钾肥，整精米率相对较高，并可降低稻米垩白粒率和垩白度，有效改善稻米品质；当氮肥基蘖肥与穗肥比例为8∶2和钾肥基蘖肥与穗肥比例为6∶4时，既可获得高产，又能有效改善稻米品质。

赵飞等（2020）以天津市育成的5个水稻品种为材料，研究硒肥处理对水稻食味特性的影响。结果表明，一定计量的硒肥处理可以提高稻米的整精米率，改善稻米的外观品质；硒肥处理可以通过影响蛋白质和直链淀粉含量，提升稻米食味值。

李冠男等（2020）研究了水稻结实初期不同叶面肥喷施对稻米品质的影响。结果表明，5种不同叶面肥喷施处理均显著提高了稻米加工、营养和食味品质，其中锌铜叶面肥调控和镁素叶面肥调控的综合表现较好，微生物叶面肥调控处理部分降低了稻米的外观品质，微生物+镁素叶面肥调控和微生物+锌铜叶面肥调控组合处理的效果略低于铜叶面肥调控或镁素叶面肥调控的单独处理。

杜白等（2020）以嘉引2号为材料，研究了有机氮素肥料（OAN）对稻米品质的影响。结果表明，与不施任何肥料、尿素配合磷钾肥施、单施OAN、单施尿素等其他施肥处理相比，OAN配合磷钾肥施用可以改善稻米外观品质、蒸煮食味与营养品质，增加稻米粒长和胶稠度，降低垩白米率，提高蛋白质和直链淀粉含量。

（三）播期收获期

龙俐华等（2020）以泰优390、隆晶优1号、两优二三丝苗、兆优5431、玉针香、新美香占等6个品种为材料，研究不同播期对稻米品质的影响。结果表明，播期延后，整精米率、直链淀粉含量、碱消值均有提高，垩白度和垩白粒率、精米率、粒长、长/宽等4项指标变化小或相对稳定。曾仁杰（2020）以玉针香为材料研究发现，随着播期推迟，玉针香的整精米率和外观品质提高。

李文敏等（2020）以5个粳稻品种为材料，研究采收时间对稻米食味理化特性的影响。结果表明，随着收获时间延迟，稻谷千粒重先增加后下降，抽穗后第55天收获，千粒重大，籽粒饱满；直链淀粉含量较低，蒸煮米饭黏度最大，硬度/黏度较小。随着收获时间延迟，蛋白质含量和米饭的食味值都是先增加后下降，抽穗后第55天收获，蒸煮米饭的食味值最高。米饭的食味值与精米蛋白质含量和米饭硬度/黏度呈极显著负相关，与米饭硬度呈显著负相关，与米饭黏度呈极显著正相关。综上所述，抽穗后第55天是供试水稻品种确保食味的最佳收获期，直链淀粉和蛋白质含量较低，米饭质地适宜，食味值最高。吕军等（2020）以辽宁省中早熟、中熟、中晚熟和晚熟4个熟期65个品种为试验材料，分析辽宁省不同熟期水稻品种品质性状差异及其相关关系。结果表明，垩白粒率、垩白度、透明度的变异系数较大，不同熟期间表现基本一致。4个熟期中中早熟品种的品质性状整体较好，只有垩白度的优质米达标率较低。相关分析表明，垩白粒率、垩白度均与直链淀粉含量呈极显著正相关，与胶稠度呈显著负相关，糙米率与精米率、整精米率、胶稠度呈极显著正相关。马中涛等（2020）以南粳9108为材料，研究不同成熟度对品质的影响。结果表明，随着成熟度提高，稻米加工品质、外观品质和食味值均得到有效提升，部分加工品质、外观品质在成熟度为93.28%时最佳，但与成熟度为95.56%时相比差异不显著；稻米的食味值整体上在成熟度为95.56%时最佳，但与成熟度为93.28%时相比差异不显著；不同成熟度稻米之间的淀粉、蛋白质含量差异相对较小，而淀粉糊化特性、蛋白质组分的差异较大。

（四）盐胁迫

肖丹丹等（2020）以南粳9108和盐稻12号为材料，研究不同盐浓度对稻米品质的影响。结果表明，与淡水（盐浓度0%，CK）灌溉相比，在低盐浓度（0.10%～0.15%）下，直链淀粉含量显著降低，糙米率、精米率和整精米率增加，淀粉黏滞特性的峰值黏度、热浆黏度和最终黏度增加，米饭的外观、黏度、平衡度和食味值在0.10%盐浓度下高于CK，南粳9108和盐稻12号的胶稠度在0.10%盐浓度下分别较CK高4.5mm和3.5mm；在中、高盐浓度（0.20%～0.35%）下，加工品质、蒸煮食味品质和稻米淀粉黏滞特性明显降低；稻米的垩白粒率和垩白度随着盐浓度的增加而减小。整体而言，在低盐浓度下，稻米品质总体有一定的改善；高盐浓度下，稻米品质明显变劣。

翟彩娇等（2020）以常农粳8号和南粳9108为材料研究盐胁迫对稻米品质的影响。

结果表明，糙米率和精米率随着盐胁迫强度的增加而逐渐降低，而整精米率则表现为“V”形变化；盐胁迫对稻米垩白度、透明度无显著影响，但 6.0g/kg 强胁迫处理下垩白粒率显著下降。随着盐胁迫强度提高，RVA 谱特征值表现为“V”形（峰值黏度、热浆黏度、崩解值）或倒“V”形（消减值、回复值和起始糊化温度）的变化，最低值或最高值出现在 3.0g/kg 处理；稻米的食味值和相关参数表现为“V”形（食味值、外观、黏度和平衡度）和倒“V”形（硬度）变化。

（五）种植方式

莫文伟等（2020）以黄华占、天优华占、农香 32、泰优 390、甬优 4149 和湘晚籼 17 为材料，研究了再生稻、一季晚稻和双季晚稻 3 种种植方式对稻米品质及 RVA 谱特征的影响。结果表明，再生稻的整精米率比双季晚稻提高了 16.8%，但与一季晚稻的差异不显著；再生稻的垩白度和垩白粒率比双季晚稻分别降低 7.7%和 15.9%，而与一季晚稻相差较小；再生稻的直链淀粉含量比双季晚稻降低了 3.3%，但比一季晚稻提高了 2.9%；再生稻的胶稠度比一季晚稻提高了 1.9%，比双季晚稻提高了 3.0%。再生稻和一季晚稻种植下，6 个品种的 RVA 谱特征参数无显著差异，一季晚稻的峰值黏度和崩解值显著高于双季晚稻。综合来看，再生稻稻米品质整体介于一季晚稻和双季晚稻之间，表现较稳定。朱振江等（2020）以南粳 9108 和徐稻 5 号为材料，研究钵苗机插和毯苗机插对沿淮优质粳稻产量和品质的影响。结果表明：钵苗机插有利于提高水稻秧苗素质，形成高产群体结构和穗粒结构，有利于提高稻米加工品质。

第二节　国内稻米质量安全研究进展

水稻由于受到产地环境污染，化肥农药不合理使用等影响，广泛存在重金属超标和农药残留等安全问题，尤其是在某些矿区和污灌区，稻米重金属镉（Cd）污染问题非常严重。2014 年公布的《全国土壤污染状况调查公报》显示，土壤无机污染物超标点位数占全部超标点位的 82.8%，主要是镉、汞、砷、铜、铅、铬、锌、镍 8 种重金属，其中镉点位超标率达 7%，居八大超标金属元素之首，并且镉的含量在全国范围内普遍增加。与其他谷类作物相比，水稻根系具有更高的镉吸收能力，易导致稻米镉含量超标，通过食物链传递对居民身体健康造成威胁，对稻米重金属镉污染的研究引起了国内外学者广泛关注。

一、重金属

（一）水稻重金属积累的遗传调控研究

大量研究表明，不同水稻品种由于遗传上的差异，在对稻田重金属元素的吸收和分配上存在很大差异。任树友等（2020）通过大田试验，研究轻度镉污染土壤上 21 个水稻品种间产量、稻米镉含量及镉富集系数的差异变化。结果表明，不同品种水稻单产、稻米镉含量及富集系数存在较大差异，其变幅分别为 555.6～627.5kg/亩、0.078～0.789mg/kg、0.181～1.835mg/kg，最高值比最低值分别相差 12.39%、911.54%、913.81%。冯爱煊等（2020）选择重庆市主推的 13 个水稻品种为受试对象，采用田间原位小区试验，筛选多目标元素低积累品种，为水稻安全生产提供依据。结果表明，不同水稻品种籽粒镉（Cd）、砷（As）、铅（Pb）、铬（Cr）含量极值相差分别超过 3 倍、4 倍、20 倍、3 倍，同一品种对不同重金属元素的累积能力也存在很大差异。

此外，水稻对重金属元素的积累也因不同生育时期而异。倪中应等（2020）选择镉轻污染和重污染两种土壤，采用盆栽方法分别栽培镉低吸收（秀水 519）和镉高吸收（浙优 18），研究两个水稻品种在不同生育期干物质积累与镉含量的差异。结果表明，在镉轻污染土壤中，水稻对土壤镉的吸收主要发生在分蘖期和孕穗期，后期各器官中镉含量随生长呈现下降；而在镉重污染土壤中，从分蘖期至乳熟期水稻均对土壤镉有较强的吸收，多数器官镉积累随生长呈现增加。研究表明，分蘖期至灌浆期是控制水稻镉吸收的重要时期，而灌浆期至黄熟期是控制水稻植株内镉由茎叶向籽粒转移的关键时期。

基于品种间 Cd 含量的遗传差异，国内学者利用 QTL，分子生物学等技术初步探讨了水稻 Cd 积累的遗传机制。赵文锦等（2020）以 9311 为高镉对照，湘晚籼 12 号为相邻低镉对照，经田间鉴定筛选出的 15 份镉低积累水稻资源为参试材料，鉴定精米的相对降镉率并筛选出年度间相对降镉率差异不显著的资源；采用 45 对 SSR 引物检测 15 份资源的遗传多样性，提出遗传距离大且相对降镉率高的育种可用资源。2018 年试验结果表明，15 份低镉水稻资源的精米镉含量都低于湘晚籼 12 号，相对降镉率大于 50%的有 10 份，变幅为 50.8%～83.5%；小于 50%的有 5 份，变幅为 1.9%～49.8%；2019 年试验结果表明，7 份生育期相近的资源，相对降镉率都大于 50%，变幅为 60.1%～78.7%；2 年试验结果的综合分析表明，4 份低镉资源 BS82、X211、7W172、7W216 的镉积累在年度间无显著性差异，且相对降镉率都在 50%以上。15 份镉低积累资源总体遗传多样性较为丰富（Na=4.311、Ne=3.257、Ho=0.041、He=0.657、I=1.207、$Nei's$=0.639、PIC=0.612）；遗传相似系数（GS）的平均值为 0.377，BS82 和 X211、BS82 和 7W172（7W216）、X211 和 7W172（7W216）的遗传相似系数分别为 0.319、0.447、0.426，表明亲缘关系较远，说明 BS82、X211、7W172、7W216 是镉低积累新品种选育可利用的宝贵资源。

（二）水稻重金属胁迫耐受机理研究

许多重金属都是植物必需的微量元素，对植物生长发育起着十分重要的作用。但是当环境中重金属数量超过某一临界值时，就会对植物产生毒害作用，如降低抗氧化酶活性、改变叶绿体和细胞膜的超微结构以及诱导产生氧化胁迫等，严重时可致植物死亡。植物在适应污染环境的同时，逐渐形成了一系列忍耐和抵抗重金属毒害的防御机制。

重金属胁迫下植物细胞产生活性氧（ROS）会造成细胞氧化损伤。为了应对胁迫，植物会产生抗氧化剂，包括抗氧化酶（CAT、POD、SOD、APX）及非酶抗氧化剂（GSH、ASA等）清除自由基，抵抗ROS对细胞的损伤。刘玲等（2020）采用液体培养方法，探究羧基化多壁碳纳米管（MWCNTs-COOH）复合镉（Cd）胁迫对水稻生长生理的影响。结果表明，MWCNTs-COOH单一处理，根长、根鲜重均低于对照，并表现出先升高后降低的趋势，当其浓度达到12.0mg/L时，较对照分别下降了9.3%和15.2%，且低于10μmol/L Cd单一处理，而复合处理组水稻幼苗根长、根鲜重、干重皆低于对应的单一处理；MWCNTs-COOH单一胁迫下，水稻根的超氧自由基（$\cdot O_2^-$）明显积累，并伴随着超氧化物歧化酶（SOD）及过氧化物酶（POD）活性升高，3.0mg/L和6.0mg/L MWCNTs-COOH处理下，SOD、POD活性最高，MWCNTs-COOH复合Cd胁迫下，水稻根的SOD、POD活性均低于单一处理组，而丙二醛（MDA）及羰基化蛋白含量均显著高于单一处理，表明MWCNTs-COOH复合Cd后，加速了水稻根细胞膜质过氧化，细胞膜通透性增加，根受损加重。

定位稻种耐Cd胁迫相关QTLs，对于指导水稻耐Cd育种具有重要意义。黄诗颖等（2020）以粳稻02428和籼稻昌恢891衍生的124个回交重组自交系群体为材料，对水稻萌芽期的根长、芽长进行了分析，并对萌芽期与Cd胁迫相关的QTLs进行了定位分析。结果显示，Cd胁迫处理下，02428和昌恢891根长和芽长均受到显著抑制，其中Cd对根长的抑制强于芽长；QTL分析共检测到5个萌芽期与Cd胁迫相关的QTLs：qCdBL3、qCdRL7、qCdBL8.1、qCdBL8.2和qCdBL9，分别位于水稻第3、第7、第8、第8和第9号染色体上，贡献率为6.45%～19.46%。其中，qCdBL3、qCdBL8.1、qCdBL8.2和qCdBL9与芽长相关，qCdRL7与根长相关。同时，检测到2个在对照条件下（水溶液）影响根长和芽长的QTLs qCKBL8和qCKRL4，分别位于第8和第4号染色体上，贡献率为10.53%和10.89%。比较显示，对照和Cd处理条件下控制水稻萌芽期根长或芽长的QTLs均不相同，说明Cd胁迫条件下，控制水稻根长和芽长的遗传机制可能不同于非Cd胁迫条件。研究结果为耐Cd基因的克隆和耐Cd水稻新品种的选育提供了参考。

（三）水稻重金属污染控制技术研究

1. 低重金属积累品种的筛选

通过选择籽粒低重金属积累的水稻品种种植，从而在重金属轻中度污染的土壤上持续进行稻米安全生产已被公认为是最经济有效的途径。

任树友等（2020）通过大田试验，研究轻度镉污染土壤上21个水稻品种间产量、稻米镉含量及镉富集系数的差异变化。依据水稻单产和稻米镉含量及生育期进行分析，初步筛选出稻米产量较高、稻米镉富集能力较弱的早熟品种1个（川作优1727），迟熟品种6个（蜀优217、旌优127、川优6203、德香4103、千优531和F优498），可用于轻度镉污染区水稻安全种植生产。

冯爱煊等（2020）选择重庆市主推的13个水稻品种为受试对象，采用田间原位小区试验，筛选多目标元素低积累品种，为水稻安全生产提供依据。运用重金属综合累积指数 PZ，将供试水稻品种重金属综合累积能力分为低（$PZ<0.7$）、中等（$0.7\leqslant PZ<1.0$）和高（$PZ\geqslant1.0$）三类，其中Y两优1号、隆两优534和隆两优华占为重金属低累积品种。水稻品种基因型差异对重金属累积的影响以籽粒最大、茎叶部和根部次之。茎叶向籽粒的转运系数TFSL-G是水稻基因型差异的重要体现，与籽粒重金属含量呈极显著正相关。13种供试水稻平均产量为5.85～10.61t/hm^2，极值相差44.8%，产量较高的6个水稻品种的产量均超过9.00t/hm^2；平均穗粒数差异是决定产量的主要因素。兼顾水稻产量与籽粒重金属累积情况，推荐隆两优534、Y两优1号、袁两优908和渝香203品种为重庆地区适宜品种，既能获得高产也利于水稻安全生产。

2. 农艺措施

邹文娴等（2020）采用水稻盆栽试验，探索水稻关键生长时期的淹水模式对2种土壤（淡涂黏田和洪积泥砂田）上水稻镉累积转运的影响。结果表明，水稻关键时期淹水处理通过影响根表Cd含量和Cd从茎向籽粒的转运能力来影响水稻籽粒Cd的累积。抽穗期是淡涂黏田水稻降Cd的关键淹水时期，而在洪积泥砂田中是分蘖—拔节期和抽穗期。不同土壤中水稻铁膜对籽粒Cd积累的影响不同，导致2种土壤的关键淹水时期有所差异。

王利纳（2020）在湖南省湘潭县镉污染稻田开展定位试验，连续4年比较了双季翻耕与双季免耕对双季稻产量与镉积累分配特性的影响。结果表明，实施不同土壤耕作方式1～2年的情况下，翻耕处理具有显著增产优势，但其产量优势随年限延长而逐渐削弱，至第4年翻耕处理已无显著增产优势。翻耕与免耕处理穗和籽粒各部位Cd含量差异明显，且年际间也有差异，连续2年以上免耕处理可降低糙米Cd含量。早、晚稻地上部Cd累积量均表现为茎>穗>叶，但水稻Cd累积量在年际间、早晚稻间差异极大。可见，镉污染稻田连续2年以上双季免耕可以获得与翻耕产量相当、米镉含量更低的稻谷。

骆文轩等（2020）通过大田试验探究不同用量的有机肥对土壤有机质和镉有效态含量以及不同生育期水稻各器官中积累镉的动态变化。结果表明，成熟期水稻各器官Cd含量规律为根>茎>叶片>稻>糙米。有机肥的施用可以增加土壤有机质含量，与对照相比，高用量有机肥处理在分蘖期时有机质含量提高6.60g/kg，在成熟期提高2.72g/kg。灌浆期是水稻吸收积累Cd的重要时期，有机肥的施用能降低灌浆期土壤中有效态Cd含量，高用量有机肥处理下土壤有效态Cd含量显著降低，降低52.05%。有机肥能显著降低糙米Cd含量，高用量有机肥处理的效果最好，糙米Cd含量降低68.20%。

范美蓉等（2020）研究不同品种紫云英绿肥对镉污染地区水稻生长及土壤质量的影响。结果表明，与2个对照组相比，翻压紫云英显著提高了土壤溶液pH值，降低Eh，也使土壤有效态Cd的含量显著降低，减少了水稻在生长过程中对Cd的累积，以“湘紫3号”紫云英品种效果最为明显，与单施化肥处理相比，土壤有效Cd含量降低了21.9%，植株稻草Cd含量降低了39.1%，稻谷Cd含量降低了43.5%，在4个品种中降幅均为最大值。不同品种紫云英翻压均能促进水稻的生殖生长，有效提高水稻产量，各处理间水稻的农艺性状指标和产量指标均无显著性差异。因此，选择降镉效果最佳的“湘紫 3 号”紫云英品种，能够更好降低农作物对镉的吸收，提高产品安全性。

3. 土壤修复

（1）物理/化学修复。污染土壤修复常用的物理方法有客土法、换土法、翻土法、电动力修复法等。客土法、换土法、翻土法是常用的物理修复措施，通过对污染地土壤采取加入净土、移除旧土和深埋污土等方式来减少土壤中镉污染。化学修复是指向污染稻田投入改良剂或抑制剂，通过改变 pH 值、Eh 等理化性质，使稻田重金属发生氧化、还原、沉淀、吸附、抑制和拮抗等作用，降低有毒重金属的生物有效性。

（2）固定/钝化。通过施用石灰、草炭、粉煤灰、褐煤和海泡石等改良剂，可以有效降低土壤中重金属的有效性，降低有毒重金属在糙米中的累积。宋肖琴等（2020）通过大田试验，分析不同钝化剂对水稻田土壤镉污染的修复效果及对水稻生长的影响。结果表明，石灰、生物炭、有机肥、钙镁磷肥处理均能显著增加土壤 pH 值，分别增加 12.9%、5.7%、4.7%和 5.5%。石灰、生物炭与钙镁磷肥处理能显著降低土壤有效态 Cd 含量，降低作用表现为石灰＞生物炭＞钙镁磷肥，分别降低 50.0%、33.7%与 15.1%。石灰、有机肥、钙镁磷肥处理能显著增加水稻产量，增幅分别达 16.2%、20.1%和 11.1%。石灰处理的水稻籽粒中 Cd 含量下降幅度最大，达 41.3%。石灰对镉污染水稻田土壤修复方面表现出高效的修复潜力，可为浙江省水稻田镉污染土壤修复治理提供科学依据。

（3）离子拮抗。利用金属间的协同作用或拮抗作用来缓解重金属对植株的毒害，并抑制重金属的吸收和向作物可食部分的转移，从而达到降低重金属含量的目的。锰（Mn）对土壤镉的固定作用对防治稻田土壤镉污染和保障粮食安全具有重要意义。顾明华等（2020）采用土壤盆栽试验方法，以硫酸锰形式添加外源锰，研究了施锰对土壤锰氧化物形成及其固定镉的效应。结果表明，施锰显著增加了土壤各形态锰氧化物含量并能降低土壤中镉的有效性，在成熟期，Mn800 处理土壤可交换态镉降低了 7.4%，无定形铁锰氧化物结合态镉含量增加了 13.2%，土壤胶体中镉含量增加了 29.4%。施锰显著增加了根表铁锰膜的铁、锰含量，显著减少了铁锰膜对镉的吸附，在分蘖期，Mn400 和 Mn800 处理铁锰膜的铁含量分别增加了 95.8%和 113.6%，Mn100、Mn400 和 Mn800 处理铁锰膜的锰含量分别增加了 186.2%、1 093.1%、1 362.1%，Mn800 处理铁锰膜的镉含量减少了 70.3%。施锰（Mn100，Mn400，Mn800）可有效降低水稻镉含量，地上部分镉含量分别降低了 51.9%、56.1%、68.4%，籽粒镉含量分别降低了 26.7%、31.0%、27.1%。皮尔逊相关分析显示，土壤中不同锰氧化物含量均与根表铁锰膜镉含量、水稻地上部镉含量呈极显著负相关。上述结果表明，施锰促进了土壤锰氧化物的形成及其对镉的固定，降低了土壤中镉的有效性和根表铁锰膜镉含量，减少了水稻对镉的吸收。该研究可为探明土壤中锰、镉的环境行为及其相互关系，指导重金属污染土壤治理与作物安全生产提供依据。

外源施硅（Si）对水稻镉积累和毒害有显著缓解作用。杨发文等（2020）采用田间小区试验和大面积示范试验，研究不同配比的有机硅改性复合肥及其不同用量对水稻镉含量、养分吸收、产量和土壤镉有效性及其形态变化的影响。结果表明，小区试验中，与 CK（不施肥）和 CF1（普通复合肥）相比，施用有机硅改性复合肥水稻分蘖期茎叶部和根部镉含量分别降低 57.0%～64.1%和 24.0%～65.4%，成熟期茎叶镉和稻米含量分别降低 30.1%～74.3%和 65.3%～81.1%。该结果在大面积示范中得到验证，与普通复合肥相比，有机硅改性复合肥降低了 44.2%～86.0%的稻米镉含量，基本达到稻米食用安全国家标准。小区试验土壤镉形态分析表明，与 CK 和 CF1 相比，有机硅改性复合肥处理的交换态镉含量下降 1.2%～22.3%、还原态镉含量增加 6.1% ～43.0%、氧化态镉含量下降 6.8% ～35.0%、残渣态镉含量增加 2.2%～60.0%。综上所述，施用有机硅改性复合肥可以提高水稻养分吸收，增加水稻产量，同时降低水稻对镉的吸收转运，是一项水稻镉污染防治的新技术。

硒（Se）肥也对水稻镉吸收有显著影响。王波等（2020）通过盆栽试验，研究了添加外源硒和接种耐硒细菌 *Lysinibacillus macrolides* DS15 菌株对镉胁迫下水稻的生长、生理代谢以及硒镉含量的影响。研究表明，外源硒使水稻株高显著增加，促进了水稻对硒的积累，降低了 SOD 和 CAT 的活性。与对照相比，低硒（0.5mg/kg Na_2SeO_3）和高硒处理（2.0mg/kg Na_2SeO_3）使水稻根际土壤有效镉含量分别下降了 32.24%和 9.43%，并减少了水稻地上部分对镉的积累和镉向地上部的运输。与对照相比，不接种 *L. macroides* 时高硒处理反而造成水稻镉含量显著增加。接种 *L. macroides* 使水稻生物量增加了 1.79 倍，降低了水稻的硒含量，使 SOD 和 CAT 活性升高，根际土壤有效镉含量下降了 18.46%，降低了水稻对镉的积累和运输。外源硒和接种 *L. macroides* 的交互作用对水稻硒、镉积累和运输均有显著影响，低硒、接种处理可以降低水稻镉含量，而高硒、接种处理可减少镉向地上部分的运输。研究表明，适量的硒和接种 DS15 可以降低土壤中镉的有效性，减少水稻对镉的积累和运输。

（4）生物修复。污染土壤生物修复法主要可分为植物修复法和微生物修复法。植物修复法大都是通过种植超积累植物实现的。利用超积累植物吸收污染土壤中的重金属并在地上部积累，收割植物地上部分从而达到去除污染物的目的。另外，土壤中一些微生物对重金属具有吸附、沉淀、氧化、还原等作用，因此可以通过工程菌培养、微生物投放来降低污染土壤中重金属的活性和毒性。范美玉等（2020）探究了阿氏芽孢杆菌 T61 缓解水稻受镉胁迫的效应。结果表明，菌株 T61 对 Cd^{2+} 的最大耐受浓度达到 500μmol/L；在含镉液体培养基中培养 24h 后，菌株 T61 对 Cd^{2+} 的去除率超过 50%。菌株 T61 可以合成植物促生性物质吲哚乙酸（6.2μg/mL）和铁载体（46.6μmol/L），并具有溶磷能力（37.1μg/mL）。菌株 T61 可以在水稻根和茎上定殖。大田条件下，T61 菌剂可以降低营养期水稻茎叶丙二醛含量和抗氧化酶活性，并使水稻 728B 和 NX1B 籽粒中的镉含量分别降低 13.5%和 11.2%。研究表明，阿氏芽孢杆菌 T61 是一株具有植物促生性的耐镉细菌，可以缓解某些水稻品种遭受的镉胁迫，在镉污染稻田的微生物修复方面具有一定应用前景。

（四）稻米中重金属污染状况及风险评价

稻米的食用安全性问题受到社会广泛关注，尤其是毒性大、蓄积能力强的重金属污染问题。随着我国农产品风险监测与评估技术的发展，基于稻米重金属污染数据，大米膳食摄入量数据和风险评价模型等对稻米食用安全风险进行科学评估已成为我国农产品质量安全领域研究的热点之一。

黄锐敏等（2020）在福建省三明市宁化县所辖 16 个乡镇共采集水稻样品 120 份，对稻米样品中的镉污染状况进行调查；结合我国居民大米消费量数据，采用基于 Monte-Carlo 模拟的概率模型法，对宁化县范围内水稻中镉的膳食暴露风险进行评估。结果表明：宁化县水稻镉含量均值为 0.0685mg/kg，稻米样品总体镉污染程度很轻；参考美国环境保护署的化学污染物健康风险评估模型进行评估，结果表明不同消费人群对稻谷 Cd 的暴露水平总体呈现低龄高于高龄的特点，稻谷 Cd 暴露水平相对较高的是 11 岁以下人群（2~11 岁）；消费人群食用宁化县种植水稻引起的镉暴露水平较低，风险较小。

宋波等（2020）调查了广西高 Cd 异常区水田土壤中重金属 Cd 的含量水平，评估其对环境的潜在生态风险。结果表明，9 个县市水田土壤中 Cd 呈现不同级别潜在生态风险。天等县、大新县和隆安县部分水田土壤样点 Cd 处于高等生态风险，比例为 4.3％、2.6％、2.4％；田阳县、平果县、融安县和柳城县水田土壤 Cd 表现为中—中高等潜在风险；田东县和融水县处于低潜在生态风险。总体上，研究区水田土壤中 Cd 整体偏高，长期可能会对水稻安全种植产生影响，最终威胁当地居民健康，应引起重视，建议开展对研究区土壤 Cd 生物有效性和水稻 Cd 累积状况研究，科学合理地评估其生态风险和健康风险。

第三节　国外稻米品质与质量安全研究进展

一、稻米品质

（一）理化基础

作为稻米的主要成分之一，淀粉直接影响稻米品质。Park 等（2020）对四个不同直链淀粉含量的稻米品种 Baegokchal（BOC）、Ilmi（IM）、Mimyeon（MM）和 Dodamssal（DDS）的淀粉进行了理化和结构特征的研究。MM 和 DDS 天然淀粉的直链淀粉含量高，易消化淀粉含量低，慢消化淀粉和抗性淀粉含量高。为了阐明水稻抗性淀粉的特性，从不同品种的天然淀粉中分离出不易消化淀粉。BOC、IM 和 MM 的淀粉结晶度呈 A 型，DDS 颗粒的结晶度呈 C 型，以 B 型为主。DDS 淀粉颗粒呈凸球形，而 BOC、IM 和 MM 淀粉颗粒呈多边形。IM 和 BOC 的所有淀粉都被水解，没有残留不易消化淀粉。高直链淀粉品种 MM 和 DDS 的不易消化淀粉分子量较低，支链平均长度较长，黏度较低。DDS 的消化率最低，抗性淀粉含量最高。Bae 等（2020）研究了淀粉颗粒相关表面和通道蛋白对大米淀粉理化性质的影响。与未经处理的淀粉相比，蛋白酶处理的淀粉（PT）具有较高的溶解度和较低的溶胀力。然而，尽管它们的相对结晶度较高，但糊化温度和熔化温度没有变化。去除淀粉粒相关蛋白（SGAPs）后，膨胀淀粉颗粒在剪切过程中的稳定性降低，其峰值黏度、最终黏度和回冷值降低，表明 SGAP 的去除主要影响淀粉的流变特性。Ma 等（2020）分析了不同直链淀粉含量的大米淀粉和马铃薯混合物的热特性、糊化特性和消化率。以糯、低直链淀粉和高直链淀粉（WRS、LARS、HARS）为原料，以 100：0、80：20、60：40、40：60、20：80 和 0：100 为配比进行研究。WRS 的加入有利于共混物凝胶结构的致密化，这可能是由于很少的直链淀粉链被淋溶，从而抑制了膨胀马铃薯与大米淀粉颗粒之间的相互作用。峰值、谷值、崩解值、最终黏度和糊化焓与直链淀粉的浸出呈显著负相关。

稻米的蛋白质对其品质有重要影响。Pantoa 等（2020）研究了水稻花期、乳期、面团期和成熟期的体外消化率。可能的致敏蛋白为 13～14kDa、22～23kDa、37～39kDa 和 52kDa。花乳期的蛋白质含量（9.19%～11.48%）高于米糠（8.90%）。幼米中可能的过敏原在消化后迅速减少并完全消失。面团到成熟期的消化率要慢得多，尤其是有色米。在 PT1 和 RB 成熟期，分别有 13～14kDa、52kDa 和 13～14kDa、37～39kDa 的蛋白质不易消化。Reis 等（2020）研究了硒对稻米籽粒蛋白质的影响。硒在叶片和抛光籽粒中的浓度随施硒量的增加呈线性增加。硒的施用提高了籽粒中白蛋白、球蛋白、醇溶蛋白和谷蛋白的含量。

水分对稻米品质存在一定影响。Hung 等（2020）研究了水分对糙米淀粉的理化性质和消化特性的影响。采用含水量为 20%、25%和 30%、加热温度为 100℃和 120℃的热湿处理（HMT）对糙米进行处理。结果表明，淀粉的颗粒形态和结晶结构基本保持不变。但在含水量为 30%的稻谷中，淀粉的形态和团聚程度存在显著差异。在高含水率和高加热温度处理时，HMT 还抑制了淀粉颗粒的膨胀和分解。HMT 处理后，稻米的抗性淀粉含量显著增加。此外，热湿处理的含水量较高的稻米，其抗性淀粉含量较高。

（二）营养功能

稻米中含有大量营养成分与少量抗营养成分，是其品质的重要组成部分。酚类化合物是稻米中存在的营养物质，尤其是有色米。Peanparkdee 等（2020）对 4 个泰国米糠品种 Khao Dawk Mali 105、Hom Nil、Kiaw Ngu 和 Leum Pua 中酚类化合物和花青素的理化稳定性进行研究。在 pH 值为 3 和 5 的酸性条件下培养的提取物中，测定到较高的酚含量和抗氧化活性值。模拟消化后，各提取物的酚类化合物和花青素含量均下降，抗氧化活性也下降。Rao 等（2020）报道了在澳大利亚昆士兰州和新南威尔士州种植的有色水稻品种 Yunlu29 和 Purple，以及一种非有色品种 Reiziq。有色稻米表现出显著更高的总酚含量和花青素、原花青素和抗氧化活性水平。与其他酚类化合物相比，酚类化合物包括原花青素和花青素、花青素3-葡萄糖苷和牡丹素3-葡萄糖苷，受生长位置的影响显著。研究发现，培养地点对酚类成分和抗氧化活性有显著影响。

植酸是一种存在于谷物中的抗营养物质。植酸（PA）是磷在种子中的一种贮藏形式。植酸酶在发芽时被激活，将PA水解成肌醇和无机磷酸盐。PA通过螯合作用抑制人体肠道对矿物质的吸收。因此，植酸的降解是提高水稻矿质生物有效性的关键因素。发芽糙米（GBR）因其能提高营养物质的利用率，从而对健康产生积极影响而受到青睐。低PA水稻具有较高的锌生物利用率，因此低PA水稻是有益的。肌醇3-磷酸合成酶1（INO1）基因在籽粒发育过程中的表达水平是解释水稻自然变异中PA积累基因型差异的关键因素。磷肥对PA含量也有影响，但对不同基因型的INO1表达和PA含量的影响尚不清楚。Fukushima等（2020）研究了磷肥对两个不同水稻基因型的PA含量的影响，这两个基因型分别具有低PA积累和高PA积累。通过对PA含量、无机磷含量、INO1基因表达和木质部汁液无机磷含量的分析，认为施磷对籽粒PA积累的影响因基因型而异，并受多种机制调控。

（三）稻米品质与生态环境的关系

在种植过程中，水稻或稻米所处环境的水分（湿度）与稻米品质紧密联系。Kumar等（2020）研究了干旱胁迫对稻米抗性淀粉含量和血糖指数的影响。干旱胁迫是影响淀粉生物合成的最具破坏性的非生物胁迫，从而改变了水稻籽粒的血糖指数。通过将同化物快速转化为籽粒，缩短了籽粒灌浆期，从而降低直链淀粉含量、抗性淀粉和提高血糖指数。在30个基因型中，ZHU-11-26、IR 20和Annada在干旱胁迫下其直链淀粉含量、抗性淀粉明显降低，导致血糖指数的变化不大。Girija等（2020）研究了水分胁迫对水稻养分吸收和收获后土壤有效养分状况的影响。与其他水分胁迫处理相比，T9处理在两个季节的干物质总量和N、P、K养分吸收（籽粒、秸秆和全量）均显著提高。籽粒、秸秆和总氮、磷、钾的吸收量在T4期最低，与T3期持平。采后土壤养分状况呈相反趋势。结果表明，水分胁迫在水稻穗分化期比开花期更为敏感，直接影响水稻对养分的吸收，而对收获后土壤有效养分的影响则相反。

温度对水稻生长有重要影响，从而影响稻米品质。成熟期的高温胁迫增加了垩白粒的出现频率，导致稻米品质降低。淀粉性质的变化和贮藏蛋白的积累规律与垩白籽粒的发生有关。Ishimaru等（2020）探讨了日本高适口性的水稻品种在高温胁迫下，在生长室和田间条件下籽粒关键贮藏物质积累的变化。高热敏感品种Tsukushiroman的13kDa醇溶蛋白含量显著降低，而耐热品种Genkitsukushi的13kDa醇溶蛋白含量即使在高温室条件下也不受影响。此外，在田间条件下生长的籽粒表明，在所有5个基因型中，严重垩白的籽粒比优良籽粒的醇溶蛋白含量少13kDa。在室内和田间试验中，直链淀粉含量和支链长度分布的变化不能解释籽粒外观的差异。结果表明，高度适口的日本稻米籽粒外观与13kDa醇溶蛋白在高温胁迫下的合成过程有关。

大气是水稻生长环境中较为重要的因素，二氧化碳的浓度会影响稻米品质。Surabhi

等（2020）研究了在自由空气浓缩下，乙二脲（EDU，200mg/kg）和高浓度 CO_2（ECO_2，550mg/kg）对两个水稻品种 Sarjoo-52 和 Pusa Basmati-1（PB-1）的单独和联合效应。在 CO_2 胁迫下，PB-1 对 EDU 处理的株长、无株粒数、单株粒重的反应均优于 Sarjoo-52。EDU+CO_2 处理的 PB-1 比 Sarjoo-52 表现出更好的抗氧化能力。高 CO_2 胁迫下 EDU 处理 PB-1 的产量高于 Sarjoo-52。与 Sarjoo-52 相比，在高 CO_2 条件下，EDU 处理的 PB-1 籽粒中锌、钙和铁等必需营养素的积累量更大。Chumley 等（2020）研究了大气 CO_2 浓度升高对稻米中微量元素铁和锌含量的影响。在大气 CO_2 浓度升高的环境中生长，除了增加热胁迫降低水稻的生长和生产力外，稻米中铁和锌的浓度也显著下降。

水稻生长所处的土壤和所需的肥料也是影响稻米品质的因素。Kai 等（2020）研究了施用有机肥料和化学肥料对稻田植物生长的影响，以及它们对土壤化学和生物性质的影响。施用有机肥收获的糙米率、千粒重和成熟率均显著高于施用化肥。此外，施用有机肥的稻田土壤总碳含量和 pH 值显著高于对照。结果表明，有机肥和农药减量管理提高了土壤细菌生物量，激活了土壤氮素循环等物质循环，从而影响收获稻米的品质。Kakar 等（2020）研究了不同肥料对水稻生长性状、产量潜力和品质的影响，包括传统氮磷施用量（RD）、畜禽粪便（AM）、传统氮磷施用量 50%的畜禽粪便（AMRD）、木屑（SD）和传统氮磷施用量 50%的木屑（SDRD）。结果表明，AMRD 和 SDRD 处理的穗数、小穗数和产量最高。与 RD 处理相比，AMRD 和 SDRD 处理均提高了蛋白质、直链淀粉和脂肪含量的百分比，以及完美籽粒的百分比。RD 处理的水稻籽粒蛋白质体很少，其淀粉体和淀粉粒的形成均正常。AMRD 和 SDRD 增加了水稻胚乳中蛋白体及其凹坑的数量。

二、稻米质量安全

（一）水稻对重金属转运的调控机理研究

水稻籽粒富集重金属的基本过程是：根系对重金属的活化和吸收，木质部的装载和运输，经节间韧皮部富集到水稻籽粒中。近年来，国外学者利用图位克隆、QTL 定位和转基因等分子生物学手段陆续鉴定出了一些参与水稻籽粒重金属富集的基因，这些基因在水稻对重金属的吸收、转运和再分配过程中发挥着重要作用。

NRAMP（Natural Resistance-Associated Macrophage Proteins）家族是一类膜转运蛋白，水稻 OsNRAMP5 是吸收锰（Mn）和镉的主要转运蛋白。Chang 等（2020a）利用 OsActin1 或玉米 Ubiquitin 启动子，在两个品种中过量表达 *OsNRAMP5*（编码一种转运 Mn 和 Cd 的主要转运蛋白）创制了转基因水稻，并检测了对 Cd 吸收和转运的影响。过量表达 *OsNRAMP5* 增加了根对 Cd 和 Mn 的吸收，但显著降低了 Cd 在茎中的积累，对 Mn 在茎中的积累影响相对较小。过量表达的 OsNRAMP5 蛋白位于根尖和侧根原基中所有细胞类型的质膜上。同步 X 射线荧光成像显示，与野生型相比，过量表达株系在根尖和侧根原基中积累了更多的 Cd。当在三种受 Cd 污染的稻田中生长时，与野生型相比，过量表达 *OsNRAMP5* 使籽粒 Cd 的浓度降低了 49%～94%。过量表达 *OsNRAMP5* 通过破坏 Cd 径向运输到中柱供木质部装载从而减少了 Cd 从根到茎的转运，表明转运蛋白的定位和极性对离子稳态具有影响。

OsNRAMP1 与 OsNRAMP5 具有高度同源性，但 OsNRAMP1 在水稻中的功能仍不清楚。Chang 等（2020b）通过酵母异源表达，发现 OsNRAMP1 能够转运 Cd 和 Mn，但不具有前人曾报道的 Fe 和 AsⅢ 的转运活性。*OsNRAMP1* 主要在根和叶中表达，其编码的蛋白定位于细胞质膜。加镉处理可以诱导 *OsNRAMP1* 表达。蛋白免疫染色结果表明，OsNRAMP1 不具有质膜极性定位的特征。水培和土壤盆栽试验结果表明，敲除 *OsNRAMP1* 导致水稻根毛对 Cd 和 Mn 的吸收量显著下降，地上部和籽粒 Cd 和 Mn 的积累量显著降低，对 Mn 缺乏的敏感性增强。与敲除 *OsNRAMP5* 相比，敲除 *Os-NRAMP1* 对 Cd 和 Mn 的吸收影响相对较小，而同时敲除这两个基因会导致这两种金属的积累量大幅降低，表明 OsNRAMP1 参与水稻对 Cd 和 Mn 的吸收，起到与 OsNRAMP5 互补但不完全冗余的作用。

Chen 等（2020）采用正向遗传学方法，筛选到以南方主栽籼稻品种中嘉早 17 为背景的耐镉突变体 *cadt1*，该突变体不但耐镉，而且对硫的吸收显著增加。通过基因定位和回补验证克隆到突变基因 *OsCADT1*，该基因为植物硫吸收代谢的负调控因子，其突变使得水稻根系缺硫响应基因和硫酸盐的转运蛋白基因表达显著上调，对硫酸盐吸收增加，植物体内合成更多的巯基化合物，特别是能螯合重金属的植物螯合肽的含量升高，从而显著增强水稻耐镉性。硒酸盐与硫酸盐的理化性质相近，植物通过一套相同的通路对硒酸盐和硫酸盐进行吸收和同化。在 *cadt1* 突变体中，不仅硫酸盐吸收增加，硒酸盐的吸收也相应提高。在三个田间试验中，在没有喷施硒肥条件下，突变体稻米硒的含量比野生型增加 60%～92%，而生长、产量和籽粒镉含量不受影响。因此，*cadt1* 突变体是一份理想的水稻富硒材料。

（二）水稻重金属胁迫耐受机理研究

植物金属伴侣蛋白（Metallochaperones）是一类特定的金属结合蛋白，可介导金属的分布和体内稳态，参与水稻对有毒金属镉的耐受性。Zhang 等（2020）研究了金属伴侣蛋白 OsHIPP29 在镉解毒中的作用。*OSHIP29* 主要在水稻营养生长期的茎秆和开花期的叶鞘、小穗中表达。*OSHIP29* 的表达受重金属 Cd、Zn、Cu、Fe、Mn 的诱导。*OSHIP29* 突变和敲除导致水稻植株中 Cd 积累增加，Cd 敏感性增强，株高和干重显著下降，而过量表达 *OSHIP29* 显著降低了 Cd 在植株根系和地上部的积累，增强植株对 Cd 的抗性。该研究表明金属伴侣蛋白 OSHIP29 在降低水稻镉积累、缓解水稻镉毒害中起着重要作用。Khan 等（2020）研究了 *OsHIPP42* 在水稻抗 Cd 毒害中的作用。*Os-HIPP42* 编码蛋白定位于细胞核和质膜，主要在水稻节、茎基部和花梗中表达。

*OsHIPP42*的表达受重金属 Cd、Zn、Cu、Mn 的诱导。过量表达 *OsHIPP42* 显著增加植株株高、生物量和叶绿素含量，而敲除 *OsHIPP42* 则抑制上述效应。此外，*Oshipp42-1* 和 *OsHIPP42-1* 突变体水稻茎秆和籽粒中 Cd 含量较野生型下降 38.6%～44.6%，表明 OsHIPP42 蛋白在镉解毒中发挥重要作用，可为通过遗传改良途径来降低稻米镉积累提供理论依据。

（三）减少稻米重金属吸收及相关修复技术研究

1. 低镉品种选育

Liu 等（2020）以多年表现稳定的 GCC7PA64s 等位型低 Cd 稻米材料为基础，与高 Zn 稻米替换系 CSSLGZC6 和高 Se 稻米替换系 CSSLGSC5 分别进行杂交，在后代中通过分子标记筛选出 GCC7 与 GZC6、GCC7 与 GSC5 的聚合材料。它们的重要农艺性状与品种 93-11 相近，营养品质则表现为低镉高锌和低镉高硒，在水稻品质育种中具有广泛应用前景。

2. 农艺措施

Lv 等（2020）通过盆栽试验，研究了湿润灌溉和间歇灌溉下土施 0、1.0、5.0mg/kg 的 Na_2SeO_3［Se（Ⅳ）］对水稻镉和砷积累的影响。结果显示，Se（Ⅳ）显著降低籽粒 Cd 和 As 含量，其含量水平超过国家污染物限量标准 0.2mg/kg。相对于湿润灌溉，间歇灌溉可显著降低籽粒中 AsⅢ的积累，而添加 Se 则促进了 AsⅢ在籽粒中的积累，并且显著提高水稻地上部、根系中 As 和 Cd 的含量。研究表明，高污染土壤中施用 Se（Ⅳ）对同时降低籽粒 Cd 和 As 含量的效果不太理想，对砷镉复合污染土壤中水稻的安全生产具有一定指导意义。

Wang 等（2020）探讨了水稻和水生植物再力花（*Thalia dealbata*）间种对土壤镉污染修复、土壤微生物特性与水稻产量的影响。结果表明，水稻和再力花间种可降低土壤 Cd 生物有效性，增加土壤 pH 值，从而抑制 Cd 在土壤—水稻体系中的转移和积累（土壤 Cd 本底为 2.5mg/kg 时籽粒中 Cd 含量低于 0.2mg/kg）。再力花在 Cd 胁迫下发达的根系将更多的 Cd 贮存在根系部分，进而影响根际土壤微生物组成、生物量和群落构成。结果表明，再力花与水稻间作能降低水稻植株镉含量，可用于镉污染土壤修复。

3. 土壤物理/化学修复

（1）固定/钝化。Jing 等（2020）研究了不同用量的小麦秸秆生物炭处理下（0、10、20、30、40t/hm^2）0～17cm 和 17～29cm 土层土壤的理化性质、镉有效性及水稻镉积累的影响。结果表明，随着生物炭施用量的增加，土壤的有机质含量和 pH 值提高，溶解有机碳和有效铁（Fe）、锰（Mn）、铝（Al）含量降低。施用生物炭可降低土壤中 Cd 的生物有效性，在 40t/hm^2 施用量下，0～17cm 和 17～29cm 土壤中 DTPA 提取态 Cd 含量较对照处理分别降低 49.4%和 51.7%，并且土壤中弱酸可溶态镉含量降低，可氧化态和残渣态镉含量提高。在不同生物炭用量条件下水稻植株中镉积累量依次为 A0＞A10＞A20＞A30＞A40。综上所述，施用 40t/hm^2 生物炭有利于降低土壤中镉的生物有效性，从而限制水稻对镉的吸收和积累。

（2）离子拮抗。Liu 等（2020）通过盆栽试验，以镉高积累（YZX）和镉低积累水稻品种（CLY）为受试材料，研究施用不同有机改良剂（蚯蚓粪和生物炭）和硒（Se）对水稻镉积累的影响。结果表明，两种有机改良剂（蚯蚓粪和生物炭）均可有效降低水稻籽粒中 Cd 含量，YZX 和 CLY 籽粒中 Cd 含量较对照分别减少 3.5%～36.9% 和 36.1%～74.4%，其中蚯蚓粪处理 Cd 含量降幅最大。有机改良剂和 Se 联合施用可显著提高籽粒 Se 含量，并降低籽粒 Cd 含量，降幅在 5.8%～20.8%。与对照相比，施用高剂量有机改良剂（5%）使水稻根际土壤 pH 值和有机质含量上升，土壤有效镉含量下降，从而降低土壤中 Cd 的生物有效性。土壤中 Cd 形态分析结果表明，有机改良剂和 Se 联合施用显著促进土壤 Cd 从酸溶态向残渣态转化，降低 Cd 生物有效性。因此，有机改良剂与硒配施是同时提高稻米硒含量和控制稻米镉污染的有效策略。

Huang 等（2020）利用水培试验研究了镉暴露条件下，添加硒（Se）处理水稻根系生理生化特征及植株镉积累量的响应变化。结果显示，Se 通过提高 SOD、CAT 等酶的活性，降低水稻组织中活性氧（O_2^-、H_2O_2）水平，显著缓解 Cd 对水稻造成的氧化毒性。Se 的解毒作用同时影响根系形态和氧气的传输，课题组利用氧微电极技术分析了水稻根系氧气径向分泌状况，发现 Cd 暴露明显抑制水稻根系泌氧，而添加 Se 后水稻根系泌氧量显著增加、氧气的传输范围变宽。在无亚铁存在的培养体系中，Se 处理可缓解 Cd 的毒性，促进水稻生长，但对水稻 Cd 的吸收积累总量无显著影响；在有亚铁配合条件下，Se 通过促进水稻根系泌氧，进而强化根表铁膜形成及其对 Cd 吸收的阻挡作用，减弱水稻根系对 Cd 的吸收，显著降低水稻 Cd 积累量。因此，硒对水稻的降镉作用与其促进根系泌氧、提高根表铁膜的阻镉吸收作用有关，在施用硒肥降镉技术应用中应当充分考虑土壤亚铁离子的作用，以更好地发挥其降镉效果。

Jiang 等（2020）利用水培试验研究了谷氨酸（Glutamate，Glu）对水稻 Cd 积累和毒害的影响。结果表明，外源添加 Glu（3mmol/L）显著降低水稻对 Cd 的吸收和转运，根系和茎叶中 Cd 含量分别较对照降低 44.1% 和 65.6%，并能有效缓解 Cd 胁迫对水稻植株的毒害作用，叶绿素合成和抗氧化酶（过氧化氢酶、过氧化物酶和谷胱甘肽 S-转移酶）活性增加，H_2O_2 和 MDA 含量降低。外源添加 Glu 后 *OsNramp5*、*OsIRT1*、*OsIRT2*、*OsHMA2* 和 *OsHMA3* 基因表达量较单独 Cd 处理显著降低，表明谷氨酸可以通过抑制水稻对 Cd 的吸收来缓解水稻 Cd 毒害。

（四）稻米中重金属污染状况及风险评价

Shahriar 等（2020）选取来自孟加拉国 16 个地区市场的 144 个精米样品为研究对象，评估当地重金属镉的区域性分布特征与膳食摄入健康风险。结果表明，大米样品中的 Cd 浓度为 1～180μg/kg，平均值和中位值分别为 44μg/kg 和 34μg/kg，所有样品 Cd 含量均低于欧盟/食品法典委员会（EU/CODEX）标准限值，但有部分样品 Cd 含量

（9%）超出澳大利亚新西兰食品（FSANZ）标准限值。不同地区大米中Cd含量存在显著差异，Najirshail、Katarivogh和Chinigura品牌的Cd含量分别为81μg/kg、70μg/kg和68μg/kg。当地居民大米镉的日均体重摄入量为0.09～0.58μg/kg bw，终生癌症风险增量（ILCR）值为（1.35～8.7）$\times 10^{-3}$，2～5岁和6～10岁儿童镉膳食暴露风险较高，需引起关注。

Gu等（2020）利用同步辐射X射线吸收光谱和X射线荧光显微成像技术，研究了镉在稻米中的化学形态和空间分布。研究发现稻米中镉主要是与巯基化学功能团结合（66%～92%），主要可能以含巯基蛋白结合形式存在。元素的荧光成像分析表明稻米中镉的空间分布模式多样，具有不确定性，主要取决于水稻灌浆期土壤溶液中镉的动态变化。稻米镉空间分布的不确定性意味着糙米在精米化的过程中，精米镉浓度变化的不确定性。针对78个不同水稻品种的糙米精米化研究发现，与糙米镉浓度相比，精米镉浓度平均降低了23.5%，但变化程度存在很大变异，其中62个水稻品种精米镉浓度下降，降幅为2.0%～65%，另有16个水稻品种精米镉浓度增加，增幅为1.6%～22%。稻米镉的化学形态和空间分布信息对认识镉的人体生物有效性有着重要启示。稻米中营养矿质元素Zn、Fe主要以难溶解的植酸盐形式存在，由于人体肠道缺乏植酸酶，因而该形态的Zn、Fe很难被人体吸收利用；而与巯基结合的镉在肠胃酸性环境下（pH值1.5～3.5）不稳定，>95%的镉都会解离成镉离子，从而易被人体肠道吸收，这也解释了以稻米为主粮的人群对镉的吸收效率较高的原因。镉空间分布的结果表明，在外推糙米和精米镉的食品安全卫生标准时，应充分考虑到糙米在精米化过程中镉浓度变化的不确定性，并且通过稻米精制或深加工方式对降低稻米镉污染的健康风险作用有限。

参考文献

陈丽，马静，亢玲，等，2020. 杂草稻稻米RVA谱特征值与外观品质及蒸煮食味品质性状的相关性分析［J］. 宁夏农林科技，61（6）：1-4.

成臣，吕伟生，朱博，等，2020. 秸秆全量还田下磷钾配施对晚粳稻产量及品质的影响［J］. 水土保持学报，34（6）：244-251.

褚春燕，孙桂玉，苏世兵，等，2020. 灌浆期低温对三江平原主栽水稻品种品质的影响［J］. 现代化农业（10）：47-49.

杜白，谢桐洲，胡贤巧，等，2020. 有机氮素肥料对水稻植株生长及产量和品质的影响［J］. 农学学报，10（9）：1-6.

范美蓉，张春霞，廖育林，等，2020. 不同品种紫云英对镉污染土壤水稻生长累积效应的研究［J］. 中国农学通报，36（20）：72-76.

冯爱煊，贺红周，李娜，等，2020. 基于多目标元素的重金属低累积水稻品种筛选及其吸收转运特征［J］. 农业资源与环境学报，37（6）：988-1000.

冯乐为，程志清，郭武强，2020. 同量氮钾肥不同施肥模式对晶两优534农艺性状及品质的影响［J］. 杂交水稻，35（1）：33-35.

顾明华，李志明，陈宏，等，2020. 施锰对土壤锰氧化物形成及镉固定的影响 [J]. 生态环境学报，29 (2)：360-368.

郭涛，张焕霞，薛芳，等，2020. 低谷蛋白水稻的淀粉颗粒扫描电镜观察及 RVA 谱特征研究 [J]. 北方农业学报，48 (5)：49-54.

黄锐敏，欧阳辉，吴俊，等，2020. 福建省宁化县稻米镉含量调查及健康风险评估 [J]. 福建农业科技，51 (5)：30-36.

黄诗颖，谭景艾，王鹏，等，2020. 以回交重组自交系定位水稻萌芽期耐镉胁迫相关 QTLs [J]. 生物技术进展，11 (2)：176-181.

季宏波，范艺凡，林子木，等，2020. 不同加工精度粳稻谷食味品质变化 [J]. 粮食加工，45 (3)：37-39.

李冠男，黄立华，黄金鑫，等，2020. 盐碱地水稻结实初期不同叶面肥喷施对稻米品质的影响 [J]. 土壤与作物，9 (2)：126-135.

李文敏，李萍，崔晶，等，2020. 收获期对粳稻食味理化特性的影响 [J]. 天津农业科学，26 (10)：25-30.

刘玲，戴慧芳，唐凤雪，等，2020. 水稻幼苗根对羧基化多壁碳纳米管复合镉胁迫的生长生理响应 [J]. 生态学杂志，39 (1)：252.

龙俐华，贺淼尧，刘光华，等，2020. 不同播期对优质稻主要稻米品质的影响 [J]. 作物研究，34 (5)：405-407.

吕军，姜秀英，解文孝，等，2020. 辽宁省不同熟期水稻品质性状分析 [J]. 作物杂志 (1)：17-21.

骆文轩，宋肖琴，陈国安，等，2020. 田间施用石灰和有机肥对水稻吸收镉的影响 [J]. 水土保持学报，34 (3)：232-237.

马中涛，马会珍，崔文培，等，2020. 成熟度对优良食味水稻南粳 9108 产量、品质的影响 [J]. 江苏农业学报，36 (6)：1353-1360.

莫文伟，旷娜，郑华斌，等，2020. 再生稻与晚稻常规米质及 RVA 谱特征的对比研究 [J]. 湖南农业大学学报（自然科学版），46 (3)：271-277.

倪中应，章明奎，王京文，等，2020. 水稻不同生育期镉吸收与积累特征研究 [J]. 农学学报，10 (3)：49-54.

任树友，何玉亭，李浩，等，2020. 轻度镉污染土壤上不同水稻品种间稻米镉富集及产量差异研究 [J]. 四川农业科技 (6)：50-52.

施继芳，黄光福，张玉娇，等，2020. 不同海拔地区多年生稻稻米品质分析 [J]. 中国稻米，26 (4)：40-43.

孙旭超，岳红亮，田铮，等，2020. 不同地域粳稻的稻米食味品质特性分析 [J]. 江苏农业科学，48 (14)：215-220.

王波，张然然，杨如意，等，2020. 外源硒和耐硒细菌对镉胁迫下水稻生长、生理和硒镉积累的影响 [J]. 农业环境科学学报，39 (12)：2710-2718.

王利纳，2020. 双季翻耕与免耕条件下水稻产量与镉累积特性比较 [J]. 湖南生态科学学报，7 (2)：1-6.

王昕，殷延勃，马洪文，等，2020. 宁夏不同地区稻米品质的差异性分析 [J]. 宁夏农林科技，61 (1)：1-3，10.

韦小珊，梁俭伟，张集胜，等，2020. 不同灌溉方式对香稻产量品质及水分利用率的影响 [J]. 华北农学报，35 (4)：129-136.

肖丹丹，李军，邓先亮，等，2020. 不同品种稻米品质形成对盐胁迫的响应 [J]. 核农学报，34 (8)：1840-1847.

燕辉，杨秀霞，2020. 亏水灌溉对稻米籽粒外观品质建成的影响 [J]. 节水灌溉 (8)：13-17.

杨发文，黄衡亮，宋福如，等，2020. 有机硅改性复合肥防治水稻镉污染的效果和初步机制 [J]. 核农学报，34 (2)：425-432.

殷春渊，王书玉，刘贺梅，等，2020. 节水灌溉与常规灌溉对旱直播水稻叶片生理特性、产量及品质的影响 [J]. 中国农学通报，36 (18)：1-9.

袁元荣，袁骄艳，顾永林，等，2020. 淹水有机栽培模式下水稻产量与品质特征 [J]. 中国稻米，26 (6)：64-66.

曾仁杰，2020. 不同播期对优质稻玉针香产量及稻米品质的影响 [J]. 中国稻米，26 (6)：100-103，106.

翟彩娇，邓先亮，张蛟，等，2020. 盐分胁迫对稻米品质性状的影响 [J]. 中国稻米，26 (2)：44-48.

张耗，马丙菊，张春梅，等，2020. 全生育期干湿交替灌溉对稻米品质及淀粉特性的影响 [J]. 扬州大学学报 (农业与生命科学版)，41 (6)：1-8.

张顺，李志坚，张跃飞，等，2020. 不同品种精白米必需氨基酸、总氨基酸和蛋白质含量的相关分析 [J]. 湖北农业科学，59 (2)：24-26.

张玉屏，王军可，王亚梁，等，2020. 水稻淀粉合成对夜温变化的响应 [J]. 中国水稻科学，34 (6)：525-538.

赵飞，刘建，杜锦，等，2020. 硒肥处理对水稻食味特性的影响 [J]. 中国种业 (10)：53-56.

赵文锦，黎用朝，李小湘，等，2020. 镉低积累水稻资源的镉积累稳定性及遗传相似性分析 [J]. 植物遗传资源学报，21 (4)：819-826.

朱振江，2020. 不同机插方式对沿淮优质粳稻产量与品质的影响 [J]. 安徽农学通报，26 (11)：46-47.

邹德堂，韩笑，孙健，等，2020. 有色稻米 B 族维生素含量与种皮颜色关系研究 [J]. 东北农业大学学报，51 (9)：1-8.

Bae J E, Hong J S, Baik M Y, et al., 2020. Impact of starch granule-associated surface and channel proteins on physicochemical properties of corn and rice starches [J]. Carbohydrate Polymers, 250: 116908.

Chang J D, Huang S, Konishi N, et al., 2020a. Overexpression of the manganese/cadmium transporter OsNRAMP5 reduces cadmium accumulation in rice grain [J]. Journal of Experimental Botany, 71 (18): 5705-5715.

Chang J D, Huang S, Yamaji N, et al., 2020b. OsNRAMP1 transporter contributes to cadmium and manganese uptake in rice [J]. Plant, Cell & Environment, 43 (10): 2476-2491.

Chen J, Huang X Y, Salt D E, et al., 2020. Mutation in OsCADT1 enhances cadmium tolerance and enriches selenium in rice grain [J]. New Phytologist, 226 (3): 838-850.

Chumley H, Hewlings S, 2020. The effects of elevated atmospheric carbon dioxide [CO_2] on micronutrient concentration, specifically iron (Fe) and zinc (Zn) in rice: a systematic review [J]. Journal of Plant Nutrition, 43 (10): 1571-1578.

Fukushima A, Perera I, Hosoya K, et al., 2020. Genotypic Differences in the Effect of P Fertilization on Phytic Acid Content in Rice Grain [J]. Plants, 9: 146.

Girija P P, Thavaprakaash N, Djanaguiraman M, et al., 2020. Effect of Period of Soil Moisture Stress at Panicle Initiation and Flowering Stages on Nutrient Uptake and Post-Harvest Soil Nutrient Status in Rice [J]. The Madras Agricultural Journal, 107: 1-6.

Gu Y, Wang P, Zhang S, et al., 2020. Chemical speciation and distribution of cadmium in rice grain and implications for bioavailability to humans [J]. Environmental Science & Technology, 54 (19): 12072-12080.

Huang G, Ding C, Li Y, et al., 2020. Selenium enhances iron plaque formation by elevating the radial oxygen loss of roots to reduce cadmium accumulation in rice (*Oryza sativa* L.) [J]. Journal of Hazardous Materials, 398: 122860.

Hung P V, Binh V T, Nhi P H Y, et al., 2020. Effect of heat-moisture treatment of unpolished red rice on its starch properties and *in vitro* and *in vivo* digestibility [J]. International Journal of Biological Macromolecules, 154: 1-8.

Ishimaru T, Miyazaki M, Shigemitsu T, et al., 2020. Effect of high temperature stress during ripening on the accumulation of key storage compounds among Japanese highly palatable rice cultivars [J]. Journal of Cereal Science, 95: 103018.

Jiang M, Jiang J, Li S, et al., 2020. Glutamate alleviates cadmium toxicity in rice via suppressing cadmium uptake and translocation [J]. Journal of hazardous materials, 384: 121319.

Jing F, Chen C, Chen X, et al., 2020. Effects of wheat straw derived biochar on cadmium availability in a paddy soil and its accumulation in rice [J]. Environmental Pollution, 257: 113592.

Kai T, Kumano M, Tamaki M, 2020. A Study on Rice Growth and Soil Environments in Paddy Fields Using Different Organic and Chemical Fertilizers [J]. Journal of Agricultural Chemistry and Environment, 9: 331-342.

Kakar K, Xuan T D, Noori Z, et al., 2020. Effects of Organic and Inorganic Fertilizer Application on Growth, Yield, and Grain Quality of Rice [J]. Agriculture, 10: 544.

Khan I U, Rono J K, Liu X S, et al., 2020. Functional characterization of a new metallochaperone for reducing cadmium concentration in rice crop [J]. Journal of Cleaner Production, 272: 123152.

Kumar A, Dash G K, Barik M, et al., 2020. Effect of Drought stress on Resistant starch content and Glycemic index of rice (*Oryza sativa* L.) [J]. Starch - Stärke, 72: 1900229.

Liu C, Ding S, Zhang A, et al., 2020. Development of nutritious rice with high zinc/selenium and low cadmium in grains through QTL pyramiding [J]. Journal of Integrative Plant Biology, 62 (3): 349-359.

Lv H Q, Chen W X, Zhu Y M, et al., 2020. Efficiency and risks of selenite combined with different water conditions in reducing uptake of arsenic and cadmium in paddy rice [J]. Environmental Pollution, 262: 114283.

Ma M T, Liu Y, Chen X J, et al., 2020. Thermal and pasting properties and digestibility of blends of potato and rice starches differing in amylose content [J]. International Journal of Biological Macromolecules，165：321-332.

Pantoa T，Baricevic-Jones I，Suwannaporn P，et al.，2020. Young rice protein as a new source of low allergenic plant-base protein [J]. Journal of Cereal Science，93：102970.

Park J，Oh S K，Chung H J，et al.，2020. Structural and physicochemical properties of native starches and non-digestible starch residues from Korean rice cultivars with different amylose contents [J]. Food Hydrocolloids，102：105544.

Peanparkdee M，Patrawart J，Iwamoto S，2020. Physicochemical stability and *in vitro* bioaccessibility of phenolic compounds and anthocyanins from Thai rice bran extracts [J]. Food Chemistry，329：127157.

Rao S，Santhakumar A B，Chinkwo K，et al.，2020. Rice phenolic compounds and their response to variability in growing conditions [J]. Cereal Chemistry，97：1045-1055.

Reis H P G，Barcelos J P Q，Silva V M，et al.，2020. Agronomic biofortification with selenium impacts storage proteins in grains of upland rice [J]. Journal of the Science of Food and Agriculture，100：1990-1997.

Shahriar S，Rahman M M，Naidu R，2020. Geographical variation of cadmium in commercial rice brands in Bangladesh：Human health risk assessment [J]. Science of The Total Environment，716：137049.

Surabhi S，Gupta S K，Pande V，et al.，2020. Individual and combined effects of ethylenediurea (EDU) and elevated carbon dioxide (ECO_2)，on two rice (*Oryza sativa* L.) cultivars under ambient ozone [J]. Environmental Advances，2：100025.

Wang J，Lu X，Zhang J，et al.，2020. Rice intercropping with alligator flag (*Thalia dealbata*)：A novel model to produce safe cereal grains while remediating cadmium contaminated paddy soil [J]. Journal of hazardous materials，394：122505.

Zhang B Q，Liu X S，Feng S J，et al.，2020. Developing a cadmium resistant rice genotype with OsHIPP29 locus for limiting cadmium accumulation in the paddy crop [J]. Chemosphere，247：125958.

第七章　稻谷产后加工与综合利用研究动态

大米加工是稻谷产业链的中心环节。近年来，国内外稻米加工的新工艺、新技术、新产品得到了快速发展和应用，大米加工产业结构不断优化，规模效应逐渐显现，技术水平明显提高，能够充分满足市场需要和供给侧结构性改革，满足人们对高品质主食日益增长的需求。2020年，国内外稻谷产后加工工艺稳定发展，在稻米加工产业链中，产后处理与加工环节技术不断进步，稻米加工的无残渣工程技术日益完善，稻谷副产品也获得了较大限度综合利用，包括大米蛋白、大米淀粉和米糠的应用，碎米、发芽糙米和米胚加工的产品在市场上也陆续出现。稻壳和秸秆在材料学、环境学中也开展了比较深入的研究，综合利用水平持续提升。

第一节　国内稻谷产后加工与综合利用研究进展

一、稻谷产后处理与加工

自20世纪90年代中期，随着人们生活水平提高，居民对稻米口感和外观的要求也日益提升，大米加工企业为了给市场提供既好看又好吃的大米，过度追求大米的“白度和光亮度”，大米过度加工现象普遍存在。过度加工每年造成的粮食损失高达650万t以上，限制了粮食的有效利用，增加了能源消耗，提高了大米加工成本。近年来适度加工成为水稻加工产业的重要议题，引领科研人员广泛开展关于水稻产后处理与加工领域，包括干燥、保藏、砻谷、碾白、抛光、除镉等方面的深入研究。

（一）稻谷干燥技术

干燥是稻谷储藏前处理的一项重要过程，直接影响稻谷的储藏品质和加工品质。稻谷籽粒由外壳、胚乳和糠组成，外壳在稻谷干燥过程中会阻碍籽粒内部水分转移，导致稻谷干燥难度较大，有着不同于其他谷物的干燥特性。与此同时，稻谷也是一种高热敏性物料，由于籽粒水分梯度和温度梯度产生应力，在干燥过程中选择的干燥工艺参数不合适会导致稻谷爆腰，对稻谷品质造成严重影响。目前在稻谷干燥过程的相关研究中，提出了负压干燥、热风干燥、微波干燥等联合使用的干燥技术。

为解决水稻干燥效率低、烘后品质差等问题，高瑞丽等（2020）以水稻负压干燥工艺为主要研究对象，利用负压干燥试验台，通过研究水稻负压干燥的特性，优化水稻干燥参数，并对干燥后的水稻品质进行分析。结果表明：当热风温度为40℃、表现风速0.60m/s、排粮辊转速3.2r/min时，可节省干燥时间，提高干燥效率。

杨志成等（2020）研究了自然干燥和热风干燥处理后籼稻在陈化过程中爆腰率、发芽率和发芽势、出糙率、整精米率、种子活力和脂肪酸值等指标的变化情况，并进行感官评价分析。发现随着储藏时间增加，热风干燥与自然干燥相比，爆腰率较高，出糙率、整精米率较低；在种子活性方面发芽率、发芽势和种子生活力降低；另外，国家安全储粮标准中籼稻脂肪酸值为 30mg KOH/100g。在相对温度 42℃、相对湿度 85％的储藏条件下，自然干燥后的籼稻在储藏 25 d 超过该标准，达到 32.4mg KOH/100g；热风干燥后的籼稻在储藏 20d 超过该标准，达到 31.53mg KOH/100g，感官评价分值相应较低。与自然干燥相比，热风干燥籼稻储藏过程品质劣变较严重，自然晒干籼稻更适合储藏。

袁攀强等（2020）以旋转通风仓干燥、自然干燥和机械干燥 3 种方式对新收获的深两优 5814 稻谷进行降水处理。对干燥后稻谷脂肪酸值、发芽率、爆腰率、出糙率、整精米率及食味值的变化规律进行研究。结果表明：机械干燥稻谷脂肪酸值为 19.9mg KOH /100g，低于通风仓干燥稻谷的 25.3mg KOH/100g 和自然干燥稻谷的 25.1mg KOH/100g；高温影响稻谷种子活力，机械干燥稻谷发芽率为 58.0％，远低于通风仓干燥稻谷的 86.5％和自然干燥稻谷的 87.5％；另外，机械干燥稻谷加工成大米的爆腰率、出糙率、整精米率和食味值分别是 5.33％、79.23％、57.9％和 83.7，相比通风仓干燥稻谷的 1.33％、80.27％、61.10％和 87.0％与自然干燥稻谷的 2.33％、76.83％、58.9％和 89.3％，其加工品质和食味品质更差。可见旋转通风仓干燥稻谷品质最优，自然干燥次之，机械干燥稻谷品质最差。实验表明，旋转通风仓干燥能很好地保护稻谷品质。

魏志鹏（2020）通过仿真模拟的方法对稻谷热风深床干燥仓内速度场及温度场分布进行了研究。运用 SolidWorks 软件建立稻谷热风干燥仓的三维模型，通过 Fluent 平台建立了干燥仓内热空气流体分析模型，根据理论分析确定计算模型参数和边界条件，将深床稻谷干燥层看成各向同性的多孔介质，采用相关的试验数据设定稻谷干燥层的参数，应用 Fluent 流体分析软件对干燥仓内热空气速度场分布和温度场分布进行了模拟仿真，并与热风固定深床干燥过程中干燥仓内实测温度进行对比，验证数值模拟方案的正确性。通过热空气流速云图与温度云图分析了干燥介质热空气速度场分布的均匀性，以及稻谷干燥床层的温度分布情况，为进一步优化设计稻谷热风固定深床干燥系统提供了重要参考依据。进行了稻谷热风固定深床缓苏干燥试验，对稻谷热风固定深床缓苏干燥的干燥特性及不同缓苏干燥条件下稻谷爆腰增率、发芽率、干燥均匀度等干燥品质的变化规律进行了研究，通过试验研究和理论分析相结合的方法，绘制了不同缓苏干燥条件下固定深床稻谷的干燥特性曲线和爆腰增率、发芽率、干燥均匀度等品质变化规律曲线。研究表明，在稻谷热风固定深床干燥过程中加入缓苏工艺有助于提高稻谷干燥速率，缩短净干燥时间，降低稻谷籽粒内部的水分梯度，减少爆腰率，提高发芽率和整精米率，增加干燥均匀度。稻谷缓苏干燥全过程为降速干燥，缓苏阶段的降水速率明显低于热风干燥阶段，第一段热风干燥速率明显高于其他干燥阶段。在稻谷热风固定深床干燥过程中，缓苏温度、缓苏时间、缓苏方式和缓苏含水率对干燥品质变化有极显著影响，缓苏时刻的改变对干燥品质变化有显著影响。在本实验条件下，缓苏温度以 40℃

为宜，缓苏时间不低于 1.5h，延长缓苏时间有助于提升稻谷干燥品质，但持续延长缓苏时间对干燥品质提升较小。停风保温的缓苏方式可以降低干燥后爆腰增率，显著提升干燥品质，稻谷含水率 18%（w. b.）是最适宜的缓苏含水率。在稻谷中层含水率达到 18%时加入缓苏工艺可以提高缓苏干燥阶段的干燥速率。

张明明（2020）设计了微波干燥稻谷的干燥实验装置，整个装置由 5 个部分组成，包括干燥箱体、干燥机构、送料机构、除湿机构以及与干燥箱体一端固定的控制器。采用送料电机带动螺旋上料桨将谷物自动送入干燥箱体内部，并通过驱动电机带动驱动轴转动，增加谷物干燥均匀性；采用抽气泵将装置工作时产生的含有水汽的高温气体抽出，对进料筒内部的谷物预热，提升了谷物干燥效率；通过回气罩吹出的热风向上流动，实现微波与热风耦合加热，使得热风能源可以循环使用，减少了能源消耗，进一步提高了干燥效率。

（二）砻谷技术

砻谷是稻谷脱壳的工序，砻谷科学利用能有效提高稻谷加工的成品率。周显青等（2020）为了探索砻碾工艺条件对稻谷籽粒力学特性的影响，以 5 种粳型和 5 种籼型稻谷为原料，设置不同轧厚比和碾白时间，分别进行稻谷砻谷和糙米碾白试验，然后测定经砻谷和碾白后籽粒的力学特性，并分析砻谷和碾米后籽粒破碎力的变化。结果表明：随着轧厚比的减小，糙米籽粒的压缩力、剪切破碎力和三点弯曲破碎力呈下降趋势，轧厚比对其所承载的压缩力的影响较大，对其所承载的剪切破碎力和三点弯曲破碎力的影响较小，品种间差异对其所承载的压缩力影响较大，对其所承载的剪切破碎力和三点弯曲破碎力的影响较小；碾白后整精米籽粒所承载的 3 种破碎力随着碾白时间的延长而减小，其中粳稻样品中有 3 种所承载的破碎力下降较为均匀，其所承载的压缩力、剪切破碎力受品种影响较大，而所承载的三点弯曲破碎力受品种影响较小；籼稻在碾白时间超过 60s 后，所承载的 3 种破碎力下降快，品种间差异对其所承载的压缩力、剪切破碎力影响较大，对其所承载的三点弯曲破碎力影响较小。可见，籽粒所承载的三点弯曲破碎力的大小可用于指导碾米工艺参数合理调整，降低碎米率。

（三）适度碾米技术

碾磨对大米的食用品质影响较大，碾磨程度过低大米适口性差，碾磨程度过高又会造成营养成分大量流失以及粮食和能源浪费。适宜的加工精度对于大米营养价值和食用品质的平衡非常关键。在碾磨初期，米饭的黏度、弹性显著升高，硬度、咀嚼性和回生值显著降低，外观评分、感官评分以及综合评分均显著提高；当碾磨至一定程度后，米饭的质构特性和感官评分趋于稳定。

陈会会（2020）以原阳新丰 2 号、本溪辽粳和吉林超级稻大米经过不同加工精度碾制后得到的样品作为研究材料，采用碾减率和留皮度表征大米的加工精度，利用一道砂辊和一道铁辊进行加工，确定了最佳砂辊开糙程度，并测定其加工技术特性指标（白度、碎米率、留胚率、破裂强度）。采用国标法测定大米营养品质，采用扫描电镜和能谱仪相结合的手段，探究粳米微观结构、矿物质元素分布和碾磨对结构的影响。通过仪器法探究加工精度对大米食味值、新鲜度、米饭质构特性和淀粉糊化特性的影响，并通过感官评价的手段，进一步验证仪器测定食味品质的科学性。通过 SDE-GC-MS 法测定挥发性风味物质的组成和含量，定性和定量分析加工精度对大米风味的影响综合加工特性，营养品质和食用品质结果，在不影响大米食味的前提下，保证大米外观和营养俱佳，确定适度加工技术精度为：碾减率 6.0%～8.0%，留皮度 0.7%～5.4%，适度加工技术指标为：白度（基于糙米白度）提高 9.6%～18.8%，留胚率 23.66%～90.66%，可减少碎米率，提高出米率，为粳糙米适度加工产业提供参考。

杨榕（2020）的研究引入了适宜加工精度（DOM），通过如下公式计算：

$$DOM=1-[\text{碾磨后米粒质量（g）/糙米质量（g）}]\times 100\%$$

结果显示，稳定态轻碾米、方便米饭和冷冻凝胶类米制品的适宜加工精度范围分别为≥6%、6%～9%、0%～3%。不仅米制品理化性质与精白米相接近，还能保留更多蛋白质、膳食纤维、脂肪和矿物质等对人体健康重要的营养物质，减少粮食浪费。

任海斌等（2020）通过测定不同加工精度籼米的留皮度、碾减率、外观、精白度、水分及容重，研究籼米留皮度和加工品质的变化规律，并进行相关性研究。结果表明：留皮度可反映大米糠层的保留程度，衡量大米加工精度与留皮度极显著相关（$P<0.01$）的变量有≤1/5 粒数比、无皮粒数比、碾减率、整精米率和长度，与留皮度显著相关（$P<0.05$）的变量有碎米率、小碎米率和粒型（长宽比）。

陈思思和樊琦（2020）指出人体所需微量元素（Mg、Zn、Mn、Fe、Cu 等）大量存在于稻谷中，在稻谷过度加工过程中，微量元素会随着加工的不断深入而大量流失，微量元素在稻谷各部分并非均匀分布，含量差距比较大，所以在糙米、胚芽米和精米中，这些人体必需微量元素的含量呈现出由高到低的变化趋势。在稻谷的胚芽中除了含有微量元素以外，还含有 P、K、Ca 这 3 种大量元素，多次碾米过程也会导致这些大量元素的流失。相比微量元素来说，大量元素在大米的不同部位含量相对较高，所以在精米各等级碾磨下，大量元素损失率会比微量元素损失率大。另外，糙米碾磨成国标三级米比碾磨成精米，稻谷中各种营养元素会多损失 10%～60%。粗糠和米皮中会保留大多数氨基酸，抛光 1 次后氨基酸损失大约 17%，抛光 2 次后损失大约 23%，抛光 1 次后 γ-氨基丁酸损失大约 64%，抛光 2 次后损失大约 65%。在稻谷加工过程中对稻谷中所含的维生素 B_1、维生素 B_2、维生素 B_6、维生素 E、胆碱和泛酸的含量水平进行测量，发现维生素含量随着加工等级的提高而大量流失。胚芽米与糙米中各类维生素的含量均高于精白米，主要是大米中 60%～70%的维生素都聚积在外层组织中。

二、稻谷副产品的综合利用

（一）大米淀粉综合利用

淀粉作为大米主要成分，占其组成成分的 75%以上。大米淀粉是目前已知谷物淀粉中颗粒最小的（3～8μm）。大米淀粉颗粒大小均匀，表面光滑有微孔，多呈不规则角形。大米淀粉与均质后的脂肪球大小类似，品质柔滑像奶油，具有类似脂肪的口感，易涂抹，无论在何种状态下都具有非常纯正的风味。大米淀粉的营养品质优良，具有极低的致敏性和易消化特性，可应用于婴儿食品和其他特殊的功能性食品中。大米比其他谷物更好消化，其消化率高达 98%～100%，更适合做婴幼儿和老年人的食品。

何海（2020）发现高压均质环境中，多酚与大米淀粉分子间的疏水力和氢键等非共价相互作用，导致大米淀粉的单螺旋、双螺旋、V 型结晶、A 型结晶、表面短程有序化、纳米聚集体等多尺度有序化结构增加，从而使大米淀粉的快消化淀粉显著降低，慢消化淀粉和抗消化淀粉显著提高。并随多酚添加量增加，大米淀粉有序化结构程度越高，抗消化性能越强；四类多酚均有此作用，其中酚酸类多酚作用效果最强，木脂素类多酚作用效果最小；而同类不同结构的多酚分子体积越小、柔性越大、酚羟基和羧基越多，越能提高大米淀粉的多尺度有序化结构，分子体积组成和空间位阻较大的多酚，只有在较高添加量时才能使高压均质大米淀粉—多酚复合物的有序化结构和抗消化性能大于高压均质大米；Pearson 相关分析结果表明，上述不同尺度有序化结构均与大米淀粉抗消化性能密切相关，多酚的类型、结构和添加量会影响其主次排列；各类多酚不同添加量对大米淀粉抗消化性能调控效果与相应有序化结构形成程度不匹配，表明多酚还作为酶抑制剂参与抵御淀粉酶水解，从而进一步提高大米淀粉的抗消化性能。

郑波（2020）提出利用热挤压 3D 打印产生的水、热和机械力作用以及大米淀粉与儿茶素的分子相互作用协同诱导大米淀粉多尺度结构的演变和形成非共价键复合结构，实现对大米淀粉消化性能和营养功能的调控。提出了大米淀粉—儿茶素复合物通过形成有序结构域和作为酶抑制剂协同作用的抗酶解机制，认为除了目前已被承认的通过儿茶素分子与直链淀粉单螺旋复合及与淀粉分子氢键作用诱导形成 V 型结晶结构和局部短程有序结构来提高 SDS 和 RS 含量外，还由于无定形结构域中儿茶素分子与大米淀粉分子形成的 π-π 和氢键结合力较弱，在水化环境中易发生解离与胰 α-淀粉酶作用阻碍其与淀粉的特异性结合，起到酶抑制剂的作用。基于高脂膳食诱导肥胖产生的相关机制，结合分子生物学、营养基因组学、转录组学等方法及高通量测序技术，首次从基因、蛋白、细胞、组织等不同层面系统解析大米淀粉—儿茶素复合物干预对机体能量代谢、肝脏代谢及肠道微生态的影响规律。

唐玮泽等（2020）采用多次湿热处理方法对大米淀粉进行物理改性，湿热处理温度 110℃，含水量 20%，处理时间 2h，对比了不同次数的湿热处理对大米淀粉理化性质的影响。结果表明，随着湿热处理次数增加，大米淀粉的含水量、膨胀力和溶解度均有所下降且逐渐降低。从糊化性质来看，大米淀粉更难于糊化，结合水的能力下降，热稳定性提高。红外光谱检测结果显示，原大米淀粉和多次湿热处理后的大米淀粉的红外光谱基本没有变化。X-衍射分析结果表明，样品处理前后的结晶型保持不变，但相对结晶度随处理次数增加而逐渐升高。扫描电镜图像显示，经多次湿热处理后，会使淀粉颗粒不再呈现均匀分散的状态，单个颗粒的特征逐渐消失，从而形成新的团状结构。

张添琪（2020）研究了三种不同直链淀粉含量大米淀粉的支链延长修饰反应，并以三种大米淀粉作为受体对淀粉蔗糖酶作用模式和催化途径进行研究。结果发现，直链淀粉的线性分子结构促进了淀粉分子在反应条件下的回生，导致淀粉蔗糖酶的转糖基反应效率下降。淀粉蔗糖酶对淀粉链延长修饰的作用模式分为相变前和相变后两个阶段：第一阶段，淀粉分子处于良好的溶解状态，淀粉蔗糖酶随机延长修饰了淀粉支链所有的非还原性末端；第二阶段，淀粉分子沉淀析出，大部分支链被包裹进淀粉分子内部，少数裸露在外的淀粉链的非还原性末端继续被延长。在直链淀粉存在的情况下，淀粉蔗糖酶改性修饰以延长支链淀粉的分支链为主。支链淀粉分支链经延长修饰后，表现出类似直链淀粉的性质，导致其在回生过程中形成B型结晶结构。淀粉的长链有利于形成热稳定性更好的结晶结构，但形成的结晶数量相对减少。利用改性淀粉制得的米发糕，其米糕品质及消化性均有所改变，其中籼米改性淀粉制得的米糕抗消化性最好，但食用品质相对较差。

（二）大米蛋白综合利用

蛋白质含量占大米质量的8%左右。大米蛋白含有18种氨基酸，包括蛋氨酸、脯氨酸、赖氨酸、异亮氨酸、苯丙氨酸、亮氨酸、色氨酸和苏氨酸等8种必需氨基酸，氨基酸组成合理，具有较高营养价值，接近于WHO/FAO推荐的营养模式，大米蛋白的生物效价高达77，与牛肉和鱼类相近，是一种优质植物蛋白。此外，大米蛋白还具有独特的低致敏性，经水解后的多肽具有降血压、降胆固醇等保健作用。

李素云等（2020）采用超声辅助酶解制备大米多肽，并研究其对酵母细胞增殖性的影响。在单因素试验基础上，对超声辅助酶解制备大米多肽进行工艺优化，确定最优超声辅助酶解工艺为超声功率密度51.8W/L、超声温度50℃、超声时间15min。在最优工艺条件下，大米多肽得率为70.57%。对酵母细胞培养增殖显示，随着多肽浓度的增加而增强，当多肽浓度达到25g/L后，酵母细胞增殖效果不再增强；另外超声辅助酶解的大米蛋白多肽作为氮源对酵母细胞培养增殖效果要好于常规酶解。

马晓雨等（2020）利用胰蛋白酶对大米蛋白进行限制性酶解，得到水解度2%、4%和8%的大米蛋白水解产物，探究不同水解程度对大米蛋白的结构、理化性质及体外活性的影响。结果表明，限制性酶解对大米蛋白的溶解性及乳化性有很大提升，当水解度低于4%时，酶解产物具有良好的热稳定性，但是随着水解度的增大，其热稳定性呈下降趋势。因酶解作用，大米蛋白中β-转角含量升高，具有更加舒展的二级结构。其表面呈疏松多孔的微观结构。与天然大米蛋白相比，酶解产物体外抗氧化活性显著提高，而且在高浓度时DPPH和ABTS自由基清除率与同浓度的BHT相当。限制性酶解作为一种温和、安全且高效的改性方法，可有效改善大米蛋白的功能特性，提高其体外抗氧化活性，丰富大米蛋白资源的应用。

陈秀文等（2020）以大米蛋白为原料，经胰蛋白酶酶解后制备纳米载体，以大豆苷元为输送对象，构建了大米蛋白酶解物—大豆苷元的纳米输送体系，通过试验考察了大米蛋白水解度、大米蛋白酶解物质量浓度与大豆苷元质量浓度对制备的复合纳米粒子性质的影响。在大米蛋白水解度为12%，酶解物质量浓度为7.5mg/mL，大豆苷元质量浓度为0.75mg/mL的条件下制备的大米蛋白酶解物—大豆苷元复合纳米粒子，其平均粒径449.71nm、多分散系数0.23，Zeta电位22.30mV，稳定性较好；大豆苷元的包封率为60.07%，荷载量为6.01mg/g，证明大米蛋白酶解物具有构建纳米载体荷载大豆苷元的可行性。

徐珍珍等（2020）通过优化大米蛋白的单酶酶解与双酶酶解工艺，确定了采用碱性蛋白酶加蛋白酶B复合酶解制备大米蛋白肽的工艺。蛋白回收率高达43.9%，制备的大米蛋白肽感官评价高、苦味低、分子质量小。对比市售的大豆蛋白肽、鱼胶原蛋白肽，3种蛋白肽的水分含量、蛋白质含量、脂肪含量基本接近。大米蛋白肽与大豆蛋白肽中分子质量＜2000 Da的总比例均＞80%，而鱼胶原蛋白肽中总比例仅有58.01%。这3种蛋白肽均有血管紧张素转换酶（angiotensin I-converting enzyme，ACE）抑制活性，其中大米蛋白肽的活性最高，IC_{50}最低，为4.97μg/mL，仅为大豆蛋白肽IC_{50}的21.6%，鱼胶原蛋白肽IC_{50}的14.1%。通过结构分析获得的4条大米蛋白肽段序列均符合现有研究的ACE抑制活性的构效分析。测定不同批次生产的大米蛋白肽的ACE抑制活性，结果表明，ACE抑制率与IC_{50}值基本保持稳定。

吴晓江等（2020）采用角蛋白酶对大米蛋白进行酶解改性，测定不同水解度大米蛋白水解产物的起泡性、氨基酸组成，并用聚丙烯酰胺凝胶电泳（SDS-PAGE）、圆二色谱和内源性荧光对其结构进行表征。结果表明，角蛋白酶能够显著提高大米蛋白在中性条件下的蛋白回收率。

岳明等（2020）构建可溶性大米蛋白/酪蛋白共架体并探究其自乳化行为。大米蛋白与酪蛋白以质量比1∶1在碱性条件下（pH值12）混合，并用0.1mol/L HCl中和得到共架体蛋白（pH值7）。溶解度及疏水性表征实验表明，大米蛋白与酪蛋白之间通过疏水作用结合，且大米蛋白的溶解度从1.67%提高至91.0%。此外，等温滴定量热法表明共架体蛋白与丁香酚进行自发放热反应。共架体蛋白与不同比例丁香酚进行自乳化，形成平均粒径＜200nm、Zeta电位＜-30mV的纳米乳，乳液中蛋白质利用率最高达79.75%，丁香酚装载量为28.54μg/mL，蛋白质与丁香酚的最大结合量为336.78μL/g。贮藏28d乳液粒径均匀分布且Zeta电位值不变，表明该乳液具有良好贮藏稳定性。乳液控释研究表明，乳液具有良好控释作用且符合一级释放动力学模型。

（三）米糠综合利用

米糠是稻谷加工的主要副产物之一，由果皮、种皮、珠心层和糊粉层等组成，占稻谷总质量的8%～10%，我国米糠平均年产量约1 200万t。米糠含有米糠多糖、蛋白质、膳食纤维、B族维生素、矿物质等多种营养成分，还富含γ-氨基丁酸、酚酸、类黄酮等生物活性物质，这些活性物质在调节血压、抗疲劳、抗氧化、预防人体心脑血管疾病等方面具有一定功效。

杨剀舟等（2020）通过砂轮型号、碾磨转速和碾磨时间等参数对米糠中关键组分如蜡、粗脂肪和粗蛋白等组分含量影响变化进行研究，并通过扫描电镜、多元回归分析和相关性分析等手段进行表征和建模。结果表明：糙米中各组分电镜表征呈现层级交替分布的特点，从外到里依次为蜡酯层、纤维层、脂肪—蛋白层和淀粉层；米糠中主要组分最高含量及其碾米工艺组合分别为：蜡 0.67%（860r/min，1.0min）、粗脂肪 18.37%（1 060r/min，1.0min）、粗蛋白 18.59%（960r/min，2.0min）、粗纤维 16.85%（760r/min，0.5min）和淀粉 41.12%（1 060r/min，2.5min）；砂轮型号对于蜡含量和粗纤维含量有极显著影响（$P<0.01$），碾磨转速除粗蛋白含量外均具有显著影响（$P<0.05$）。

杨健等（2020）基于蛋白质化学理论和谱学分析技术等探究 pH 值对米糠清蛋白和球蛋白结构、溶解性及表面疏水性的影响。结果表明：随着 pH 值增加，米糠清蛋白、球蛋白的流体动力学直径分布均呈降低趋势，Zeta 电位绝对值均呈增大趋势；米糠清蛋白中 α-螺旋结构的含量逐渐增大，而 β-折叠结构含量逐渐减小，无规卷曲结构含量逐渐增大；米糠清蛋白和球蛋白的色氨酸残基趋近于“暴露”态。因此，碱性条件下米糠球蛋白保留了大部分二级结构、亚基解离诱导的蛋白质三级结构解折叠是其表面疏水性小幅提高的主要原因；米糠清蛋白的二级结构单元的无序性转变、亚基解离诱导的蛋白结构解折叠，是其表面疏水性增大的原因；亚基解离成小粒径以及碱性条件赋予米糠蛋白电荷，是米糠清蛋白及球蛋白溶解性增加的重要原因。

张安宁等（2020）采取反复冻融辅助弱碱法提取米糠蛋白，以正交试验优化提取工艺，并对米糠蛋白泡沫特性、持水/油性能、乳化特性、溶解度、Zeta 电位滴定曲线及蛋白亚基相对分子质量分布进行了研究。结果表明：最优提取米糠蛋白条件为：冻融 4 次、料液比 1∶15（g/mL）、提取温度 45℃、提取时间 150min。在该条件下，米糠蛋白的提取率达 63.07%，比单独采取弱碱法提高 11.49%；对蛋白功能特性又不会产生破坏，是一种简单可行的米糠蛋白提取方法。

于殿宇等（2020）以米糠蛋白为原料，采用转谷氨酰胺酶将其改性，通过单因素试验和响应面优化试验研究蛋白质质量分数、改性时间及加酶量对改性的米糠蛋白凝胶硬度的影响，并比较改性前后米糠蛋白的溶解性、乳化性和乳化稳定性、起泡性和起泡稳定性以及持油性等功能性质。结果表明：在蛋白质质量分数 12.8%，改性时间 3.2h，加酶量 19.7U/g 的条件下得到蛋白质最佳凝胶硬度，即 93.58g。经改性处理后蛋白质持水力增加 162%，溶解度增加 31.1%，乳化性和乳化稳定性分别提高 52.7%和 25.4%，起泡性和泡沫稳定性分别提高 33.3%和 7.2%，持油性提高 114%。用扫描电子显微镜观察其微观结构，发现改性的米糠蛋白呈类似海绵结构，其结构有较明显的改善，说明酶法改性米糠蛋白效果显著。

谢凤英等（2020）利用红外光谱法测定了超高压均质处理的米糠膳食纤维粉添加量分别为 0%、5.0%、10.0%、15.0%和 20.0%时面筋蛋白结构的变化。结果显示添加米糠膳食纤维粉的面筋蛋白二级结构仍以 α-螺旋和 β-折叠为主。随着米糠膳食纤维粉添加量的增加，α-螺旋结构含量显著降低。

唐贤华等（2020）通过单因素实验和响应面分析对米糠中植酸的提取工艺进行优化，分别考察了提取溶剂浓度、液料比、提取时间、提取温度对植酸提取的影响。结果表明，米糠中植酸的最优提取条件为提取溶剂浓度 1%、液料比 7：1、提取时间 3.6h、提取温度 30℃；在此条件下，植酸提取率为 8.66%，比未优化前提高了 1.3 倍。

（四）糙米综合利用

糙米是具有完整结构和生命活力的种子，在适宜条件下可以发芽生长，其包含的生命活动所需的营养物质远比白米丰富。发芽糙米中含有丰富的生物活性物质，对人体健康有很大好处。如维生素（包含生育酚及三烯生育酚）、可溶性和不可溶性的膳食纤维、γ-氨基丁酸、γ-谷维素、酚酸类物质以及矿物质。这些物质在很多慢性疾病、抗氧化及神经保护作用上都发挥很大的医疗效用。发芽糙米中的生物活性物质可以降低患 2 型糖尿病的风险。实验和临床研究结果表明，发芽糙米具有降血糖、降血脂、降压、抗肥胖、抗动脉粥样硬化和抗炎特性，并有可能降低阿尔茨海默氏病和致癌物的风险。

张园园等（2020）采用正交试验设计优化糙米发芽工艺，试验结果表明糙米发芽最佳条件：浸泡温度为 32℃、浸泡时间为 8h、发芽温度为 28℃、发芽时间为 26h，在此条件下得出糙米发芽率为 93.0%。对糙米主要营养成分进行分析，糙米发芽后还原糖含量最高提高了 4.93 倍，蛋白质含量提高了 34.74%，淀粉含量最高下降了 6.08%，总膳食纤维、不溶性膳食纤维和可溶性膳食纤维含量分别提高了 26.24%、19.92% 和 51.67%。

孙敏（2020）用反相高效液相色谱或高效液相色谱—质谱联用法，研究比较糙米、白米和发芽糙米中的活性成分，尤其是经过不同发芽时间的糙米中主要的 4 种生物活性成分，即 γ-氨基丁酸、谷维素、阿魏酸、生育酚和三烯生育酚的含量变化。糙米发芽完成之后将胚芽进行切割分离成胚芽和胚乳，胚芽约占整颗发芽糙米质量的 9.8%。再继续研究 4 种活性物在这两个部位的分布。糙米 30℃发芽 24h 后，α-、β-+γ-、σ-生育酚和α-、β-+γ-、σ-三烯生育酚的含量达到发芽糙米中的最高水平，分别为 215.13mg/kg、8.00mg/kg、0.18mg/kg、22.88mg/kg、42.46mg/kg 和 6.03mg/kg。整个发芽糙米中的生育酚与三烯生育酚总量比糙米高 1 156.89 mg/kg，增加了 113.9%，比白米高 250.30mg/kg。发芽糙米胚芽中的生育酚与三烯生育酚总量比发芽糙米高 1214.27mg/kg，胚芽为整个发芽糙米贡献了 43.9%。在 30℃下发芽 18h 后，发芽糙米中 γ-谷维素的总含量为 5.29mg/kg，比糙米增加了 0.83mg/kg，其中环木菠萝烯醇阿魏酸酯增加了 433.3%，24-亚甲基环木菠萝烯醇阿魏酸酯增加了 491.7%，β-谷甾醇阿魏酸酯增加了 37.8%。发芽糙米的胚芽中 γ-谷维素的含量比糙米高 6.31mg/kg，比白米多 10.16mg/kg。

鲜湿发芽糙米含水率较高，易引起微生物繁殖导致品质劣变，失去营养和商品价值。快速、及时将其干燥至安全贮藏含水率（13.0%～14.5%）不仅有利于延长贮藏期，也可为后续产品精深加工提供保障。微波干燥具有干燥速度快、能效高等优点，可满足鲜湿发芽糙米对快速、及时干燥的需求。沈杨柳（2020）采用台架试验和数值模拟相结合的方法，研究发芽糙米微波干燥及品质（裂纹、颜色和γ-氨基丁酸（GABA）含量）变化机理，提出微波干燥发芽糙米的品质控制模式。微波强度对干后米粒的裂纹率有显著影响（$P<0.05$），高于4W/g时干燥后期的米粒裂纹程度以4～5条裂纹为主，考虑干燥效率和干后米粒适宜裂纹程度（3～4条裂纹），微波强度3～4 W/g适于发芽糙米微波干燥。干后米粒3～4条混合裂纹有利于改善蒸煮特性（即减少蒸煮时间和总固形物损失，提高吸水率和体积膨胀率）和提高蒸煮品质（即降低米饭硬度，提高米饭的黏附性、弹性、内聚性、黏性和咀嚼性），是微波干燥发芽糙米的适宜裂纹范围。蒸煮时间与吸水率、体积膨胀率和总固形物损失呈极显著负相关（$P<0.01$）；硬度与黏附性和黏性呈极显著正相关（$P<0.01$），而与弹性、咀嚼性和内聚性呈极显著负相关（$P<0.01$）。扫描电镜观察结果证实，微波干燥破坏发芽糙米内部致密的淀粉颗粒排布结构，形成了微观裂纹和孔隙，3～4条裂纹程度为米粒提供了适宜水分渗透途径，进而提高蒸煮品质。不同微波强度下发芽糙米的GABA含量趋于减少，保持较高GABA含量的适宜平均温度应控制在64～67℃，调控干燥过程中的料层温度可作为控制发芽糙米GABA含量的参数依据。考虑干燥效率和干后颜色及营养品质，微波强度3～4W/g适于发芽糙米微波干燥。发芽糙米微波干后金黄色外观品质形成的温度为90～132℃，适于连续式微波干燥的品质控制条件为微波强度4W/g、风速1.0m/s、每循环干燥时间10min和缓苏比1∶2。

宋欣月（2020）使用发芽糙米对2型糖尿病（type 2 diabetes mellitus，T2DM）人群持续进行3个月的干预试验，发现发芽糙米可明显改善T2DM患者血糖和血脂相关指标。研究发现T2DM患者脂肪酸结构与健康人群有所差异，改善脂肪酸构成可能与T2DM的发生发展有密切关系。

苗榕芯（2020）以糙米为原料，探究糙米最优浸泡和发芽工艺，制备高GABA含量发芽糙米粉。再将发芽糙米粉和小麦粉混合制作高配比发芽糙米—小麦馒头，研究发芽糙米粉添加量和改良剂种类对面团特性、馒头品质以及淀粉体外消化特性的影响。确定发芽糙米最优发芽工艺为：浸泡时间11h，浸泡温度30℃，浸泡液为3mmol/L氯化钙，发芽时间30h，发芽温度28℃。此条件下发芽糙米GABA含量和发芽率最高，水分含量适中，发芽糙米粉色泽明亮。发芽糙米粉最适添加量不宜超过50%。结合改良剂对面团特性和馒头品质的影响，添加0.3%黄原胶时，面团性能更好，老化速率降低，比容为2.53mL/g，硬度低，感官接受度最高。添加羟丙基甲基纤维素和黄原胶馒头可消化淀粉含量显著降低，抗性淀粉含量增加，淀粉消化速率下降，作用效果羟丙基甲基纤维素＞黄原胶，而添加葡萄糖氧化酶表现出相反的趋势。添加3%羟丙基甲基纤维素对馒头餐后血糖改善效果最好。

（五）留胚米综合利用

留胚米是指稻谷在经过碾磨后能保留80%以上留胚率的一种米，也常被称为胚芽米。营养上比精米要丰富，口感又好于糙米。

姜蓓等（2020）采用紫外照射对留胚米进行稳定化处理。采用单因素实验及响应面分析研究紫外照射对留胚米脂肪酶灭活率的影响，同时考察留胚米水分损失率、碎米率和爆腰率的变化。研究得到紫外照射最佳条件是照射时间 11.50min，照射距离为 4.5cm，初始含水量 13%，此时脂肪酶灭活率 66.73%、碎米率增加 0.12%、爆腰率增加 1.63%、水分散失率增加 0.38%，处于可以接受范围，可以选为紫外照射稳定留胚米的工艺参数。

耿栋辉等（2020）研究结果表明，留胚米米粉内部气孔孔径小且均匀分布，外表面致密光滑，具有与精米米粉相似的质构和蒸煮特性，表明留胚米可用于加工鲜湿米粉；留胚米的蛋白质、脂质和总膳食纤维含量较精米分别显著增加了 6.4%、168%和 47.5%（$P<0.05$），其米粉的血糖生成指数（GI 值）由精米米粉的 87.29 降至 84.41，矿物元素镁、磷、钾、锰和铁的含量分别显著增加了 105.9%、46.0%、27.1%、32.0%和 60.2%，总酚含量显著增加了 8.2%，具有更高的营养价值。因此，留胚米能够制得与精米米粉具有相似食用品质的鲜湿米粉，同时提高米粉的营养品质。

留胚米储藏过程中，由于失去稻壳的保护，脂类与氧气接触而氧化，在脂肪酶的作用下发生分解，极易氧化酸败，导致品质劣变，这是目前留胚米进行家庭日常消费的重要障碍。姜蓓（2020）通过食品储存期加速测试法（ASLT）储藏留胚米，根据 ASLT 法公式可得出未处理的留胚米储藏期大概 39d、微波处理的留胚米储藏期大概在 152d，紫外照射后的留胚米储藏期大概在 113d。由此可知微波处理、紫外照射可以延长留胚米的储藏期。同时在储藏过程中，对留胚米饭定期进行感官评价，发现微波处理会影响留胚米的食用品质，但储藏时其食用品质不会有较大改变，紫外照射后的留胚米不会影响留胚米的食用品质并在储藏早期能很好保持留胚米的口感，但后期不如微波处理的口感好，未处理的留胚米在储藏一段时间后就会失去米饭的清香，滋味较差，适口性也较差。在储藏期间用留胚米的崩解值反映其糊化特性，发现留胚米的崩解值都随着储藏时间的增加而呈现先上升后下降的趋势。其中，微波处理的留胚米崩解值的变化较大，紫外照射相比于未处理，有效抑制了留胚米的糊化性质变化。

（六）米胚综合利用

吴非等（2020）以稻米胚芽为原料，通过超声波辅助水酶法提取富含生育酚的米胚油。通过单因素试验得到，当纤维素酶和中性蛋白酶质量比为 1∶1 时，复合酶添加量 1.2%、酶解料液比 1∶5、酶解时间 3h 时，米胚油的提取率为（87.4±0.04）%。同时经透射电镜观察发现，超声波处理米胚后脂肪与蛋白分离明显。运用响应面优化发现超声各因素对米胚油提取率的影响力依次为超声功率＞超声温度＞超声时间。在超声温度 55℃、超声功率 400 W、超声时间 20min 条件下，米胚油的提取率为（92.1±0.03）%。超声辅助提取的米胚油饱和脂肪酸、单不饱和脂肪酸、多不饱和脂肪酸含量占比分别为（20.62±0.14）%、（39.62±0.96）%、（37.46±0.43）%，超声辅助提取米胚油中 γ-

谷维素、植物甾醇及总生育酚的含量分别为（490.00±2.12）mg/100g、（384.19±5.14）mg/100g和（93.01±2.75）mg/100 g。

李阳等（2020）以米胚芽粉和小麦粉为原料，探索米胚膳食纤维粉添加量、食盐添加量和加水量对挂面吸水率、烹调损失率及感官评分的影响。采用单因素和正交试验优化米胚营养挂面的制作工艺条件。确定的米胚营养挂面的最佳工艺配方为：米胚芽粉添加量11%、加水量33%、食盐添加量2%。在此条件下制得的米胚营养挂面感官评分最高、品质最佳。

（七）碎米综合利用

对于碎米的界定，根据GB/T 1354—2018规定：如果该米在同一批的稻米当中比整体稻米平度的3/4均长还要短，能够在1.0mm的孔筛下留存下来的，就称其为碎米。而对小碎米也做出界定：如果该米能够通过2.0mm的筛子，并且可以在1.0mm的筛子上留存下来，就称之为小碎米。

吴书洁等（2020）指出，碎米的营养价值很高，尤以蛋白质为甚，其中碎米中的谷物蛋白质主要是米谷蛋白，该类蛋白是一种溶解性比较好的蛋白质，更加有利于人体吸收，并且不会引起过敏反应，味道和口感也较佳，基于米淀粉这些特性，可利用其制备多孔淀粉与抗性淀粉，作为脂肪的替代物。碎米中的蛋白质因其低过敏性及高营养性而受到国内外食品学者的青睐，所以碎米蛋白也能得到有效利用，生产大米改性蛋白。同时碎米可以进行其他方面的应用，如制作米茶、用碎米做成面包溶豆等烘焙食品、制成米粉、米乳饮料等。

吴双双等（2020）将能高产莫纳可林K（Monacolin K，MK）的红曲菌ZWN2及可高产红曲色素（Monascus pigments，MPs）的红曲菌ZWS5分别接种于米糠和碎米，对其固态发酵产MK和MPs的工艺参数进行优化。分别以红曲菌ZWN2和米糠作为实验菌株和基础培养基，在基础培养基中添加3%（m/m）的大豆分离蛋白，调整培养基中水分、冰乙酸及$MgSO_4 \cdot 7H_2O$的含量分别为35%（m/m）、0.6%（V/m）和0.004mol /kg，接种量为13%（V/m），在30℃培养3 d后调整温度至25℃并继续培养至14d，所得发酵产物中MK的量可达11.68 mg/g。分别以红曲菌ZWS5和碎米作为实验菌株和基础培养基，在基础培养基中添加1%（m/m）的大豆异黄酮，调整培养基中水分、冰乙酸、$MgSO_4 \cdot 7H_2O$的含量及接种量与米糠红曲一致，在30℃培养14d，所得发酵产物的色价可达981.33U/g。

郝娟等（2020）以黑芝麻和碎米为主要原料研制复合谷物乳饮料，探讨蔗糖脂肪酸酯、蒸馏单硬脂酸甘油酯、羧甲基纤维素、黄原胶、海藻酸钠、微晶纤维素及均质对谷物乳稳定性的影响。得到稳定剂的最佳配方为：蔗糖脂肪酸酯0.07%、黄原胶0.09%和微晶纤维素0.13%。最佳的均质条件为：均质压力20MPa、均质温度60℃、均质次数2次。该条件下制得的谷物乳色泽纯正、口感细腻、稳定性好。

迟吉捷（2020）探讨了双螺杆挤压机螺杆转速、机筒温度、物料水分对制备的碎米米糊冲调性的影响。结果表明，在喂料速度固定为400g/min条件下，机筒温度为130℃、物料水分为21%、螺杆转速为230r/min的操作参数下，产品膨化达到理想效果，适宜粉碎，色泽淡黄，米香气十足，产品孔隙度均匀一致。

吴丽荣（2020）以提高碎米利用率为出发点，采用超声辅助复合酶法制备了安全性高、表面积和体积显著高于原淀粉的碎米多孔淀粉，同时在多孔淀粉中荷载低稳定性、低生物利用率的脂溶性功能成分姜黄素、槲皮素和β-胡萝卜素，以提高产品的稳定性和生物利用率。实验研究了影响多孔淀粉最佳制备工艺条件的关键因素，影响微胶囊负载量和包埋率的复合壁材的组成比例，表征了微胶囊的微观结构和热特性以及微胶囊中功能成分的抗氧化性和体外释放特性。

（八）稻米安全性问题

稻米可追溯体系已成为国内外研究热点。杨健等（2020）从产地判别关键技术（指纹技术、稳定同位素技术、多元素分析技术、近红外光谱技术）与可追溯体系关键技术（信息识别技术、信息编码技术、信息传输技术）两方面归纳总结了稻米可追溯关键技术的研究现状。在此基础上分析了稻米可追溯体系发展趋势。

黄雁飞等（2020）分析了桑树枝干、木薯秆和甘蔗渣生物炭对水稻镉吸收的影响，为广西镉污染稻田稻米安全生产提供参考依据。以桑树枝干、木薯秆和甘蔗渣为原料制备的生物炭开展镉污染水稻土盆栽水稻试验，分别设施用桑树枝干生物炭1.5%（MB1）、3.0%（MB2）、4.5%（MB3）和木薯秆生物炭1.5%（CB1）、3.0%（CB2）、4.5%（CB3）及甘蔗渣生物炭1.5%（SB1）、3.0%（SB2）、4.5%（SB3）处理，以不施用生物炭为对照（CK）。于水稻收获后测定分析土壤pH值、土壤有效态镉含量及稻秆和稻米镉含量。发现施用生物炭处理镉污染盆栽水稻土的pH值均有所提高，其中桑树枝干生物炭处理水稻土的pH值显著高于CK、木薯秆生物炭处理（CB3处理除外）和甘蔗渣生物炭处理（$P<0.05$，下同）；土壤有效态镉含量均显著降低，其中桑树枝干生物炭处理水稻土的有效态镉含量显著低于甘蔗渣生物炭处理，与木薯秆生物炭处理差异不显著（CB3处理除外）（$P>0.05$）；稻米镉含量均低于CK，其中MB1、MB2和MB3处理的稻米镉含量分别比CK显著降低69.48%、70.54%和74.70%；CB1、CB2和CB3处理的稻米镉含量分别比CK显著降低7.14%、40.54%和41.46%；SB1、SB2和SB3处理稻米镉含量分别比CK显著降低29.57%、31.87%和38.37%。相关性分析结果表明，施用生物炭处理稻米的镉含量与土壤pH值呈极显著负相关（$P<0.01$，下同），与土壤有效态镉和稻秆镉含量呈显著或极显著正相关。在镉污染稻田土壤中施用桑树枝干、木薯秆和甘蔗渣生物炭可有效降低稻米对镉的吸收量，其中施用4.5%桑树枝干生物炭的效果最佳，可最大限度降低水稻生产的镉污染风险。

杜秀洋（2020）首先以发芽、发霉及不同霉变程度的稻米为研究对象。利用太赫兹时域光谱技术和化学计量学方法对4种样品进行分类识别研究。分别使用PLS-DA，主成分分析和LS-SVM对数据进行预测建模。利用二阶导数预处理方法之后的数据进行主成分分析和 PLS-DA 的预测建模均可以将 4 种品质的稻米准确区分。使用原始数据和 RBF 核函数的 LS-SVM 建模预测结果最佳，预测精确度可达 100%。在对发霉稻米研究的基础上，以不同霉变程度的稻米为研究对象，对霉变 2d、4d、6d、8d、10d 的稻米利用太赫兹技术进行区分。使用 PLS-DA 和主成分分析的效果均不理想，使用 LS-SVM 进行建模预测效果很稳定，使用 Lin 核函数和 RBF 核函数的 LS-SVM 预测准确率均可达 98%。接着以同为长粒型的 3 个品种大米为研究对象。将所有光谱的吸收数据提取前 3 个主成分进行三维聚类分析，在三维图的分布上江西万年贡米和东北长粒香米均有部分重叠部分；使用 PLS-DA 建模预测，误判率为 3.3%。使用 LS-SVM 进行建模预测的效果最佳，使用 RBF 核函数的 LS-SVM 预测精确度为 100%。最后以有色稻米（紫米和黑米）为研究对象，对有色稻米掺假问题进行定量检测。先对大米、紫米掺染色大米和紫米掺染色黑米三种样品进行简单定性分类识别。分别使用 PLS 和 LS-SVM 对不同质量分数的掺假样品进行定量检测研究，使用基线校正预处理之后的数据结合最小二乘支持向量机法（LS-SVM）进行定量建模效果最佳，其中紫米掺染色大米的预测相关系数（Rp）为 0.979，预测均方根误差（$RMSEP$）为 0.091；紫米掺染色黑米的预测相关系数（Rp）为 0.948，预测均方根误差（$RMSEP$）为 0.093。该研究利用太赫兹光谱技术结合 LS-SVM 算法建模能准确对稻米品质进行检测，为太赫兹时域光谱技术在粮食质量安全的检测提供一定参考和依据。

张剑等（2020）选择磷肥、碱性肥料、有机物、无机矿物等钝化剂，进行钝化效果的田间对比试验，筛选出能够稳定钝化土壤中重金属镉，且水稻产量达到常规水平，稻米镉含量低于国家食品中污染物限量值的钝化剂。

林滉等（2020）阐述了应用高效、准确的电感耦合等离子体质谱技术对稻米中砷及其形态进行分析监控的可行性。

郑顺安等（2020）研究了改良剂和水分管理对稻田水稻土和水稻籽粒中甲基汞含量及水稻生产的影响。实验结果显示土壤改良剂结合稻田水分管理可以显著降低水稻根际土壤与水稻籽粒中甲基汞含量。在盆栽环境中，土壤改良剂+水分管理的处理与对照相比，水稻根际土壤甲基汞含量降低了 86.6%，水稻籽粒中甲基汞含量降低了 65.2%；在大田环境中，土壤改良剂+水分管理的处理与对照相比，水稻根际土壤甲基汞含量降低了 77.4%，水稻籽粒中甲基汞含量降低了 60.6%。土壤改良剂显著提高了土壤 pH 值，在盆栽环境中提高了约 0.3，在大田环境中提高了约 0.2。土壤改良剂加入土壤后，水稻在湿润状态下有效穗、穗粒数和籽粒产量没有出现显著降低。通过土壤改良剂配合农艺调控措施（水分管理），能够有效降低汞污染稻田甲基汞暴露风险，且高效绿色，对于实现轻中度汞污染稻田安全利用具有可行性。

（九）稻壳综合利用

彭矿野（2020）选用稻壳为生物质原料，首先通过热重分析仪及固定床研究其热解及产物特性，研究发现稻壳热解的主要阶段发生为 200～450℃，800℃时热解过程结束。随着温度升高，半焦产率降低，并在 800℃趋于不变，焦油产率在 600℃时出现最大值，气体产率随着温度升高逐渐增多，尤其是 H_2、CH_4 和 CO 产率明显增加。使用微型流化床反应器研究了稻壳热解的动力学特性，过程中加入 $CuCl_2$ 和 $ZnCl_2$ 作为催化剂，使用等转化率和模型拟合法求取热解动力学参数。结果表明，铜和锌的存在明显影响了气体组分的释放特性和转化率。$CuCl_2$ 的添加降低了 H_2、CH_4、CO_2 和 CO 形成的活化能。$ZnCl_2$ 的加入也降低了生成 H_2、CH_4 和 CO_2 所需的活化能。通过对热解后半焦的分析研究可以看出，稻壳半焦表面形成了金属铜纳米颗粒，$ZnCl_2$ 作用下的半焦孔隙结构也得到了大幅提升。

吕松磊（2020）以稻壳为原料，优化 KOH 活化法工艺参数制备具有孔隙发达和高收率的稻壳基活性炭。探讨了碳化温度、活化温度和炭碱比对活性炭孔隙结构的影响，得到碳化温度为 500℃，活化温度 750 T，稻壳碳：KOH＝1：3 的制备条件下得到的活性炭的孔结构最丰富，比表面积为 2 087m^2/g。该吸附材料中的微孔占比率很高，能促进对苯酚的吸附，吸附量最大达 194.24mg/g。对活性炭吸附苯酚的机理进行研究，整个吸附过程在 12min 时达到平衡，吸附动力学符合伪二级动力学模型，说明化学吸附控制着活性炭与苯酚的相互作用。吸附平衡数据符合 Langmuir 等温式，表明吸附主要是单分子层吸附。

方伟（2020）制备的碳化稻壳泡沫具有发达的三维微米孔结构、高的光吸收率、亲水性以及约 71％的太阳光—水蒸发效率，其光热响应有效光波段范围从可见光延伸到红外光区，光热转换机制是基于碳化稻壳吸收太阳光后产生的晶格振动；射线模拟结果表明，孔层数的增加可有效降低光吸收体的光透过率，材料本征光反射系数的降低则可同时优化光透过率和光反射率。

张庆法等（2020）以稻壳炭为填料，采用注塑成型的方法制备了稻壳炭/高密度聚乙烯复合材料，并对其性能进行对比分析。傅里叶变换红外光谱与扫描电镜分析表明，600℃碳化温度的稻壳碳的极性最低，孔结构最完善；熔融结晶分析表明，稻壳碳的加入有利于提高密度聚乙烯的相对结晶度；力学性能与动态力学热分析表明，600℃碳化温度的稻壳碳/高密度聚乙烯复合材料的弯曲强度（45.37MPa）、刚性及弹性最强，但是不同碳化温度的稻壳碳对稻壳碳/高密度聚乙烯复合材料的拉伸强度影响不大。

（十）秸秆综合利用

汤星阳（2020）利用重组里氏木霉、黑曲霉和彩绒革盖菌构建而成的秸秆快速降解复合菌系对秸秆降解进行研究，利用其固态发酵过程中生产的漆酶对环境中存在的几类典型有机污染物进行催化降解，并在此基础上开展降解秸秆与土壤污染生物修复的耦合试验。结果表明快速降解复合菌系对不同作物秸秆均具有良好的降解效果，以小麦、玉米秸秆和甘蔗渣作为底物基质时漆酶活力最高分别可达 27.3U/g、52.2U/g 和37.8 U/g。发酵第 14 天水稻、小麦、玉米秸秆和甘蔗渣的失重率分别为 53.1％、42.3％、46.8％和 35.4％。

王灿等（2020）通过 *mglB* 基因敲除进一步降低混合糖发酵时常存在的葡萄糖效应，提高水稻秸秆水解液发酵 L-丙氨酸的效率。以大肠杆菌 *ptSG* 基因缺陷菌株 JH-B3 为出发菌，利用 RED 同源重组技术敲除葡萄糖转运基因 *mglB*，构建 *ptSG* 和 *mglB* 双缺陷菌株 JH-B6，分别以 60g/L 葡萄糖、30g/L 木糖和水稻秸秆水解液为碳源进行发酵，验证 *mglB* 基因缺失对菌株利用葡萄糖、木糖和混合糖能力的影响。发现以 60g/L 葡萄糖、30g/L 木糖和水稻秸秆水解液为碳源进行发酵，验证 *mglB* 基因缺失对葡萄糖发酵时，JH-B6 利用葡萄糖速率较 JH-B3 下降了 19.9%；以 30g/L 木糖发酵时，JH-B6 利用木糖速率较 JH-B3 增加了 23.5%；以水稻秸秆水解液发酵时，JH-B3 发酵周期和糖酸转化率分别为 128h 和 89.5%，JH-B6 发酵周期为 88h，较 JH-B3 缩短了 31.3%，糖酸转化率为 93.9%，较 JH-B3 提高了 4.9%。双基因缺陷型菌株 JH-B6 在 *ptSG* 基因缺陷菌株 JH-B3 的基础上缺失 *mglB* 基因，进一步降低了葡萄糖效应，提高了水稻秸秆水解液发酵 L-丙氨酸的效率。

第二节　国外稻谷产后加工与综合利用研究进展

一、稻谷产后加工

（一）稻谷干燥技术

Graham 等（2020）研究确定了干燥空气条件（空气温度和相对湿度）和加温持续时间对米糊的黏度和凝胶质地变化的影响。米糊的黏度和凝胶质地不仅取决干燥空气温度，而且还取决于在干燥和持续加温过程中暴露在特定温度的时间。空气相对湿度对水稻加工特性有间接影响。

（二）适度碾米技术

Ma 等（2020）的研究结果表明稻花香和江西籼稻中的酚醛物质、膳食纤维和抗氧化活性在水稻加工过程中随着碾磨程度增加而显著降低。因此，建议在水稻谷物加工过程中减少碾磨和抛光程度，这样不仅满足水稻可食用品质，而且可以尽可能地保留营养特性。

Spaggiari 等（2020）研究了稻米加工中气流分级和精细研磨对米糠中脂质组分的影响。通过分级处理和粒度测定获得从粗糙到非常精细的不同米糠组分。通过精细气流的米糠组分中总粗脂肪含量明显升高。其中多不饱和三酰基甘油（TAG）的含量提高最显著，通过精细气流分级，含量从米糠中的 15%提升到 22%。考虑到这些化合物的相关乳化性能，这些组分可用作改良谷物基产品质地的功能性成分。

Hensawang 等（2020）研究发现抛光同时去掉了大米中的必要元素和有害元素。在第一个抛光步骤之后 Cu、Mn、Ni 的损失最大，因为这些元素通常在水稻颗粒的糊粉层中。最后的抛光步骤后谷物中的 Zn 含量显著降低。抛光对谷物中的镉（Cd）浓度没有显著影响。所有类型的水稻消化所提供的除Mn之外的所有微量元素都不能满足最佳健康需要的含量。砷（As）和Cd摄入水平都低于有毒性效应的基准，可以忽略大米中这两种元素的潜在健康影响。

香米因其营养价值高、感官品质好，在世界范围内广受欢迎。香米的香气和口感对其感官特性起着至关重要的作用。然而，对香米在储藏过程中风味变化的研究一直比较少。目前从鲜香大米中鉴定出已醛、壬醛、苯甲醛、十六酸和甲酯等香气活性物质。储存后可鉴定出100多种挥发性化合物。Zhao等（2020）的结果表明，在高温贮藏条件下，醛、酮、呋喃等挥发性化合物含量增加，导致大米品质劣变。通过主成分分析，确定了风味劣变的标志物为棕榈酸甲酯、2-甲基丙酸和3-羟基-2，2，4-三甲基戊酯。除苏氨酸和脯氨酸外，其他14种氨基酸在储藏过程中对香米的口感也有贡献。稻花香2号的甜度主要来源于蔗糖，葡萄糖和果糖在贮藏过程中对甜味的贡献较小。电子鼻和电子舌可以区分不同储存条件的样品。不同储藏条件会导致香米风味差异。特别是在高温储藏条件下，醛、酮、呋喃等挥发性化合物增多，是香米储藏过程中品质劣变的重要原因。

二、稻谷副产品的综合利用

（一）大米淀粉综合利用

Zheng等（2020）对提高大米中抗性淀粉（RS）含量的高压制备工艺进行了优化，结果表明，最佳制备工艺为：含水量41.63%，pH值5.95，高压反应时间60.96min，冷藏时间17.11h，冷藏温度4℃。在此条件下，水稻籽粒中RS含量的理论值达到17.57%。蒸煮后米粒的估计血糖指数（EGI）由78.35降至66.08，说明高压可提高米粒中RS的含量，降低其EGI值。

膳食纤维和抗性淀粉在抑制血糖升高方面起着关键作用。粗粮如糙米（BR）含有较高的膳食纤维和重要的营养素，是维护人类健康的常用产品。BR中较高的RS含量与膳食纤维协同作用对维持血糖水平有重要作用。Matsubara等（2020）使用超临界二氧化碳（$ScCO_2$）工艺来提高BR中的RS水平，该工艺通常由填充BR和二氧化碳的反应器在超临界流体的状态下进行，超临界流体的温度和压力高于临界温度和压力。作为传统方法的替代方案，这一创新工艺出乎意料地提高了RS的含量，促进了糊化，并消除反应引起的臭味。此外，这种加工方法对去除食品中的农药等污染物和灭活微生物污染物非常有效。

（二）大米蛋白综合利用

蛋氨酸亚砜还原酶（MSR）和谷胱甘肽（GSH）是两种抑制氧化应激的内源性抗氧化系统。Wang等（2020）探讨了蛋氨酸在刺激大米蛋白（RP）内源抗氧化能力中的作用。选用7周龄雄性Wistar大鼠（体重180～200g），与对照组相比，蛋氨酸和RP刺激GSH合成和MsrA、$MsrB_2$、$MsrB_3$的表达。喂养2周后，RP和蛋氨酸可激活Nrf_2，抑制$Keap_1$和CUL_3的表达。蛋氨酸和RP可上调ARE驱动的抗氧化剂表达（GCLC、GCLM、GS、HO-1、NQO1、CAT、SOD、GR、GST、GPX）。结果表明，RP诱导的内源性抗氧化反应主要归因于蛋氨酸的可获得性，其中MSR和GSH抗氧化系统的刺激是通过Nrf_2-ARE途径实现的。

Selamassakul等（2020）研究了菠萝蛋白酶水解糙米蛋白多肽（EB-RPH）的生物学特性与风味特性的关系。对DPPH、ABTS和羟基自由基的清除活性（分别为0.19mmol/L、2.28mmol/L和24.64mmol/L Trolox）、血管紧张素转换酶抑制活性（IC_{50}值为0.20±0.011mg蛋白/mL）以及苦味和鲜味均有改善作用。采用液相色谱—电喷雾电离/质谱联用技术进一步分析，以确定与生物活性和风味特征相关的氨基酸序列，共鉴定出8个多肽。所鉴定的多肽大多具有先前报道的ACE抑制肽和抗氧化肽的特征，特别是FGGSGGPGG和FGGGGAGAGG肽。利用BIOPEP数据库对其风味特征进行评价，结果表明其具有较高的鲜味多肽（ESDVVSDL、GSGVGGAK和SSVGGGSAG）的出现频率和较低的Q值（938.75～282.22），可作为口感较好的保健强化成分。

Chen等（2020）研究发现糯米中蛋白质组分的含量对中国黄酒的质量有重要影响。因此，通过单独或联合添加外源谷蛋白和白蛋白来研究蛋白质组分对中国黄酒品质的影响。与对照相比，谷蛋白组分的增加促进了大量醇酯的形成，具有酒精度和果味的特征。谷蛋白对总醇和总酯的促进率分别为18%和99%。以辛辣、烟熏味为特征的4-乙烯基愈创木酚的含量减少到40%。化学成分与感官指标的相关分析表明，鲜味和氨基氮含量（r=0.935）和总氨基酸含量（r=0.729）呈显著正相关。黄酒的苦味与酒精度（r=0.689）和可溶性固形物（r=0.904）的变化有关。感官分析表明，随着黄酒中谷蛋白成分增加，酒精度、果味和蜂蜜般的特征以及鲜味、酸度和苦味都增加。同时也降低了黄酒的焦糖味、草本味、烟熏味等感官特征及其曲的香气和甜度。糯米蛋白质含量对黄酒品质有显著影响。谷蛋白与水果、蜂蜜和鲜味有很大关系；白蛋白与药味、苦味和涩味有很大关系。因此，合理调整糯米中的谷蛋白含量可以有效提高黄酒的感官品质。

（三）米糠综合利用

米糠脂酶导致米糠油迅速酸败，严重阻碍了米糠油的生产。Yu等（2020）对米糠油进行了11个稳定化处理，包括6个加热处理和5个非加热处理。对不同处理后的脂肪酶活性、油脂色泽、油脂成分、维生素E和γ-谷维素的含量进行了测定，以评价其稳定化效果和油脂品质。各处理对油分和γ-谷维素含量均无显著影响（$P>0.05$）。在6个加热处理中，高压灭菌米糠油稳定效果最好，脂肪酶残留率为10.73%，除干热处理（脂肪酶残留率68.88%）外，其他加热处理的脂肪酶残留率为30%～35%。除水蒸气加热外，其他加热处理的油酸值均显著降低（$P<0.05$），过氧化值显著升高（$P<0.05$），6个加热处理均提高了油品的色泽。在5种不加热处理中，紫外光照射18h和极低温-80℃处理72h，脂肪酶活性残留率分别为57.08%和58.85%。仅超声能显著提高过氧化值（$P<0.05$）。所有非加热处理对油酸值和色泽的影响均不显著（$P>0.05$）。因此，紫外光照射可能是一种潜在的、方便的、节能的、高质量的稳定油脂产品的方法。

Wu等（2020）以米糠为原料，通过挤压蒸煮提高糙米粉的品质。以挤压米糠糙米粉（BRN-ERB）为原料，与白米粉（WRN）和未膨化米糠糙米粉（BRN）进行比较，以提高糙米粉的品质。结果BRN-ERB的总酚、黄酮、花青素和膳食纤维含量分别为44.87mg GAE、36.15mg RE、0.11mg Cy-3-O-G和4.48g/100g，显著高于BRN和WRN。三种米粉中，BRN-ERB的DPPH、ABTS和T-AOC抗氧化活性最高，抗性淀粉含量最高，淀粉水解率最低。在这些米粉中分别检测到7种酚类化合物、6种黄酮类化合物和3种花色苷，其中BRN-ERB的原儿茶酸、对香豆酸、阿魏酸和大豆苷元的含量高于BRN和WRN。与BRN相比，BRN-ERB改善了蒸煮品质和质构，降低了最佳蒸煮时间和蒸煮损失，提高了硬度、抗拉强度和弹性。米糠膨化糙米粉的营养成分含量高于未膨化米糠糙米粉和白米粉，其蒸煮品质和质构特性优于未膨化米糠糙米粉。

Abhirami等（2000）尝试使用米糠蜡作为可食性涂层并评估其对Marutham CO3品种西红柿保质期延伸的影响。他们将粗米糠蜡在实验室中精制并对其进行游离脂肪酸分析，发现其中含有18种对健康有益的游离脂肪酸。将米糠蜡制成不同浓度的乳液并涂覆在西红柿上。通过样品生理损失重量、番茄红素含量、稳定性、呼吸速率、扫描电镜结构和涂层厚度进行分析，结果表明，相比对照样品的18d保质期，浓度10%乳液涂覆的西红柿保质期可达27d。

米糠含有极高活性的脂解酶，能促进甘油三酯水解成甘油和脂肪酸。这也使得米糠很容易变质，限制了应用范围。研究人员期待看到精制米糠能很好地治疗代谢综合征。Lin等（2020）研究采用液氮气冷和高温瞬时灭菌系统对米糠进行稳定和精制。将精制米糠与其他3种未经特殊处理的米糠进行体外试验比较。与其他3种米糠样品相比，精制米糠具有更好的溶解性、快速吸收和优异的抗氧化性。在一项人体测试中，参与者在食用精制米糠8周后，腰围、收缩压、舒张压、空腹血糖、糖化血红蛋白和甘油三酯水平均有显著改善。这说明食用精制米糠可以减小腰围，控制血压和血糖。这些项目也是世界卫生组织规定的代谢综合征的指标。因此，根据人体试验结果，摄入精制米糠可以改善代谢综合征。

（四）糙米综合利用

发芽糙米（GBR）是一种广受欢迎的功能性食品，含有大量有益的营养物质和生物活性物质，但口感粗糙、不易蒸煮，严重制约了高营养发芽糙米产业的发展。Ren等

(2020) 采用115℃蒸煮20min的方法加工GBR (AGBR)，从微观结构、口感、香气、生理成分等方面评价蒸压对GBR营养保健功能的影响。结果表明，蒸压处理影响了淀粉的糊化和香气，改善了熟制发芽糙米的口感。高压灭菌处理显著提高了AGBR中γ-氨基丁酸 (GABA) 和阿魏酸的含量 ($P<0.05$)。此外，服用发芽糙米提取物1个月可显著降低代谢综合征 (MS) 患者的空腹血糖 (FPG)，0.5h、1h和2h餐后血糖 (PPG)，甘油三酯 (TG)，总胆固醇 (TC)，高密度脂蛋白胆固醇 (HDL-c) 和低密度脂蛋白胆固醇 (LDL-c) ($P<0.05$)。因此，高压灭菌处理既能改善GBR的感官品质，又能改善其营养品质，是一种很有前景的加工方法。

Sun等 (2020) 研究了发芽糙米粉 (GBRF) 部分替代小麦粉 (0%、30%、40%、50%、60%和70%) 对馒头的挥发性、感官特性和特性分析的影响。在所有样品中共检测到14种挥发物。实验结果显示不同替代品馒头的挥发性成分存在差异。与对照 (0% GBRF) 相比，添加GBRF改善了馒头的风味，尤其是乙醇、2-戊基呋喃和苯甲醛的特征大米挥发性化合物显著增加。当GBRF的比例不超过50%时，馒头的总体可接受性有所降低，但仍可接受 (总分>85分)。发芽糙米馒头的味道与其苯甲醛含量呈正相关，感官总分与苯乙烯、2-辛酮呈负相关。GBRF加入量的增加提高了材料的硬度，但降低了比体积。GBRF可与面粉配合使用，最高可达50%。

Nasciment等 (2020) 评价了发芽和各种非生物胁迫对糙米的工艺、营养和感官特性的影响。种子在40℃和30%湿度下浸泡。浸种后的种子在30℃的BOD箱中发芽36h。采用生理盐水、低温 (4℃) 和盐低温组合 (SBR/B) 对浸种后4h的糙米进行胁迫处理，从糙米的色泽、质构、γ-氨基丁酸含量、蛋白质和淀粉消化率等方面分析了发芽和非生物胁迫对糙米的工艺、营养和感官特性的影响。发现发芽和非生物胁迫对糙米的工艺特性、营养特性和感官特性均有一定影响，但不同的非生物胁迫对糙米的工艺特性、营养特性和感官特性的影响不同。在此基础上，分析了发芽和非生物胁迫对糙米的工艺、营养和感官特性的影响。发现发芽糙米比糙米颜色深。萌发的水稻籽粒在低温胁迫下比盐胁迫下的籽粒以及在低温和盐分胁迫下的籽粒具有更强的抗粉碎和咀嚼能力。发芽提高了γ-氨基丁酸含量和淀粉消化率。在非生物胁迫下，萌发籽粒中γ-氨基丁酸含量进一步增加，蛋白质消化率下降。这些都说明发芽的最佳条件和有助于强化发芽谷物营养价值的替代工艺。

Nguyen等 (2020) 探索用麦芽淀粉酶 (Mase) 对发芽糙米粉中的淀粉进行改性，是否可以提高发芽糙米粉中淀粉的消化速度，释放出更多的生物活性物质 (BCS)。在pH值5.0的条件下，用4种不同的酶量 (0U/g、133U/g、266U/g和399U/g面粉) 对淀粉进行变性处理1h，然后喷雾干燥制得改性面粉。然后对正常和Ⅱ型糖尿病小鼠进行为期4周的生物化学影响评估，研究结果表明，当酶解剂量为266U/g时，快速消化淀粉含量由61.56%显著降低至22.35%，慢消化淀粉含量增加到33.09%，抗性淀粉含量为2.92%，γ-氨基丁酸含量增加到 (528.1±44.1) mg/L，阿魏酸含量增加到 (120.6±10.9) mg/L。改性面粉提取物对$HepG_2$细胞有很强的细胞毒活性 (抑制率＞80%）。体内实验结果表明，用该修饰产品喂养的 Ⅱ 型糖尿病小鼠能更好提高血糖指数的稳定性。此外，动脉粥样硬化斑块评估进一步支持了这些发现。可见 BCS 的释放与 Mase 引起的淀粉性质的改变相结合，增强了该产品对糖尿病的疗效，并对 $HepG_2$ 细胞具有良好的细胞毒活性。

发芽糙米含有对糖尿病治疗非常有用的生物活性化合物。Binh 等（2020）用 299.19U/mL、598.38U/mL 和 897.57U/mL 的环糊精糖基转移酶（CGTase）对面粉中的淀粉进行改性处理得到环糊精糖基转移酶处理的发芽糙米粉（MGBRF），1h 后喷雾干燥，检测其抗糖尿病和细胞毒性作用。结果表明，用 598.38U/mL 的 CGT 酶对 GBR 中的淀粉进行改性后，慢消化淀粉和抗性淀粉的含量分别提高了 55.8%和 5.92%，γ-氨基丁酸和阿魏酸的含量分别提高了（4.31±0.68）mg/mL 和（3.10±0.02）mg/mL。MGBRF 提取物对 $HepG_2$ 有较强的细胞毒性作用。此外，体内研究表明服用 MGBRF 对糖尿病有显著影响的血糖指数（GI）是稳定的。这些结果表明，MGBRF 通过 CGT 酶的作用在抗糖尿病和 $HepG_2$ 细胞产品增值中发挥重要作用。

大米的无麸质产品因其低过敏特性而越来越受欢迎。没有麸质会导致面包品质变差，如质地坚硬、体积变小和保质期缩短。水解酶在发芽过程中被激活以刺激植物生长，发芽糙米（GBR）已被证明可以改善无麸质面包的特性。然而，不同发芽条件下水解酶活性的变化及其与发芽米粉和面包品质的关系尚未见报道。Wunthunyarat 等（2020）研究了 GBR 在好氧和厌氧条件下萌发 2d 和 4d 时淀粉酶和蛋白酶的活性及其对淀粉水解、面粉特性和面包品质的影响。GBR 在好氧条件下萌发的酶活性较高，发芽时间较长，且酶活性与含糖量和发泡力的增加呈正相关。面包是用 GBR 和糙米一起制作的（对照）。与对照相比，GBR 面包的比体积大（4%～10%），硬度降低（34%～90%），淀粉回生程度低（66%～90%）。好氧条件下发芽 4d 的 GBR 制得的面包淀粉分子尺寸减小幅度最大，硬度和淀粉回生程度最低。贮藏 5 d 后，GBR 面包的比体积没有变化，硬度和回生程度低于对照面包。综上所述，GBR 中蛋白酶和淀粉酶活性的提高分别显著提高了起泡性和减小了淀粉分子尺寸，这可能是改善 GBR 面包品质的原因。

糙米（BR）和发芽不同时间的糙米（0h，BR；5h，GBR5；9h，GBR9）在 200～600MPa 下高压处理 10min。Wang 等（2020）研究了影响 BR 粉蒸煮品质的膨胀性、流变性、糊化特性、质构特性等相关特性以及微观结构变化。在 400MPa 下处理 10min 是最理想的高压处理条件。此外，发芽过程降低了糙米的黏度和硬度，而高压则提高了糙米的黏度和硬度。此外，萌发和高压处理后，糙米的降解值均有所下降。发芽引起的淀粉粒大小和面粉结构的变化可能是不同样品间蒸煮效果不同的原因。这项研究的结果可以帮助设计基于 GBR 的多样化产品，提高烹饪质量。

Krongworakul 等（2020）研究了微波加热与常规加热对糙米品质的影响。研究了天然糙米（BR）、发芽糙米（GBR）、发芽半煮糙米（PGBR）、生糙米和熟糙米的形态、理化特性。结果表明，生米制品具有相似的宏观成分（直链淀粉、脂肪和蛋白质）。微波加热大米的速度比传统方式快 4 倍。煮熟的谷物表面和内部都有又长又窄的洞。而传统的加热方式使颗粒充满了较小的圆孔。在 $2\theta=0°\sim35°$，两种加热方法都产生了相对结晶度为7%～8%的B型和V型晶体，在42～61℃有一个吸热峰，焓（ΔH）为3～4J/g，硬度和黏性较低。微波还会导致较高的糊化温度和黏度，较高的抗性淀粉含量会降低消化率。从稻米形态来看，PGBR对吸热峰和消化率的变化比较敏感。BR对结晶度、硬度和黏度的变化有影响。微波和常规加热是以不同形式对大米进行不同性质改性的好方法。

（五）碎米综合利用

Bruce等（2020）研究了中等尺寸碎米（Brokens）的物理化学和功能特性，阐述了其在速食米饭产品中的应用潜力，以及老化对其特性的影响。将原料米（XL753）在三种不同温度（25℃、45℃和60℃）下干燥，并在0℃和25℃下分别储存6个月的Brokens，分别作为未老化和老化的样品。储存后通过蒸煮和干燥制成速食米。测定了未速食化和速食化大米的物理化学和功能特性。结果表明，使用Brokens加工成速食米是可行的，可降低原料成本，改善煮熟米饭的感官特性。

（六）稻米安全性问题

杂草、病虫害严重威胁水稻生产，造成重大经济损失。培育抗除草剂、抗病虫害水稻品种被认为是解决这些问题最经济、最环保的方法。Li等（2020）利用高效的转基因堆积系统，将人工合成的草甘膦抗性基因（*I. varibilis-EPSPS* *）、鳞翅目害虫抗性基因（*Cry1C* *）、褐飞虱抗性基因（*Bph14* * 和 *OsLecRK1* *）、白叶枯病抗性基因（*Xa23* *）和稻瘟病抗性基因（*Pi9* *）组装到可转化的人工染色体载体上。通过农杆菌介导法将该基因导入粳稻品种中花11号，获得了农艺性状优良的“多抗水稻”（MRR）。结果表明，与受体品种ZH11相比，MRR显著提高了对草甘膦、蛀虫、褐飞虱、白叶枯病和稻瘟病的抗性。此外，在田间自然发生病虫害的情况下，MRR的产量显著高于ZH11。由此可以得出，采用多基因转化策略成功地培育出对草甘膦、二化螟、褐飞虱、白叶枯病和稻瘟病具有多重抗性的水稻品系，获得的MRR具有很大应用潜力。

Yang等（2020）研究了一种基于作物病害孢子衍射指纹纹理的稻瘟病识别方法，该方法利用的是衍射图像的光场和纹理特征。为了验证可靠性，实验中选择了人工识别和机器识别两种方法对稻瘟病孢子进行了比较和检测。实验结果表明，光衍射特征的识别不仅比传统的显微镜人工识别提高了0.3%以上，而且经过神经网络训练后识别速度更快（提高了90%以上）。本研究采用的基于作物病害孢子衍射指纹纹理的衍射识别方法，在几秒钟内即可完成，测试准确率为97.18%。

（七）稻壳综合利用

稻壳内部结构的最大特点是具有木质纤维素-SiO_2交叉网络，即除植物细胞壁之外，

还有额外的 SiO_2参与构成稻谷外侧坚固的外壳。在生长过程中从土壤中吸取水分和硅酸，随后将 SiO_2沉积在细胞壁表面或细胞间隙，构成 SiO_2-稻壳表皮和 SiO_2-细胞壁双层结构。由于稻壳具有自身硬度高等特点，它很难用作土壤的肥料或动物饲料，因此大部分稻壳只能被焚烧处理或遗弃在田间，对环境造成严重污染。为稻壳废弃物找到变废为宝的方法无疑是最佳选择。

植物纤维增强聚合物复合材料（PFRP）在实际应用中经常会受到复杂的摩擦和变温环境的影响。Jiang 等（2020）探讨了用玄武岩纤维（BF）增强稻壳/聚氯乙烯（RH/PVC）复合材料的可能性，以开发一种热稳定性较好的新型耐磨材料。结果表明，随着 BF/RH 比的增加，复合材料的结构强度和耐磨性呈现先上升后下降的趋势，在 BF/RH 比为 8∶42 时达到最大值。复合材料的热稳定性与 BF/RH 比值呈正相关。与未添加 BF 的复合材料相比，添加 BF 的复合材料，其性能均有所提高。这些研究结果为提高 PFRP 的耐磨性和热稳定性提出了一些新的观点。

Yang 等（2020）探讨了预处理（剪切、研磨和碱化）对稻壳（RH）性能的影响，研制了 RH 与高密度聚乙烯（HDPE）制备的生物复合材料。并进一步研究了预处理后的 RH 和 RH/HDPE 复合材料的表面形态、化学结构、吸水率、热稳定性和动态黏弹性。结果表明，RH 表面粗糙度增加，硅含量部分降低。物理预处理后的 RH/HDPE 复合材料吸水率小于 2%。动态黏弹性的出现表明碱处理的 RH/HDPE 复合材料具有较好的刚性和力学性能。用研磨处理的 RH 制备的复合材料中，HDPE 与 RH 界面有较强的黏结。因此，预处理可以提高 RH 的利用效率，制备的生物复合材料可以提高 RH 的价值。

Van Trung 等（2020）以越南稻壳灰和硅藻土为原料，采用 Acheson 法在石墨电弧炉中合成碳化硅（SiC）。不同的电弧电流产生不同的温度，会对 SiC 的形成产生影响。研究了 100A、150A 和 200A 的电弧电流对电弧的影响。采用扫描电子显微镜、能谱仪、X 射线衍射仪和拉曼光谱对 SiC 材料的形成进行了分析。结果表明，随着电弧电流的增大，合成产物中 SiC 的质量分数增加。

Yeng 等（2020）介绍了一种以稻壳（RH）为填料的新型聚甲基丙烯酸甲酯（PMA）。同时，在采用 RH 和碳纳米管（CNT）复合材料的 PMA 中还引入了有损基层。为此，首先用介电探针研究了 RH-CNT 复合材料在 2～18GHz 的介电性能。其次，研究了不同金字塔结构高度和不同基层高度的聚甲基丙烯酸甲酯（PMA）的微波吸收性能。采用自由空间法分别测量了 PMA 在 0°～60°斜入射角下的微波吸收。结果表明，PMA 结构高度为 11.5cm，底层厚度为 1cm，在 2～6GHz 范围内具有良好的微波吸收特性。耗基层的存在增加了吸收体的带宽，改善了 PMA 在较低 GHz 频率下的微波吸收。进一步研究表明，PMA 的微波吸收性能与其介电性能、尺寸和基层有关。

Oribayo 等（2020）研究了稻壳活性炭（RHAC）对水溶液中 Cr（Ⅵ）的吸附效果。对吸附剂进行了制备、表征，并进行了最优化、动力学和热力学研究。采用基于 Box-Behnken 设计的响应面方法（RSM）进行优化。得到最佳吸附条件为摇床转速 176.90 r/min，吸附剂投加量 1.96g，初始浓度 50.12mg/L，Cr（Ⅵ）去除率为 93.49%，此时

Cr（Ⅵ）的去除率为1.00。RHAC对Cr（Ⅵ）的最大吸附容量为98.14mg/g，实验数据符合平衡吸附等温线模型和动力学模型。数据由Freundlich吸附等温线模型很好地描述，R^2 为0.9956，该模型假设表面是能量不均匀的。吸附动力学数据可用准二级模型很好地描述，R^2 范围为0.9969～0.9997，实验值与计算值吻合较好。热力学参数如平均吉布斯自由能（ΔG）表明，在所考察的条件下，rHAc对Cr（Ⅵ）离子的吸附是自发的吸热吸附。因此，RHAC是一种能有效去除废水中Cr（Ⅵ）离子的吸附剂。

（八）秸秆综合利用

Yin等（2020）以酸化稻草水解液为碳源，生产凝结芽孢杆菌芽孢。结果表明，与葡萄糖等其他碳源相比，该水解液显著提高了产孢量。通过Plackett-Burman设计筛选出稻草水解液、$MnSO_4$ 和酵母膏3种重要的培养基成分。这些重要变量通过响应面方法（RSM）进一步优化。得出最优培养基组成为稻草水解液27%（V/V）、$MnSO_4$ 0.78g/L、酵母膏1.2g/L。优化后的培养基和产孢模型在5L生物反应器中得到验证。总体而言，这种含有酸处理稻草水解液的产孢培养基具有生产凝结芽孢杆菌孢子的潜力。

Lin等（2020）研究了冷水（CW）、热水（HW）和1%碱（AL）溶液去除稻草（RS）/高密度聚乙烯（HDPE）复合材料内部缺陷的影响。通过化学成分、傅立叶变换红外光谱、X射线衍射、扫描电镜、热重分析和堆积密度测试等手段对RSS的性能进行了测试。三种萃取去除方法改变了RS的表面特征，增加了RS与HDPE基体之间的界面黏附性，消除了RS/HDPE复合材料的内部缺陷，解决了挤出后迅速膨大的问题。HW提取法可使最终复合材料的弯曲模量、弯曲强度和冲击强度分别提高95.59%、83.29%和154.79%。CW和AL萃取剂也显著提高了RS/HDPE复合材料的静态力学性能。

参考文献

陈会会，2020. 粳米适度碾制加工技术与品质研究［D］. 郑州：河南工业大学.

陈思思，樊琦，2020. 我国稻谷过度加工造成营养物质损失浪费的研究［J］. 粮食与油脂，33（7）：4.

陈秀文，焦叶，崔波，等，2020. 大米蛋白酶解物—大豆苷元复合纳米粒子的构建［J］. 食品与机械，37（2）：42-46.

迟吉捷，2020. 挤压膨化法生产碎米米粉的工艺条件优化［J］. 辽宁农业科学，312（2）：48-51.

杜秀洋，2020. 基于太赫兹时域光谱技术的稻米品质检测研究［D］. 南昌：华东交通大学.

方伟，2020. 碳化稻壳泡沫基多孔光吸收体的设计及其太阳光—水蒸发性能［D］. 武汉：武汉科技大学.

耿栋辉，周素梅，刘丽娅，等，2020. 鲜湿留胚米米粉食用及营养品质研究［J］. 中国粮油学报，35（11）：15-20.

郝娟，吴婕，李升锋，等，2020. 黑芝麻碎米谷物乳乳化稳定剂的筛选及配比优化［J］. 食品工业，41（11）：70-74.
何海，2020. 基于高压均质环境中不同类型多酚化合物调控大米淀粉消化性能的分子机制探讨［D］. 广州：华南理工大学.
黄雁飞，陈桂芬，熊柳梅，等，2020. 不同作物秸秆生物炭对水稻镉吸收的影响［J］. 西南农业学报，33（10）：2364-2369.
姜蓓，吕庆云，周坚，等，2020. 紫外照射对留胚米稳定性的影响［J］. 北京：中国粮油学报，35（11）：9-14.
李素云，覃颖泉，谢冬梅，等，2020. 超声辅助酶解大米多肽对酵母细胞活性及耐冻性的影响［J］. 食品工业，41（8）：196-198.
李阳，孙君庚，王充，2020. 米胚营养挂面工艺［J］. 食品工业，41（12）：45-48.
林滉，黄建立，林秀，等，2020. 电感耦合等离子体质谱及其联用技术在稻米中砷及其形态分析中的研究进展［J］. 食品科技，45（11）：296-301.
吕松磊，2020. 稻壳基活性炭的制备、改性以及对苯酚的吸附机理研究［D］. 北京：北京化工大学.
马晓雨，陈先鑫，胡振瀛，等，2020. 限制性酶解对大米蛋白结构、功能特性及体外抗氧化活性的影响［J］. 中国食品学报，20（11）：59-68.
苗榕芯，2020. 发芽糙米粉和改良剂对面团特性、馒头品质及体外消化的影响［D］. 哈尔滨：哈尔滨商业大学.
彭旷野，2020. 稻壳催化热解及其半焦产物催化裂解焦油特性研究［D］. 北京：中国矿业大学.
任海斌，任晨刚，黄金，等，2020. 不同加工精度籼米留皮度变化规律及其与加工品质相关性研究［J］. 粮食与油脂，33（11）：95-99.
沈杨柳，2020. 发芽糙米微波干燥及品质变化机理研究［D］. 哈尔滨：东北农业大学.
宋欣月，2020. 发芽糙米对2型糖尿病人群血清脂肪酸构成的影响研究［D］. 哈尔滨：哈尔滨工业大学.
孙敏，2020. 反相高效液相色谱法对发芽糙米中生物活性物质的检测［D］. 上海：上海大学.
汤星阳，2020. 秸秆快速降解菌系的构建及其在有机污染物治理中的应用［D］. 杭州：浙江大学.
唐玮泽，肖华西，唐倩，等，2020. 多次湿热处理对大米淀粉结构和性质的影响［J］. 中国粮油学报，35（10）：7.
唐贤华，张崇军，田伟，等，2020. 超高压均质处理的米糠膳食纤维粉对面筋蛋白结构的影响［J］. 江苏调味副食品，163（4）：21-26.
王灿，潘海亮，梁泉喜，等，2020. 大肠杆菌工程菌 *mglB* 基因的敲除及水稻秸秆水解液发酵L-丙氨酸［J］. 安徽农业科学，48（7）：121-125.
魏志鹏，2020. 稻谷含水率在线检测系统及深床缓苏干燥试验研究［D］. 沈阳：沈阳农业大学.
吴非，李钊，周琪，等，2020. 超声波辅助水酶法提取米胚油及其成分分析［J］. 食品科学，41（24）：242-250.
吴丽荣，2020. 碎米多孔淀粉的超声酶法制备及功能成分的包埋应用［D］. 银川：宁夏大学.
吴书洁，陈凤莲，张欣悦，等，2020. 碎米及其产品的研究进展［J］. 现代食品（22）：46-49.
吴双双，冯艳丽，2020. 高产 monacolin K 或色素红曲菌发酵米糠及碎米的研究［J］. 湖北师范大学学报：自然科学版（1）：15-23.
吴晓江，童火艳，万茵，等，2020. 角蛋白酶改性对大米蛋白水解产物起泡性质和结构特征的影响［J］. 食品工业科技，42（8）：7.

谢凤英，赵玉莹，雷宇宸，等，2020. 超高压均质处理的米糠膳食纤维粉对面筋蛋白结构的影响［J］. 中国食品学报，20（11）：121-127.

徐珍珍，于秋生，陈天祥，等，2020. 大米蛋白肽的制备与ACE抑制活性分析［J］. 食品与发酵工业，47（3）：6.

杨健，富天昕，张舒，等，2020. pH值对米糠清蛋白和球蛋白的结构、溶解性及表面疏水性的影响［J］. 食品科学，41（18）：51-57.

杨健，张星灿，刘建，等，2020. 稻米全产业链可追溯关键技术研究进展［C］. 健康中国·烹饪营养·产业创新——2019健康中国与食品营养产业发展论坛暨四川省营养学会、四川省食品科学技术学会学术年会.

杨剀舟，魏征，范云乾，等，2020. 碾米工艺对米糠关键组分影响研究初探［J］. 粮油食品科技，28（3）：76-84.

杨榕，2020. 大米制品适宜加工精度研究［D］. 南昌：南昌大学.

杨志成，张悉彦，潘丹，等，2020. 水稻负压干燥工艺优化及品质分析［J］. 食品科技，45（6）：214-217.

于殿宇，张欣，邹丹阳，等，2020. 酶法改性对米糠蛋白凝胶硬度及功能性质的影响［J］. 中国食品学报中国粮油学报，20（9）：139-146.

袁攀强，杨思成，赵会义，等，2020. 三种干燥方式处理对稻谷品质的影响研究［J］. 中国粮油学报，35（7）：8.

岳明，陈正行，徐鹏程，2020. 大米蛋白—酪蛋白共架体构建及其自乳化行为研究［J］. 食品与生物技术学报，39（1）：54-60.

张安宁，王晔，李昭晴，等，2020. 反复冻融辅助弱碱法提取米糠蛋白［J］. 食品工业，41（10）：146-150.

张剑，卢升高，2020. 12种钝化剂在镉污染稻田上的应用效果对比［J］. 浙江农业科学，61（2）：2527-2604.

张明明，2020. 稻谷微波干燥特性及实验装置研究［D］. 芜湖：安徽工程大学.

张庆法，Muhammad，Usman，等，2020. 不同炭化温度的稻壳炭对稻壳炭/高密度聚乙烯复合材料的影响［J］. 高分子材料科学与工程，36（7）：70-75.

张添琪，2020. 不同类型大米淀粉酶法支链延长修饰研究及应用［D］. 无锡：江南大学.

张园园，李世充，任俏菁，等，2020. 发芽糙米的制备及发芽前后营养成分变化分析［J］. 粮食与油脂，33（7）：33-39.

郑波，2020. 热挤压3D打印构建大米淀粉—儿茶素复合物的消化性能及抗肥胖机理研究［D］. 广州：华南理工大学.

郑顺安，吴泽嬴，杜兆，等，2020. 风化煤组配改良剂结合水分管理对水稻根际土壤与稻米甲基汞含量的影响［J］. 环境科学，42（1）：386-393.

周显青，孙晶，张玉荣，2019. 砻碾工艺条件对稻米籽粒力学特性的影响［J］. 河南工业大学学报：自然科学版，40（1）：1-7.

Oribayo O，Olalekan A P，Owolabi R U，et al.，2020. Adsorption of Cr（VI）ions from aqueous solution using rice husk-based activated carbon：optimization，kinetic，and thermodynamic studies［J］.

Environ Qual Manage, 30: 61-77.

Wunthunyarat W, Seo H S, Wang Y J, 2020. Effects of germination conditions on enzyme activities and starch hydrolysis of long-grain brown rice in relation to flour properties and bread qualities [J]. Journal of Food Science, 85: 349-357.

Abhirami P, Modupalli N, Natarajan V, 2020. Novel postharvest intervention using rice bran wax edible coating for shelf-life enhancement of *Solanum lycopersicum* fruit [J]. J Food Process Preserv, 44: e14989.

Binh N D T, Ngoc N T L, Oladapo I J, et al., 2020Cyclodextrin glycosyltransferase-treated germinated brown rice flour improves the cytotoxic capacity of $HepG_2$ cell and has a positive effect on type-2 diabetic mice [J]. J Food Biochem, 44: e13533.

Bruce R M, Atungulu G G, Sadaka S, 2020. Physicochemical and functional properties of medium-sized broken rice kernels and their potential in instant rice production [J]. Cereal Chem, 97: 681-692.

Chen T, Wu F, Guo J, et al., 2020. Effects of glutinous rice protein components on the volatile substances and sensory properties of Chinese rice wine [J]. J Sci Food Agric, 100: 3297-3307.

Graham S, Siebenmorgen T J, 2021. Rice paste viscosities and gel texture resulting from varying drying and tempering regimen [J]. Cereal Chem, 98: 285-295.

Hensawang S, Lee B T, Kim K W, et al., 2020. Probabilistic assessment of the daily intake of microelements and toxic elements via the consumption of rice with different degrees of polishing [J]. J Sci Food Agric, 100: 4029-4039.

Jiang L, Fu J, Liu L, et al., 2021. Wear and thermal behavior of basalt fiber reinforced rice husk/polyvinyl chloride composites [J]. J Appl Polym Sci, 138: e50094.

Krongworakul N, Naivikul O, Boonsupthip W, et al. 2020. Effect of conventional and microwave heating on physical and chemical properties of Jasmine brown rice in various forms [J]. J Food Process Eng, 43: e13506.

Lin J H, Lin Y H, Chao H C, et al., 2020. A clinical empirical study on the role of refined rice bran in the prevention and improvement of metabolic syndrome [J]. J Food Biochem, 44: e13492.

Ma Z H, Chen H X, Lyu W Y, et al., 2019. Comparison of the chemical and textural properties of germ-remaining soft rice grains from different spikelet positions [J]. Cereal Chem, 96: 1137-1147.

Ma Z Q, Yi C P, Wu N N, et al., 2020. Reduction of phenolic profiles, dietary fiber, and antioxidant activities of rice after treatment with different milling processes [J]. Cereal Chem, 97: 1158-1171.

Matsubara M, Nakato Y, Kondo E, 2021. Enhancing resistant starch content in brown rice using supercritical carbon dioxide processing [J]. J Food Process Eng, 44: e13617.

Nascimento LÁD, Avila B P, Colussi R, et al., 2020. Effect of abiotic stress on bioactive compound production in germinated brown rice [J]. Cereal Chem, 97: 868-876.

Nguyen N T L, Nguyen B D T, Dai T T X, et al., 2021. Influence of germinated brown rice-based flour modified by MAse on type 2 diabetic mice and $HepG_2$ cell cytotoxic capacity [J]. Food Sci Nutr, 9: 781-793.

Ren C, Hong B, Zheng X, et al., 2020. Improvement of germinated brown rice quality with autoclaving treatment [J]. Food Sci Nut, 8: 1709-1717.

Selamassakul O, Laohakunjit N, Kerdchoechuen O, et al., 2020. Bioactive peptides from brown rice protein hydrolyzed by bromelain: Relationship between biofunctional activities and flavor characteristics [J]. Journal of Food Science, 85: 707-717.

Sirisomboon C D, Wongthip P, Sirisomboon P, 2019. Potential of near infrared spectroscopy as a rapid method to detect aflatoxins in brown rice [J]. Journal of near Infrared Spectroscopy, 27 (3): 232-40.

Spaggiari M, Righetti L, Folloni S, et al., 2020. Impact of air classification, with and without micronisation, on the lipid component of rice bran (*Oryza sativa* L.): a focus on mono-, di- and triacylglycerols [J]. Int J Food Sci Technol, 55: 2832-2840.

Sun Y, Miao R, Guan L, 2021. Effect of germinated brown rice flour on volatile compounds and sensory evaluation of germinated brown rice steamed bread [J]. J Food Process Preserv, 45: e14994.

Van Trung T, 2020. Effect of arc current on SiC fabrication from rice husk ash and diatomite in electric arc discharge furnace [J]. VJCH, 58: 731-734.

Wang H, Hu F, Wang C, et al., 2020. Effect of germination and high pressure treatments on brown rice flour rheological, pasting, textural, and structural properties [J]. J Food Process Preserv, 44: e14474.

Wang Z, Cai L, Li H, et al., 2020. Rice protein stimulates endogenous antioxidant response attributed to methionine availability in growing rats [J]. J Food Biochem, 44: e13180.

Wu N N, Ma Z Q, Li H H, et al., 2021. Nutritional and cooking quality improvement of brown rice noodles prepared with extruded rice bran [J]. Cereal Chem, 98: 346-354.

Yang Y, Pang Y, Zhang W, et al., 2021. Effects of desilication pretreatment on rice husk/high-density polyethylene bio-composites [J]. Polymer Composites, 42: 1429-1439.

Yeng Seng L, Ping Jack S, Kok Yeow Y, et al., 2020. Enhanced microwave absorption of rice husk-based pyramidal microwave absorber with different lossy base layer. IET Microw [J]. Antennas Propag, 14: 215-222.

Yin L, Chen M, Zeng T, et al., 2021. Improving probiotic spore yield using rice straw hydrolysate [J]. Lett Appl Microbiol, 72: 149-156.

Zhao Q, Yousaf L, Xue Y, et al., 2020. Changes in flavor of fragrant rice during storage under different conditions [J]. J Sci Food Agric, 100: 3435-3444.

Zheng Y, Wei Z, Zhang R, et al., 2020. Optimization of the autoclave preparation process for improving resistant starch content in rice grains [J]. Food Sci Nutr, 8: 2383-2394.

下篇

2020 年中国水稻生产、质量与贸易发展动态

第八章 中国水稻生产发展动态

2020年，中央和地方继续加大“三农”投入补贴力度，中央预算内投资继续向农业农村倾斜，毫不放松抓好粮食生产，各省（自治区、直辖市）粮食播种面积和产量保持基本稳定。进一步完善农业补贴政策，调整完善稻谷、小麦最低收购价政策，稳定农民基本收益；推进稻谷、小麦、玉米完全成本保险和收入保险试点，保障农民种粮基本收益。加大对产粮大县的奖励力度，优先安排农产品加工用地指标；支持产粮大县开展高标准农田建设新增耕地指标跨省域调剂使用，调剂收益按规定用于建设高标准农田。以粮食生产功能区和重要农产品生产保护区为重点加快推进高标准农田建设，完成大中型灌区续建配套与节水改造，提高防汛抗旱能力，加大农业节水力度。早籼稻和中晚籼稻最低收购价格提高，粳稻价格保持不变，稳定农民种粮信心。农业农村部组织开展粮食绿色高质高效行动，遴选发布一批绿色高质高效粮食作物新品种和新品牌，集成示范一批粮食生产全过程高质高效技术模式，以良种为基础、以机械化为载体、以社会化服务为支撑，建设生产全程机械化、投入品施用精准化、田间管理智能化的标准化生产基地，提升粮食生产科技水平。大力推广绿色生产方式，持续推进化肥和农药减量增效工作，促进种植业持续稳定发展；加强产销衔接，鼓励实行订单生产、定向收储，实现优质优价。2020年，我国水稻面积实现恢复性扩大、单产受灾略降、总产略增。

第一节 国内水稻生产概况

一、2020年水稻种植面积、总产和单产情况

2020年全国水稻种植面积45 114.0万亩，比2019年增加573.0万亩，增幅1.3%；亩产469.6kg，减少1.0kg，为历史次高水平；总产21 186.0万t，增产225.0万t，增幅1.1%。

（一）早稻生产

2020年全国早稻面积7 126.1万亩，比2019年增加451.0万亩，增幅6.8%；亩产383.0kg，下降10.5kg，减幅2.7%；总产2 729.3万t，增产102.8万t，增幅3.9%，扭转了连续7年下滑的态势。2020年早稻生产虽然受南方部分主产区严重洪涝灾害的不利影响，单产有所下降，但得益于播种面积的大幅增加，全国早稻仍然实现增产。从面积看，2020年中央着眼于粮食安全，明确提出鼓励有条件的地方恢复双季稻生产，适当提高早稻最低收购价，同时新增36.7亿元支持恢复双季稻特别是早稻生产；早稻

主产区各级政府层层压实粮食生产责任，湖南、江西等10个早稻产区合计安排12亿元资金，加强组织农资调运，引导抛荒地复耕，推广机耕、机插、无人机直播等技术，全面推进规模化经营和集约化生产，有效激发了农户种粮积极性，推动全国早稻面积增加。分省看，湖南、江西早稻面积分别增加196.7万亩和182.4万亩，广东、广西早稻面积分别增加51.6万亩和56.0万亩，浙江、安徽和福建早稻面积分别增加3.6万亩、8.6万亩和0.4万亩，湖北、海南和云南早稻面积分别减少30.2万亩、6.6万亩和11.7万亩。从单产看，2020年早稻生长前期气象条件总体有利，江南、华南大部地区早稻播种育秧、移栽返青期间光温水条件总体适宜，没有出现明显连续的低温天气；但早稻生长后期南方地区洪涝灾害严重，多地降水量超历史极值，早稻田块出现不同程度倒伏和灌浆不足，安徽、江西、湖北、湖南等地受灾严重，成灾面积和绝收面积增加较多，导致早稻单产下降。

（二）中晚稻生产

2020年全国中晚稻面积37 988.0万亩，比2019年增加122.0万亩，增幅0.3%；总产18 456.7万t，增产122.2万t，增幅0.7%。2020年全国一季稻生长期间气象条件总体较好，单产提高；双季晚稻生长期间气象条件偏差，单产略降。分不同稻区看，东北稻区连续遭遇3次台风，部分地区出现少量倒伏和内涝；秋季大部地区初霜期较常年偏晚，水热条件较好，利于水稻充分灌浆和成熟收获。长江流域夏季降水量较常年同期偏多38%，为1961年以来历史同期最多，持续强降雨天气导致晚稻播种期推迟，适龄秧苗无法按时移栽；长江中下游地区一季稻高温热害发生程度偏轻，热量条件有利于水稻生长和灌浆结实；江南中西部、华南西北部晚稻产区出现明显寒露风天气，对正值抽穗扬花的晚稻授粉结实造成不利影响。西南和华南稻区中晚稻生长期间气象条件总体较好，有利于水稻生长发育和产量形成。

二、扶持政策

2020年是全面建成小康社会目标实现之年，是全面打赢脱贫攻坚战收官之年。中央继续加大“三农”投入补贴力度，保障重要农产品有效供给和促进农民持续增收；强化粮食安全省长责任制考核，进一步完善农业补贴政策；调整完善稻谷、小麦最低收购价政策，稳定农民收益；推进稻谷、小麦、玉米完全成本保险和收入保险试点；大力发展紧缺和绿色优质农产品生产，推进农业由增产导向转向提质导向。

（一）加大农业生产投入和补贴力度

1. 耕地地力保护补贴

继续按照《财政部、农业部关于全面推开农业“三项补贴”改革工作的通知》（财农〔2016〕26号）有关要求执行，补贴对象原则上为拥有耕地承包权的种地农民，严禁以任何方式统筹集中使用，必须全部直补到户，确保广大农民直接受益。切实加强补贴监管，严肃依法查处虚报冒领、骗取套取、挤占挪用等行为，确保补贴及时足额发放到位。鼓励各地逐步将补贴发放与土地确权面积挂钩。鼓励各地创新方式方法，以绿色生态为导向，探索将补贴发放与耕地保护责任落实挂钩的机制，引导农民自觉提升耕地地力。鼓励有条件的地区，加强补贴发放与黑土地保护利用、畜禽粪污资源化利用、农作物秸秆综合利用等工作的衔接，多措并举提升耕地质量。

2. 高标准农田建设

2020 年，中央财政转移支付和中央预算内投资两个渠道安排高标准农田建设补助资金 867 亿元，比 2019 年增加 7.8 亿元。2020 年，我国全年建成高标准农田 8 391 万亩，超额完成年度目标，粮食保障能力进一步提升。国家督促各地加大地方财政投入，积极指导地方利用高标准农田建设新增耕地指标调剂收益、发行地方政府专项债等，多渠道落实建设资金。据农业农村部公布信息，河北、江苏、山东、河南、湖南、四川等省地方财政亩均投入超过 500 元；江西、山东、四川等 9 省发行专项债、抗疫特别国债、一般债等近 200 亿元用于高标准农田建设。2020 年，全国共核实了 9 万多个高标准农田建设项目的数量、质量、空间位置和利用情况，完善了 1 000 多万个地块数据，基本摸清了 2011—2018 年全国已建成高标准农田家底，并全部上图入库。

3. 加强小型农田水利设施建设

中央财政持续加大对农田水利设施建设的支持力度，通过水利发展资金支持高效节水灌溉，小型病险水库除险加固、水利工程设施维修养护等。“十三五”期间，中央财政持续推进灌区续建配套与节水改造，水利部、国家发展改革委下达河北等 28 个省（自治区、直辖市）和新疆生产建设兵团 329 处大型灌区和南疆 52 处中型灌区续建配套与节水改造项目中央预算内投资计划 564.8 亿元，其中中央投资 426.8 亿元。水利部、财政部安排水利发展资金 116.79 亿元支持 687 个灌区节水改造。全国大中型灌区累计新增（恢复）有效灌溉面积 2 700 多万亩，改善灌溉面积 1.8 亿亩。中央提出的 2020 年年底基本完成规划内大型灌区、重点中型灌区节水改造任务目标如期实现。

4. 东北黑土地保护利用

2015 年启动东北黑土地保护利用试点项目以来，东北四省（自治区）共建立黑土地保护利用示范区 1 000 多万亩，在技术模式、工作机制、规划设计等方面进行了大胆探索与创新。2018 年起每年安排 8 亿元资金在东北 4 省（自治区）的 32 个县（市、区、旗）开展黑土地保护利用试点。2020 年，按照中央 1 号文件要求，贯彻落实《东北黑土地保护规划纲要（2017—2030 年）》，加强黑土地保护。启动东北黑土地保护性耕作行动计划，支持在适宜区域推广应用秸秆覆盖免（少）耕播种等关键技术，面积为 4 000 万亩。继续推进东北黑土地保护利用试点，集中展示一批黑土地保护利用综合治理模式，项目县实施示范面积 20 万亩以上，整建制推进项目县示范面积 50 万亩以上。

5. 完善农机具购置补贴政策

2020 年，中央财政用于农机具购置补贴 239 亿元，超过年度资金 40%，支持 231

万农户和农业生产经营组织购置270万台（套）农机具。2020年探索开展农机购置贷款贴息，投入375万元中央财政资金，撬动1.1亿元社会贷款，解决1 750台机具的筹资压力。2020年农机购置补贴政策得到完善优化。一是调整完善农机购置补贴范围。将支持生猪等畜产品生产的自动饲喂、环境控制等机具装备全部纳入各省补贴范围。将茶叶色选机、茶叶输送机、秸秆收集机等助力丘陵山区等产业发展所需机具纳入全国补贴范围，由各省从中选取品目进行补贴。二是赋予省级更大自主权。鼓励未完成品目备案或已实施品目列入补贴范围的省份继续按规定开展农机新产品购置补贴试点，鼓励各地将通过农机专项鉴定的创新产品纳入补贴范围，参照农机新产品补贴试点方式操作，资金规模由省级农业农村部门商财政部门确定。三是继续实施农机报废更新补贴。落实好《农业农村部办公厅、财政部办公厅、商务部办公厅关于印发〈农业机械报废更新补贴实施指导意见〉的通知》（农办机〔2020〕2号），加大报废更新工作力度，优化农机装备结构，推进农机化转型升级。据统计，2004—2020年，中央财政累计投入2 392亿元，扶持3 800多万农民和农业生产经营组织购置各类农机具4 800多万台（套）。从实施效果看，2020年全国农机总动力10.3亿kW，农机保有量2.04亿台（套），分别比2003年增长72%和63%；全国农机服务组织19.46万个，其中农机合作社7.89万个，占比超过40%；农机户4 008万个，其中农机作业服务专业户423.2万个；农机作业服务收入达到3 540亿元，比2003年增长80%。

（二）加快适用技术推广应用

1. 耕地轮作休耕试点项目

2016—2020年，耕地轮作休耕制度试点实施5年来，中央财政累计安排资金超过200亿元，实施面积超过1亿亩次。2020年，继续按照中央关于“适当调整轮作休耕试点，扩大轮作、减少休耕，轮作以种植粮食作物为主”的总体要求，继续实施轮作休耕试点。轮作试点主要在东北冷凉区、北方农牧交错区、西北地区、黄淮海地区和长江流域实施，开展粮油等轮作模式，支持南方地区开展稻—稻—油轮作，恢复发展双季稻。休耕试点主要在河北、黑龙江、新疆地下水超采区实施。

2. 深入开展粮食绿色高质高效行动

2020年，农业农村部组织开展重点作物绿色高质高效行动。建设一批绿色高质高效生产示范片，集成组装耕种管收全过程绿色高质高效新技术，示范推广优质高产、多抗耐逆新品种，集中打造优良食味稻米、优质专用小麦、高油高蛋白大豆等生产基地，带动大面积区域性均衡发展，促进种植业稳产高产、节本增效和提质增效。南方早稻主产省集中支持早稻生产，促进双季稻恢复。2020年3月，为贯彻落实2020年中央一号文件和中共中央办公厅、国务院办公厅《关于创新体制机制推进农业绿色发展的意见》精神，明确推进标准化生产，创新开展绿色高质高效行动，创建一批标准化基地，推广一批粮油和经济作物生产全过程高质高效技术模式；实施对标达标提升行动，鼓励龙头企业、农民专业合作社等规模生产经营主体按标生产，有条件的可申请良好农业规范认证。

3. 继续实施农业防灾救灾技术补助

2020年，国家继续强化实施农业防灾救灾技术补助工作，累计拨付资金16.9亿元，其中安全度汛资金4.6亿元、农业生产和水利救灾资金12.3亿元。5月，中央财政下达用于安全度汛资金4.6亿元，提高各地安全防汛能力。7月，为落实中央领导同志关于做好防汛救灾工作的重要指示精神，财政部会同农业农村部、水利部等迅速调度各地受灾情况，及时研究资金分配方案，中央财政下达农业生产和水利救灾资金8.3亿元，支持江西、湖北等12省（自治区、直辖市）受灾地区用于修复水毁水利、农业生产设施，购置灾后农业生产所需物资，尽快开展灾后重建，及时恢复农业生产生活秩序。9月，农业农村部会同财政部下拨农业生产救灾资金4亿元，用于支持安徽、四川、重庆等7省（直辖市）受灾地区农作物改种补种，畜牧、渔业灾后恢复生产等。

4. 持续推进化肥减量增效和农药减量控害

继续深入实施化肥减量增效行动，确保化肥利用率提高到40%以上，保持化肥使用量负增长。选择300个粮棉油生产大县开展化肥减量增效试点，集成推广水稻侧深施肥、玉米种肥同播、小麦一次性施肥等高效施肥技术，示范带动全国化肥减量增效。持续推进测土配方施肥农企合作，科学制定大配方，推进配方肥落地。持续推进农药减量控害。深入开展农药减量增效行动，确保农药利用率提高到40%以上，保持农药使用量负增长。实施绿色防控替代化学防治行动，继续创建100个绿色防控示范县，推广生态控制、生物防治等绿色技术和新型植保机械，推行专业化统防统治。在粮食主产区和果菜茶优势区，打造一批全程绿色防控示范样板，带动农药大面积减量增效，力争主要农作物病虫害绿色防控覆盖率达到30%以上。

5. 加强耕地质量保护与提升

2020年，继续实施耕地质量提升行动，开展耕地质量监测评价。全面实施秸秆综合利用行动，以东北地区为重点，持续推进秸秆综合利用，建设一批全域全量利用重点县；成立秸秆综合利用技术专家组，指导开展技术示范、模式集成，提升农作物秸秆科学利用水平；建立全国秸秆资源台账，探索搭建国家、省、市、县四级秸秆资源数据共享平台，为实现秸秆利用精准监测、科学决策提供依据。围绕落实《土壤污染防治行动计划》目标任务，完成耕地土壤环境质量类别划分，健全农产品产地土壤环境质量监测网，聚焦重点区域、重点作物，坚持治用结合，在轻中度污染耕地推广安全利用技术，对重度污染耕地实施种植结构调整，全年治理面积5 000万亩左右。根据《全国农机深松整地作业实施规划（2016—2020年）》，继续支持适宜地区开展农机深松整地作业，作业面积1.4亿亩以上，作业深度一般要求达到或超过25cm，打破犁底层；每亩补助原则上不超过30元。2020年12月，国务院办公厅印发《关于防止耕地“非粮化”稳定粮食生产的意见》（国务院公报2020年第33号），明确提出要采取有力举措防止耕地“非粮化”，切实稳定粮食生产，牢牢守住国家粮食安全的生命线。

6. 加强基层农技推广体系改革与建设

2020年6月，农业农村部印发《关于做好2020年基层农技推广体系改革与建设任务实施工作的通知》，明确提出建设5 000个以上集示范展示、指导培训、科普教育等多功能一体化的农业科技示范展示基地，推广1万项以上优质安全、节本增效、生态环保的主推技术，全国农业主推技术到位率超过95%。农技推广服务信息化水平明显提高，全国85%以上农技人员应用中国农技推广信息平台开展在线指导和服务效果展示。全国基层农技人员普遍接受业务培训，培育1万名以上业务精通、服务优良的农技推广骨干人才。加大贫困地区产业扶贫技术供给，提高技术服务的精准性和效果持续性。构建适应新时代发展要求的多元互补、高效协同的农技推广体系，为新型农业经营主体和小农户提供全程化、精准化和个性化的指导服务。聚焦主导特色产业需求，构建多层次农业科技示范载体，实现村有科技示范主体、镇有科技展示样板、县有产业示范基地。

（三）加大产粮大县奖励力度

为缓解粮食主产区财政困难，国家于2005年设立产粮大县奖励制度，对粮食生产达到一定规模的产粮大县进行奖励，形成了包括常规产粮大县、超级产粮大县、产油大县、商品粮大省、特种大县和“优质粮食工程”等内容的综合奖励政策体系。2020年，中央财政安排产粮大县奖励资金466.7亿元，比2019年增加17.14亿元，增幅3.8%。根据财政部《关于下达2020年产粮大县奖励资金预算及明确产粮大县名单的通知》，常规产粮大县奖励资金可以继续作为一般性转移支付，奖励资金纳入贫困县涉农资金整合范围，由县级政府统筹安排、合理使用。超级产粮大县奖励资金不作为财力性补助，全部用于扶持粮油生产和产业发展，包括粮食仓库维修改造和智能信息化建设，支持粮油收购、加工等方面。此外，中央财政在安排耕地地力保护补贴等其他各项涉农资金时，也将粮食主产区或相应粮食面积、产量作为重要测算因素，对主产区给予倾斜支持。

（四）支持新型农业经营主体高质量发展

1. 支持新型农业经营主体建设农产品仓储保鲜设施

支持新型农业经营主体建设农产品产地仓储保鲜设施。重点支持建设节能型通风贮藏设施、节能型机械冷库、节能型气调贮藏库以及附属设施设备，具体由实施主体根据实际需要选择确定类型和建设规模。

2. 支持新型农业经营主体提升技术应用和生产经营能力

支持县级以上农民合作社示范社（联合社）和示范家庭农场（贫困地区条件适当放宽）改善生产条件，应用先进技术，提升规模化、绿色化、标准化、集约化生产能力，建设清选包装、烘干等产地初加工设施，提高产品质量水平和市场竞争力。

3. 大力推进农业生产社会化服务

围绕粮棉油糖等重要农产品和当地特色主导产业，集中连片开展社会化服务，服务方式进一步聚焦农业生产托管，服务对象进一步聚焦服务小农户，服务环节进一步聚焦农业生产的关键薄弱环节和农民急需的生产环节。

（五）完善农业保险制度

2020 年我国农业保险实现原保险保费收入 815 亿元，比 2019 年增加 143 亿元，增幅 21.3%；财险行业实现原保险保费收入 13 584 亿元，比 2019 年增加 568 亿元，增幅 4.4%，农业保险业务规模稳居亚洲第一、世界第二。据统计，我国农业保险提供的风险保障从 2007 年的 1 126 亿元增加到 2019 年的 3.6 万亿元；服务的农户从 4 981 万户次增加到 2019 年的 1.8 亿户次；中央财政补贴的品种从 6 个扩大到 2019 年年底的 16 个。目前全国农险承保的农作物品种超过 270 种，基本覆盖了农林牧渔各个领域。2008 年以来，农业保险累计向 3.6 亿户次受灾农户支付保险赔款超过 2 400 亿元。

（六）调整稻谷最低收购价格

2020 年国家继续在稻谷主产区实行最低收购价政策，综合考虑粮食生产成本、市场供求、国内外市场价格和产业发展等因素，早籼稻、中晚籼稻和粳稻最低收购价格分别为 121 元/50kg、127 元/50kg 和 130 元/50kg（表 8-1），其中早籼稻、中晚籼稻最低收购价格分别比 2019 年提高 1 元，粳稻最低收购价格保持不变，要求各地引导农民合理种植，加强田间管理，促进稻谷稳产提质增效。2021 年 2 月，国家宣布继续在主产区实行稻谷最低收购价政策，早籼稻、中晚籼稻和粳稻最低收购价格分别为 122 元/50kg、128 元/50kg 和 130 元/50kg，其中早籼稻、中晚籼稻最低收购价格分别比 2020 年提高 1 元，粳稻最低收购价格保持不变。同时，为保障国家粮食安全，进一步完善粮食最低收购价政策，2021 年继续对最低收购价稻谷限定收购总量，并根据近几年最低收购价收购数量，限定最低收购价稻谷收购总量为 5 000 万 t（籼稻 2 000 万 t、粳稻 3 000 万 t）。

表 8-1　2018—2021 年我国稻谷最低收购价格政策变化情况

提出时间	文件	价格
2018 年 2 月 9 日	国家发展改革委《关于公布 2018 年稻谷最低收购价格的通知》	早籼稻：120 元/50kg；中晚籼稻：126 元/50kg；粳稻：130 元/50kg
2019 年 2 月 25 日	国家发展改革委《关于公布 2019 年稻谷最低收购价格的通知》	早籼稻：120 元/50kg；中晚籼稻：126 元/50kg；粳稻：130 元/50kg
2020 年 2 月 28 日	国家发展改革委《关于公布 2020 年稻谷最低收购价格的通知》	早籼稻：121 元/50kg；中晚籼稻：127 元/50kg；粳稻：130 元/50kg
2021 年 2 月 25 日	国家发展改革委《关于公布 2021 年稻谷最低收购价格的通知》	早籼稻：122 元/50kg；中晚籼稻：128 元/50kg；粳稻：130 元/50kg

（七）进出口贸易政策

2020 年，国家继续对稻谷和大米等 8 类商品实施关税配额管理，税率不变。其中，对尿素、复合肥、磷酸氢铵 3 种化肥的配额税率继续实施 1%的暂定税率。继续对碎米实施 10%的最惠国税率。2019 年 10 月，国家发展与改革委员会发布了《2020 年粮食进口关税配额申领条件和分配原则》，其中，大米 532 万 t（长粒米 266 万 t，中短粒米 266 万 t），国营贸易比例 50%。2020 年 12 月，根据《国务院关税税则委员会关于 2021 年关税调整方案的通知》（税委会〔2020〕33 号），2021 年继续对小麦等 8 类商品实施关税配额管理，税率不变。

三、品种推广情况

（一）平均推广面积

据全国农作物主要品种推广情况统计[①]，2019 年全国种植面积在 10 万亩以上的水稻品种共计 723 个，比 2018 年减少 44 个；合计推广面积 31 035 万亩，占全国水稻种植面积的比重为 68.8%，比 2018 年减少 570 万亩。其中，常规稻推广品种 274 个，比 2018 年减少 11 个，推广总面积达到 14 872 万亩，比 2018 年减少 226 万亩；杂交稻推广品种 449 个，比 2018 年减少 33 个，推广面积 16 163 万亩，比 2018 年减少 344 万亩（表 8-2）。

（二）大面积品种推广情况

1. 常规稻

2019 年常规稻推广面积超过 100 万亩的品种有 28 个，合计推广面积达 8 264 万亩，比 2018 年减少 265 万亩。龙粳 31 超过绥粳 18 再次成为 2019 年推广面积最大的常规稻品种，合计推广面积达 1 119 万亩，比 2018 年增加 175 万亩，其中黑龙江推广 1 106 万亩，内蒙古推广 13 万亩；绥粳 18 合计推广面积 1 015 万亩，其中黑龙江推广 1 001 万亩，内蒙古推广 11 万亩，吉林推广 3 万亩；黄华占、南粳 9108 和中嘉早 17 是南方地区推广面积最大的三个水稻品种，推广面积分别达到 649 万亩、504 万亩和 486 万亩，黄华占和中嘉早 17 主要集中分布在湖北、湖南、江西三省，南粳 9108 主要集中分布在江苏；与 2018 年相比，黄华占、南粳 9108 面积分别增加 42 万亩和 38 万亩，中嘉早 17 面积减少 115 万亩（表 8-3）。

2. 杂交稻

2019 年杂交稻推广面积在 100 万亩以上的品种共计 31 个，合计推广面积 6 009 万

---

① 由于全国农业技术推广服务中心的品种推广数据截至 2019 年，本书即以 2019 年数据进行阐述。

亩，比 2018 年增加 644 万亩。其中，晶两优 534 取代晶两优华占成为全国杂交水稻推广面积最大的水稻品种，推广面积 530 万亩，比 2018 年增加 123 万亩；晶两优华占推广面积 498 万亩，比 2018 年增加 79 万亩；隆两优华占、泰优 390、隆两优 534 推广面积分别为 444 万亩、273 万亩和 272 万亩，分别比 2018 年增加 53 万亩、24 万亩和 70 万亩；天优华占推广面积 209 万亩，比 2018 年减少 69 万亩；中浙优 8 号推广面积 204 万亩，比 2018 年增加 21 万亩（表 8-3）。

表 8-2　2017—2019 年全国 10 万亩以上水稻品种推广情况

年份	常规稻		杂交稻	
	数量（个）	面积（万亩）	数量（个）	面积（万亩）
2017	309	16 118	522	17 741
2018	285	15 098	482	16 507
2019	274	14 872	449	16 163

数据来源：全国农业技术推广服务中心，品种按推广面积 10 万亩以上进行统计。

表 8-3　2019 年常规稻和杂交稻推广面积前 10 位的品种情况

常规稻		杂交稻	
品种名称	推广面积（万亩）	品种名称	推广面积（万亩）
龙粳 31 号	1119	晶两优 534	530
绥粳 18	1015	晶两优华占	498
黄华占	649	隆两优华占	444
南粳 9108	504	泰优 390	273
中嘉早 17	486	隆两优 534	272
绥粳 22	329	C 两优华占	260
淮稻 5 号	324	徽两优 898	217
湘早籼 45 号	313	宜香优 2115	213
绥粳 27	296	天优华占	209
中早 39	293	两优 688	205

数据来源：全国农业技术推广服务中心，品种按推广面积 10 万亩以上进行统计。

四、气候条件

据中国气象局发布的《2020 年中国气候公报》，2020 年我国主要粮食作物生长期间气候条件总体较为适宜，对农业生产较为有利。2020 年，全国平均气温 10.25℃，比常年（1981—2010 年）平均偏高 0.7℃，为 1951 年以来第 8 个最暖年；全国平均降水量

695mm，比常年偏多10.3%，为1951年以来第4多，其中东北、长江中下游、华北、西南和西北降水量偏多，华南偏少；全国大部地区日照时数偏少，冬春季日照时数偏多，夏秋季偏少；全年气象干旱的区域性和阶段性特征明显，4月中旬至夏初，长江以北多地出现阶段性干旱；春夏季，西南部分地区发生气象干旱，东北、华南遭遇严重夏伏旱，秋冬季，华南、江南等地发生气象干旱。

（一）早稻生长期间的气候条件

2020年早稻生长前期气象条件较好，江南、华南大部地区早稻播种育秧期间光温条件较好，未出现明显连续低温天气，有利于早稻播种育秧和秧苗生长；3月底4月初长江中下游及以北地区遭遇短时间低温寒潮天气，对部分地区早稻播种育秧和移栽造成不利影响；中后期江南、华南部分早稻产区降水量比常年同期偏多1倍以上，部分地区出现洪涝灾害，对处于抽穗扬花期的早稻生产影响较大，影响早稻产量。具体到不同生育阶段的影响如下。

（1）播种育秧期。华南早稻2月中旬至3月下旬播种，江南早稻3月下旬至4月中旬播种。早稻育秧移栽期间，江南、华南等地多晴或晴雨相间天气，气温接近常年同期或偏高1～4℃，日照接近常年同期或偏多，普遍有100～250mm降水，保证了早稻育秧、移栽和苗期正常生长对水分的需求，秧苗长势较好。3月下旬至4月上旬，江南、华南部分地区出现中到大雨、局地暴雨等强对流天气，对早稻播种育秧略有不利。

（2）分蘖拔节期。4月中下旬以来，江南、华南大部时段气温略高于常年同期，日照较常年偏多五成以上，未出现大范围强对流天气，气象条件总体有利于江南早稻移栽返青和华南早稻晒田控蘖，有利于提高早稻成穗率。

（3）孕穗抽穗期。5月中旬至6月中旬，南方大部气温偏高1～4℃，降水接近常年，日照接近常年或偏多，气候条件总体平稳，有利于颖花分化，早稻每穗粒数明显增加。

（4）灌浆结实期。6月，全国平均气温21.0℃，较常年同期偏高0.2℃；平均降水量112.0mm，较常年同期偏多14.2mm。南方地区降水过程频繁，江南和华南大部累计降水量普遍超过200mm，江南北部、广西中北部等地降水比常年同期偏多三至八成，安徽中北部、湖北北部和广西东北部等地部分地区偏多1倍以上，部分地区早稻抽穗扬花期遭受“雨洗禾花”，局部地区农田遭遇严重暴雨洪涝灾害，影响授粉结实，导致空瘪率增加，结实率下降。7月，江南北部出现6次较强降水过程，导致湖南、江西等部分地区已成熟早稻无法收晒，未成熟早稻灌浆结实受阻，部分早稻反复受淹、倒伏、稻穗发芽，产量和品质下降。

（二）一季稻生长期间的气候条件

2020年全国一季稻生育期内，东北、长江中下游和西南产区大部气温接近常年同期或偏高，热量充足，光照适宜，降水充沛，气象条件总体较好，有利于一季稻生长发育和产量形成，灾害总体偏轻。具体到不同生育阶段的影响如下。

（1）播种育秧期。3月至4月中旬，东北地区大部农区气温较常年同期偏高1～2℃，气温回升较快，有助于积雪融化和土壤解冻，大部农区土壤墒情充足，利于春耕整地及备播工作开展，虽然4月下旬出现了降温和雨雪天气，使春播短暂受阻，但4月底至5月上旬，东北地区大部气温回升，有利于一季稻播种育秧及秧田管理。长江中下游地区4月中下旬一季稻播种育秧期间，气温接近常年同期或偏高1～4℃，日照接近常年同期或偏多，总体有利于一季稻播种育秧。西南地区气温正常、降水充足，利于一季稻播种育秧和适时移栽；5月四川东部和云南中部降水较常年偏少五到九成，对部分土壤墒情偏差地区的水稻生长不利。

（2）移栽分蘖期。5月，东北地区大部气温接近常年，大部有25～100mm降水，土壤墒情基本适宜，有利于水稻移栽；但黑龙江东南部、辽宁东部降水较常年偏多50%～100%，局部地区土壤过湿，出现农田内涝，对水稻生产略有不利。5月下旬至6月，长江中下游大部气温接近常年同期，良好的水热条件有利于一季稻移栽、返青和分蘖。

（3）孕穗抽穗期。8月，东北地区光温水条件较为适宜，气温接近常年，日照接近常年或偏多，光热较为充足；月内出现明显降水，辽宁西部、内蒙古东南部、吉林西部土壤缺墒大部解除，气象条件总体有利于一季稻生长发育；但受台风影响，8月下旬辽宁中东部、吉林大部、黑龙江东部和南部等地出现大到暴雨，但未发生大面积作物倒伏。江淮、江汉多晴热天气，月内光热条件明显转好，温高光足有利于一季稻生长，江淮南部、江汉东部日最高气温≥35℃的高温天数较常年偏多，对抽穗扬花期的一季稻生长不利；江南大部地区持续晴热少雨，日最高气温≥35℃的高温天数为16～25d，不利于一季稻抽穗扬花。西南部分地区多雨寡照和强降水不利于一季稻产量形成和成熟收晒。

（4）灌浆成熟期。9月，东北农区大部光温条件较好，未出现初霜冻，有利于一季稻灌浆乳熟和成熟；9月上旬，东北地区相继受台风“美莎克”“海神”带来的大风强降水影响，大部降水偏多4倍以上，吉林中东部、黑龙江南部等地部分地区出现较重农田内涝和作物倒伏；9月中下旬，东北地区大部降水接近常年或偏少，日照较好，有利于水稻灌浆成熟。江淮大部、江汉北部气温正常，降水正常或偏少，日照较好，有利于一季稻灌浆乳熟和成熟收晒；但江南大部、江汉南部多阴雨寡照天气，气温偏低1～4℃，降水较常年同期偏多50%～400%，不利于已成熟一季稻收晒，部分一季稻出现倒伏和穗发芽现象。

（三）双季晚稻生长期间的气候条件

2020年，全国双季晚稻生长后期阴雨寡照天气较多，江西、湖南晚稻产区遭受中度以上寒露风天气，对单产影响较大。不同生育阶段的影响如下。

（1）播种育秧期。6月南方地区降水过程频繁，江淮、江汉、江南和华南大部累计雨量普遍超过200mm，对晚稻播种育秧顺利进行造成不利影响。

（2）移栽分蘖期。7月，江淮、江汉、江南北部出现6次较强降水过程，安徽、湖北、浙江、湖南、江西等省平均降水量为325.6mm，是常年同期（184.2mm）的1.8

倍，为1981年以来同期最多，持续降水也导致部分晚稻播期推迟，适龄秧苗无法按时移栽。江南中南部、华南大部出现持续高温天气，日最高气温≥35℃的高温天数普遍有10～20d，较常年和去年同期偏多5～15d，导致部分晚稻秧苗被灼伤；江南南部、华南降水量偏少五成以上，缺乏灌溉条件的晚稻受到一定影响。

（3）孕穗抽穗至灌浆成熟期。9月中下旬，湖南、江西、湖北东南部、安徽南部、广西北部等地晚稻区出现5～10d日平均气温＜22℃的轻至中度寒露风天气，湖南大部、江西大部普遍达到11～16d，出现中至重度寒露风天气。此次寒露风天气发生时间早、持续时间长、影响范围广，为近10年偏重程度。湖南、江西两省有125个县遭受中度以上寒露风天气，导致发育期偏晚且正处于抽穗开花阶段的晚稻抽穗缓慢，结实率下降，影响产量形成。

五、成本收益

（一）2015—2019年我国稻谷成本收益情况

2015年以来，在稻谷持续增产、成本刚性增长、国外低价大米持续高位进口、最低收购价格连续调整等一系列因素综合影响下，国内稻米市场价格先涨后跌，尽管近两年行情转好，但水稻种植净利润仍然持续下滑。根据2020年《全国农产品成本收益资料汇编》，2019年全国稻谷亩均总产值、现金收益和净利润分别为1 262.2元、610.6元和20.4元，分别比2018年减少27.3元、29.3元和45.5元，减幅分别为2.1%、4.6%和69.0%（表8-4），净利润降幅较大。2019年稻谷成本收益变化的主要特点如下。

一是总成本小幅增加。2019年稻谷亩均总成本1 241.8元，比2018年增加18.2元，增幅1.5%。其中，生产成本1 000.7元，比2018年略增12.2元，增幅1.2%；人工成本474.2元，与2018年持平，略增0.4元；土地成本241.1元，比2018年略增6.0元，增幅2.5%，人工成本和土地成本两项之和占总成本的比重为57.6%，比2018年下降了0.3个百分点，主要是机械化进步实现了对劳动力的部分替代；机械作业费用194.2元，比2018年增加3.3元，增幅1.7%。二是净利润继续大幅下降。2019年稻谷亩均净利润仅为20.4元，比2018年减少45.5元，减幅69.0%，连续5年呈现下降趋势，但净利润仍比玉米和小麦高出147.2元和5.4元。特别是对于规模经营户来说，水稻种植仍是相对较好的选择。三是农资成本持续增加。尽管农业农村部继续深入推进化肥农药减量增效工作，但农资价格上涨势头仍未得到有效控制。2019年，稻谷亩均种子、化肥和农药成本分别为64.5元、136.0元和56.2元，分别比2018年增加1.1元、4.9元和2.6元，增幅分别为1.7%、3.8%和4.8%。

表 8-4 2015—2019 年稻谷成本收益变化情况 单位：元/亩

项目	2015 年	2016 年	2017 年	2018 年	2019 年
产值合计	1 377.5	1 343.8	1 342.7	1 289.5	1 262.2
总成本	1 202.1	1 201.8	1 210.2	1 223.6	1 241.8
生产成本	987.3	979.9	980.9	988.5	1 000.7
物质与服务费用	478.7	484.5	498.0	514.7	526.5
种子	55.4	57.5	61.2	63.4	64.5
化肥	121.8	120.0	123.3	131.0	136.0
农药	51.2	51.3	53.0	53.6	56.2
机械作业费	175.7	180.8	184.7	190.9	194.2
人工成本	508.6	495.3	482.9	473.8	474.2
土地成本	214.8	221.9	229.3	235.1	241.1
净利润	175.4	142.0	132.6	65.9	20.4
现金收益	784.1	739.6	717.9	639.9	610.6

数据来源：2020 年全国农产品成本收益资料汇编。

（二）2020 年我国稻谷成本收益情况

2020 年，在农业供给侧结构性改革深入推进、国外低价大米继续保持高位进口、籼稻谷最低收购价格提高、农资价格持续上涨等多种因素影响下，稻谷市场价格小幅上涨，但由于种植成本持续提高和各地气象灾害等因素影响，不同地区农民种稻效益呈现不同变化趋势。

1. 早籼稻

2020 年，早籼稻生长后期南方地区洪涝灾害严重，单产下降。全国早稻亩产 383.0kg，比 2019 年下降 10.5kg。2020 年我国进口大米 294.3 万 t，同比增长 15.6%，进口市场主要集中在东南亚和南亚国家，其中 70%以上是缅甸、越南和巴基斯坦的低价籼米，但对我国南方籼稻市场的冲击有限，2020 年早籼稻米市场稳步上涨，有利于提高农户售粮收益；受各地气候和市场条件制约，不同地区籼稻生产在单产水平、成本投入方面呈现一定差异。根据湖南、湖北物价成本调查机构针对早籼稻生产的成本收益调查结果显示，2020 年湖南调查户早籼稻平均亩产 382.13kg，与 2019 年相比持平略减，主要是受早籼稻生长后期不利气候条件影响。亩均总成本 1 192.42 元，增加 121.78 元，增幅 11.4%；与 2019 年相比，早籼稻生产种子成本基本持平，化肥、农药费用均略有增加，租赁作业费每亩 211.07 元，增加 42.94 元，增幅 25.5%。亩均净利润 130.68 元，减少 29.94 元，减幅 29.7%。2020 年湖北调查户早籼稻平均亩产 337.01kg，比 2019 年减少 92.44kg，减幅达 21.5%，主要是生长期降水过多过密，光照时间不足，结实率偏低；收割期洪涝造成大片稻田水淹，导致谷粒发芽。每亩总成本 1 096.30元，与 2019 年持平，略减 4.14 元，减幅 0.4%。调查户 2020 年早籼稻种植亩均总产值为 791.99 元，比 2019 年的 1 002.83 元减少 210.84 元，减幅 21.0%；亩均现金收益 247.86 元，减少 245.07 元，减幅 49.7%。收益减少的主要原因是连续降雨导致早稻倒伏腐烂，谷粒发芽，产量大幅减少，同时机械收割费用上涨（表 8-5）。

表 8-5　2019—2020 年湖南和湖北早籼稻生产成本收益情况

项目	湖南		湖北	
	2019 年	2020 年	2019 年	2020 年
单产（kg/亩）	382.46	382.13	429.45	337.01
总成本（元/亩）	1 070.64	1 192.42	1 100.44	1 096.30
净利润（元/亩）	-100.74	-130.68	-97.61	-304.31
成本利润率（%）	-9.41	-10.96	28.33	2.93

数据来源：湖南、湖北两省成本调查机构调查数据。

2. 中籼稻

2020 年，全国中籼稻生长期间总体气候条件适宜，总体有利于中籼稻生长发育和产量形成，但不同地区受气候条件影响，中籼稻产量存在差异。根据江苏省物价成本调查机构调查，江苏省调查户中籼稻平均亩产 553.49kg，比 2019 年减少 62.66kg，减幅 10.2%，主要是中籼稻秧苗期雨水偏多，不利于培育壮秧；后期稻飞虱、稻瘟病等病虫害重于往年，稻穗结籽不饱满，有效穗数有所降低。2020 年江苏省调查户中籼稻平均出售价格为 130.65 元/50kg，比 2019 年增加 10.89 元/50kg，增幅 9.1%，主要是受疫情影响粮食市场需求旺盛，国家库存托市稻谷拍卖成交率高于往年，推动稻谷价格上涨。亩均总成本 1 023.73 元，增加 39.02 元，增幅 4.0%，其中种子、化肥、农药费用均有所增长，人工成本也略有增加；亩均净利润 439.14 元，减少 70.42 元，减幅 13.8%；成本利润率下降 8.85 个百分点。近年来江苏省籼稻种植面积呈现恢复性增长，主要是广东等主销区市场因为重金属污染原因减少了从湖南等地采购籼稻米，转而增加从江苏调入籼稻米数量（表 8-6）。

表 8-6　2019—2020 年江苏和湖北中籼稻生产成本收益情况

项目	江苏		湖北	
	2019 年	2020 年	2019 年	2020 年
单产（kg/亩）	616.15	553.49	597.76	596.29
总成本（元/亩）	984.71	1 023.73	1 222.61	1 199.44
净利润（元/亩）	509.56	439.14	197.97	333.39
成本利润率（%）	51.75	42.90	16.19	27.80

数据来源：江苏、湖北两省成本调查机构调查数据。

根据湖北省物价成本调查机构调查，2020年湖北省调查户中籼稻平均亩产596.29kg，与2019年持平略减，整个中籼稻生长期间气候条件基本正常。出售价格为127.41元/50kg，增加9.76元/50kg，增幅8.3%，主要是受洪涝灾害影响早籼稻减产较多。亩均总成本1 199.44元，比2019年减少23.17元，减幅1.9%；亩均净利润333.39元，增加135.42元，增幅达68.4%；成本利润率提高11.61个百分点，增幅71.7%（表8-6）。

3. 晚籼稻

2020年江南、华南晚籼稻生长后期阴雨寡照天气较多，江西、湖南晚稻产区遭受中度以上寒露风天气，对单产影响较大。根据安徽省物价成本调查机构调查结果显示，2020年安徽省晚籼稻平均亩产502.23kg（表8-7），比2019年下降58.00kg，减幅达10.4%，主要是受洪涝灾害和稻飞虱等病虫害影响。平均出售价格为130.16元/50kg，比2019年的115.69元上涨14.47元，涨幅12.5%，主要原因是减产造成价格上涨预期明显。亩均总成本1 145.91元，减少37.27元，减幅3.1%，主要是人工成本有所减少。亩均净利润176.02元，增加45.69元，增幅35.1%；成本利润率15.36%，提高4.34个百分点。根据广西物价成本调查机构调查结果显示，2020年广西晚籼稻平均亩产374.43kg，比2019年下降39.51kg，减幅9.5%，主要是强降水导致稻谷倒伏并遭受严重病虫害。平均晚籼稻出售价格为165.62元/50kg，同比增加9.57元/50kg，增幅6.1%，其中农户种植的晚籼稻除少量售与国有粮食购销企业外，以市场销售和出售给个体商贩为主。亩均总成本1 213.34元，增加44.71元，增幅3.8%；其中种子费、农药费、燃料动力费分别增长13.5%、5.6%和34.9%，化肥费、租赁作业费分别减少1.5%、4.2%。亩均净利润47.58元，减少95.57元，减幅66.8%；成本利润率3.92%，比2019年下降8.33个百分点。

表8-7　2019—2020年安徽和广西晚籼稻生产成本收益情况

项目	安徽		广西	
	2019年	2020年	2019年	2020年
单产（kg/亩）	560.23	502.23	413.94	374.43
总成本（元/亩）	1 183.18	1 145.91	1 168.63	1 213.34
净利润（元/亩）	130.33	176.02	143.15	47.58
成本利润率（%）	11.02	15.36	12.25	3.92

数据来源：安徽、广西两省（自治区）成本调查机构调查数据。

4. 粳稻

2020年南北方粳稻生长期间气候条件总体正常。根据浙江物价成本调查机构调查，2020年浙江省粳稻平均亩产540.44kg，比2019年下降8.00kg，减幅1.5%，主要受

6、7 月和 9 月降水量偏多影响，粳稻分蘖推迟，灌浆成熟期拉长，部分出现倒伏、霉变和出芽等。平均出售价格为每 50kg 136.16 元，提高 11.05 元，涨幅 8.8%，主要受最低收购价提高和国内外市场粮价上涨影响。亩均总成本 1 878.33 元，增加 110.12 元，增幅 6.2%，主要是雇工价格上涨较快、优质稻种价格偏高以及部分化肥和农药价格受上游化工企业原材料上涨等影响。亩均净利润 128.78 元，增加 60.08 元，增幅 87.5%；成本利润率 9.51%，提高 4.31 个百分点。根据云南物价成本调查机构调查，2020 年云南调查户粳稻平均亩产 666.22kg，比 2019 年略减 3.61kg，减幅 0.5%；平均出售价格为 144.0 元/50kg，比 2019 年提高 2.5 元/50kg，涨幅 1.7%。亩均总成本 1 878.33元，增加 110.12 元，增幅 6.2%，主要是人工成本和土地成本分别上涨 9.3%和 4.5%。亩均净利润 132.93 元，减少 88.47 元，减幅 40.0%；成本利润率 7.08%，下降 5.44 个百分点（表 8-8）。

表 8-8　2019—2020 年浙江和云南粳稻生产成本收益情况

项目	浙江		云南	
	2019 年	2020 年	2019 年	2020 年
单产（kg/亩）	548.44	540.44	669.83	666.22
总成本（元/亩）	1 321.16	1 353.85	1 768.21	1 878.33
净利润（元/亩）	68.70	128.78	221.40	132.93
成本利润率（%）	5.20	9.51	12.52	7.08

数据来源：浙江、云南两省成本调查机构调查数据。

第二节　世界水稻生产概况

一、2020 年世界水稻生产情况

据联合国粮农组织（FAO）《作物前景与粮食形势》报告，预计 2020 年世界稻谷产量达到 7.33 亿 t 左右，比 2019 年增产 1 450 多万 t，增幅 2.9%，创历史新高。主要原因是亚洲主产国中国、孟加拉国、巴基斯坦、泰国、越南、柬埔寨，以及非洲的马达加斯加等水稻生长期间气候条件有利，水稻产量形势较好。

二、区域分布

2019 年[①]亚洲水稻种植面积占世界的 85.53%，非洲占 10.56%，美洲占 3.52%，

① 联合国粮农组织（FAO）数据库（FAOSTAT）公布数据更新到 2019 年，本文即以 2019 年数据对世界水稻生产情况进行论述。

欧洲和大洋洲分别占0.38%和0.01%（图8-1）。表8-9至表8-11为2015—2019年各大洲及部分主产国家水稻种植面积、总产以及单产变化情况。

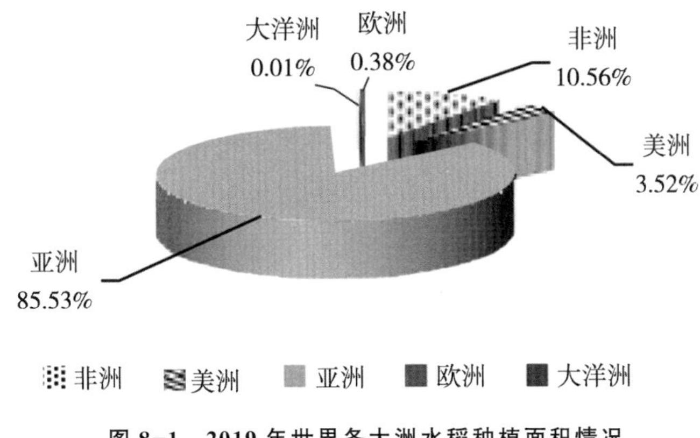

图8-1　2019年世界各大洲水稻种植面积情况

（一）亚洲

2019年，亚洲水稻面积和总产分别为207 907.8万亩和67 727.7万t，分别占世界水稻种植面积和总产的85.53%和89.65%。印度仍是世界水稻种植面积最大的国家，2019年种植面积达到65 670.0万亩，亩产270.5kg，总产17 764.5万t；中国水稻种植面积仅次于印度[①]，2019年水稻面积44 535.0万亩，亩产470.7kg，总产20 961.4万t、居世界第一。

（二）非洲

2019年非洲水稻种植面积25 666.2万亩，总产3 877.1万t，分别占世界水稻种植面积和总产的10.56%和5.13%。埃及是非洲地区水稻单产水平最高的国家，2019年水稻面积1 198.5万亩，总产669.0万t，亩产高达558.2kg；尼日利亚是非洲水稻种植面积最大的国家，2019年水稻种植面积高达7 921.9万亩，总产843.5万t，但单产水平较低，亩产仅为106.5kg。

（三）欧洲

2019年欧洲水稻种植面积为935.1万亩，总产402.4万t，分别占世界水稻种植面积和总产的0.38%和0.53%。意大利是欧洲水稻种植面积最大的国家，2019年水稻种植面积330.0万亩，总产149.3万t，亩产452.2kg；西班牙是欧洲水稻单产水平最高的国家，2019年水稻面积155.1万亩，总产77.9万t，亩产高达502.2kg，居欧洲第一、世界第九；俄罗斯是欧洲水稻面积第二大的国家，2019年水稻面积286.0万亩，总产109.9万t，亩产384.1kg。

① 为了便于比较，本部分内容中国的水稻生产采用FAO统计数据，与国内统计数据略有差异。

（四）大洋洲

2019 年大洋洲地区水稻种植面积仅为 17.8 万亩，总产 7.6 万 t，面积和总产分别仅占世界水稻种植面积和总产的 0.01%和 0.01%。澳大利亚是大洋洲水稻生产主要国家，2019 年水稻种植面积为 11.4 万亩，总产 6.7 万 t，亩产高达 584.7kg，是世界上单产水平最高的国家之一，但长期受水资源约束，水稻种植面积波动较大、十分不稳定。

（五）美洲

2019 年美洲地区水稻种植面积 8 557.0 万亩，总产 3 532.6 万 t，分别占世界水稻种植面积和总产的 3.52%和 4.68%。巴西是美洲地区水稻种植面积最大的国家，2019 年水稻种植面积 2 565.1 万亩，总产 1 036.1 万 t，亩产 404.2kg；其次是美国，2019 年水稻种植面积为 1 500.6 万亩，总产 837.7 万 t，亩产 558.2kg，是 2019 年世界水稻单产第三高的国家，仅次于澳大利亚和塔吉克斯坦。

三、主要特点

（一）种植面积稳步扩大

世界水稻生产主要集中在亚洲的东亚、东南亚、南亚的季风区以及东南亚的热带雨林区。近十年（2010—2019 年），世界水稻种植面积总体呈现稳步扩大趋势，2019 年世界水稻种植面积 243 083.9 万亩（表 8-9），比 2010 年增加 2 698.8 万亩，增幅达到 1.1%。其中，非洲水稻面积从 2010 年的 16 036.5 万亩快速增加至 2019 年的 25 666.2 万亩，增加了 9 629.6 万亩，增幅达到 60.0%，呈现了良好的发展潜力；亚洲水稻面积减少了 4 489.1 万亩，减幅 2.1%；大洋洲水稻面积波动较大，2019 年仅为 17.8 万亩，比 2010 年减少了 17.0 万亩，减幅 48.9%；美洲水稻面积减少了 2 289.5 万亩，减幅 21.1%；欧洲水稻面积减少了 135.2 万亩，减幅 12.6%。世界水稻生产集中度较高，水稻种植面积前 10 位的国家，除尼日利亚外，均分布在亚洲，其中印度、中国、孟加拉国、印度尼西亚、泰国、越南、缅甸等 7 个国家水稻种植面积均在 1 亿亩以上，面积之和达到 179 655.8 万亩，产量之和达到 59 452.5 万 t，分别占世界水稻种植面积和总产的 73.9%和 78.7%（表 8-9、表 8-10）。

表 8-9　2015—2019 年世界水稻种植面积

区域	2015 年	2016 年	2017 年	2018 年	2019 年
世界（万亩）	240 311.0	243 773.7	247 421.8	248 283.7	243 083.9
亚洲					
种植面积（万亩）	210 102.5	210 085.7	212 762.8	212 119.3	207 907.8

（续表）

区域	2015 年	2016 年	2017 年	2018 年	2019 年
占世界比重（%）	87.43	86.18	85.99	85.43	85.53
中国（万亩）	46 553.8	46 529.8	46 532.8	45 691.4	44 940.1
印度（万亩）	65 085.0	64 785.0	65 661.1	66 234.7	65 670.0
泰国（万亩）	14 577.0	15 975.1	16 079.5	15 971.9	14 573.0
印度尼西亚（万亩）	17 083.5	16 939.5	17 206.5	17 066.9	16 016.8
孟加拉国（万亩）	17 071.8	16 501.2	17 422.5	17272.5	17 274.8
日本（万亩）	2 383.5	2 355.0	2 335.5	2 325.0	2 313.0
越南（万亩）	11 742.9	11 602.1	11 562.8	11 356.1	11 204.8
缅甸（万亩）	10 154.2	10 086.0	10 419.0	10 724.0	10 381.3
柬埔寨（万亩）	4 198.7	4 411.9	4 553.6	4 607.5	4 502.0
巴基斯坦（万亩）	4 109.2	4 086.0	4 350.9	4 215.0	4 550.9
非洲					
种植面积（万亩）	19 820.3	23 292.9	24 439.9	26 020.9	25 666.2
占世界比重（%）	8.25	9.56	9.88	10.48	10.56
尼日利亚（万亩）	4 682.3	7 403.3	8 441.6	8 810.4	7 921.9
埃及（万亩）	766.3	853.0	824.5	541.6	1 198.5
欧洲					
种植面积（万亩）	979.3	999.9	964.0	920.0	935.1
占世界比重（%）	0.41	0.41	0.39	0.37	0.38
意大利（万亩）	341.0	351.2	351.2	325.8	330.0
大洋洲					
种植面积（万亩）	110.6	47.3	131.0	98.6	17.8
占世界比重（%）	0.05	0.02	0.05	0.04	0.01
澳大利亚（万亩）	104.5	39.9	123.3	91.7	11.4
美洲					
种植面积（万亩）	9 298.3	9 347.9	9 124.0	9 124.9	8 557.0
占世界比重（%）	3.87	3.83	3.69	3.68	3.52
巴西（万亩）	3 207.6	2 915.9	3 009.3	2 808.2	2 565.1
美国（万亩）	1 563.1	1 880.0	1 441.1	1 766.5	1 500.6

数据来源：联合国粮农组织（FAO）统计数据库。

表 8-10　2015—2019 年世界水稻总产

区域	2015 年	2016 年	2017 年	2018 年	2019 年
世界（万 t）	73 195.2	73 952.5	75 173.1	76 283.9	75 547.4
亚洲					
总产量（万 t）	65 992.1	66 511.6	67 713.4	68 473.6	67 727.7

（续表）

区域	2015年	2016年	2017年	2018年	2019年
占世界比重（%）	90.16	89.94	90.08	89.76	89.65
中国（万t）	21 372.4	21 268.2	21 443.0	21 407.9	21 140.5
印度（万t）	15 654.0	16 370.0	16 850.0	17 471.7	17 764.5
泰国（万t）	2 770.2	3 185.7	3 289.9	3 234.8	2 835.7
印度尼西亚（万t）	6 103.1	5 939.3	5 942.9	5 920.1	5 460.4
孟加拉国（万t）	5 180.5	5 045.3	5 414.8	5 441.6	5 458.6
日本（万t）	1 092.5	1 093.4	1 077.7	1 060.6	1 052.7
越南（万t）	4 509.1	4 311.2	4 276.4	4 404.6	4 344.9
缅甸（万t）	2 621.0	2 567.3	2 654.6	2 757.4	2 627.0
柬埔寨（万t）	933.5	995.2	1 051.8	1 089.2	1 088.6
巴基斯坦（万t）	1 020.2	1 027.4	1 117.5	1 080.3	1 111.5
非洲					
总产量（万t）	2 983.7	3 292.3	3 295.7	3 453.5	3 877.1
占世界比重（%）	4.08	4.45	4.38	4.53	5.13
尼日利亚（万t）	625.6	756.4	782.6	840.3	843.5
埃及（万t）	481.8	530.9	496.1	312.4	669.0
欧洲					
总产量（万t）	422.4	423.9	414.3	396.8	402.4
占世界比重（%）	0.58	0.57	0.55	0.52	0.53
意大利（万t）	151.8	158.7	159.8	147.0	149.3
大洋洲					
总产量（万t）	70.0	28.6	82.0	64.6	7.6
占世界比重（%）	0.10	0.04	0.11	0.08	0.01
澳大利亚（万t）	69.0	27.4	80.7	63.5	6.7
美洲					
总产量（万t）	3 727.0	3 696.1	3 667.7	3 895.4	3 532.6
占世界比重（%）	5.09	5.00	4.88	5.11	4.68
巴西（万t）	1 230.1	1 062.2	1 246.5	1 180.8	1 036.9
美国（万t）	872.5	1 016.7	808.4	1 015.3	837.7

数据来源：联合国粮农组织（FAO）统计数据库。

（二）单产水平逐步提高

世界水稻单产水平差距较大，分大洲看，2019年世界水稻单产水平最高的大洲是欧洲，水稻亩产达430.3kg；其次是大洋洲，水稻亩产达到429.4kg；第三是美洲，水稻亩产412.8kg；亚洲水稻亩产325.8kg，非洲水稻亩产仅为151.1kg（表8-11）。分国家看，2019年世界水稻种植面积在1 000万亩以上的国家共有27个，单产水平最高的美国亩产高达558.2kg，比最低的莫桑比克高出526.9kg；在种植面积最大的10个国家中，中国水稻单产水平最高，2019年水稻亩产470.7kg，比最低的尼日利亚高出364.2kg。近10年（2010—2019年），世界水稻单产水平总体呈现稳步提高趋势，2019年世界水稻亩产达到310.8kg，比2010年提高22.1kg，增幅7.6%。其中，美洲水稻亩产412.8kg，比2010年提高了76.3kg，增幅22.7%；亚洲水稻亩产提高了30.3kg，增幅10.3%；欧洲水稻亩产提高了28.3kg，增幅7.0%；非洲水稻亩产下降了8.4kg，减幅5.3%；受灾害影响，2019年大洋洲水稻亩产降至429.4kg，比2010年减少167.5kg，减幅28.1%。单产差距大，除了受科技水平、耕地质量、气候条件和投入成本等因素影响外，最重要的原因之一就是熟制差异，南亚国家一般一年可以种植三季，多数为两熟制，单产要低于生育期更长的一季水稻。近十年，由于水稻面积扩大、单产提高，世界水稻总产已经连续9年稳定在7亿t以上水平、连续3年稳定在7.5亿t以上水平，不断创出历史新高。

表8-11　2015—2019年世界水稻单位面积产量　　单位：kg/亩

区域	2015年	2016年	2017年	2018年	2019年
世界	304.6	303.4	303.8	307.2	310.8
亚洲	314.1	316.6	318.3	322.8	325.8
中国	459.1	457.1	460.8	468.5	470.4
印度	240.5	252.7	256.6	263.8	270.5
泰国	190.0	199.4	204.6	202.5	194.6
印度尼西亚	357.3	350.6	345.4	346.9	340.9
孟加拉国	303.5	305.8	310.8	315.0	316.0
日本	458.4	464.3	461.4	456.2	455.1
越南	384.0	371.6	369.8	387.9	387.8
缅甸	258.1	254.5	254.8	257.1	253.0
柬埔寨	222.3	225.6	231.0	236.4	241.8
巴基斯坦	248.3	251.4	256.8	256.3	244.2
非洲	150.5	141.3	134.8	132.7	151.1
尼日利亚	133.6	102.2	92.7	95.4	106.5
埃及	628.7	622.4	601.6	576.7	558.2
欧洲	431.4	424.0	429.7	431.3	430.3
意大利	445.2	452.0	455.0	451.2	452.2
大洋洲	633.3	605.1	625.9	655.2	429.4

（续表）

区域	2015年	2016年	2017年	2018年	2019年
澳大利亚	660.7	685.9	654.7	692.4	584.7
美洲	400.8	395.4	402.0	426.9	412.8
巴西	383.5	364.3	414.2	420.5	404.2
美国	558.1	540.8	561.0	574.8	558.2

数据来源：联合国粮农组织（FAO）统计数据库。

第九章　中国水稻种业发展动态

2020 年是全面建成小康社会和“十三五”规划收官之年，突如其来的新冠肺炎疫情不仅给人们生活和社会经济带来明显影响，也对我国种子行业产生了一定影响。国家高度重视种业发展，提出打赢种业翻身仗的目标，持续深化种业体制机制改革，优化种业发展环境，提升种业自主创新力、持续发展力和国际竞争力，优化种子供给质量结构，推动现代种业发展，保障国家粮食安全。2020 年，全国杂交水稻和常规水稻合计制种面积 302 万亩，比 2019 年减少 9 万亩，其中杂交稻制种面积比 2019 年减少 12.3%，常规稻制种面积增长 4.6%。杂交水稻种子供过于求程度有所缓解，常规稻种子供需平衡有余。种子市场价格受疫情影响比上年同期下降，但受用种量及常规稻种子商品化率提升影响，水稻种业市场规模基本稳定。国内水稻种业企业竞争力不断增强。

第一节　国内水稻种业发展环境

2020 年，中央经济工作会议和中央农村工作会议均强调种子是农业的“芯片”，要打好种业翻身仗，开展种源“卡脖子”技术攻关，彰显中央对于种业“破卡”的决心。与国际先进水平相比，我国种业发展还有不少不适应性和短板弱项，党中央明确要求补上短板，把种业作为“十四五”农业科技攻关和农业农村现代化的重点任务来抓，推进种业高质量发展，确保中国碗主要装中国粮，中国粮主要用中国种。

一、水稻种业迎来政策利好

2020 年 2 月，国务院办公厅发布《关于加强农业种质资源保护与利用的意见》，要求开展系统收集保护，建立全国统筹、分工协作的农业种质资源鉴定评价体系，新建、改扩建一批农业种质资源库，开展农业种质资源登记。4 月，农业农村部印发《2020 年推进现代种业发展工作要点》，明确提出加强种质资源保护，夯实种业发展基础，其中包括加快普查收集，持续开展第三次全国农作物种质资源普查与收集行动；健全保护体系，组织开展农业种质资源库（场、区、圃）布局、审核挂牌等。

2020 年 12 月 16—18 日，中央经济工作会议首次提出要“解决好种子和耕地问题”，并提出要开展种源“卡脖子”技术攻关，立志打一场种业翻身仗，对农业生产和粮食安全予以高度关注。2020 年 12 月 17 日，农业农村部在北京召开全国种业创新工作推进会，强调“十四五”时期要把种业作为农业科技攻关及农业农村现代化的重点任务，加强农业种质资源保护和利用、加快提升我国种业自主创新能力、推进国家现代种业基地建设、培育有核心竞争力的产业主体、提高种业监管治理能力、加强种业系统自身建设。2020年12月28—29日，中央农村工作会议提出，要夯实现代农业发展基础支撑，坚决打好种业翻身仗。“种业翻身仗”一词高频“露脸”，足见中央对种业的重视以及种业“破卡”的决心。

党中央国务院、农业农村部等先后出台了一系列种源“卡脖子”技术攻关的政策，对于保持我国水稻在全球的先进水平和竞争优势提供了保障，为坚决打赢种业翻身仗奠定了坚实基础。

二、水稻种业供过于求程度有所缓解

2020年，我国水稻制种面积和产量均有所下降，其中杂交水稻种子收获面积、单产双双下降，特别是大面积受灾导致单产水平大幅下降；常规稻制种面积略增，其中北方粳稻区繁种产量与往年持平，南方稻区受持续降雨影响，湖南、江西两省繁种单产同比略有下降。整体来看，杂交水稻制种面积合理缩减，单一品种制种规模减少，制种组合增多，品种结构进一步优化。预计2021年我国水稻种子需求基本保持稳定，杂交水稻种子供过于求程度有所缓解，因灾出现部分品种结构性短缺的可能性大，特别是杂交早稻种子供过于求的态势已经发生逆转；常规稻种子仍然呈现供需平衡有余的格局。

三、水稻种业市场主体受疫情影响面临挑战

受疫情影响，2020年水稻种业企业发展面临较大挑战。一是南繁加代受阻。春节前后南繁基地离岛人员回不去，科研工作无法正常进行。50%左右的企业表示南繁科研受到影响，23%的企业表示基地育种材料没人管理，19%的企业表示杂交测配工作无法完成。二是制种基地难定。由于全国各地“封路封村”，部分快递物流受阻，原种发不出去，基地生产合同无法落实。28%的企业反映新品种区试、引种试验无法正常进行。三是加工调运迟滞。由于大部分职工春节回乡度假，企业存在开工难、用工难、种子调运难等问题。93%的企业计划种子加工包装尚未全部完成，54%的企业停工造成种子加工迟滞。四是种子销售延后。春节过后农村面临播种季节，75%以上的企业面临种子运输困境，67%的种子企业送货进村入户困难。

四、种业市场监管加强，严管品种提上日程

2020年3月6日，农业农村部办公厅印发《2020年种业市场监管工作方案》，组织对本地所属的部级发证企业现场检查全覆盖，对省级发证企业监管覆盖面达到50%，被检查企业经营品种抽样覆盖率达到30%以上。此次农作物种子监管专项行动以不断提升种业市场监管体系和监管能力现代化水平为方向，全面落实“放管服”改革要求，

全力强化种业知识产权保护，坚持中央统筹、分级负责，压实属地监管责任，完善省际协查联动机制，强化部门内外协调协作，提高监管效能，营造创新主体有动力、市场主体有活力、种业市场有秩序的良好种业发展环境。在做好新冠肺炎疫情防控的同时，切实保障了用种安全。

12 月 10—11 日，2020 年全国主要农作物品种区试工作交流会提出，下一步品种区试审定工作要严把审定关、试验关和标准关“三道关”，从严品种试验审定技术要求，加强国家和省两级试验审定协同，强化联合体和绿色通道试验监管，尤其是联合体试验监管。

五、水稻种业率先推进原始创新保护

种业科技创新的关键是激励种质资源原始创新。在我国试行 EDV 制度对于调动种质资源创新积极性具有重大意义。3 月 28 日，2020 年种业知识产权保护线上论坛提出，要加快修订新品种保护条例，建立配套的 EDV（实质性派生品种）强制许可制度，分作物分区域分主体逐步实施，并准备 EDV 鉴定指南和纠纷调处程序。12 月 20 日，国家水稻良种重大科研联合攻关推进会上进行了水稻攻关组试点 EDV（实质性派生品种）制度签字仪式，9 家单位负责人代表出席签约仪式并签署承诺书，共同承诺从 12 月 20 日起在 36 家攻关单位间试行 EDV 制度，激励水稻育种原始创新。此次 EDV 签约标志着我国水稻种业体制机制创新迈出重要一步。

第二节　国内水稻种子生产动态

2020 年国内水稻生产受品种结构优化、新冠疫情及异常气候等因素影响，杂交稻制种面积、单产双双下滑，总产明显下降；常规稻制种面积略增，总产小幅增长。杂交水稻种子生产进一步向制种优势区域、优质品种集中，制种结构不断优化。

一、2019 年国内水稻种子生产情况

（一）杂交水稻种子生产情况

2020 年，我国杂交水稻种子收获面积和单产双双下降，收获种子质量总体有所下降。全国杂交水稻制种收获面积 121 万亩（图 9-1），比 2019 年减少 17 万亩，减幅 12%，其中杂交早稻制种收获面积 22 万亩，比 2019 年增加 22%；杂交中稻、杂交晚稻制种收获面积分别为 71 万亩、28 万亩，分别比 2019 年减少 15%和 3%。2020 年 7 月以来，长江流域普遍遭遇大面积强降雨或持续低温天气，沿线各省制种基地普遍发生穗发芽、病虫害、育性转化等灾情，四川、湖北、湖南、江苏等省制种基地灾情发生较

重，制种产量普遍减少30%以上；江西、福建两省早春制种情况良好，秋制和烟后制种受连阴雨天气影响，种子生产整体减少10%～15%。

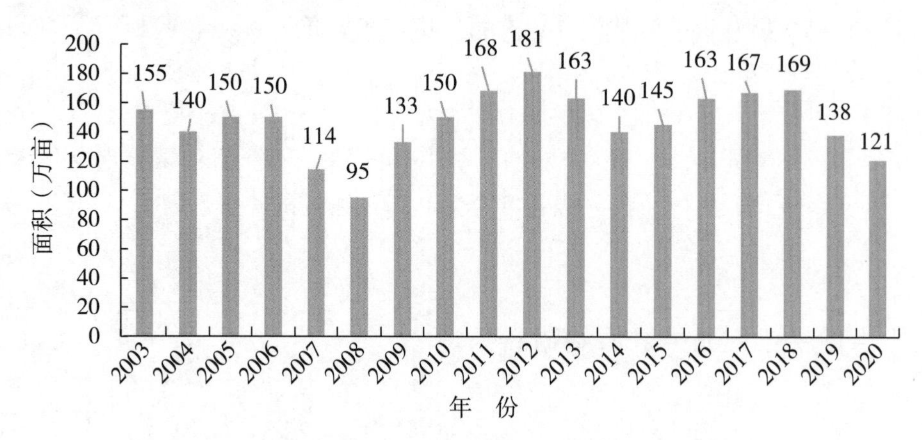

图9-1 2003—2019年全国杂交水稻种子制种面积变化

数据来源：全国农业技术推广服务中心

（二）常规稻种子生产情况

2020年，全国常规稻繁种收获面积181万亩，比2019年增加8万亩，增幅5%。北方粳稻区繁种产量与往年相比基本持平，南方稻区受持续强降雨天气影响，湖南、江西两省繁种单产同比略有下降。据全国农技推广中心调度，全国常规稻实际收获种子9.17亿kg，比2019年增加5 300万kg，增幅5%。

总体分析，我国水稻种业在市场需求和政策引导双轮驱动下，制种结构不断优化，制种数量有所下降。优质稻产业加速发展，推动制种结构加速优化，优质、抗性好、高产、宜轻简化栽培的品种制种面积逐步占据主导地位。杂交水稻种业进入结构性转型期，C两优系列等近年来推广面积大但优质特点不突出的品种、Ⅱ优系列和冈优系列等推广时间较长的普通品种制种面积出现大幅下降，野香优、荃优、泰丰优、宜香优系列等优质稻品种，甬优系列等具备产量优势的品种制种面积稳步增加。

二、2020年水稻种子供需形势

（一）杂交水稻种子供求结构明显分化

尽管2020年杂交稻制种面积减少、制种数量下降，但是供需结构出现严重分化，杂交中稻种子依然严重过剩，杂交晚稻种子供求平衡有余，杂交早稻种子出现缺口。从总体供给情况分析，2020年杂交水稻制种面积调减，单产受异常气候影响大幅降低，全国杂交水稻平均制种单产为139kg/亩，比2019年降低20%。全国制种总产1.68亿kg，比2019年减少30%，加上9月末企业商品种子库存1.2亿～1.3亿kg，2021年杂交水稻种子总供应量约 2.9 亿 kg（图 9-2）。从总体需求情况分析，得益于国家高度重视双季稻生产，中央财政新增 36.7 亿元支持恢复双季稻，提高早籼稻和中晚籼稻最低收购价，稳定了市场预期与双季稻发展积极性，推动水稻种植面积实现恢复增长，2020 年全国水稻面积 45 114.0 万亩，比 2019 年扩大 573.0 万亩，增幅 1.3%，稳定用种需求。

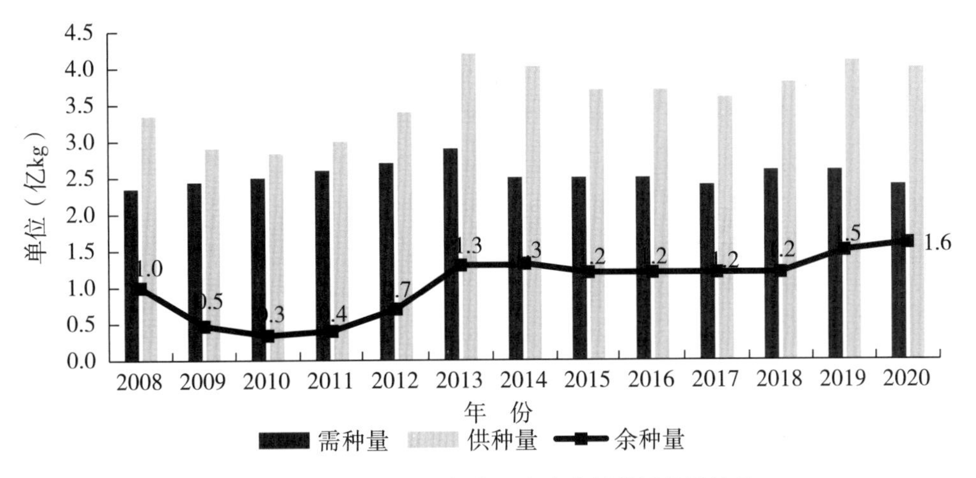

图 9-2　2008—2020 年全国杂交水稻种子供需情况

数据来源：全国农业技术推广服务中心

综合考虑全国杂交水稻亩用种量总体呈缓慢下降的趋势，预计 2021 年总用种量保持在 2.1 亿～2.2 亿 kg，出口数量稳定在 3 000 万 kg 左右，期末余种降至 0.5 亿 kg 左右，供过于求的程度将得到明显缓解，但供需结构出现严重分化，预计杂交中稻种子依然严重过剩，杂交晚稻种子供求平衡有余，杂交早稻种子出现缺口，特别是长江中下游地区早稻种子缺口明显。2020 年长江中下游地区杂交早稻制种收获面积约 13 万亩，比 2019 年增加 1 倍以上。尽管制种面积大幅扩大，但种子繁制期间受灾严重，种子单产与质量较常年明显降低。根据行业评估与企业调查，新产种子 1 700 万～1 800 万 kg，比预期产量 2 300 万 kg 减少 20%以上。由于往年库存告罄，2021 年长江中下游地区杂交早稻供给量在 1 700 万～1 800 万 kg。如 2021 年该区杂交早稻种植面积与今年持平略降，大田用种量在 2 000 万～2 100 万 kg，杂交早稻种子供给就会出现 200 万～300 万 kg（占总量 10%～15%）的缺口。若未来一段时期稻谷价格大幅上涨，国家鼓励种植早稻政策力度进一步加强，则杂交早稻供种缺口还可能进一步扩大。

（二）常规稻种子供需平衡有余

受优质稻持续快速发展、“种子+”全产业链融合发展模式实践增多、“水稻+”新型生产模式推广范围扩大等因素影响，同时常规稻种子商品化率有所提升，预计 2021 年商品种子需求量 7.5 亿 kg 左右，新产种子能够满足用种需求，总体供需平衡有余。

第三节　国内水稻种子市场动态

一、国内水稻种子市场情况

（一）水稻种子市场价格

商品种子价格受生产成本、粮价政策、供求关系、作物及品种、销售时间、销售区域、种子企业与零售商策略等多种因素影响，2020 年杂交水稻种子市场零售价稳中略降，市场零售价格为 59.05 元/kg，比 2019 年下降 0.61 元/kg（图 9-3）；常规稻种子市场零售价逐年增长，市场价格为 8.86 元/kg，比 2019 年提高 0.79 元/kg（图 9-4）。

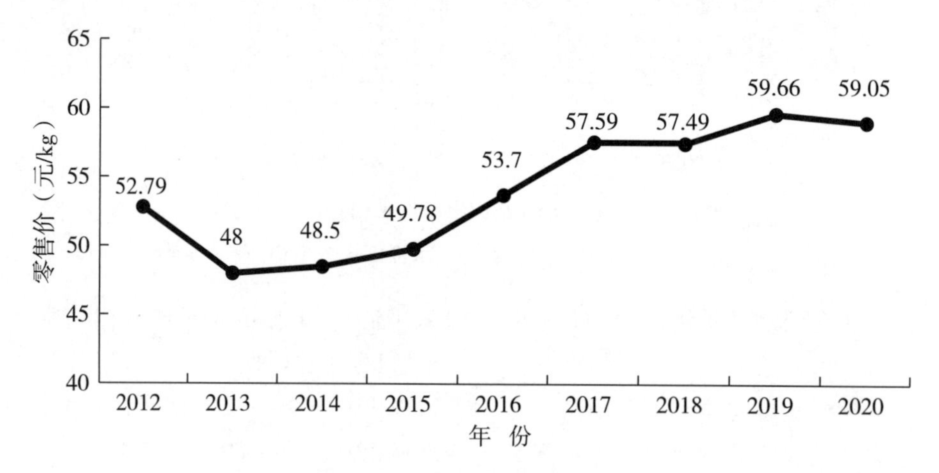

图 9-3　2012—2020 年杂交水稻种子市场零售价

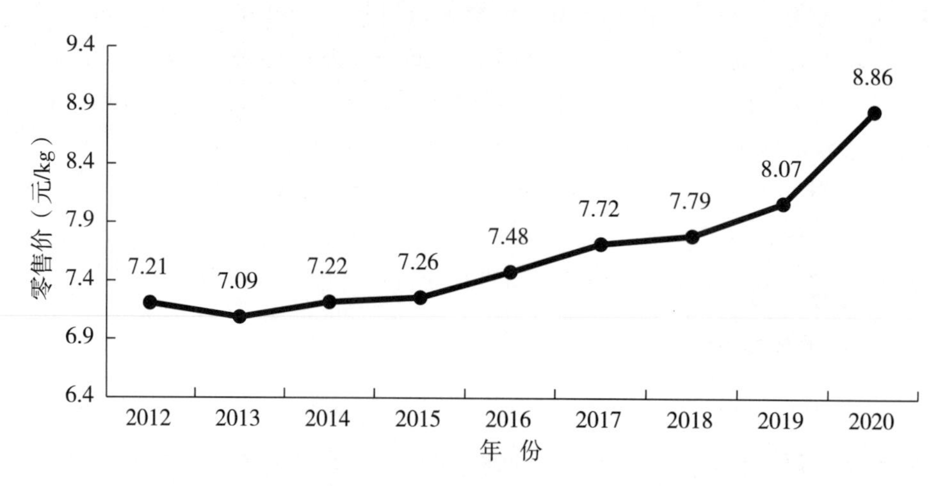

图 9-4　2012—2020 年常规稻种子市场零售价

（二）水稻种子市场规模

根据2020年我国水稻商品种子使用量、种子价格进行测算，2020年水稻种子市值约200.24亿元，其中，杂交水稻种子市值达到145.08亿元；常规水稻种子市值达55.16亿元（图9-5）。

图9-5　2012—2020年常规水稻与杂交水稻种子市值变化情况

从区域分布来看，2020年杂交水稻、常规水稻种子市值第一大省分别为湖南省和黑龙江省；2020年杂交水稻和常规水稻种子市值排名前10位的省份情况见图9-6和9-7。

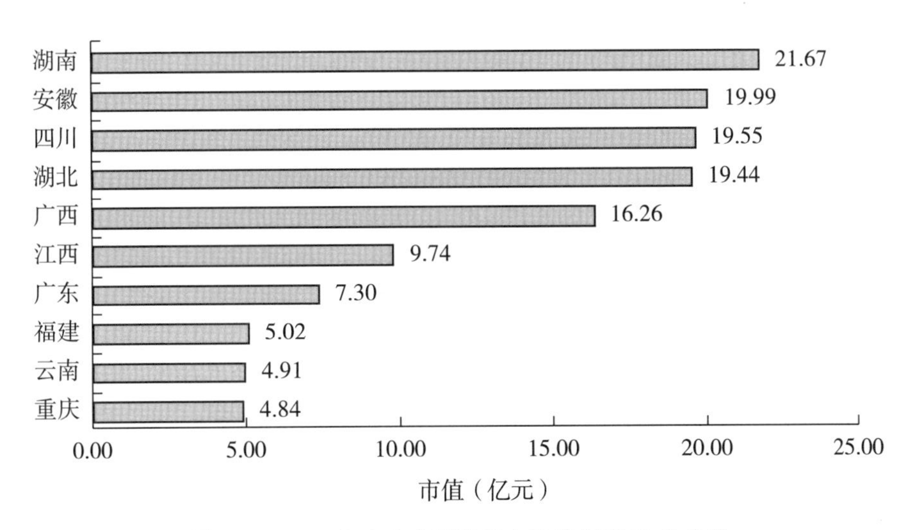

图9-6　2020年杂交水稻种子市值排名前10位省份

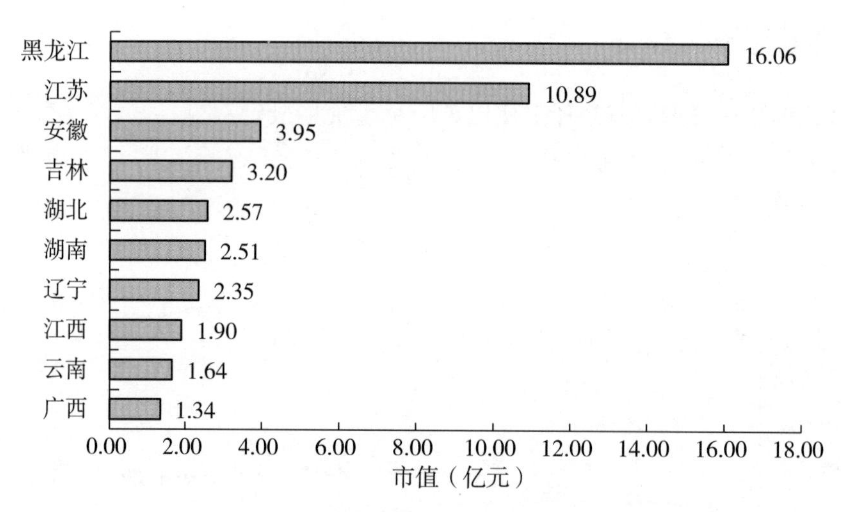

图 9-7　2020 年常规水稻种子市值排名前 10 位省份

二、水稻种子国际贸易情况

根据国家海关统计数据，2020 年我国水稻种子出口量为 2.29 万 t，比 2019 年增长 0.54 万 t，增幅 30.9%；出口金额 8 269.3 万美元，比 2019 年增加 1 958.9 万美元，增幅 31.0%（表 9-1）。整体看，2020 年我国水稻种子出口数量和出口金额同比均大幅增长，出口单位金额同比基本持平。

表 9-1　2015—2020 年中国水稻种子出口贸易情况

年份	数量（万 t）	比上年涨幅（%）	金额（万美元）	比上年涨幅（%）
2015	1.87	-7.5	5 810.7	-8.3
2016	2.30	23.0	7 434.9	27.9
2017	1.63	-29.1	5 502.8	-26.0
2018	2.03	24.5	6 965.6	26.6
2019	1.75	-13.7	6 310.4	-9.41
2020	2.29	30.9	8 269.3	31.0

数据来源：国家海关。

按照出口国国别统计，2020 年我国水稻种子出口量最大的国家为巴基斯坦，出口量为 0.95 万 t，比 2019 年减少 0.1 万 t，减幅 9.5%，占我国杂交水稻种子出口总量的 41.42%；第二是菲律宾，杂交水稻种子出口 0.84 万 t，比 2019 年增加 0.61 万 t，增长了 2.65 倍，占我国杂交水稻种子出口总量的 36.72%；第三是越南，杂交水稻种子出口 0.34 万 t，比 2019 年减少 0.03 万 t，减幅 8.1%，占我国杂交水稻种子出口总量的 14.73%；出口孟加拉国、尼泊尔杂交水稻种子数量分别为 0.04 万 t 和 0.01 万 t，分别占我国杂交水稻种子出口总量的1.76%和0.65%（表9-2）。

表9-2　2020年中国水稻种子主要出口国家情况

国家	数量（万t）	占比（%）
巴基斯坦	0.95	41.42
菲律宾	0.84	36.72
越 南	0.34	14.73
孟加拉国	0.04	1.76
尼泊尔	0.01	0.65

数据来源：国家海关。

第四节　国内水稻种业企业发展动态

一、国内水稻种业企业概况

2011年，国务院出台《关于加快推进现代农作物种业发展的意见》，种子企业作为商业化育种体系的主体地位得以明确，行业准入门槛大幅提高，鼓励和支持育繁推一体化的大型种子企业进行行业兼并和重组，行业逐渐迎来高度发展期。企业兼并重组不断加快，种子研发、生产的集中度明显提升。

截至2020年，全国持有效经营许可证的种业企业中，经营杂交水稻种子的企业有500家，比2019年增加10家；经营常规水稻种子的企业有627家，比2019年增加43家。从各企业销售本企业商品种子量看，销售本企业杂交水稻商品种子的企业有329家，销售本企业常规水稻商品种子的企业有530家。

从全国水稻种子经营销售量情况看，2020年国内销售本企业杂交水稻商品种子销售量前5名、前10名、前20名企业销售数量分别为8 097 kg、10 505万 kg、13 873万 kg，分别占全国杂交水稻商品种子使用量（25 296万 kg）的32.01 %、41.53%和54.84 %，分别比2019年降低了3.14、4.34和4.08个百分点。

2020年国内销售本企业常规水稻商品种子销售量前5名、前10名、前20名企业销售数量分别为16 948万 kg、23 784万 kg、29 496万 kg，分别占全国常规水稻商品种子使用量（56 977万 kg）的29.74%、41.74%和51.77%，分别比2019年降低了2.07、4.72和5.16个百分点。

二、上市水稻种子企业经营业绩

近年来，种业公司依靠深化核心技术，下沉渠道布局等研产销强化优势，吸引资本市场支持，实现业务拓展与产业升级。截至 2020 年 12 月，我国种业企业上市公司达 41 家，其中主板上市企业 8 家，中小板 1 家，创业板 2 家，新三板上市 30 家。种业企业市场表现活跃，赢得资本市场关注（表 9-3）。

表 9-3　2018—2020 年部分 A 股及新三板上市公司经营业绩情况①　单位：亿元、%

公司名称	项目	2018 年		2019 年		2020 年	
		数额	增长率	数额	增长率	数额	增长率
隆平高科	营业总收入	35.80	12.19	31.3	-12.57	32.91	5.14
	净利润	9.03	1.20	-1.85	-120.47	1.16	162.70
丰乐种业	营业总收入	19.27	33.17	24.04	24.75	24.57	2.20
	净利润	0.57	280.00	0.64	12.28	0.5	-21.88
神农科技	营业总收入	1.72	61.92	1.12	-34.88	1.29	15.18
	净利润	0.17	1 249.21	-3.38	-2 088.24	-1.18	65.09
荃银高科	营业总收入	9.16	-3.32	11.54	25.98	16	38.65
	净利润	0.93	-4.12	0.87	-6.45	1.33	52.87
垦丰种业*	营业总收入	16.52	15.78	13.80	-16.46	14.55	5.43
	净利润	1.72	41.15	1.23	-28.49	0.49	-60.16
红旗种业*	营业总收入	2.48	-4.02	2.20	-11.19	2.52	14.55
	净利润	0.03	-18.60	0.03	-1.19	0.03	0.00
桃花源*	营业总收入	0.57	-38.19	0.25	-56.14	0.49	96.00
	净利润	0.10	-32.78	-0.40	-513.20	-0.05	-87.50
天谷生物*	营业总收入	0.63	206.97	0.77	22.22	0.64	-16.88
	净利润	0.15	36.36	0.14	-7.47	0.07	-50.00

数据来源：上市公司年度报告。

截至 2020 年底，我国经营水稻业务的 A 股上市企业有 7 家，分别是袁隆平农业高科技股份有限公司（简称隆平高科）、安徽荃银高科种业股份有限公司（简称荃银高科）、江苏省农垦农业发展股份有限公司（简称苏垦农发）、中农发种业集团股份有限公司（简称农发种业）、合肥丰乐种业股份有限公司（简称丰乐种业）、北京大北农科技集团股份有限公司（简称大北农）和海南神农基因科技股份有限公司（简称神农科技），其中以水稻种子为主营业务的主要有隆平高科、荃银高科、神农科技三家上市企业。在全国中小企业股份转让系统（简称新三板）挂牌的种业企业有 30 家，经营水稻业务的新三板公司主要有：北大荒垦丰种业股份有限公司（简称垦丰种业）、四川西科种业股

① 注：表中标有“*”企业为新三板上市企业，下表同。

份有限公司（简称西科种业）、新疆金丰源种业股份有限公司（简称金丰源）、重庆帮豪种业股份有限公司（简称帮豪种业）、湖北中香农业科技股份有限公司（简称中香农科）、江苏中江种业股份有限公司（简称中江种业）、湖南桃花源农业科技股份有限公司（简称桃花源）、江苏红旗种业股份有限公司（简称红旗种业）、上海天谷生物科技股份有限公司（简称天谷生科）、江苏红一种业科技股份有限公司（简称红一种业）等。

根据各公司发布的2020年年度报告，营业总收入前3位的依次为大北农、农发种业和隆平高科。其中，大北农2020年营业总收入达228.13亿元，但种子业务收入占比仅为1.79%；农发种业2020年营业总收入36.63亿元，种子业务收入占比为16.84%；隆平高科2020年营业总收入达32.91亿元，种子业务收入占比为88.15%。

从水稻种子业务来看，2020年水稻种子收入位居前5位的企业依次为隆平高科、荃银高科、垦丰种业、大北农（金色农华）和农发种业，隆平高科水稻种子业务收入达13.90亿元，占种子业务总收入比例47.91%，比2019年增长10.7%。毛利率方面，2020年种子业务毛利率最高的为荃银高科，种子业务毛利率达40.21%（表9-4），其中水稻种子毛利率为44.52%；第二为天谷生物，种子业务毛利率为39.93%；第三为垦丰种业，种子业务毛利率为38.90%，其中水稻种子毛利率为24.03%。

表9-4　2018—2020年部分上市公司水稻种子经营情况　　单位：亿元、%

公司名称	2018年种子业务			2019年种子业务			2020年种子业务		
	收入	毛利率	水稻业务占比	收入	毛利率	水稻业务占比	收入	毛利率	水稻业务占比
隆平高科	32.51	45.19	65.36	25.73	37.85	48.81	29.01	35.09	47.91
荃银高科	7.82	45.01	79.28	9.22	43.82	74.51	11.19	40.21	77.57
丰乐种业	2.8	34.5	—	4.1	42.1	—	3.83	36.86	—
神农科技	1.24	1.5	95.16	0.92	-36.16	97.61	1.19	33.01	68.81
垦丰种业*	15.1	40.62	34.2	12.79	45.11	43.32	13.84	38.90	47.21
红旗种业*	2.45	15.19	74.69	2.15	15.30	74.42	2.48	12.41	79.93
桃花源*	0.57	48.09	100	0.25	4.29	100	0.49	28.00	100
天谷生物*	0.63	45.89	99.54	0.76	40.78	100	0.64	39.93	100

数据来源：上市公司年度报告。

三、国内水稻种子企业经营动态

面对日趋激烈的行业竞争，水稻种业企业不断提升自身竞争力，深入挖掘产业链和海内外市场价值，向以育繁推一体化、全产业链和跨界融合为代表的集团化，以联结小农户、大市场和科研院所的平台化，以开放、交流、探索创新的国际化的方向不断发展。

（一）疫情催生种业新业态

疫情期间农资下乡最主要的问题是交通不畅、企业复工难和基层农资店营业率不高。面对疫情冲击，先正达集团中国、隆平高科、荃银高科等众多水稻种子企业纷纷创新模式，通过线上观摩、线上会议等形式，来推广新品种，提升品牌。农业农村部办公厅印发《2020 年推进现代种业发展工作要点》也提出，要求引导企业创新供种营销模式，发挥种业电子商务平台作用，鼓励线上展示、网上购种和定点配送。利用手机、电视、广播等多种手段，强化信息服务，指导农户科学选种。

疫情期间，中国种子协会、中国种子贸易协会等行业机构也纷纷组织线上论坛，进行品种保护、种质资源等相关议题研讨。包括国家重点研发计划“七大农作物育种”重点专项水稻育种项目水稻新品种的“云展示”和“云直播”也在田间地头开启。疫情影响下，催生了线上办公形式的兴起，直播带货、线上逛展等营销方式层出不穷。“田间展示做得好、品种种植表现好、会议形式创新好”成为疫情期间各种业机构的工作重心和目标。线下与线上相结合的方式对于后疫情时代水稻种业的发展也提供了有益借鉴。

（二）行业整合持续推进

随着市场竞争不断加剧，种业企业业绩逐年承压，国际国内种业市场进入资源整合的“强强联合”时代。2020 年初，中国中化集团与中国化工集团宣告双方的农业业务合并，成立新的先正达集团。6 月 18 日，新的先正达集团正式运营，整合了瑞士先正达股份、安道麦、中化农业等“两化”旗下核心的农化资产，一举成为全球最大的农化公司。2020 年，先正达集团的植物保护业务全球排名领跑、种子业务全球排名第三，是全球植保行业的领导者和种子行业的创新者。在水稻种子领域，先正达集团汇聚了中种集团和荃银高科两家优势企业，水稻业务规模位居全国第二。除了先正达集团成立外，随着国家对粮食安全和种业安全的重视程度提升，广东、四川、湖北等省份也纷纷开始筹划成立省级种业集团，以期进一步提升区域种业集中度和竞争实力。同时，水稻种业企业科研投入加大，企业竞争力不断提升。随着企业兼并重组加快，目前我国已经拥有一批销售额超过 10 亿元、20 亿元、30 亿元的骨干种业企业，其中涉及水稻种子业务的先正达集团、隆平高科均进入全球前 10 强行列。企业研发投入持续增加，创新能力明显增强。

（三）种业企业关注产业链价值

在努力提升种业自身竞争力的同时，水稻种业企业深入挖掘产业链价值，关注产业链聚合效应。种业企业在打通种业产业链条过程中，关注培育上游种植技术集成能力，提升种业实际应用价值，同时，积极布局产业链下游市场，把握并引导市场需求，增强品质溢价能力。

2020年水稻种业市场上，以荃银高科为代表的水稻种业企业大力发展订单农业业务，着力打造产业链闭环。一方面，荃银高科通过“品种+品牌+资本”，与产业链粮食加工企业、养殖企业等相关品牌公司合作，发展优质水稻等订单农业业务，促进种子销售。2020年公司在安徽、四川、湖北等地建设品牌粮生产基地，拉动公司优质品种销售，已与益海嘉里、广粮集团等20多家大型粮食加工企业建立了合作关系。另一方面，借助中化MAP模式，实现农业产业链价值提升和种植者效益提高。2020年，荃银高科在安徽、四川等省强化与中化MAP的协同与模式创新，链接种植环节，加强对种植环节的管控，加强公司订单农业竞争力。

（四）持续推进种业对外开放

国家发展改革委、商务部于2020年6月23日发布第32号令和第33号令，分别发布了《外商投资准入特别管理措施（负面清单）（2020年版）》和《自由贸易试验区外商投资准入特别管理措施（负面清单）（2020年版）》，自2020年7月23日起施行。新版外商投资准入负面清单总的方向是实施更大范围、更宽领域、更深层次的全面开放，以高水平开放推动经济高质量发展，显示出国家进一步扩大开放、优化营商环境的决心。但也需要注意，我国种业还存在基础性研究薄弱、商业化育种体系尚未形成、知识产权保护水平亟待提高等问题，在推进全面开放的道路上需要因势而谋、应势而动、顺势而为。

第十章　中国稻米质量发展动态

2014 年以来，我国稻米品质从发展期进入了基本能够满足消费需求的波动期。根据农业农村部稻米及制品质量监督检验测试中心分析统计，2014 年以来我国稻米品质达标率在一定范围内小幅波动，2020 年检测样品达标率为 49.05%，比 2019 年略降 2.77 个百分点。其中，籼稻和粳稻样品达标率分别下降了 3.03 和 1.27 个百分点；垩白度和透明度的达标率分别比 2019 年上升了 7.01 和 0.47 个百分点，整精米率和直链淀粉分别比 2019 年下降了 10.54 和 0.43 个百分点。2020 年全国早稻生长后期气象条件总体偏差，南方地区暴雨洪涝灾害严重，导致早稻单产和品质下降；主产区一季稻和双季晚稻生长期间光温水匹配较好，气象条件总体有利于水稻生长发育和品质形成。

第一节　国内稻米质量情况

2020 年度农业农村部稻米及制品质量监督检验测试中心共检测水稻品种样品 8 428 份，来自全国 25 个省（直辖市、自治区），依据中华人民共和国农业行业标准 NY/T 593—2013《食用稻品种品质》进行了全项检验，总体达标率为 49.05%，其中粳稻达标率为 44.17%、籼稻为 50.50%。

一、总体情况

2020 年度的优质食用稻达标率总体比 2019 年下降了 2.77 个百分点。其中，籼稻和粳稻达标率分别下降了 3.03 和 1.27 个百分点；从不同来源样品看，应用类、区试类和选育类稻米品质达标率分别比 2019 年下降了 4.81、2.24 和 3.80 个百分点；从不同稻区看，华南稻区、华中稻区和西南稻区的优质食用稻达标率分别比 2019 年下降了 3.83、4.70 和 0.42 个百分点，北方稻区上升了 3.47 个百分点。

2020 年检测的 8 428 份样品中有 4 134 份样品符合优质食用稻品种品质要求（3 级以上），占 49.05%（表 10-1）。其中籼黏优质食用稻品种品质的达标率为 50.50%，达 2 级标准以上的样品为 29.39%；粳黏的达标率为 44.17%，达 2 级标准以上样品为 12.83%。

在 2020 年检测到的种植面积在 100 万亩以上的杂交水稻品种中，有宜香优 2115、深两优 5814、泰优 398、甬优 1540 和桃优香占等 5 个品种可以达到优质食用稻 2 级以上水平。在历年检测到的种植面积在 100 万亩以上的杂交水稻品种中，有宜香优 2115、深两优 5814、泰优 398、丰两优香 1 号、甬优 1540、桃优香占、晶两优华占、晶两优

534、隆两优华占、C两优华占、两优688、天优华占、五优308、Y两优1号和两优996等15个品种可以达到优质食用稻2级以上水平，占品种数的41.9%，占种植面积的52.3%（以2019年种植面积为标准）。

表 10-1　优质食用稻品种品质检测评判分级情况

稻类	测评数（份）	1～2级		3级		合计	
		样品数（份）	百分率（%）	样品数（份）	百分率（%）	样品数（份）	百分率（%）
籼糯	32	5	15.63	4	12.50	9	28.13
籼黏	6 622	1 946	29.39	1 398	21.11	3 344	50.50
粳糯	51	5	9.80	15	29.41	20	39.22
粳黏	1 723	221	12.83	540	31.34	761	44.17
总计	8 428	2 177	25.83	1 957	23.22	4 134	49.05

二、不同稻区样品优质食用稻品种品质达标情况

根据《中国稻米品质区划及优质栽培》，全国31个省（直辖市、自治区）共划分为4个稻米品质产区。据此将检测样品归为华南（粤、琼、桂、闽、台）、华中（苏、浙、沪、皖、赣、鄂、湘）、西南（滇、黔、川、渝、青、藏）和北方（京、津、冀、鲁、豫、晋、陕、宁、甘、辽、吉、黑、蒙、新）4个稻区。

2020年优质食用稻品种品质达标率最高的为北方稻区，最低的为华中稻区，其达标率分别是56.84%和45.88%；西南稻区与华南稻区的达标率分别为50.87%和50.00%（表10-2）。

表 10-2　各稻区优质食用稻品种品质检测评判达标情况

稻区	稻类	测评数（份）	1～2级		3级		合计	
			样品数（份）	百分率（%）	样品数（份）	百分率（%）	样品数（份）	百分率（%）
华南	籼稻	2 307	682	29.56	473	20.50	1 155	50.07
	粳稻	3	0	0.00	0	0.00	0	0.00
	总计	2 310	682	29.52	473	20.48	1 155	50.00
华中	籼稻	2 250	621	27.60	499	22.18	1 120	49.78
	粳稻	1 331	110	8.26	413	31.03	523	39.29
	总计	3 581	731	20.41	912	25.47	1 643	45.88
西南	籼稻	1 727	527	30.52	359	20.79	886	51.30
	粳稻	50	4	8.00	14	28.00	18	36.00
	总计	1 777	531	29.88	373	20.99	904	50.87

（续表）

稻区	稻类	测评数（份）	1～2级		3级		合计	
			样品数（份）	百分率（%）	样品数（份）	百分率（%）	样品数（份）	百分率（%）
北方	籼稻	370	121	32.70	71	19.19	192	51.89
	粳稻	390	112	28.72	128	32.82	240	61.54
	总计	760	233	30.66	199	26.18	432	56.84

籼稻优质稻达标率最高的是北方稻区，其达标率为51.89%；西南和华南稻区次之，分别为51.30%和50.07%；华中稻区最低，达标率为49.78%。除测评样仅有3份的华南稻区外，粳稻优质稻达标率最高的是北方稻区，达到61.54%；华中稻区次之，达标率为39.29%；西南稻区达标率最低，仅为36.00%。籼稻达标样品数最多的是华南和华中稻区，分别有1 155份和1 120份；其次是西南稻区，有886份；最少的是北方稻区，仅有192份。粳稻达标样品最多的稻区是华中稻区，有523份，远高于其他稻区。其中，北方稻区粳稻达标样品数有240份，西南稻区仅有18份。

三、不同来源样品优质食用稻品质达标情况

检测样品按来源将其分为3类：一是应用类，由生产基地、企业送样；二是区试类，由各级水稻品种区试机构送样；三是选育类，即育种家选送的高世代品系。这3种来源也代表了水稻品种推广应用的3个阶段。

总体达标率依次为：区试类＞选育类＞应用类，达标率分别为50.86%、46.33%和40.76%（表10-3）。籼稻的达标率依次为：选育类＞区试类＞应用类，分别为51.99%、50.78%和43.58%。粳稻的达标率依次为：区试类＞选育类＞应用类，分别为51.31%、37.99%和32.20%。

表10-3　各类样品优质食用稻品种品质检测评判分级情况

类型	稻类	测评数（份）	1～2级		3级		合计	
			样品数（份）	百分率（%）	样品数（份）	百分率（%）	样品数（份）	百分率（%）
应用类	籼稻	537	135	25.14	99	18.44	234	43.58
	粳稻	177	24	13.56	33	18.64	57	32.20
	合计	714	159	22.27	132	18.49	291	40.76
区试类	籼稻	5 061	1 550	30.63	1 020	20.15	2 570	50.78
	粳稻	881	142	16.12	310	35.19	452	51.31
	合计	5 942	1 692	28.48	1 330	22.38	3 022	50.86

（续表）

类型	稻类	测评数（份）	1～2级		3级		合计	
			样品数（份）	百分率（%）	样品数（份）	百分率（%）	样品数（份）	百分率（%）
选育类	籼稻	1 056	266	25.19	283	26.80	549	51.99
	粳稻	716	60	8.38	212	29.61	272	37.99
	合计	1 772	326	18.40	495	27.93	821	46.33

——华南稻区。有2 310份样品来源于该稻区，其中籼稻2 307份、粳稻仅有3份，说明华南稻区适合种植籼稻品种，不适合种植粳稻品种。不同类型籼稻样品的达标率为：区试类＞选育类＞应用类（表10-4）。华南稻区3份粳稻样品均来源于选育类，均未达标。

——华中稻区。有3 581份样品来源于该稻区，其中籼稻2 250份、粳稻1 331份。不同来源籼稻样品的达标率为：选育类＞区试类＞应用类；粳稻样品为：区试类＞选育类＞应用类。

——西南稻区。有1 777份样品来源于该稻区，其中籼稻1 727份、粳稻50份。不同来源籼稻样品的达标率为：选育类＞区试类＞应用类。粳稻样品中，有24份来源于区试类，其达标率为54.17%；26份均来源于选育类，其达标率为19.23%。

——北方稻区。有760份样品来源于该稻区，其中籼稻370份、粳稻390份。籼稻样品中，有3份样品来源于应用类，达标率为66.67%；有365份样品来源于区试类，达标率为97.81%；有2份样品来源于选育类，均未达标。粳稻样品的达标率为：选育类＞应用类＞区试类。

表10-4　不同稻区各类型样品优质食用稻品种品质达标情况

类型	稻类	华南稻区		华中稻区		西南稻区		北方稻区	
		参评数（份）	达标率（%）	参评数（份）	达标率（%）	参评数（份）	达标率（%）	参评数（份）	达标率（%）
应用类	籼稻	133	36.84	145	41.38	256	48.05	3	66.67
	粳稻	0	-	126	19.05	0	-	51	64.71
区试类	籼稻	1 845	51.65	1 584	49.24	1 267	51.07	365	97.81
	粳稻	0	0.00	633	50.08	24	54.17	224	54.46
选育类	籼稻	329	46.50	521	53.74	204	56.86	2	0.00
	粳稻	3	0.00	572	31.82	26	19.23	115	73.91

糙米率、整精米率、垩白度、透明度、碱消值、胶稠度和直链淀粉等7项指标是《食用稻品种品质》标准的定级指标。在这些品质性状上，糙米率、垩白度、透明度、碱消值和胶稠度达标率总体较好，平均在80%以上（表10-5）。不同来源稻米主要呈现以下特点。

——应用类。与其他类型样品相比，籼黏的垩白度、胶稠度和直链淀粉达标率均最高，分别比区试类的高3.35、0.85和5.71个百分点，分别比选育类的高2.44、0.53和1.52个百分点。透明度的达标率次于选育类，居第二位，比区试类高0.09个百分点。糙米率、整精米率和碱消值的达标率最低，比区试类分别低3.29、11.89和4.02个百分点，比选育类分别低1.14、13.35和1.59个百分点。

与其他类型样品相比，粳黏胶稠度的达标率最高，比区试类和选育类分别高出4.45和2.39个百分点。糙米率和整精米率的达标率仅次于区试类，居第二位，并分别比选育类高1.68和4.48个百分点。粳黏垩白度、透明度、碱消值和直链淀粉的达标率最低，比区试类分别低2.35、9.69、1.21和29.24个百分点，比选育类分别低4.85、5.31、0.03和13.92个百分点。

——区试类。与其他类型样品相比，籼黏糙米率和碱消值的达标率最高，比应用类分别高出3.29和4.02个百分点，比选育类分别高出2.15和2.43个百分点。整精米率的达标率仅次于选育类，比应用类高11.89个百分点。籼黏垩白度、透明度、胶稠度和直链淀粉的达标率最低，分别比应用类低3.35、0.09、0.85和5.71个百分点，分别比选育类低0.91、1.72、0.31和4.19个百分点。

与其他类型样品相比，粳黏糙米率、整精米率、透明度、碱消值和直链淀粉的达标率最高，分别比应用类高0.04、2.45、9.69、1.21和29.24个百分点，分别比选育类高1.73、6.93、4.38、1.17和15.33个百分点。粳黏垩白度达标率仅次于选育类，居第二位，并比区试类高2.35个百分点。粳黏胶稠度的达标率最低，分别比应用类和选育类低4.45和2.05个百分点。

——选育类。与其他类型样品相比，该类样品籼黏整精米率和透明度的达标率最高，比应用类分别高出13.35和1.63个百分点，比区试类分别高出1.46和1.72个百分点。糙米率、垩白度、碱消值、胶稠度和直链淀粉的达标率均居第二位。其中，糙米率和碱消值的达标率次于区试类，分别比应用类高1.14和1.59个百分点；垩白度、胶稠度和直链淀粉次于应用类，比区试类高0.91、0.31和4.19个百分点。

与其他类型样品相比，粳黏垩白度的达标率最高，分别比应用类和区试类高4.85和2.50个百分点。透明度、碱消值、胶稠度和直链淀粉的达标率均居第二位。其中，透明度、碱消值和直链淀粉的达标率次于区试类，分别比应用类高5.31、0.03和13.92个百分点；胶稠度的达标率次于应用类，比区试类高2.05个百分点。粳黏糙米率和整精米率的达标率最低，分别比应用类低1.68和4.48个百分点，分别比区试类低1.73和6.93个百分点。

表10-5　不同类型样品主要品质性状指标达标情况

分类	稻类	测评数（份）	达标率（%）						
			糙米率	整精米率	垩白度	透明度	碱消值	胶稠度	直链淀粉
应用类	籼黏	535	96.07	56.07	98.69	96.45	85.05	98.13	90.65
	粳黏	141	98.58	68.79	90.78	82.98	94.33	99.29	58.16

（续表）

分类	稻类	测评数（份）	达标率（%）						
			糙米率	整精米率	垩白度	透明度	碱消值	胶稠度	直链淀粉
区试类	籼黏	5 047	99.37	67.96	95.34	96.35	89.06	97.29	84.94
	粳黏	873	98.63	71.25	93.13	92.67	95.53	94.85	87.40
选育类	籼黏	1 040	97.21	69.42	96.25	98.08	86.63	97.60	89.13
	粳黏	709	96.90	64.32	95.63	88.29	94.36	96.90	72.07

四、各项理化品质指标变化及影响稻米品质因素的分析

在现行标准中采用的各项品质指标中，糙米率、整精米率、碱消值、胶稠度的数值越高稻米的品质越好；垩白率、垩白度与透明度的数值越低稻米的品质越好；直链淀粉的数值适中品质好；蛋白质的数值越高其营养品质越好，但有研究报道蛋白质含量高会影响大米口感。

籼黏和粳黏样品的主要检测项目统计结果见表 10-6，从中可以看出：糙米率、整精米率、透明度和碱消值等品质指标为粳黏优于籼黏，垩白度和直链淀粉等品质指标为籼黏优于粳黏；垩白粒率和胶稠度粳黏与籼黏极为相近。

不同水稻品种间品质指标的变异以垩白度和垩白粒率较大，透明度次之，整精米率、直链淀粉、碱消值、胶稠度和蛋白质较小，糙米率最小。籼黏和粳黏相比，其整精米率、垩白粒率、垩白度和碱消值等指标的差异性较大。

整精米率、垩白粒率、垩白度和碱消值 4 项指标中，粳黏的变异明显小于籼黏。其中，粳黏整精米率的变异系数比籼黏的低 6 个百分点左右；其垩白粒率的变异系数比籼黏的低 20 个百分点左右；其碱消值的变异系数比籼黏的低近 10 个百分点。粳黏胶稠度和蛋白质的变异系数比籼黏低 2 个百分点左右，而其透明度的变异系数比籼黏高 3 个百分点。粳黏和籼黏糙米率和直链淀粉的变异系数相近。

表 10-6　籼黏与粳黏主要检测指标统计结果

稻类	项目	糙米率（%）	整精米率（%）	垩白粒率（%）	垩白度（级）	透明度（级）	碱消值（级）	胶稠度（mm）	直链淀粉（%）	蛋白质（%）
籼黏（$N=6\ 622$）	变幅	67.6～88.0	2.4～75.4	0～97	0.0～40.3	1～5	3.0～7.0	30～90	7.9～31.7	5.21～13.88
	平均值	80.7	54.2	10	1.6	1	6.2	74	17.4	8.17
	CV（%）	1.7	20.1	109	118.7	41	15.7	12	18.7	15.7

（续表）

稻类	项目	糙米率（%）	整精米率（%）	垩白粒率（%）	垩白度（级）	透明度（级）	碱消值（级）	胶稠度（mm）	直链淀粉（%）	蛋白质（%）
粳黏（N=1 723）	变幅	72.8～89.0	14.9～77.1	0～80	0.0～13.1	1～5	3.0～7.0	46～89	8.3～23.6	5.71～12.2
	平均值	82.9	64.2	12	1.8	2	6.8	74	15.8	8.03
	CV（%）	2.1	14.2	92	97.8	44	6.2	10	19.9	13.4

不同类型样品各检测指标的统计结果如表10-7所示。从平均值来看，不同来源样品的糙米率差异不大；籼黏整精米率评价从高到低的顺序为：区试类＞选育类＞应用类，不同来源粳黏的整精米率评价从高到低的顺序为：应用类、区试类＞选育类；籼黏垩白度的评价从高到低的顺序为：应用类、选育类＞区试类，粳黏的垩白度分别为：选育类＞区试类、应用类；籼黏应用类和选育类的透明度（1级）优于粳黏三种类型（2级）的样品，而粳黏的碱消值（6.8级）优于籼黏（6.1～6.2级），其不同类型间差异均不大；粳黏胶稠度（73～76mm）略优于籼黏（72～75mm），在不同类型样品中表现出相似趋势，即选育类＞区试类＞应用类；粳黏直链淀粉（14.1%～16.5%）低于籼黏（16.8%～17.5%），其中籼黏的区试类较高，粳黏的应用类较低；除了籼黏和粳黏的区试类样品的平均蛋白质含量较低（分别为9.82%和9.30%）外，其余不同稻类及类型间差距不大（7.51%～8.04%）。

表10-7　不同类型样品理化检测指标统计结果

稻类	样品类型	项目	糙米率（%）	整精米率（%）	垩白粒率（%）	垩白度（级）	透明度（级）	碱消值（级）	胶稠度（mm）	直链淀粉（%）	蛋白质（%）
籼黏	应用类（N=535）	变幅	74.6～84.9	3.3～72.5	0～97	0.0～40.3	1～5	3.0～7.0	32～90	7.9～27.9	5.62～13.88
		平均值	80.1	50.5	8	1.3	1	6.1	75	16.8	7.91
		CV（%）	2.0	27.7	108	161.6	44	16.3	10	16.9	13.8
	区试类（N=5047）	变幅	67.6～88.0	2.4～75.4	0～91	0.0～21.8	1～5	3.0～7.0	32～89	10.1～31.7	6.97～11.9
		平均值	80.8	54.7	10	1.7	2	6.2	74	17.5	9.82
		CV（%）	1.5	18.6	105	111.6	42	15.3	12	19.1	13.0
	选育类（N=1040）	变幅	72.4～84.8	7.6～73.1	0～93	0.0～28.4	1～5	3.0～7.0	30～88	8.4～28.7	5.21～12.6
		平均值	80.5	54.1	9	1.3	1	6.2	72	16.9	8.04
		CV（%）	2.0	22.3	126	137.8	38	17.2	13	17.1	14.7

（续表）

稻类	样品类型	项目	糙米率（%）	整精米率（%）	垩白粒率（%）	垩白度（级）	透明度（级）	碱消值（级）	胶稠度（mm）	直链淀粉（%）	蛋白质（%）
粳黏	应用类（*N*=141）	变幅	76.5～86.5	15.8～76.1	0～78	0.0～9.3	1～4	5.0～7.0	55～89	8.9～20.1	5.71～10.2
		平均值	82.7	65.2	14	1.9	2	6.8	76	14.1	7.51
		CV（%）	1.9	12.9	119	95.2	45	6.6	8	25.7	11.5
	区试类（*N*=873）	变幅	76.0～88.0	23.3～77.1	0～69	0.0～13.1	1～5	3.5～7.0	46～88	8.3～22.8	6.86～12.2
		平均值	83.0	65.1	12	1.9	2	6.8	74	16.5	9.30
		CV（%）	1.9	12.6	80	93.2	42	6.2	10	15.7	10.3
	选育类（*N*=709）	变幅	72.8～89.0	14.9～76.7	0～80	0.0～12.1	1～5	3.0～7.0	50～88	8.8～23.6	5.74～10.9
		平均值	82.8	62.9	12	1.6	2	6.8	73	15.3	7.96
		CV（%）	2.2	16.0	99	103.8	46	6.2	10	22.4	12.5

不同样品类型间，品质指标的变异以垩白度和垩白粒率最大，透明度次之，整精米率、直链淀粉、碱消值、蛋白质和胶稠度较小，糙米率最小。籼黏和粳黏不同样品类型相比，籼黏应用类的垩白度变异系数最大，而粳黏区试类的最小；粳黏透明度的变异系数均比籼黏的大，并以粳黏选育类最大，而籼黏选育类最小；籼黏整精米率的变异系数（18.6%～27.7%）比粳黏（12.6%～16.0%）的大，并以应用类籼黏最大，而区试类粳黏的最小；籼黏碱消值的变异系数（15.3%～17.2%）均比粳黏的（6.2%～6.6%）大，其中籼黏不同类型样品的变异系数相差较大，而粳黏不同类型样品的变异系数相当；粳黏选育类的糙米率变异系数最大，籼黏区试类糙米率的变异系数最小；粳黏胶稠度的变异系数均比籼黏的小，并以应用类粳黏最小，而选育类籼黏的最大。

不同稻区各项检测的统计结果见表 10-8 与表 10-9。不同稻区间糙米率、碱消值和透明度等指标的平均值基本一致（不足 10 份样品的稻区个别值例外）。此外，还可看出以下几点：

（1）整精米率。由表 10-8 可知，各稻区平均整精米率均已符合优质籼稻品种的要求。其中西南稻区的籼黏整精米率（53.4%）最小，华南（54.0%）和华中稻区（54.7%）次之，北方稻区（56.6%）最高。由表 10-9 可知，除去华南稻区，西南稻区的平均整精米率（57.9%）未达到优质粳稻品种的要求，华中（63.9%）和北方稻区（66.0%）均到达优质三等粳稻品种要求。

（2）垩白粒率与垩白度。华南稻区的籼黏较好，北方稻区的粳黏较好。

（3）直链淀粉。各稻区直链淀粉的均值都已达标。其中，西南稻区的籼黏和华南稻区的粳黏，其直链淀粉指标略好于同稻类的其他稻区。

（4）在相同稻类中，糙米率、透明度和碱消值在各稻区间的差异不大。对于胶稠度来说，北方稻区和其他稻区的差异大一些。对于蛋白质含量来说，西南稻区的籼黏和北方稻区的粳黏略低一些，西南稻区的粳黏略高一些，其余差异不大。

表 10-8　各稻区籼黏样品检测指标统计结果

稻区	项目	糙米率（%）	整精米率（%）	垩白粒率（%）	垩白度（级）	透明度（级）	碱消值（级）	胶稠度（mm）	直链淀粉（%）	蛋白质（%）
华南稻区（*N*=2 288）	变幅	67.6～88.0	2.4～73.5	0～83	0.0～16.3	1～4	3.0～7.0	30～89	7.9～30.2	5.56～12.6
	平均值	80.7	54.0	7	1.1	1	6.2	73	17.2	8.04
	CV（%）	1.7	18.6	139	138.9	39	17.3	11	17.6	15.5
华中稻区（*N*=2 248）	变幅	72.4～87.3	3.0～72.1	0～93	0.0～28.4	1～5	3.0～7.0	32～90	8.4～31.7	5.65～13.88
	平均值	80.8	54.7	11	1.8	2	6.1	72	17.5	8.48
	CV（%）	1.7	21.2	108	124.2	44	15.2	14	21.0	16.2
西南稻区（*N*=1 716）	变幅	73.1～84.1	3.3～75.4	0～97	0.0～40.3	1～5	3.0～7.0	38～89	9.9～29.0	5.21～11.08
	平均值	80.7	53.4	12	2.1	1	6.3	75	17.3	7.68
	CV（%）	1.5	21.2	82	91.1	37	14.0	10	16.6	12.0
北方稻区（N=370）	变幅	75.3～83.4	17.6～71.1	0～87	0.0～15.4	1～3	3.0～7.0	48～88	11.8～28.8	6.64～9.18
	平均值	80.4	56.6	12	1.8	1	6.3	77	17.9	8.34
	CV（%）	1.4	15.6	95	96.6	36	15.0	8	19.5	12.7

表 10-9　各稻区粳黏样品检测指标统计结果

稻区	项目	糙米率（%）	整精米率（%）	垩白粒率（%）	垩白度（级）	透明度（级）	碱消值（级）	胶稠度（mm）	直链淀粉（%）	蛋白质（%）
华南稻区（*N*=3）	变幅	80.0～81.6	42.4～67.7	0～19	0.0～3.8	1～2	3.0～7.0	51～84	14.1～17.6	5.74～7.36
	平均值	80.6	55.6	10	1.7	2	5.7	68	16.1	6.77
	CV（%）	1.1	22.8	98	113.6	35	40.8	24	11.1	13.2
华中稻区（*N*=1 292）	变幅	76.0～89.0	14.9～77.1	0～80	0.0～12.1	1～5	4.2～7.0	46～88	8.3～22.2	5.71～12.2
	平均值	82.9	63.9	13	1.9	2	6.8	73	15.3	8.14
	CV（%）	2.0	14.5	88	90.5	43	6.3	10	21.3	13.3
西南稻区（*N*=46）	变幅	72.8～86.1	23.3～73.5	1～62	0.0～13.1	1～4	6.2～7.0	56～82	13.7～23.6	6.81～10.5
	平均值	81.1	57.9	15	2.3	2	6.9	71	17.0	9.18
	CV（%）	4.3	20.9	106	131.3	42	2.7	10	12.1	11.7
北方稻区（*N*=382）	变幅	79.3～86.8	29.3～76.1	0～69	0.0～10.5	1～4	3.5～7.0	59～89	8.5～22.8	5.97～10.3
	平均值	83.1	66.0	9	1.3	1	6.9	77	17.4	7.43
	CV（%）	1.8	11.5	102	114.3	42	5.4	8	12.5	9.65

糙米率、整精米率、垩白度、透明度、碱消值、胶稠度和直链淀粉含量是影响稻米品质性状的主要指标。其中，整精米率是稻米碾磨品质的关键指标，直接影响出米率，

无论何种类型的优质稻，均要求稻谷有较高的整精米率。垩白度与透明度是影响稻米外观的重要指标，直链淀粉、碱消值和胶稠度是影响稻米蒸煮食用品质的关键指标。

由表 10-10 可以看出，总体上各指标达标率高低次序是糙米率＞胶稠度＞垩白度≈透明度＞碱消值＞直链淀粉＞整精米率。糙米率的总体达标率为 98.59%，其中籼黏 98.76%、粳黏 97.91%；整精米的总体达标率为 67.43%，其中籼黏 67.23%、粳黏 68.20%；垩白度总体达标率为 95.39%，其中籼黏 95.76%、粳黏 93.96%；透明度总体达标率为 95.28%，其中籼黏 96.63%、粳黏 90.08%；碱消值总体达标率为 89.72%，其中籼黏 88.36%、粳黏 94.95%；胶稠度总体达标率为 97.12%，其中籼黏 97.40%、粳黏 96.05%；直链淀粉总体达标率为 84.54%，其中籼黏 86.06%、粳黏为 78.70%。

表 10-10　主要品质性状指标达标情况

检测项目	籼黏（N=6 622）		粳黏（N=1 723）		合计达标（N=8 345）	
	样品数	达标率（%）	样品数	达标率（%）	样品数	达标率（%）
糙米率	6 540	98.76	1 687	97.91	8 227	98.59
整精米率	4 452	67.23	1 175	68.20	5 627	67.43
垩白度	6 341	95.76	1 619	93.96	7 960	95.39
透明度	6 399	96.63	1 552	90.08	7 951	95.28
碱消值	5 851	88.36	1 636	94.95	7 487	89.72
胶稠度	6 450	97.40	1 655	96.05	8 105	97.12
直链淀粉	5 699	86.06	1 356	78.70	7 055	84.54

第二节　我国稻米品质发展趋势

农业农村部稻米及制品质量监督检验测试中心按照 NY/T 593—2013《食用稻品种品质》对 2016—2020 年稻米品质检测结果进行综合分析。结果表明，2016—2020 年我国稻米品质总体呈现逐步回升趋势。2016—2019 年，籼黏达标率逐年提升，同比提升幅度依次为 5.32、8.30 和 10.12 个百分点；与 2019 年相比，2020 年的达标率略降 3.03 个百分点。2016 年以来，粳黏优质米达标率相对平稳，2018 年达到 47.33%，为近五年最高，2020 年降至 44.17%（图 10-1）。

与近 5 年相比，2020 年区试类和选育类样品的优质食用稻米达标率分别为 50.86% 和 46.33%，均居近 5 年以来的第二位（图 10-2）。其中，2016—2019 年区试类的优质米达标率逐年提升，同比增幅分别为 5.29、7.56 和 7.40 个百分点，2020 年比 2019 年下跌了 2.24 个百分点。2020 年，选育类的优质米达标率分别比 2016—2018 年高出 12.25、16.47 和 9.50 个百分点，比 2019 年低 3.80 个百分点。2020 年应用类的优质米达标率为 40.76%，为近 5 年的第四位，比 2016 年高 4.30 个百分点，但分别比 2017

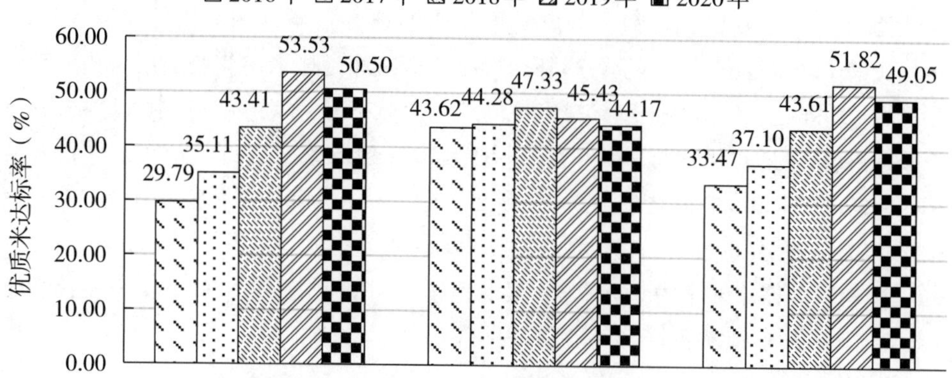

图 10-1　各稻类优质食用稻米样品达标率变动情况

年、2018 年和 2019 年低 5.33、7.47 和 4.81 个百分点。

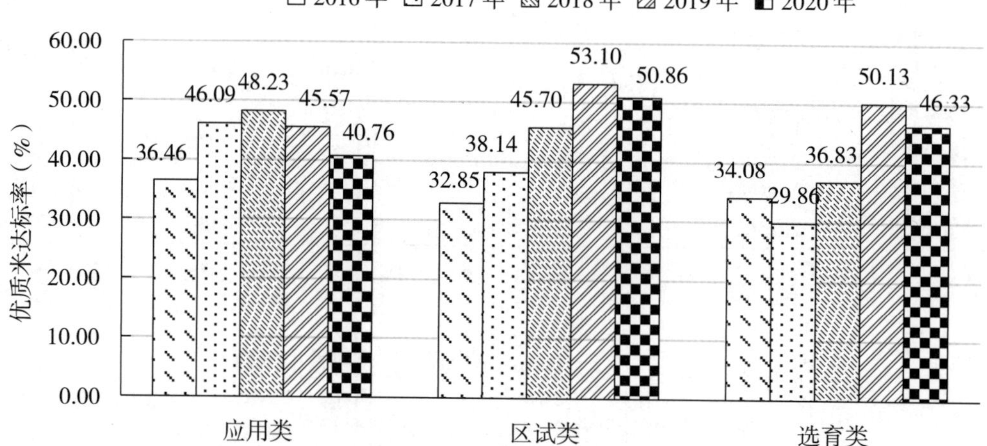

图 10-2　不同来源样品优质食用稻米样品达标率变动情况

通过对近 5 年不同稻区优质米达标率的比较发现，北方稻区优质米达标率有一定幅度提升，而其他稻区的优质米达标率与 2019 年相比均有小幅回落，但都居近 5 年的第二位（图 10-3）。2020 年北方稻区（56.84%）的优质米达标率居近 5 年以来的最高水平，比 2016—2019 年分别高出 20.53、12.44、3.02 和 3.47 个百分点。2020 年，华南稻区（50.00%）的优质米达标率仅低于 2019 年（53.83%），但分别比 2016 年、2017 年和 2018 年高出 29.19、12.62 和 0.35 个百分点。2020 年，华中稻区（45.88%）的优质米达标率比 2019 年低 4.70 个百分点，但比 2016 年、2017 年和 2018 年分别高出 7.95、9.29 和 8.21 个百分点。2020 年，西南稻区样品的优质食用稻达标率为 50.87%，仅略低于于 2019 年的 51.29%，但分别比 2016 年、2017 年和 2018 年高出 27.05、15.89 和 3.86 个百分点。

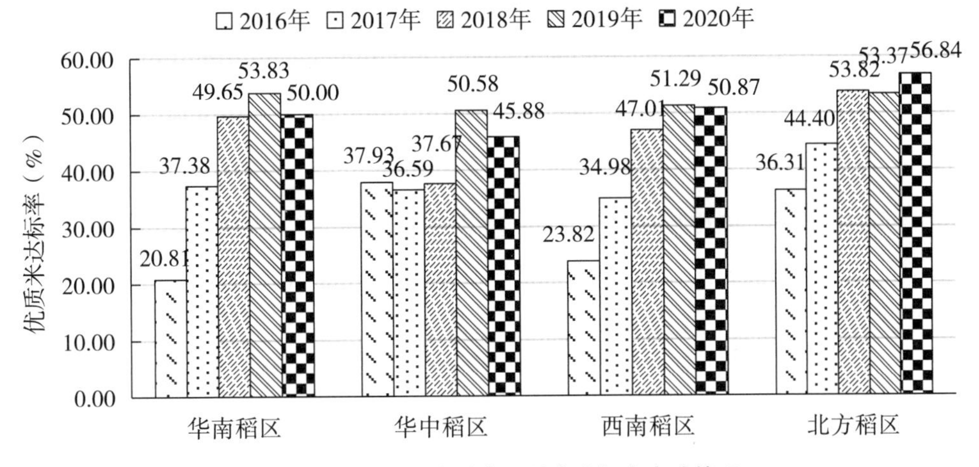

图 10-3　各稻区优质食用稻米达标率变动情况

整精米率、垩白度、透明度与直链淀粉含量是决定稻米品质的关键指标。在这 4 项品质指标中，透明度的达标率持续处于较高水平，2020 年达标率在 95%左右（图 10-4）；整精米率的达标率年度间有所波动，2019 年达到最高的 77.97%，2020 年比 2019 年下降了 10.54 个百分点；直链淀粉含量的达标率从 2016 年后开始高位回升，2020 年达到 84.54%；垩白度达标率不断得到改善，整体呈提高趋势，2020 年达到最高的 95.39%。

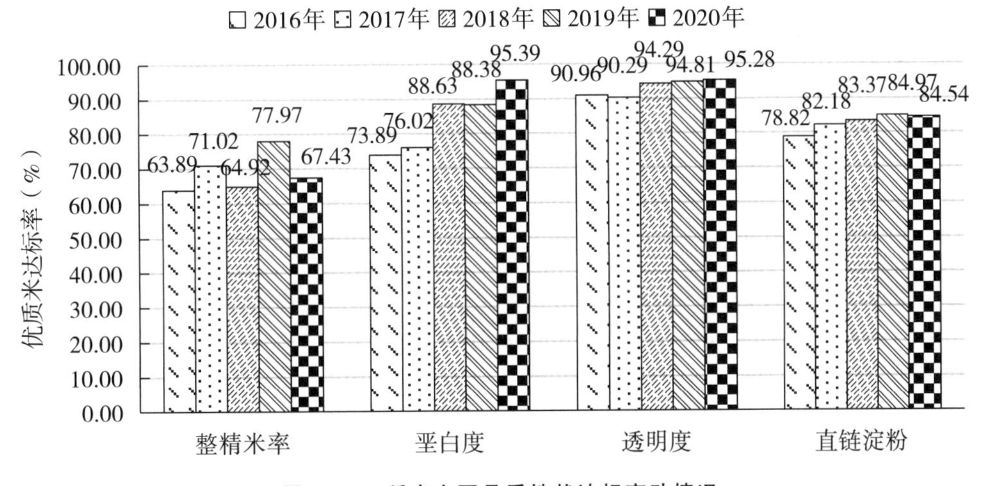

图 10-4　稻米主要品质性状达标变动情况

第十一章　中国稻米市场与贸易动态

2020年，国内稻米市场价格稳中偏强运行，优质优价、“籼强粳弱”特征明显，稻谷收购仍以市场化收购为主。2019年国内大米贸易实现2011年以来首次顺差，2020年大米贸易再次转为逆差，其中大米进口294.3万t，比2019年增加39.8万t，增幅15.6%；出口230.5万t，比2019年减少44.3万t，减幅16.1%，全年大米净进口量63.9万t。2020年国际大米市场供需总体宽松，但受疫情等因素影响，市场价格震荡上涨，贸易量继续稳定增加，库存消费比略有下降。

第一节　国内稻米市场与贸易概况

一、2020年我国稻米市场情况

2020年，国内稻谷产量稳中有增，供需维持宽松格局。2020年国家继续在主产区实施稻谷最低收购价格政策，早籼稻和中晚籼稻每50kg收购价格分别为121元和127元，均比2019年提高1元，粳稻每50kg收购价格130元，保持2019年水平不变。受年初新冠肺炎疫情暴发流行，稻谷最低收购价提高，部分主产区水稻生长期遭遇洪涝、寒露风灾害等多种因素叠加影响，2020年国内稻谷和大米价格整体稳中偏强运行，市场走势明显强于2019年。

（一）2020年国内稻谷市场收购价格走势

2020年，受年初疫情暴发流行，稻谷最低收购价提高，受南方主产区早稻生育后期遭遇暴雨洪涝灾害、双季晚稻生育后期遭遇寒露风危害等多种因素影响，国内稻谷和大米价格上涨预期较好，市场价格整体稳中偏强，走势明显强于2019年。据国家发展改革委价格监测，2020年全国早籼稻、晚籼稻和粳稻平均收购价格分别为每吨2 437.7元、2 589.2元和2 728.9元，分别比2019年上涨50.6元、52.0元和27.1元，涨幅分别为2.1%、2.1%和1.0%；2020年12月，早籼稻、晚籼稻和粳稻的平均收购价格分别为每吨2 501.7元、2 740.3元和2 802.5元，分别比2019年同期上涨5.0%、9.0%和6.8%（图11-1）。分不同季度看：

1. 第一季度（1—3月）

一季度，中晚稻集中上市，稻米供应相对宽松；受疫情影响，终端大米消费低迷，元旦春节旺季不旺特征明显，国内稻谷市场总体平稳，籼稻市场走势强于粳稻。3月，早籼稻、晚籼稻和粳稻收购价分别为每吨2 385.3元、2 525.7元和2 626.5元，比1月

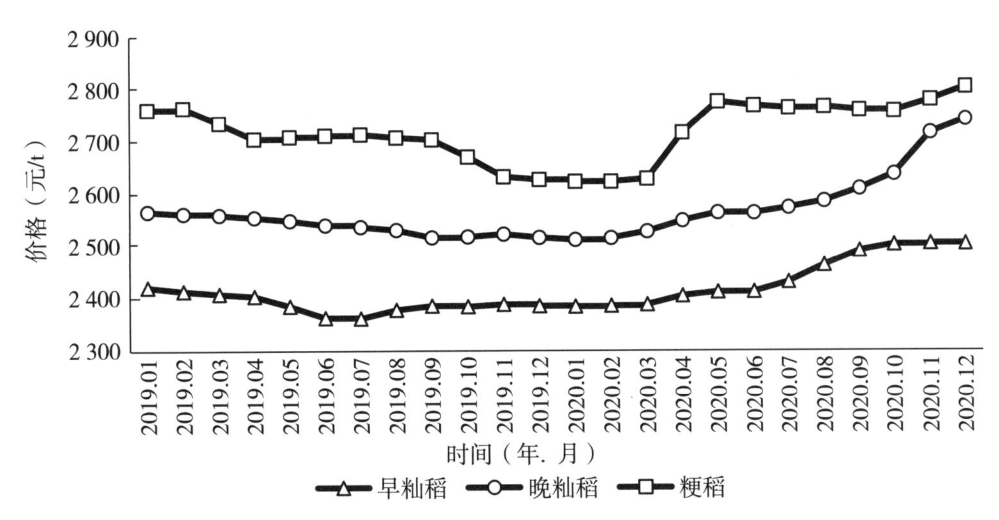

图 11-1　2019—2020 年全国粮食购销市场稻谷月平均收购价格走势

数据来源：国家发改委价格监测中心

分别上涨 0.2%、0.6%和 0.2%；比 2019 年同期分别下跌 0.9%、1.2%和 3.9%，粳稻价格下跌幅度较大。

2. 第二季度（4—6 月）

3 月后，新冠肺炎疫情开始在全球暴发流行，越南、印度、柬埔寨等东南亚大米出口国采取出口限令或管制措施，导致大米出口陷入停滞，国际米价开始加速上涨并传导至国内市场，国内部分地区出现抢购大米风潮；受此影响，国内稻米价格稳中走强。6 月，国内早籼稻、晚籼稻、粳稻收购价分别为每吨 2 409.9 元、2 561.1 元和 2 766.8 元，比 4 月分别上涨 0.3%、0.6%和 1.9%，比 2019 年同期分别上涨 2.1%、0.9%和 2.1%。

3. 第三季度（7—9 月）

7 月，新季早籼稻陆续上市，但南方洪涝灾害导致部分主产区早籼稻产量和质量不及预期，市场优质粮源紧缺，加之疫情后中央及各地粮库补库需求增加，早籼稻价格高开高走，并带动中晚籼稻价格持续上涨。随着前期拍卖粮源陆续出库，粳稻市场供应相对宽松，价格稳中趋弱运行。9 月，国内早籼稻、晚籼稻、粳稻收购价分别为每吨 2 488.4 元、2 607.4元和 2 758.2 元，其中早籼稻和晚籼稻收购价比 7 月分别上涨 2.5%和 1.4%，粳稻收购价下跌 0.1%；与 2019 年同期相比，9 月早籼稻、晚籼稻和粳稻收购价分别上涨 4.4%、3.7%和 2.1%。

4. 第四季度（10—12 月）

进入 10 月，新季中晚籼稻和粳稻陆续上市，但受前期灾害性天气影响，2020 年部分产区早籼稻和中晚籼稻的质量均不及预期，符合国家收储标准的粮源阶段性紧张，农户持粮惜售情绪强烈，推动早籼稻和中晚籼稻价格继续偏强运行；2020 年粳稻产量和质量均好于 2019 年，受国内玉米、小麦价格上涨影响，农户对后市普遍看好，惜售现象普遍，价格稳中走强。12 月，早籼稻、晚籼稻、粳稻收购价格分别为每吨 2 501.7

元、2 740.3元和2 802.5元，比 10 月分别上涨 0.1%、4.0%和 1.7%；与 2019 年同期相比，12 月早籼稻、晚籼稻和粳稻收购价格分别上涨 5.0%、9.0%和 6.8%。

（二）2020 年国内大米市场批发价格走势

全年大米批发市场总体稳中走强，价格水平明显高于 2019 年。2020 年，全国标一早籼米、晚籼米、粳米年平均批发价分别为每吨 3 730.0 元、4 136.7 元和 4 235.0 元，与 2019 年相比，早籼米批发价格下跌 13.3 元、跌幅 0.4%，晚籼米和粳米批发价格分别上涨 96.7 元和 113.3 元，涨幅分别为 2.4%和 2.7%。

1. 标一早籼米

2020 年，早籼稻面积、产量实现恢复性增长；早籼稻收购价格持续上涨，推动早籼米批发价格振荡上涨。1—12 月，早籼米批发价格由每吨 3 680 元上涨至 3 800.0 元，上涨 120.0 元，涨幅 3.3%。分阶段看，1—4 月，新冠肺炎疫情暴发并持续蔓延，粮食物流运输受阻，加上节后大米加工企业整体开工率偏低，大米价格出现区域性、阶段性上涨，4 月早籼米批发价格为每吨 3 800.0 元，比 1 月每吨上涨 120.0 元，涨幅 3.3%。5—7 月，随着国家开启新一轮大规模政策性稻谷竞价拍卖，稻米市场供给逐步宽松；加上气温逐渐回升，稻米进入消费淡季，推动早籼米价格弱势运行，7 月价格跌至每吨 3 680元，较 4 月下跌 120 元，跌幅 3.2%。受新季早籼稻收购价格高开高走，各类主体积极入市采购等因素影响，早籼米批发价格稳中有涨，12 月涨至每吨 3 800.0 元，比 7 月上涨 3.3%（图 11-2）。

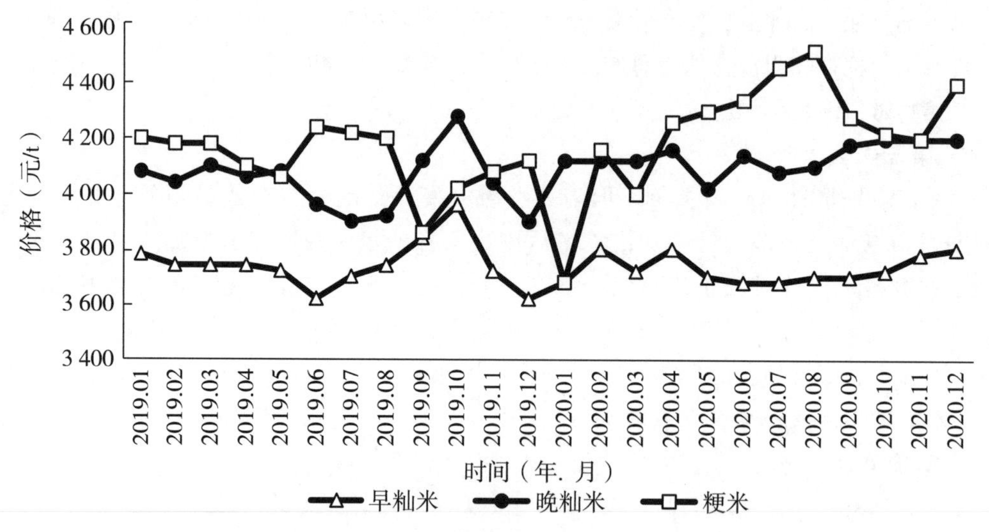

图 11-2　2019—2020 年全国粮食批发市场大米月平均批发价格走势

数据来源：国家发改委价格监测中心

2. 标一晚籼米

晚籼米与早籼米批发市场走势基本相同，全年整体呈上涨态势，批发均价由 1 月的每吨4 120.0元涨至12月的每吨4 200.0元，上涨了80元，涨幅1.9%。分阶段看，1—4月，晚籼米批发价格由每吨4 120.0元涨至4 160.0元，上涨40元，涨幅1.0%；5月份受国家政策性稻谷投放、终端需求低迷等因素影响，晚籼米价格下跌至每吨4 020.0元，较4月下跌140.0元，跌幅3.4%。6—12月，晚籼米价格稳中有涨，12月涨至每吨4 200.0元，较5月上涨180元，涨幅4.5%（图11-2）。

3. 标一粳米

粳米市场价格全年呈振荡上涨态势，且涨幅明显。1—8月，粳米批发价格持续上涨，由1月的每吨3 680.0元涨至8月的4 520.0元，上涨了840.0元，涨幅22.8%。粳米价格涨幅较大，主要是年初1月价格太低的缘故（因疫情影响交通受阻，1月粳米价格跌至近5年的历史低位，疫情得到有效控制后价格逐步恢复至正常水平）。9—11月，新粮上市前陈粮价格快速下跌并低位运行，11月粳米批发价格跌至每吨4 200.0元，比8月下跌320.0元，跌幅7.1%。12月新季粳稻大量上市，产量和质量较好，粳米批发价格止跌回升，涨至每吨4 200.0元，比11月每吨上涨200.0元，涨幅4.8%（图11-2）。

（三）2020年国内稻谷托市收购和竞价交易情况

受新冠肺炎疫情影响，上半年政策性库存和企业商品库存消耗大于常年，农户惜售心理强烈，早稻收购进度略快于2019年同期，中晚稻收购进度整体慢于2019年同期。据国家粮食和物资储备局数据统计，截至2020年9月30日，主产区累计收购新产早籼稻608.9万t，同比增加8.9万t；截至12月31日，湖北、安徽等14个主产区累计收购中晚籼稻2 326万t，同比减少526万t，黑龙江等7个主产区累计收购粳稻2 590万t，同比减少163万t。从收购主体看，早籼稻和中晚籼稻市场化收购比重达到90%以上。其中，早籼稻仅江西省启动了最低收购价执行预案，托市收购量40.5万t，占全国早籼稻收购总量的7.0%；中晚籼稻未启动最低收购价执行预案；粳稻仅黑龙江省启动了最低收购价执行预案，截至12月31日托市收购量累计仅100多万t，约占全国粳稻收购总量的6.5%。

2020年政策性稻谷拍卖行情好于2019年，去库存效果显著。一方面，2020年稻谷市场价格整体处于高位运行，大米企业参与政策性稻谷竞拍的积极性明显提高；另一方面，受饲料粮需求增加、玉米产需缺口较大等因素影响，部分超期库存稻谷定向销售为饲料用途。据国家粮食和物资储备局数据统计，2020年国家粮食交易中心累计向市场投放2014—2019年产稻谷10 179.4万t，实际成交1 722.2万t，成交率16.9%；与2019年相比，成交量增加了461万t，增幅达到26.8%。

二、2020年我国大米国际贸易情况

（一）大米进出口品种结构

2020年，我国累计进口大米294.3万t，比2019年增加39.8万t，增幅15.6%。

进口大米品种主要是长粒米精米、长粒米碎米、中短粒米碎米和中短粒米精米，这 4 类品种进口量占大米进口总量的 97.9%。2020 年，我国长粒米精米进口 167.8 万 t，比 2019 年减少 13.8 万 t，减幅 7.6%，占大米进口总量的 57.0%；长粒米碎米进口 77.2 万 t，增加 33.5 万 t，增幅 76.5%，占大米进口总量的 26.2%；中短粒米碎米进口 22.3 万 t，增加 16.1 万 t，增幅 257.8%，占大米进口总量的 7.6%；中短粒米精米进口 20.7 万 t，增加 4.3 万 t，增幅 26.3%，占大米进口总量的 7.0%（表 11-1）。

2020 年，我国累计出口大米 230.5 万 t，比 2019 年减少 44.3 万 t，减幅 16.1%。出口的大米品种主要是中短粒米精米、长粒米精米和中短粒米糙米，这 3 类品种出口量约占大米出口总量的 99.0%。2020 年，我国中短粒米精米出口 168.3 万 t，比 2019 年增加 6.7 万 t，增幅 4.2%，占大米出口总量的 73.0%；长粒米精米出口 33.9 万 t，减少 59.4 万 t，减幅 63.7%，占大米出口总量的 14.7%；中短粒米糙米出口 25.9 万 t，增加 7.8 万 t，增幅 43.4%，占大米出口总量的 11.3%（表 11-1）。

表 11-1　2019—2020 年我国大米分品种进出口统计　　单位：万 t，%

项目	2019 年				2020 年			
	进口量	比例	出口量	比例	进口量	比例	出口量	比例
总量	254.6	100.0	274.8	100.0	294.3	100.0	230.5	100.0
长粒米精米	181.6	71.3	93.3	34.0	167.8	57.0	33.9	14.7
长粒米碎米	43.7	17.2	0.0	0.0	77.2	26.2	0.0	0.0
中短粒米碎米	6.2	2.4	0.1	0.0	22.3	7.6	0.1	0.0
中短粒米精米	16.4	6.5	161.5	58.8	20.7	7.0	168.3	73.0
中短粒米大米细粉	3.6	1.4	0.0	0.0	2.6	0.9	0.0	0.0
其他长粒米稻谷	2.0	0.8	0.0	0.0	1.8	0.6	0.0	0.0
其他中短粒米稻谷	0.3	0.1	0.0	0.0	0.9	0.3	0.0	0.0
长粒米大米细粉	0.6	0.2	0.0	0.0	0.6	0.2	0.0	0.0
中短粒米糙米	0.0	0.0	18.1	6.6	0.3	0.1	25.9	11.3
长粒米糙米	0.0	0.0	0.0	0.0	0.0	0.0	0.0	0.0
种用长粒米稻谷	0.0	0.0	1.5	0.6	0.0	0.0	2.1	0.9
长粒米粗粒、粗粉	0.0	0.0	0.0	0.0	0.0	0.0	0.0	0.0
种用中短粒米稻谷	0.0	0.0	0.2	0.1	0.0	0.0	0.2	0.1

数据来源：中国海关信息网。

（二）大米进出口国家和地区

从出口国家和地区看，非洲仍然是我国最主要的大米出口地区。2020 年，我国向非洲出口大米 137.5 万 t，占大米出口总量的 59.6%；向亚洲出口 58.6 万 t，占

25.4%。其中，出口埃及26.4万t，占出口总量的11.4%，居出口地区第1位；出口韩国20.6万t，占8.9%，居亚洲地区第1位。与2019年相比，2020年我国出口非洲大米数量减少了44.3万t，减幅16.1%，占全年出口减少总量的85.3%，主要是出口科特迪瓦的大米数量由30.9万t大幅减少至9.9万t，减幅67.9%；出口大洋洲和欧洲的大米数量稳中有增（表11-2）。

表11-2　2019—2020年我国大米分市场出口统计　　单位：万t,%

2019年			2020年		
国家和地区	出口量	比例	国家和地区	出口量	比例
世界	274.8	100.0	世界	230.5	100.0
非洲	175.3	63.8	非洲	137.5	59.6
埃及	44.6	16.2	埃及	26.4	11.4
科特迪瓦	30.9	11.2	塞拉利昂	20.5	8.9
喀麦隆	13.7	5.0	喀麦隆	18.8	8.1
尼日尔	12.9	4.7	尼日尔	13.2	5.7
塞拉利昂	12.3	4.5	科特迪瓦	9.9	4.3
亚洲	69.7	25.4	亚洲	58.6	25.4
土耳其	22.8	8.3	韩国	20.6	8.9
朝鲜	16.2	5.9	日本	6.2	2.7
韩国	14.8	5.4	黎巴嫩	5.5	2.4
蒙古国	4.0	1.4	蒙古国	4.7	2.0
叙利亚	3.3	1.2	东帝汶	4.7	2.0
美洲	6.5	2.4	美洲	6.5	2.8
波多黎各	6.3	2.3	波多黎各	6.3	2.7
欧洲	6.2	2.3	欧洲	9.9	4.3
保加利亚	3.0	1.1	乌克兰	3.4	1.5
俄罗斯联邦	1.0	0.4	保加利亚	3.0	1.3
大洋洲	14.7	5.3	大洋洲	18.0	7.8
巴布亚新几内亚	12.2	4.5	巴布亚新几内亚	12.6	5.5

数据来源：中国海关信息网。

2020年，尽管国内外大米价差有所缩小，但企业进口大米仍然有利可图，大米进口量明显增加。据农业农村部监测数据显示，2020年，国内外大米价差（指国内晚籼米批发价减去配额内1%关税下泰国大米到岸税后价）由1月的每吨420元缩减至12月的340元。从进口国家看，2020年进口缅甸大米91.1万t，占大米进口总量的31.0%；进口越南大米78.8万t，占26.8%；进口巴基斯坦大米47.5万t，占16.1%；进口泰国大米 35.6 万 t，占 12.1%；进口柬埔寨大米 23.3 万 t，占 7.9%（表 11-3）。进口来源国家非常集中。2020 年，缅甸、越南大米占我国进口大米的比重有所提高，分别比 2019 年提高 9.5 和 7.9 个百分点；巴基斯坦和泰国大米占我国进口大米的比重有所下降，分别比 2019 年下降 7.6 和 10.2 个百分点。缅甸、越南分别取代了巴基斯坦和泰国成为我国前两位大米进口来源国家。

表 11-3　2019—2020 年我国大米分市场进口统计　　单位：万 t,%

国家和地区	2019 年		2020 年	
	进口量	比例	进口量	比例
世界	254.6	100.0	294.3	100.0
亚洲	254.5	100.0	294.3	100.0
缅甸	54.6	21.5	91.1	31.0
越南	47.9	18.8	78.8	26.8
巴基斯坦	60.4	23.7	47.5	16.1
泰国	56.8	22.3	35.6	12.1
柬埔寨	22.5	8.8	23.3	7.9
中国台湾	4.9	1.9	10.0	3.4
老挝	7.3	2.8	7.5	2.6
印度	0.1	0.0	0.39	0.1
日本	0.1	0.0	0.1	0.0
欧洲	0.1	0.0	0.0	0.0
俄罗斯	0.1	0.0	0.0	0.0

数据来源：中国海关信息网。

第二节　国际稻米市场与贸易概况

一、2020 年国际大米市场情况

受新冠肺炎疫情全球暴发流行，沙漠蝗在东非、印度、巴基斯坦等地肆虐为害，以及泰国遭遇持续旱情等因素影响，2020 年国际大米价格呈振荡上涨态势。根据联合国粮农组织（FAO）市场监测数据，2020 年全品类大米价格指数（2014—2016 年指数为 100）由 1 月的 103.4 上涨至 12 月的 111.4，涨幅 7.7%，年均价格指数 110.2，较 2019 年的 101.5 上涨 8.6%（图 11-3）。

分阶段看，一是 1—3 月价格稳中略涨。FAO 大米价格指数由 1 月的 103.4 上涨至 3 月的 106.4，涨幅 2.9%（图 11-4）。3 月，泰国 25%破碎率大米价格每吨 477.0 美

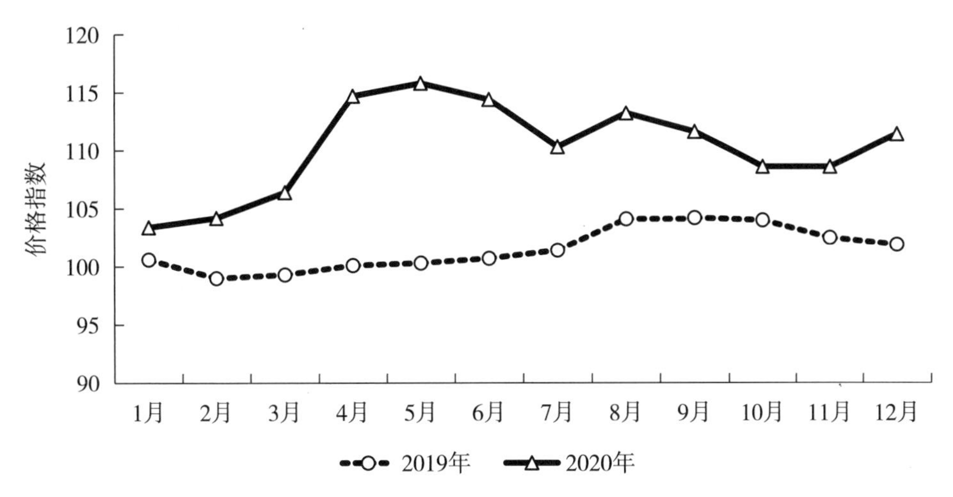

图 11-3　2019—2020 年国际大米市场价格走势

数据来源：联合国粮农组织（FAO）

元，较 1 月上涨 37.5 美元，涨幅 8.5%，较 2019 年同期上涨 79.2 美元，涨幅达 19.9%；美国长粒米大米 3 月价格每吨 581.0 美元，较 1 月上涨 48.5 美元，涨幅 9.1%，较 2019 年同期上涨 86.0 美元，涨幅达 17.4%。国际大米价格上涨主要是泰国旱情、市场对新冠肺炎疫情暴发流行的担忧，以及国际买家进口需求增加等因素造成。二是 4—6 月价格高位运行。4 月，FAO 大米价格指数为 114.7，较 3 月上涨 7.8%，随后两个月在指数 115 上下波动。其中，泰国大米价格在 4 月达到年内最高点，美国和印度大米价格在 5 月达到年内最高点，越南大米价格在 5 月达到上半年最高点。泰国 25% 破碎率大米 4 月价格每吨 537.3 美元，较 3 月上涨 12.6%，6 月回落至 500.5 美元，较 3 月上涨 4.9%，较 2019 年同期上涨 21.9%。美国长粒米价格 5 月达到每吨 646.0 美

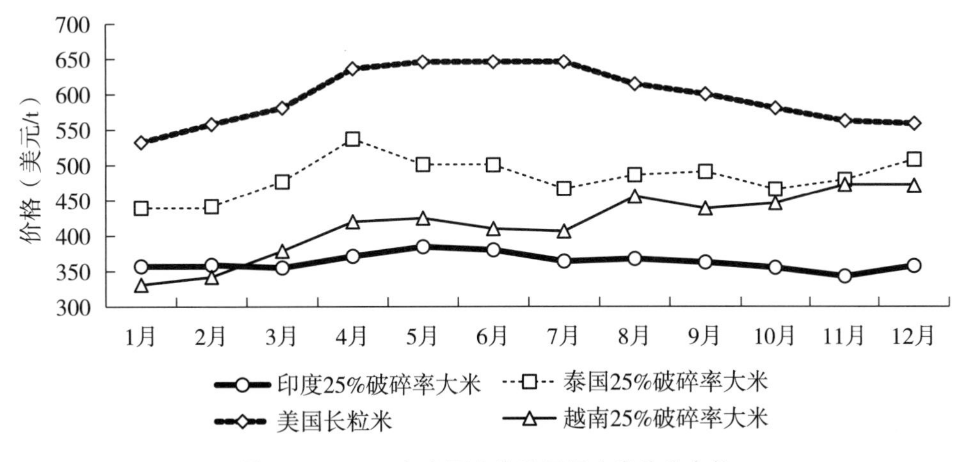

图 11-4　2020 年主要大米出口国大米价格走势

数据来源：联合国粮农组织（FAO）

元，较 3 月上涨 65.0 美元，涨幅 11.2%，此后稳定在 646.0 美元左右。这段时期国际大米价格快速上涨主要原因是新冠肺炎疫情在全球暴发流行导致国际大米供需偏紧：3 月下旬越南、印度、柬埔寨等大米主要出口国实行出口限令和严格的管控措施，伊拉克、印度尼西亚等主要大米进口国储备告急、加速采购计划等。三是 7—12 月的稳中趋弱。12 月，FAO 大米价格指数为 111.4，较 6 月下降 2.6%。其中，泰国、越南大米价格呈上涨态势，美国和印度大米价格持续下跌。12 月，泰国大米价格涨至每吨 508.0 美元，较 6 月小幅上涨 7.5 美元，涨幅 1.5%，较 2019 年同期上涨 84.7 美元，涨幅 20.0%；美国长粒米价格每吨 558.8 美元，较 6 月下跌 87.3 美元，跌幅达 13.5%，较 2019 年同期上涨 43.8 美元，涨幅 8.5%。这段时期价格波动主要受两方面因素影响：一方面是东南亚新粮收获上市，供给充足。6 月以后，泰国、越南、印度等国家水稻陆续收获，在需求疲软的情况下，市场承压下行；另一方面是下半年世界大米需求略有改善，但集装箱短缺严重导致运费大幅上涨，加之美元贬值，国际大米价格止跌回升。

二、2020 年国际大米贸易情况分析

（一）2020 年主要大米进口地区情况

世界大米进口地区主要集中在亚洲和非洲，但进口增量主要集中在北美洲、欧洲和南美洲。2020 年，世界大米进口总量 4 371.0 万 t，比 2019 年增加 140.3 万 t，增幅 3.3%。其中，亚洲累计进口大米 1 862.4 万 t，占世界大米进口总量的 42.6%，比 2019 年增加 3.1 万 t，增幅 0.2%；非洲累计进口大米 1 490.1 万 t，占世界大米进口总量的 34.1%，比 2019 年增加 6.6 万 t，增幅 0.4%；北美洲、欧洲和南美洲进口大米数量分别增加 65.8 万 t、30.8 万 t 和 26.8 万 t，占世界进口增量的 46.9%、22.0% 和 19.1%（表 11-4）。

表 11-4　2018—2020 年主要大米进口地区和进口量　　单位：万 t

国家/地区	2018 年	2019 年	2020 年
世界	4 613.2	4 230.7	4 371.0
亚洲	2 231.2	1 859.3	1 862.4
非 洲	1 515.8	1 483.5	1 490.1
北美洲	448.1	433.4	499.2
欧洲	264.5	285.6	316.4
南美洲	131.7	142.4	169.2
大洋洲	21.9	26.5	33.7

数据来源：美国农业部（USDA）。

（二）2020 年主要大米出口国家和地区情况

2020 年，世界大米出口总量为 45 22.4 万 t，较 2019 年增加 130.7 万 t，增幅 3.0%。出口国家主要集中在亚洲，包括印度、越南、泰国、巴基斯坦等东南亚、南亚等水稻主产国家。其中，印度出口大米 1 456.0 万 t，占世界大米出口总量的 32.2%；越南出口大米 616.7 万 t，占 13.6%；泰国出口大米 570.6 万 t，占世界大米出口总量的 12.6%；巴基斯坦出口大米 393.4 万 t，占 8.7%，上述 4 个国家累计出口大米 3 036.7万 t，占世界大米出口总量的 67.1%（表 11-5）。

表 11-5　2018—2020 年世界大米主要出口国家和出口数量　　单位：万 t

国家/地区	2018 年	2019 年	2020 年
世界	4 827.0	4 391.7	4 522.4
印度	1 179.1	981.3	1 456
越南	659.0	658.1	616.7
泰国	1 121.3	756.2	570.6
巴基斯坦	391.3	455.0	393.4
美国	277.6	313.8	286.5
缅甸	275.0	270.0	230.0
中国	205.9	272.0	226.5
柬埔寨	130.0	135.0	135.0
巴西	124.5	95.4	124.0
乌拉圭	80.2	80.9	96.7

数据来源：美国农业部（USDA）。

三、2020/2021 年度世界大米库存供求情况

根据美国农业部（USDA）世界农产品供需预测报告（表 11-6 至表 11-8）数据，2018/2019 年度，世界大米初始库存为 16 373.0 万 t，本年度生产量达到 49 725.0 万 t，进口总量 4 413.8 万 t，总供给量为 70 511.8 万 t；国内总消费量 48 436.7 万 t，出口总量 4 415.7 万 t，总需求量 52 852.4 万 t，期末库存为 17 659.4 万 t。2019/2020 年度，世界大米初始库存为 17 659.4 万 t，本年度生产量达到 49 778.0 万 t；进口总量 4 230.0 万 t，总供给量 71 667.0 万 t；国内总消费量为 49 649.0 万 t；出口总量 4 338.0 万 t，总需求量 53 987.0 万 t，期末库存为 17 680.0 万 t。与 2019/2020 年度相比，2020/2021 年度世界大米产量增长至 50 499.0 万 t，增长 721.0 万 t，增幅 1.4%；进出口贸易量增长至 4 713.0 万 t，比 2019/2020 年度增加 375.0 万 t，增幅 8.6%；消费量增加到

5 0655.0万t，比2019/2020年度增加1 006.0万t，增幅2.0%。由于消费量增长明显，2020/2021年度世界大米库存量降至17 633.0万t，比2019/2020年度减少155.0万t，减幅0.9%；世界大米库存消费比（期末库存与国内消费量的比值）降至34.8%，比2019/2020年度下降1个百分点，已经连续6年稳定在30%以上水平，远高于国际公认的17%～18%的粮食安全线水平，世界大米总体供需平衡有余。

表11-6　2018/2019年度世界主要进出口国家或地区大米供求情况　单位：万t

区　域	供应			消费		期末库存
	初始库存	生产	进口	国内消费	出口	
世界	16 373	49 725	4 414	48 437	4 416	17 659
主要出口国或地区	2 884	17 847	167	13 993	3 203	3 703
印度	2 260	11 648	0	9 916	1 042	2 950
越南	103	2 734	50	2 120	658	110
泰国	285	2 034	25	1 180	756	408
巴基斯坦	142	720	0	320	449	93.3
美国	93.3	711	92	457	297	142
主要进口国或地区	11 424	16 673	1 193	16 847	328	12 115
中国	10 900	14 849	320	14 292	277	11 500
菲律宾	229	1 173	360	1 410	0	352
欧盟	118	197	180	325	50.9	119
尼日利亚	158	454	190	680	0	122
沙特阿拉伯	19.5	0	143	140	0	22

数据来源：美国农业部（USDA）世界农产品供需报告。

表11-7　2019/2020年度世界主要进出口国家或地区大米供求情况　单位：万t

区域	供应			消费		期末库存
	初始库存	生产	进口	国内消费	出口	
世界	17 659	49 778	4 230	49 649	4 338	17 788
主要出口国或地区	3 703	17 692	184	14 752	3 118	3 710
印度	2 950	11 887	0	10 598	1 249	2 990
越南	110	2 710	40	2 125	617	118
泰国	408	1 766	25	1 230	571	398
巴基斯坦	93	741	0	340	382	113

（续表）

区域	供应			消费		期末库存
	初始库存	生产	进口	国内消费	出口	
美国	142	588	119	459	299	91
主要进口国或地区	12 115	16 568	1 007	17 112	313	12 265
中国	11 500	14 673	260	14 523	260	11 650
菲律宾	352	1 193	245	1 430	0	360
欧盟	119	199	200	339	53	126
尼日利亚	122	504	140	685	0	81
沙特阿拉伯	22	0	161	135	0	48

数据来源：美国农业部（USDA）世界农产品供需报告。

表 11-8　2020/2021 年度世界主要进出口国家或地区大米供求情况　单位：万 t

区域	供应			消费		期末库存
	初始库存	生产	进口	国内消费	出口	
世界	17 788	50 499	4 422	50 655	4 713	17 633
主要出口国或地区	3 710	18 334	180	14 952	3 622	3 650
印度	2 990	12 200	0	10 700	1 700	2 790
越南	118	2 710	50	2 125	630	123
泰国	398	1 883	20	1 270	580	451
巴基斯坦	113	818	0	355	420	156
美国	91	723	110	502	292	130
主要进口国或地区	12 265	16 755	1 075	17 635	290	12 170
中国	11 650	14 830	340	15 020	240	11 560
菲律宾	360	1 240	210	1 445	0	365
欧盟	126	196	195	345	50	122
尼日利亚	81	489	180	685	0	65
沙特阿拉伯	48	0	150	140	0	58

数据来源：美国农业部（USDA）世界农产品供需报告。

附 表

附表 1　2019 年全国各省（区、市）水稻生产面积、单产和总产情况

区域	水稻		
	面积（万亩）	单产（kg/亩）	总产（万 t）
全国	44 541.0	470.6	20 961.0
北京	0.2	443.4	0.1
天津	68.3	628.3	42.9
河北	117.3	414.9	48.7
山西	3.8	462.0	1.8
内蒙古	241.1	564.8	136.2
辽宁	760.7	571.6	434.8
吉林	1 260.6	521.3	657.2
黑龙江	5 718.8	465.7	2 663.5
上海	155.5	566.3	88.0
江苏	3 276.4	598.1	1 959.6
浙江	941.3	490.9	462.1
安徽	3 763.6	433.1	1 630.0
福建	898.9	432.5	388.8
江西	5 019.3	408.1	2 048.3
山东	173.4	580.6	100.7
河南	924.9	554.1	512.5
湖北	3 430.1	547.2	1 877.1
湖南	5 782.8	451.6	2 611.5
广东	2 690.5	399.6	1 075.1
广西	2 569.1	385.9	991.4
海南	344.6	367.1	126.5
重庆	982.7	495.6	487.0
四川	2 805.0	524.0	1 469.8
贵州	997.1	425.1	423.8
云南	1 262.3	423.1	534.0
西藏	1.4	303.8	0.4
陕西	158.0	508.8	80.4
甘肃	5.4	396.2	2.1
青海			
宁夏	102.1	539.7	55.1
新疆	85.4	604.6	51.6

数据来源：国家统计局。

附表 2　2019 年世界水稻生产面积、单产和总产情况

国家或地区	面积（万亩）	单产（kg/亩）	总产（万 t）
世界	243 083.9	310.8	75 547.4
亚洲	207 907.8	325.8	67 727.7
非洲	25 666.2	151.1	3 877.1
美洲	8 557.0	412.8	3 532.6
欧洲	935.1	430.3	402.4
大洋洲	17.8	429.4	7.6
印度	65 670.0	270.5	17 764.5
中国	44 535.0	470.7	20 961.4
孟加拉国	17 274.8	316.0	5 458.6
印度尼西亚	16 016.8	340.9	5 460.4
泰国	14 573.0	194.6	2 835.7
越南	11 204.8	387.8	4 344.9
缅甸	10 381.3	253.0	2 627.0
尼日利亚	7 921.9	106.5	843.5
菲律宾	6 977.2	269.7	1 881.5
巴基斯坦	4 550.9	244.2	1 111.5
柬埔寨	4 502.0	241.8	1 088.6
几内亚	2 886.2	90.1	259.9
刚果	2 720.2	50.7	137.9
巴西	2 565.1	404.2	1 036.9
日本	2 313.0	455.1	1 052.7
尼泊尔	2 237.6	250.7	561.0
坦桑尼亚	1 578.8	220.1	347.5
美国	1 500.6	558.2	837.7
斯里兰卡	1 436.4	319.7	459.2
马里	1 387.0	230.5	319.6
马达加斯加	1 223.5	345.8	423.1
埃及	1 198.5	558.2	669.0
老挝	1 175.6	292.4	343.8
韩国	1 094.7	458.2	501.6
莫桑比克	1 087.2	31.4	34.1
科特迪瓦	1 046.8	180.0	188.4
马来西亚	1 026.6	283.7	291.2
塞拉利昂	902.6	105.0	94.7
哥伦比亚	796.7	378.1	301.2
朝鲜	698.8	401.2	280.4
伊朗	655.8	303.9	199.3
秘鲁	621.8	512.8	318.8
塞内加尔	518.4	222.9	115.6

数据来源：联合国粮农组织（FAO），2019 年世界水稻种植面积在 500 万亩以上的国家共有 33 个。

附表 3　2016—2020 年我国早籼稻、晚籼稻和粳稻收购价格情况　单位：元/t

年份	早籼稻	晚籼稻	粳稻
2016	2 624.8	2 724.8	3 032.9
2017	2 623.6	2 752.9	3 055.7
2018	2 536.7	2 677.3	2 999.5
2019	2 387.2	2 537.2	2 701.8
2020	2 437.7	2 589.2	2 728.9

数据来源：根据国家发改委价格监测中心数据整理。

附表 4　2016—2020 年我国早籼米、晚籼米和晚粳米批发价格情况　单位：元/t

年份	早籼米	晚籼米	晚粳米
2016	3 856.6	4 135.8	4 475.0
2017	3 901.2	4 222.8	4 622.4
2018	3 808.9	4 120.8	4 425.7
2019	3 757.5	4 081.2	4 140.5
2020	3 730.0	4 136.7	4 235.0

数据来源：根据国家发改委价格监测中心数据整理。

附表 5　2016—2020 年国际市场大米现货价格情况　单位：美元/t

年份	泰国含碎 25%大米 FOB 价格
2016	384.7
2017	379.8
2018	411.6
2019	389.3
2020	469.1

数据来源：根据国家发改委价格监测中心数据整理。

附表 6　2016—2020 年我国大米进出口贸易情况　单位：万 t

年份	进口	出口
2016	356.2	39.5
2017	402.6	119.7
2018	307.7	208.9
2019	254.6	274.8
2020	294.3	230.5

数据来源：海关总署。

附表 7　2020 年国家和地方品种审定情况

品种名称	审定编号	选育单位	品种名称	审定编号	选育单位
黄广华占 1 号	国审稻 20200001	广东省农业科学院水稻研究所	南桂占	国审稻 20200002	广东省农业科学院水稻研究所
神农优 422	国审稻 20200003	重庆中一种业有限公司	旺两优 959	国审稻 20200004	湖南袁创超级稻技术有限公司
蜀优 938	蜀优 938 20200005	四川农业大学等	川优 1787	国审稻 20200006	四川省农业科学院水稻高粱研究所等
赣 73 优明占	国审稻 20200007	福建省三明市农业科学研究院等	神农优 452	国审稻 20200008	重庆中一种业有限公司
宜优 1611	国审稻 20200009	四川省农业科学院水稻高粱研究所等	晶两优 1377	国审稻 20200010	袁隆平农业高科技股份有限公司等
中早 51	国审稻 20200011	中国水稻研究所	中早 48	国审稻 20200012	中国水稻研究所
中禾优 1 号	国审稻 20200013	中国科学院遗传与发育生物学研究所等	荃 9 优 535	国审稻 20200014	江苏沿海地区农业科学研究所等
萍两优雅占	国审稻 20200015	江西天涯种业有限公司等	宇两优 332	国审稻 20200016	袁隆平农业高科技股份有限公司等
荃优软占	国审稻 20200017	江西科为农作物研究所等	E 两优 1453	国审稻 20200018	湖北武汉隆福康农业发展有限公司等
梦两优丝苗	国审稻 20200019	湖南隆平种业有限公司等	徽两优福星占	国审稻 20200020	湖北华田农业科技股份有限公司等
吨两优 900	国审稻 20200021	湖南袁创超级稻技术有限公司	荆两优 1189	国审稻 20200022	湖北荆楚种业科技有限公司
两优 5077	国审稻 20200023	安徽省农业科学院水稻研究所	钢两优雅占	国审稻 20200024	江西天涯种业有限公司
旺两优 911	国审稻 20200025	湖南袁创超级稻技术有限公司	两优 6378	国审稻 20200026	安徽省农业科学院水稻研究所
腾两优 1818	国审稻 20200027	湖南大农种业科技有限公司	隆香优晶占	国审稻 20200028	广州市金粤生物科技有限公司等
广泰优 226	国审稻 20200029	江西科源种业有限公司等	济优 6553	国审稻 20200030	深圳市兆农农业科技有限公司
荃优美占	国审稻 20200031	广州市金粤生物科技有限公司等	荃优金 10	国审稻 20200032	袁隆平农业高科技股份有限公司等
福两优 1314	国审稻 20200033	湖南民生种业科技有限公司	中嘉 8 号	国审稻 20200034	中国水稻研究所等
京粳 5 号	国审稻 20200035	中国农业科学院作物科学研究所	武粳 2181	国审稻 20200036	江苏（武进）水稻研究所等
中种香糯	国审稻 20200037	江苏省连云港市农业科学院等	津粳优 2186	国审稻 20200038	江苏省金地种业科技有限公司等
科粳稻 1 号	国审稻 20200039	江苏昆山科腾生物科技有限公司	科粳 365	国审稻 20200040	江苏昆山科腾生物科技有限公司
信粳 1787	国审稻 20200041	河南省信阳市农业科学院	中垦稻 100	国审稻 20200042	安徽源隆生态农业有限公司等

（续表）

品种名称	审定编号	选育单位	品种名称	审定编号	选育单位
新丰 6 号	国审稻 20200043	河南丰源种子有限公司	垦香 48	国审稻 20200044	山东省郯城县精华种业有限公司等
津原 97	国审稻 20200045	天津市原种场	京粳 4 号	国审稻 20200046	中国农业科学院作物科学研究所
金稻 919	国审稻 20200047	天津市水稻研究所	圣稻 28	国审稻 20200048	山东省水稻研究所等
金粳 518	国审稻 20200049	天津市农作物研究所	津原 58	国审稻 20200050	天津市原种场
中科发 176	国审稻 20200051	中国科学院遗传与发育生物学研究所	吉大 788	国审稻 20200052	吉林大学植物科学学院等
吉粳 811	国审稻 20200053	吉林省农业科学院	吉粳 823	国审稻 20200054	吉林省农业科学院
吉粳 821	国审稻 20200055	吉林省农业科学院	吉农大 538	国审稻 20200056	吉林农业大学
吉农大 673	国审稻 20200057	吉林农业大学	吉作 188	国审稻 20200058	吉林省梅河口吉洋种业有限责任公司等
吉大 211	国审稻 20200059	吉林大学植物科学学院、公主岭市金福源农业科技有限公司	北作 1	国审稻 20200060	吉林省梅河口吉洋种业有限责任公司等
中科发 8 号	国审稻 20200061	中国科学院遗传与发育生物学研究所等	吉农大 571	国审稻 20200062	吉林农业大学
晶两优 5438	国审稻 20200063	袁隆平农业高科技股份有限公司等	瑞优华占	国审稻 20200064	成都科瑞农业研究中心等
深两优 1133	国审稻 20200065	湖南金健种业科技有限公司等	陵两优 265	国审稻 20200066	中国水稻研究所等
Y 两优 257	国审稻 20200067	四川邡牌种业有限公司	内 6 优 2348	国审稻 20200068	四川小春农业科技有限公司等
盛优 938	国审稻 20200069	泸州金土地种业有限公司	裕优 163	国审稻 20200070	四川裕丰种业有限责任公司
裕优 2288	国审稻 20200071	四川双丰农业科学技术研究所	友优 788	国审稻 20200072	贵州友禾种业有限公司
泰两优 5808	国审稻 20200073	四川泰隆超级杂交稻研究所等	蓉 7 优 808	国审稻 20200074	四川泰隆汇智生物科技有限公司等
广优华占	国审稻 20200075	贵州卓豪农业科技股份有限公司等	欣两优 2 号	国审稻 20200076	安徽荃银欣隆种业有限公司
泰两优 5187	国审稻 20200077	四川泰隆汇智生物科技有限公司	欣两优一号	国审稻 20200078	安徽荃银欣隆种业有限公司
B 优 2928	国审稻 20200079	西南科技大学	川康优 65	国审稻 20200080	四川省农业科学院水稻高粱研究所等
蓉 7 优 505	国审稻 20200081	四川农业大学等	蓉优 981	国审稻 20200082	贵州省水稻研究所等

（续表）

品种名称	审定编号	选育单位	品种名称	审定编号	选育单位
荃两优华占	国审稻20200083	安徽荃银高科种业股份有限公司等	和两优627	国审稻20200084	广西恒茂农业科技有限公司等
富优华占	国审稻20200085	四川中正科技有限公司等	春两优华占	国审稻20200086	中国农业科学院作物科学研究所等
清香优168	国审稻20200087	四川裕丰种业有限责任公司	神九优1108	国审稻20200088	四川福华高科种业有限责任公司等
蜀优975	国审稻20200089	四川农业大学水稻研究所等	瑞优727	国审稻20200090	成都科瑞农业研究中心等
川康优727	国审稻20200091	成都科瑞农业研究中心等	晶两优2115	国审稻20200092	云南省文山壮族苗族自治州农业科学院等
瑞优2117	国审稻20200093	成都科瑞农业研究中心等	玮两优5438	国审稻20200094	袁隆平农业高科技股份有限公司等
深两优1177	国审稻20200095	四川隆平高科种业有限公司	深两优2115	国审稻20200096	四川嘉禾种子有限公司等
Y两优286	国审稻20200097	南宁市沃德农作物研究所等	广8优779	国审稻20200098	广西兆和种业有限公司等
旌优999	国审稻20200099	广西兆和种业有限公司等	广8优龙丝苗	国审稻20200100	广西兆和种业有限公司等
恒丰优3341	国审稻20200101	广西兆和种业有限公司等	望两优1133	国审稻20200102	湖南金健种业科技有限公司
川3优867	国审稻20200103	国垠天府农业科技股份有限公司等	川优553	国审稻20200104	湖南金健种业科技有限公司等
两优8857	国审稻20200105	安徽丰大农业科技有限公司	川绿优丝苗	国审稻20200106	四川省农业科学院水稻区域技术创新中心等
华浙优261	国审稻20200107	中国水稻研究所等	荃优280	国审稻20200108	安徽华安种业有限责任公司等
T两优新华粘	国审稻20200109	湖南恒德种业科技有限公司等	鄂优华宝占	国审稻20200110	湖南恒德种业科技有限公司等
乾两优8号	国审稻20200111	广西恒茂农业科技有限公司等	星两优华占	国审稻20200112	安徽袁粮水稻产业有限公司等
旌优4633	国审稻20200113	贵州兆和种业有限公司等	泰优3216	国审稻20200114	四川泸州泰丰种业有限公司等
国泰香优龙晶	国审稻20200115	四川众智种业科技有限公司	野香优油丝	国审稻20200116	广西绿海种业有限公司
吉两优3885	国审稻20200117	湖南恒大种业高科技有限公司	泰优068	国审稻20200118	湖北康农种业股份有限公司等
秋乡优2号	国审稻20200119	四川智慧高地种业有限公司	泰香优198	国审稻20200120	四川奥力星农业科技有限公司
国泰香优龙丝	国审稻20200121	四川众智种业科技有限公司	野香优959	国审稻20200122	四川鼎盛和袖种业有限公司等

（续表）

品种名称	审定编号	选育单位	品种名称	审定编号	选育单位
川康优 637	国审稻 20200123	四川省农业科学院作物研究所	川优 8213	国审稻 20200124	四川省农业科学院作物研究所
大两优 172	国审稻 20200125	四川丰大农业科技有限责任公司等	锦城优 291	国审稻 20200126	成都市农林科学院作物研究所
内 10 优 7185	国审稻 20200127	四川内江杂交水稻科技开发中心等	野优 306	国审稻 20200128	四川内江杂交水稻科技开发中心等
川优 5213	国审稻 20200129	四川省农业科学院作物研究所	大两优 595	国审稻 20200130	四川丰大农业科技有限责任公司等
锦城优 2673	国审稻 20200131	成都市农林科学院作物研究所	宜优 727	国审稻 20200132	四川宜宾市农业科学院等
泰两优 1808	国审稻 20200133	四川泰隆汇智生物科技有限公司	泰优 808	国审稻 20200134	四川泰隆汇智生物科技有限公司等
圳两优 2018	国审稻 20200135	长沙利诚种业有限公司等	德香优 715	国审稻 20200136	四川福糠农业科技有限公司等
宜香优 125	国审稻 20200137	四川省农业科学院水稻高粱研究所等	九优粤禾丝苗	国审稻 20200138	安徽荃银超大种业有限公司等
文两优 9 号	国审稻 20200139	四川省格物慧至农业科技有限公司等	蓉优 7241	国审稻 20200140	四川省农业科学院水稻高粱研究所等
恒丰优金丝占	国审稻 20200141	重庆大爱种业有限公司	两优 1398	国审稻 20200142	垦丰长江种业科技有限公司等
华两优智占	国审稻 20200143	江西金信种业有限公司	利两优银丝	国审稻 20200144	安徽枝柳农业科技有限公司
泰两优华占	国审稻 20200145	浙江国稻高科技有限公司等	雅 7 优 2119	国审稻 20200146	成都科瑞农业研究中心等
荆两优 672	国审稻 20200147	湖北荆楚种业科技有限公司等	川康优 4313	国审稻 20200148	四川省农业科学院作物研究所
创两优 406	国审稻 20200149	湖南北大荒种业科技有限责任公司等	巨优 3745	国审稻 20200150	武汉国英种业有限责任公司等
茉两优 7766	国审稻 20200151	安徽未来种业有限公司	萍两优 106	国审稻 20200152	江西天涯种业有限公司等
荃优 601	国审稻 20200153	江西天涯种业有限公司等	荃优雅占	国审稻 20200154	江西天涯种业有限公司等
深两优五山丝苗	国审稻 20200155	江西天涯种业有限公司等	圳两优银丝	国审稻 20200156	长沙利众农业科技有限公司
创两优 106	国审稻 20200157	安徽荃银超大种业有限公司等	忠两优鄂丰丝苗	国审稻 20200158	湖北荃银高科种业有限公司等
徽两优鄂丰丝苗	国审稻 20200159	湖北荃银高科种业有限公司等	全两优 534	国审稻 20200160	湖北荃银高科种业有限公司等
全两优楚丰丝苗	国审稻 20200161	湖北荃银高科种业有限公司	利两优华占	国审稻 20200162	长沙利诚种业有限公司等
荃两优 95 占	国审稻 20200163	安徽荃银高科种业股份有限公司等	荃优 071	国审稻 20200164	武汉惠华三农种业有限公司等

（续表）

品种名称	审定编号	选育单位	品种名称	审定编号	选育单位
鹏优 5627	国审稻 20200165	广东和丰种业科技有限公司	两优 180	国审稻 20200166	福建省南平市农业科学研究所等
徽两优 815	国审稻 20200167	湖南湘穗种业有限责任公司等	济优 1 号	国审稻 20200168	湖北省安陆市兆农育种创新中心
两优 1189	国审稻 20200169	湖南金源种业有限公司等	红两优丝占	国审稻 20200170	合肥国丰农业科技有限公司
特优 816	国审稻 20200171	广东田联种业有限公司	创两优雅占	国审稻 20200172	江西农业大学农学院等
隆两优 143	国审稻 20200173	湖南杂交水稻研究中心等	隆两优 9 号	国审稻 20200174	湖南杂交水稻研究中心等
福两优 1376	国审稻 20200175	浙江省金华市农业科学研究院等	君两优 198	国审稻 20200176	福建君和生物科技有限公司等
隆两优 699	国审稻 20200177	湖南亚华种业科学研究院等	荃优 164	国审稻 20200178	福建省三明市农业科学研究院等
隆两优 217	国审稻 20200179	浙江温州科技职业学院等	泸优 61	国审稻 20200180	中国水稻研究所
泰优 983	国审稻 20200181	四川泸州泰丰种业有限公司	凤两优 464	国审稻 20200182	湖南洞庭高科种业股份有限公司等
华两优 2834	国审稻 20200183	华中农业大学	荟丰优 3545	国审稻 20200184	福建省农业科学院生物技术研究所等
徽两优 1133	国审稻 20200185	安徽锦健农业科技有限公司等	辉两优华占	国审稻 20200186	垦丰长江种业科技有限公司等
龙两优月牙丝苗	国审稻 20200187	垦丰长江种业科技有限公司	凤营丝苗	国审稻 20200188	东莞市中堂凤冲水稻科研站
金信丝苗	国审稻 20200189	江西金信种业有限公司	米岗油占	国审稻 20200190	广东现代耕耘种业有限公司
巧两优 1220	国审稻 20200191	湖南兆和种业有限公司等	五粤占 3 号	国审稻 20200192	广州市农业科学研究院等
登两优 008	国审稻 20200193	湖南天瑞农鑫种业有限公司等	登两优 2108	国审稻 20200194	湖南天瑞农鑫种业有限公司等
徽两优 8966	国审稻 20200195	福建省福瑞华安种业科技有限公司等	徽两优 982	国审稻 20200196	安徽凯利种业有限公司等
晶两优 4945	国审稻 20200197	袁隆平农业高科技股份有限公司等	荃优 5438	国审稻 20200198	湖南隆平高科种业科学研究院有限公司等
广 8 优 3341	国审稻 20200199	广西兆和种业有限公司等	荆两优 833	国审稻 20200200	湖北荆楚种业科技有限公司等
庐两优 1187	国审稻 20200201	安徽丰大种业股份有限公司	玉香优 860	国审稻 20200202	湖南金健种业科技有限公司等
E 两优 100	国审稻 20200203	安徽正丰农业科技有限公司等	C 两优华晶占	国审稻 20200204	湖南中朗种业有限公司等
农两优 998	国审稻 20200205	湖南天丰农业科技有限公司	佳两优 1088	国审稻 20200206	湖南恒德种业科技有限公司等

（续表）

品种名称	审定编号	选育单位	品种名称	审定编号	选育单位
创两优丝苗	国审稻 20200207	安徽荃银超大种业有限公司等	巧两优超占	国审稻 20200208	安徽喜多收种业科技有限公司
巧两优丝苗	国审稻 20200209	安徽喜多收种业科技有限公司等	荃两优 069	国审稻 20200210	安徽荃银高科种业股份有限公司等
荃优全赢丝苗	国审稻 20200211	湖北荃银高科种业有限公司等	深两优粤禾丝苗	国审稻 20200212	安徽台沃农业科技有限公司等
喜两优丝苗	国审稻 20200213	安徽喜多收种业科技有限公司等	勇两优鄂晶丝苗	国审稻 20200214	湖北荃银高科种业有限公司
徽两优 719	国审稻 20200215	安徽日辉生物科技有限公司等	筑两优 427	国审稻 20200216	广西荃鸿农业科技有限公司等
华两优美香新占	国审稻 20200217	湖北华之夏种子有限责任公司等	金两优 1800	国审稻 20200218	合肥耕宇种业有限公司
隆两优 1558	国审稻 20200219	湖南神州星锐种业科技有限公司等	谷优 366	国审稻 20200220	福建旺穗种业有限公司等
B 两优 164	国审稻 20200221	福建省三明市农业科学研究院等	遂两优 164	国审稻 20200222	福建省三明市茂丰农业科技开发有限公司
旌优桐珍	国审稻 20200223	四川鑫源种业有限公司等	聚两优 6 号	国审稻 20200224	湖南杂交水稻研究中心等
荃优 982	国审稻 20200225	江苏丘陵地区镇江农业科学研究所等	泰优 9516	国审稻 20200226	泸州泰丰种业有限公司
湘岳占	国审稻 20200227	湖南省岳阳市农业科学研究院	盐两优 078	国审稻 20200228	中垦锦绣华农武汉科技有限公司等
中两优九华占	国审稻 20200229	中国种子集团有限公司等	深优 9528	国审稻 20200230	深圳市兆农农业科技有限公司等
两优 198	国审稻 20200231	安徽丰大种业股份有限公司	两优 9229	国审稻 20200232	安徽华韵生物科技有限公司
玖两优丝苗	国审稻 20200233	江西农嘉种业有限公司等	两优 336	国审稻 20200234	湖南金健种业科技有限公司等
Z 两优 404	国审稻 20200235	垦丰长江种业科技有限公司等	盛泰优 997	国审稻 20200236	湖南农业大学
桃优 919	国审稻 20200237	湖南金耘水稻育种研究有限公司等	华 6 优华占	国审稻 20200238	江西惠农种业有限公司等
安优 871	国审稻 20200239	江西农业大学农学院	科优 5 号	国审稻 20200240	江西天涯种业有限公司等
玖两优 980	国审稻 20200241	江西省农业科学院水稻研究所等	科两优莉珍	国审稻 20200242	垦丰长江种业科技有限公司
泰优嘉玉占	国审稻 20200243	江西农嘉种业有限公司等	源两优 5 号	国审稻 20200244	垦丰长江种业科技有限公司
瑞两优 1053	国审稻 20200245	河南信阳金誉农业科技有限公司等	鑫丰优柳占	国审稻 20200246	安徽枝柳农业科技有限公司
明泰优 632	国审稻 20200247	江西金信种业有限公司	科两优 0986	国审稻 20200248	长江大学等

（续表）

品种名称	审定编号	选育单位	品种名称	审定编号	选育单位
邦两优雅丝香	国审稻 20200249	广西兆和种业有限公司	玖两优丝占	国审稻 20200250	武汉科珈种业科技有限公司等
之两优 534	国审稻 20200251	中国水稻研究所等	中两优凡 9	国审稻 20200252	湖南金健种业科技有限公司等
万香丝苗	国审稻 20200253	江西翃壹农业科技有限公司	泰优银华粘	国审稻 20200254	湖南永益农业科技发展有限公司等
美香两优晶丝	国审稻 20200255	广西壮邦种业有限公司等	恒丰优雅占	国审稻 20200256	江西天涯种业有限公司等
邦两优香丝苗	国审稻 20200257	广西壮邦种业有限公司	恒两优华占	国审稻 20200258	湖南恒德种业科技有限公司等
恒丰优 1002	国审稻 20200259	广东华茂高科种业有限公司等	广泰优 1002	国审稻 20200260	广东省农业科学院水稻研究所
万太优 588	国审稻 20200261	广西壮族自治区农业科学院水稻研究所	诺两优 6 号	国审稻 20200262	福建科力种业有限公司等
昌两优馥香占	国审稻 20200263	广西恒茂农业科技有限公司	科源优 616	国审稻 20200264	广西壮族自治区农业科学院
兆丰优 108	国审稻 20200265	广西兆和种业有限公司	珍野优丝苗	国审稻 20200266	广西兆和种业有限公司等
春 9 两优华占	国审稻 20200267	中国农业科学院作物科学研究所等	春两优粤禾丝苗	国审稻 20200268	中国农业科学院作物科学研究所等
春两优粤新油占	国审稻 20200269	中国农业科学院深圳农业基因组研究所等	科源优 610	国审稻 20200270	广西壮族自治区农业科学院水稻研究所
苏研 318	国审稻 20200271	江苏苏乐种业科技有限公司	常农粳 14 号	国审稻 20200272	常熟市农业科学研究所
陵风优 6 号	国审稻 20200273	扬州大学	皖垦粳 8 号	国审稻 20200274	安徽皖垦种业股份有限公司
皖粳 1608	国审稻 20200275	安徽农业大学	苏秀 1717	国审稻 20200276	江苏苏乐种业科技有限公司
常优粳 8 号	国审稻 20200277	常熟市农业科学研究所	中禾优 6 号	国审稻 20200278	浙江省嘉兴市农业科学研究院等
禾香优 1 号	国审稻 20200279	浙江省嘉兴市农业科学研究院等	嘉禾优 7 号	国审稻 20200280	中国水稻研究所等
浙粳优 6 号	国审稻 20200281	浙江省农业科学院作物与核技术利用研究所等	泰粳 5241	国审稻 20200282	江苏红旗种业股份有限公司等
连粳 22 号	国审稻 20200283	江苏省连云港市农业科学院等	金粳 858	国审稻 20200284	江苏金色农业股份有限公司
中禾优 3 号	国审稻 20200285	中国科学院遗传与发育生物学研究所等	皖垦糯 5 号	国审稻 20200286	安徽皖垦种业股份有限公司

（续表）

品种名称	审定编号	选育单位	品种名称	审定编号	选育单位
苏秀 852	国审稻 20200287	江苏苏乐种业科技有限公司	中科盐 5 号	国审稻 20200288	江苏沿海地区农业科学研究所等
隆嘉优 636	国审稻 20200289	天津天隆科技股份有限公司	淮稻 29	国审稻 20200290	江苏徐淮地区淮阴农业科学研究所
扬粳 708	国审稻 20200291	江苏里下河地区农业科学研究所	中研稻 212	国审稻 20200292	江苏苏乐种业科技有限公司等
华浙糯 1 号	国审稻 20200293	浙江勿忘农种业股份有限公司等	中禾优 5 号	国审稻 20200294	中国科学院遗传与发育生物学研究所等
丰乐粳 88	国审稻 20200295	江苏镇江润健农艺有限公司	丰乐粳 99	国审稻 20200296	江苏镇江润健农艺有限公司
北作 190	国审稻 20200297	吉林省吉阳农业科学研究院等	美锋稻 321	国审稻 20200298	辽宁东亚种业有限公司
北作 189	国审稻 20200299	吉林省吉阳农业科学研究院、梅河口吉洋种业有限责任公司	天隆粳 168	国审稻 20200300	国家粳稻工程技术研究中心（天津）等
吉粳 555	国审稻 20200301	吉林省农业科学院水稻研究所	新农粳伊 4 号	国审稻 20200302	新疆农业科学院核技术生物技术研究所
中龙粳 107	国审稻 20200303	中国科学院北方粳稻分子育种联合研究中心等	松科粳 108	国审稻 20200304	黑龙江省农业科学院生物技术研究所等
龙科稻 121	国审稻 20200305	黑龙江省龙科种业集团有限公司	九稻 601	国审稻 20200306	吉林市农业科学院
中科发 7 号	国审稻 20200307	中国科学院遗传与发育生物学研究所等	华内优 086	国审稻 20200308	江苏大丰华丰种业股份有限公司
华荃优 187	国审稻 20200309	江苏大丰华丰种业股份有限公司等	荃 9 优 1393	国审稻 20200310	江苏沿海地区农业科学研究所等
广红 3 号	国审稻 20200311	广东省农业科学院水稻研究所	旱优 3015	国审稻 20200312	上海市农业生物基因中心
旱优 116	国审稻 20200313	上海天谷生物科技股份有限公司	晶两优 1212	国审稻 20206001	袁隆平农业高科技股份有限公司等
晶两优 1227	国审稻 20206002	袁隆平农业高科技股份有限公司等	陵两优 1116	国审稻 20206003	袁隆平农业高科技股份有限公司等
锦两优 128	国审稻 20206004	袁隆平农业高科技股份有限公司等	强两优 373	国审稻 20206005	湖南奥谱隆科技股份有限公司
红两优 211	国审稻 20206006	湖南奥谱隆科技股份有限公司	红两优 898	国审稻 20206007	湖南奥谱隆科技股份有限公司
雄两优 255	国审稻 20206008	湖南奥谱隆科技股份有限公司	宜香优 715	国审稻 20206009	湖南科裕隆种业有限公司
旌优 312	国审稻 20206010	湖南桃花源农业科技股份有限公司等	旌优 348	国审稻 20206011	湖南桃花源农业科技股份有限公司等
荟丰优 6101	国审稻 20206012	科荟种业股份有限公司	川种优 2268	国审稻 20206013	中国种子集团有限公司等

（续表）

品种名称	审定编号	选育单位	品种名称	审定编号	选育单位
金龙优 548	国审稻 20206014	中国种子集团有限公司等	旌 3 优 938	国审稻 20206015	中国种子集团有限公司等
荃优 1606	国审稻 20206016	安徽荃银高科种业股份有限公司	Q 两优 851	国审稻 20206017	安徽荃银高科种业股份有限公司
九优 27 占	国审稻 20206018	安徽荃银高科种业股份有限公司等	荃两优丝苗	国审稻 20206019	安徽荃银高科种业股份有限公司等
荃两优 851	国审稻 20206020	安徽荃银高科种业股份有限公司	荃优 569	国审稻 20206021	安徽荃银高科种业股份有限公司等
恒丰优粤农丝苗	国审稻 20206022	北京金色农华种业科技股份有限公司等	蓉 7 优粤农丝苗	国审稻 20206023	北京金色农华种业科技股份有限公司等
欣荣优粤农丝苗	国审稻 20206024	北京金色农华种业科技股份有限公司等	C 两优丝苗	国审稻 20206025	北京金色农华种业科技股份有限公司等
C 两优粤农丝苗	国审稻 20206026	北京金色农华种业科技股份有限公司等	川康优粤农丝苗	国审稻 20206027	北京金色农华种业科技股份有限公司等
荃优锦禾	国审稻 20206028	北京金色农华种业科技股份有限公司等	玮两优 1019	国审稻 20206029	广西恒茂农业科技有限公司等
乾两优华占	国审稻 20206030	广西恒茂农业科技有限公司等	扬籼优 919	国审稻 20206031	江苏里下河地区农业科学研究所等
荃优 325	国审稻 20206032	湖北省种子集团有限公司等	科两优 2493	国审稻 20206033	湖南科裕隆种业有限公司
科两优 3090	国审稻 20206034	湖南科裕隆种业有限公司	裕两优 3218	国审稻 20206035	湖南科裕隆种业有限公司
志两优 332	国审稻 20206036	湖南桃花源农业科技股份有限公司	B 两优 028	国审稻 20206037	湖南希望种业科技股份有限公司
B 两优 131	国审稻 20206038	湖南希望种业科技股份有限公司	B 两优 851	国审稻 20206039	湖南希望种业科技股份有限公司
泰香优 5318	国审稻 20206040	湖南希望种业科技股份有限公司	望两优 851	国审稻 20206041	湖南希望种业科技股份有限公司
赣优 735	国审稻 20206042	江苏中江种业股份有限公司等	荃 9 优 063	国审稻 20206043	江苏中江种业股份有限公司等
川农稻 1518	国审稻 20206044	福建科荟种业股份有限公司等	冈 8 优 851	国审稻 20206045	福建科荟种业股份有限公司等
华元 3 优 218	国审稻 20206046	福建科荟种业股份有限公司等	荟丰优 466	国审稻 20206047	福建科荟种业股份有限公司
智两优 618	国审稻 20206048	福建科荟种业股份有限公司	智两优 533	国审稻 20206049	福建科荟种业股份有限公司
隆两优 1308	国审稻 20206050	袁隆平农业高科技股份有限公司等	亮两优 70122	国审稻 20206051	袁隆平农业高科技股份有限公司等
韵两优丝占	国审稻 20206052	袁隆平农业高科技股份有限公司等	旌优 8401	国审稻 20206053	袁隆平农业高科技股份有限公司等

（续表）

品种名称	审定编号	选育单位	品种名称	审定编号	选育单位
梦两优 5208	国审稻 20206054	湖南隆平种业有限公司等	晶两优 8612	国审稻 20206055	袁隆平农业高科技股份有限公司等
领优华占	国审稻 20206056	湖南隆平种业有限公司等	隆两优 5438	国审稻 20206057	袁隆平农业高科技股份有限公司等
韵两优 827	国审稻 20206058	袁隆平农业高科技股份有限公司等	晶两优 1237	国审稻 20206059	袁隆平农业高科技股份有限公司等
玮两优 1273	国审稻 20206060	袁隆平农业高科技股份有限公司等	晶两优 1468	国审稻 20206061	湖南百分农业科技有限公司
晶两优 1988	国审稻 20206062	袁隆平农业高科技股份有限公司等	韵两优 128	国审稻 20206063	袁隆平农业高科技股份有限公司等
川种优 820	国审稻 20206064	中国种子集团有限公司等	泸两优晶灵	国审稻 20206065	四川川种种业有限责任公司等
香龙优 2018	国审稻 20206066	中国种子集团有限公司等	川种优 3607	国审稻 20206067	中国种子集团有限公司等
金龙优 2018	国审稻 20206068	中国种子集团有限公司三亚分公司等	荃优 967	国审稻 20206069	中国种子集团有限公司等
川优 817	国审稻 20206070	四川国豪种业股份有限公司等	川优 3637	国审稻 20206071	四川国豪种业股份有限公司等
国豪优 2115	国审稻 20206072	四川国豪种业股份有限公司等	锦城优雅禾	国审稻 20206073	四川国豪种业股份有限公司等
Q 两优 1606	国审稻 20206074	安徽荃银高科种业股份有限公司	Q 两优 165	国审稻 20206075	安徽荃银高科种业股份有限公司等
荃两优 1606	国审稻 20206076	安徽荃银高科种业股份有限公司	荃优 169	国审稻 20206077	安徽荃银高科种业股份有限公司
荃优洁田一号	国审稻 20206078	安徽荃银高科种业股份有限公司等	徽两优广丝苗	国审稻 20206079	北京金色农华种业科技股份有限公司等
浩两优 1209	国审稻 20206080	广西恒茂农业科技有限公司等	富两优 508	国审稻 20206081	合肥丰乐种业股份有限公司等
红优 2431	国审稻 20206082	合肥丰乐种业股份有限公司等	两优 5398	国审稻 20206083	合肥丰乐种业股份有限公司等
萍两优航 1573	国审稻 20206084	合肥丰乐种业股份有限公司等	C 两优 412	国审稻 20206085	湖北省种子集团有限公司等
清两优 1185	国审稻 20206086	湖北省种子集团有限公司等	红两优 1566	国审稻 20206087	湖南奥谱隆科技股份有限公司
科两优 88	国审稻 20206088	湖南科裕隆种业有限公司	裕两优湘占	国审稻 20206089	湖南科裕隆种业有限公司
和两优晶丝	国审稻 20206090	湖南桃花源农业科技股份有限公司等	N 两优 026	国审稻 20206091	湖南希望种业科技股份有限公司等
卓两优 0985	国审稻 20206092	湖南希望种业科技股份有限公司等	荃 9 优 607	国审稻 20206093	江苏红旗种业股份有限公司等
泰优 6365	国审稻 20206094	江苏红旗种业股份有限公司等	民两优华占	国审稻 20206095	湖南怀化职业技术学院

（续表）

品种名称	审定编号	选育单位	品种名称	审定编号	选育单位
荃 9 优 220	国审稻 20206096	江苏中江种业股份有限公司等	深两优 608	国审稻 20206097	江苏中江种业股份有限公司等
福泰 736	国审稻 20206098	福建科荟种业股份有限公司	冈 8 优 517	国审稻 20206099	四川农大高科农业有限责任公司等
荟丰优 533	国审稻 20206100	福建科荟种业股份有限公司	智两优 475	国审稻 20206101	福建科荟种业股份有限公司
智两优 615	国审稻 20206102	福建科荟种业股份有限公司	龙两优粤禾丝苗	国审稻 20206103	湖南大地种业有限责任公司等
兴农丝占	国审稻 20206104	四川国豪种业股份有限公司等	仲旺丝苗	国审稻 20206105	四川国豪种业股份有限公司等
徽两优粤禾丝苗	国审稻 20206106	西科农业集团股份有限公司等	龙两优 75	国审稻 20206107	西科农业集团股份有限公司等
爽两优 111	国审稻 20206108	西科农业集团股份有限公司等	爽两优 132	国审稻 20206109	西科农业集团股份有限公司等
爽两优华占	国审稻 20206110	西科农业集团股份有限公司等	扬两优 813	国审稻 20206111	西科农业集团股份有限公司等
捷两优 1187	国审稻 20206112	袁隆平农业高科技股份有限公司等	捷两优 8612	国审稻 20206113	袁隆平农业高科技股份有限公司等
晶两优 1755	国审稻 20206114	袁隆平农业高科技股份有限公司等	亮两优 1206	国审稻 20206115	袁隆平农业高科技股份有限公司等
麟两优华占	国审稻 20206116	袁隆平农业高科技股份有限公司等	麟两优黄莉占	国审稻 20206117	袁隆平农业高科技股份有限公司等
隆晶优 4456	国审稻 20206118	袁隆平农业高科技股份有限公司等	隆两优 1957	国审稻 20206119	袁隆平农业高科技股份有限公司等
隆两优 3703	国审稻 20206120	袁隆平农业高科技股份有限公司等	隆两优 3817	国审稻 20206121	袁隆平农业高科技股份有限公司等
隆两优 8669	国审稻 20206122	袁隆平农业高科技股份有限公司等	隆两优 95	国审稻 20206123	袁隆平农业高科技股份有限公司等
隆两优华宝	国审稻 20206124	袁隆平农业高科技股份有限公司等	绿银占	国审稻 20206125	深圳隆平金谷种业有限公司
宁两优丝苗	国审稻 20206126	袁隆平农业高科技股份有限公司等	玮两优 534	国审稻 20206127	袁隆平农业高科技股份有限公司等
玮两优 8612	国审稻 20206128	袁隆平农业高科技股份有限公司等	亚两优黄莉占	国审稻 20206129	袁隆平农业高科技股份有限公司等
亚两优丝苗	国审稻 20206130	袁隆平农业高科技股份有限公司等	悦两优 1672	国审稻 20206131	袁隆平农业高科技股份有限公司等
悦两优 2646	国审稻 20206132	袁隆平农业高科技股份有限公司等	悦两优 5688	国审稻 20206133	袁隆平农业高科技股份有限公司等
悦两优 7817	国审稻 20206134	袁隆平农业高科技股份有限公司等	悦两优 8612	国审稻 20206135	袁隆平农业高科技股份有限公司等
赞两优 570	国审稻 20206136	袁隆平农业高科技股份有限公司等	珍两优 4114	国审稻 20206137	袁隆平农业高科技股份有限公司等

（续表）

品种名称	审定编号	选育单位	品种名称	审定编号	选育单位
臻两优 5438	国审稻 20206138	袁隆平农业高科技股份有限公司等	臻两优 8612	国审稻 20206139	袁隆平农业高科技股份有限公司等
韵两优 1949	国审稻 20206140	袁隆平农业高科技股份有限公司等	华浙优 223	国审稻 20206141	浙江勿忘农种业股份有限公司等
中浙优 15	国审稻 20206142	浙江勿忘农种业股份有限公司等	中浙优 26	国审稻 20206143	浙江勿忘农种业股份有限公司等
川种优 018	国审稻 20206144	中国种子集团有限公司等	川种优 1066	国审稻 20206145	中国种子集团有限公司等
广两优 752	国审稻 20206146	中国种子集团有限公司	金龙优 198	国审稻 20206147	中国种子集团有限公司等
玖两优龙占	国审稻 20206148	中国种子集团有限公司等	康两优 381	国审稻 20206149	中国种子集团有限公司等
荃优 607	国审稻 20206150	中国种子集团有限公司等	新源 8 优 258	国审稻 20206151	中国种子集团有限公司等
中广两优 2115	国审稻 20206152	中国种子集团有限公司等	中广两优 2877	国审稻 20206153	中国种子集团有限公司
中广两优粤禾丝苗	国审稻 20206154	中国种子集团有限公司等	中两优 018	国审稻 20206155	湖南洞庭高科种业股份有限公司等
中两优 2305	国审稻 20206156	中国种子集团有限公司等	中两优 2622	国审稻 20206157	中国种子集团有限公司等
中两优 607	国审稻 20206158	中国种子集团有限公司	中两优银占	国审稻 20206159	中国种子集团有限公司等
新两优 611	国审稻 20206160	安徽荃银高科种业股份有限公司	荃早优丝苗	国审稻 20206161	安徽荃银高科种业股份有限公司等
吉优 258	国审稻 20206162	广州市金粤生物科技有限公司等	吉优 353	国审稻 20206163	南昌市德民农业科技有限公司等
安丰优 1380	国审稻 20206164	湖北省种子集团有限公司等	隆晶优 8401	国审稻 20206165	袁隆平农业高科技股份有限公司等
泽两优 8607	国审稻 20206166	袁隆平农业高科技股份有限公司等	深优 5438	国审稻 20206167	湖南隆平高科种业科学研究院有限公司等
桃优 314	国审稻 20206168	合肥丰乐种业股份有限公司等	五优 305	国审稻 20206169	广东省金稻种业有限公司等
苏两优 4705	国审稻 20206170	江苏中江种业股份有限公司	川浙优 536	国审稻 20206171	科荟种业股份有限公司等
秾谷优 533	国审稻 20206172	科荟种业股份有限公司等	潢优 727	国审稻 20206173	中国种子集团有限公司等
吉优 2877	国审稻 20206174	中国种子集团有限公司等	香龙优 625	国审稻 20206175	中国种子集团有限公司等
五丰优 1606	国审稻 20206176	安徽荃银高科种业股份有限公司等	银两优 3082	国审稻 20206177	安徽荃银高科种业股份有限公司

（续表）

品种名称	审定编号	选育单位	品种名称	审定编号	选育单位
银两优 606	国审稻 20206178	安徽荃银高科种业股份有限公司	广泰优京贵占	国审稻 20206179	北京金色农华种业科技股份有限公司等
晶泰优广丝苗	国审稻 20206180	北京金色农华种业科技股份有限公司等	晶泰优粤农丝苗	国审稻 20206181	北京金色农华种业科技股份有限公司等
A 两优 1 号	国审稻 20206182	湖南桃花源农业科技股份有限公司等	桃两优 77	国审稻 20206183	湖南桃花源农业科技股份有限公司等
桃秀优美珍	国审稻 20206184	湖南桃花源农业科技股份有限公司	志优金丝	国审稻 20206185	湖南桃花源农业科技股份有限公司等
桃湘优 70	国审稻 20206186	湖南桃花源农业科技股份有限公司	福泰 768	国审稻 20206187	福建科荟种业股份有限公司
谷优 466	国审稻 20206188	福建科荟种业股份有限公司等	杉两优 533	国审稻 20206189	福建科荟种业股份有限公司
泰谷优 533	国审稻 20206190	福建科荟种业股份有限公司	安田优粤禾丝苗	国审稻 20206191	西科农业集团股份有限公司等
华浙优 336	国审稻 20206192	西科农业集团股份有限公司等	五优 11	国审稻 20206193	西科农业集团股份有限公司等
晖两优 1755	国审稻 20206194	袁隆平农业高科技股份有限公司等	晖两优 5281	国审稻 20206195	袁隆平农业高科技股份有限公司等
隆香优 1221	国审稻 20206196	袁隆平农业高科技股份有限公司等	晖两优 6341	国审稻 20206197	袁隆平农业高科技股份有限公司等
晖两优 1151	国审稻 20206198	袁隆平农业高科技股份有限公司等	隆优 1273	国审稻 20206199	袁隆平农业高科技股份有限公司等
禾广丝苗	国审稻 20206200	广东省农业科学院水稻研究所	华盛优广丝苗	国审稻 20206201	北京金色农华种业科技股份有限公司等
华盛优粤农丝苗	国审稻 20206202	北京金色农华种业科技股份有限公司等	五乡优广丝苗	国审稻 20206203	北京金色农华种业科技股份有限公司等
华乡优广丝苗	国审稻 20206204	北京金色农华种业科技股份有限公司等	五乡优粤农丝苗	国审稻 20206205	北京金色农华种业科技股份有限公司等
莉晶优 570	国审稻 20206206	袁隆平农业高科技股份有限公司等	隆晶优 8246	国审稻 20206207	袁隆平农业高科技股份有限公司等
隆锋优 905	国审稻 20206208	袁隆平农业高科技股份有限公司等	隆晶优蒂占	国审稻 20206209	袁隆平农业高科技股份有限公司等
韵两优 570	国审稻 20206210	袁隆平农业高科技股份有限公司等	珍两优 570	国审稻 20206211	袁隆平农业高科技股份有限公司等
妙两优 526	国审稻 20206212	袁隆平农业高科技股份有限公司等	隆晶优 2319	国审稻 20206213	袁隆平农业高科技股份有限公司等
隆晶优玛占	国审稻 20206214	袁隆平农业高科技股份有限公司等	广明优华占	国审稻 20206215	合肥丰乐种业股份有限公司等

（续表）

品种名称	审定编号	选育单位	品种名称	审定编号	选育单位
泼优 6298	国审稻 20206216	合肥丰乐种业股份有限公司等	云两优 1999	国审稻 20206217	湖南奥谱隆科技股份有限公司
科两优 3899	国审稻 20206218	湖南科裕隆种业有限公司	荃优 851	国审稻 20206219	安徽荃银高科种业股份有限公司
隆望两优 889	国审稻 20206220	湖南希望种业科技股份有限公司	金龙优双喜	国审稻 20206221	中国种子集团有限公司等
中两优新华粘	国审稻 20206222	中国种子集团有限公司等	宇两优 827	国审稻 20206223	袁隆平农业高科技股份有限公司等
华两优 6570	国审稻 20206224	袁隆平农业高科技股份有限公司等	玮两优 1227	国审稻 20206225	袁隆平农业高科技股份有限公司等
宇两优丝占	国审稻 20206226	袁隆平农业高科技股份有限公司等	悦两优金 4	国审稻 20206227	袁隆平农业高科技股份有限公司等
玮两优美香新占	国审稻 20206228	袁隆平农业高科技股份有限公司等	赞两优 13	国审稻 20206229	袁隆平农业高科技股份有限公司等
晶两优 3987	国审稻 20206230	袁隆平农业高科技股份有限公司等	玮两优金 4	国审稻 20206231	袁隆平农业高科技股份有限公司等
泰谷优 533	国审稻 20206190	福建科荟种业股份有限公司	安田优粤禾丝苗	国审稻 20206191	西科农业集团股份有限公司等
华浙优 336	国审稻 20206192	西科农业集团股份有限公司等	五优 11	国审稻 20206193	西科农业集团股份有限公司等
晖两优 1755	国审稻 20206194	袁隆平农业高科技股份有限公司等	晖两优 5281	国审稻 20206195	袁隆平农业高科技股份有限公司等
隆香优 1221	国审稻 20206196	袁隆平农业高科技股份有限公司等	晖两优 6341	国审稻 20206197	袁隆平农业高科技股份有限公司等
晖两优 1151	国审稻 20206198	袁隆平农业高科技股份有限公司等	隆优 1273	国审稻 20206199	袁隆平农业高科技股份有限公司等
禾广丝苗	国审稻 20206200	广东省农业科学院水稻研究所	华盛优广丝苗	国审稻 20206201	北京金色农华种业科技股份有限公司等
华盛优粤农丝苗	国审稻 20206202	北京金色农华种业科技股份有限公司等	五乡优广丝苗	国审稻 20206203	北京金色农华种业科技股份有限公司等
华乡优广丝苗	国审稻 20206204	北京金色农华种业科技股份有限公司等	五乡优粤农丝苗	国审稻 20206205	北京金色农华种业科技股份有限公司等
莉晶优 570	国审稻 20206206	袁隆平农业高科技股份有限公司等	隆晶优 8246	国审稻 20206207	袁隆平农业高科技股份有限公司等
隆锋优 905	国审稻 20206208	袁隆平农业高科技股份有限公司等	隆晶优蒂占	国审稻 20206209	袁隆平农业高科技股份有限公司等
韵两优 570	国审稻 20206210	袁隆平农业高科技股份有限公司等	珍两优 570	国审稻 20206211	袁隆平农业高科技股份有限公司等
妙两优 526	国审稻 20206212	袁隆平农业高科技股份有限公司等	隆晶优 2319	国审稻 20206213	袁隆平农业高科技股份有限公司等

（续表）

品种名称	审定编号	选育单位	品种名称	审定编号	选育单位
隆晶优玛占	国审稻20206214	袁隆平农业高科技股份有限公司等	广明优华占	国审稻20206215	合肥丰乐种业股份有限公司等
泼优6298	国审稻20206216	合肥丰乐种业股份有限公司等	云两优1999	国审稻20206217	湖南奥谱隆科技股份有限公司
科两优3899	国审稻20206218	湖南科裕隆种业有限公司	荃优851	国审稻20206219	安徽荃银高科种业股份有限公司
隆望两优889	国审稻20206220	湖南希望种业科技股份有限公司	金龙优双喜	国审稻20206221	中国种子集团有限公司等
中两优新华粘	国审稻20206222	中国种子集团有限公司等	宇两优827	国审稻20206223	袁隆平农业高科技股份有限公司等
华两优6570	国审稻20206224	袁隆平农业高科技股份有限公司等	玮两优1227	国审稻20206225	袁隆平农业高科技股份有限公司等
宇两优丝占	国审稻20206226	袁隆平农业高科技股份有限公司等	悦两优金4	国审稻20206227	袁隆平农业高科技股份有限公司等
玮两优美香新占	国审稻20206228	袁隆平农业高科技股份有限公司等	赞两优13	国审稻20206229	袁隆平农业高科技股份有限公司等
晶两优3987	国审稻20206230	袁隆平农业高科技股份有限公司等	玮两优金4	国审稻20206231	袁隆平农业高科技股份有限公司等
悦两优美香新占	国审稻20206232	袁隆平农业高科技股份有限公司等	赞两优黄莉占	国审稻20206233	袁隆平农业高科技股份有限公司等
晶两优6965	国审稻20206234	袁隆平农业高科技股份有限公司等	珍两优526	国审稻20206235	袁隆平农业高科技股份有限公司等
韵两优3858	国审稻20206236	袁隆平农业高科技股份有限公司等	韵两优516	国审稻20206237	袁隆平农业高科技股份有限公司等
民升优332	国审稻20206238	袁隆平农业高科技股份有限公司等	玮两优1206	国审稻20206239	袁隆平农业高科技股份有限公司等
隆两优6965	国审稻20206240	袁隆平农业高科技股份有限公司等	悦两优1634	国审稻20206241	袁隆平农业高科技股份有限公司等
韵两优531	国审稻20206242	袁隆平农业高科技股份有限公司等	民升优丝占	国审稻20206243	袁隆平农业高科技股份有限公司等
晶两优1273	国审稻20206244	袁隆平农业高科技股份有限公司等	隆晶优1号	国审稻20206245	湖南亚华种业科学研究院
悦两优531	国审稻20206246	袁隆平农业高科技股份有限公司等	宇两优丝苗	国审稻20206247	袁隆平农业高科技股份有限公司等
民升优3134	国审稻20206248	袁隆平农业高科技股份有限公司等	隆晶优570	国审稻20206249	袁隆平农业高科技股份有限公司等
菲两优7605	国审稻20206250	袁隆平农业高科技股份有限公司等	民升优1949	国审稻20206251	袁隆平农业高科技股份有限公司等
常优17—22	国审稻20206252	袁隆平农业高科技股份有限公司等	常优17—7	国审稻20206253	袁隆平农业高科技股份有限公司等
申优26	国审稻20206254	上海市农业科学院	徐稻119	国审稻20206255	江苏明天种业科技股份有限公司等

（续表）

品种名称	审定编号	选育单位	品种名称	审定编号	选育单位
明粳 816	国审稻 20206256	江苏明天种业科技股份有限公司	淮 6152	国审稻 20206257	袁隆平农业高科技股份有限公司等
南粳 60	国审稻 20206258	江苏省农业科学院粮食作物研究所	宁粳 10 号	国审稻 20206259	袁隆平农业高科技股份有限公司等
宁粳 12 号	国审稻 20206260	袁隆平农业高科技股份有限公司等	徐稻 13 号	国审稻 20206261	袁隆平农业高科技股份有限公司等
南方稻区					
扬籼优 918	苏审稻 20200001	江苏里下河地区农业科学研究所等	镇籼 3 优 134	苏审稻 20200002	江苏丰源种业有限公司等
赣优 7363	苏审稻 20200003	江苏农林职业技术学院等	盐两优 1 号	苏审稻 20200004	江苏省盐城市盐都区农业科学研究所
华荃优 187	苏审稻 20200005	江苏大丰华丰种业股份有限公司等	徐稻 11 号	苏审稻 20200006	江苏徐淮地区徐州农业科学研究所
武粳 68	苏审稻 20200007	江苏（武进）水稻研究所等	镇稻 23 号	苏审稻 20200008	江苏丘陵地区镇江农业科学研究所等
佳源粳 1 号	苏审稻 20200009	江苏淮安银宇经济作物研究中心等	科粳稻 2 号	苏审稻 20200010	江苏昆山科腾生物科技有限公司
南粳 5626	苏审稻 20200011	江苏省农业科学院粮食作物研究所	连粳 20 号	苏审稻 20200012	江苏省连云港市农业科学院
苏盐粳 302	苏审稻 20200013	江苏省盐城市种业有限公司	江稻 501	苏审稻 20200014	江苏宿迁中江种业有限公司等
淮稻 26 号	苏审稻 20200015	江苏徐淮地区淮阴农业科学研究所	泗稻 301	苏审稻 20200016	江苏省农业科学院宿迁农科所
中科盐 3 号	苏审稻 20200017	江苏沿海地区农业科学研究所等	武粳 38	苏审稻 20200018	江苏金色农业股份有限公司等
扬农香 28	苏审稻 20200019	扬州大学等	徐稻 12 号	苏审稻 20200020	江苏徐淮地区徐州农业科学研究所
甬优 6711	苏审稻 20200021	浙江宁波种业股份有限公司	皖垦粳 516	苏审稻 20200022	安徽皖垦种业股份有限公司等
常农粳 13 号	苏审稻 20200023	江苏省常熟市农业科学研究所	武粳 68	苏审稻 20200024	江苏（武进）水稻研究所等
南粳 56	苏审稻 20200025	江苏省农业科学院粮食作物研究所	南粳 5916	苏审稻 20200026	江苏省农业科学院粮食作物研究所
宁香粳 9 号	苏审稻 20200027	南京农业大学水稻研究所	甬优 7826	苏审稻 20200028	浙江宁波种业股份有限公司
春优 312	苏审稻 20200029	中国水稻研究所	浙粳优 1758	苏审稻 20200030	浙江省农业科学院作物与核技术利用研究所
明两优丝苗	苏审稻 20200031	江苏明天种业科技股份有限公司	宁两优 1513	苏审稻 20200032	江苏明天种业科技股份有限公司
甬优 4953	苏审稻 20200033	宁波种业股份有限公司	扬粳 5118	苏审稻 20200034	江苏里下河地区农业科学研究所

（续表）

品种名称	审定编号	选育单位	品种名称	审定编号	选育单位
润扬优香粳	苏审稻20200035	江苏里下河地区农业科学研究所等	盐糯17	苏审稻20200036	江苏省盐城市盐都区农业科学研究所
扬农粳1030	苏审稻20200037	扬州大学	南粳7718	苏审稻20200038	江苏省农业科学院粮食作物研究所等
南粳9036	苏审稻20200039	江苏省农业科学院粮食作物研究所等	武香粳113	苏审稻20200040	江苏中江种业股份有限公司等
扬辐粳11号	苏审稻20200041	江苏里下河地区农业科学研究所	金香玉1号	苏审稻20200042	江苏金土地种业有限公司等
泗稻20号	苏审稻20200043	江苏省农业科学院宿迁农科所	苏盐粳230	苏审稻20200044	江苏省盐城市种业有限公司
常香粳1813	苏审稻20200045	江苏省常熟市农业科学研究所	通优粳2号	苏审稻20200046	江苏沿江地区农业科学研究所
丰糯99	苏审稻20200047	江苏中禾种业有限公司	金单糯100	苏审稻20200048	江苏省常州市金坛种子有限公司等
荃香糯3号	苏审稻20200049	江苏里下河地区农业科学研究所等	盐稻19号	苏审稻20200050	江苏沿海地区农业科学研究所等
武香糯7368	苏审稻20200051	江苏淮安春天种业科技有限公司等	香血稻515	苏审稻20200052	江苏（武进）水稻研究所
镇糯762	苏审稻20200053	江苏丰源种业有限公司等	灵谷糯1号	苏审稻20200054	江苏丰庆种业科技有限公司
天隆优619	苏审稻20200055	天津天隆种业科技有限公司	中组53	浙审稻2020001	中国水稻研究所
浙1613	浙审稻2020002	杭州种业集团有限公司等	中组100	浙审稻2020003	浙江省龙游县五谷香种业有限公司等
甬籼634	浙审稻2020004	浙江省龙游县五谷香种业有限公司等	中组18	浙审稻2020005	浙江勿忘农种业股份有限公司等
浙1702	浙审稻2020006	浙江省绍兴市舜达种业有限公司等	秀水6127	浙审稻2020007	浙江省嘉兴市农业科学研究院
嘉禾247	浙审稻2020008	浙江省嘉兴市农业科学研究院等	嘉禾香1号	浙审稻2020009	浙江省嘉兴市农业科学研究院等
原两优越丰占	浙审稻2020010	浙江科原种业有限公司等	钱优9299	浙审稻2020011	浙江省农业科学院作物与核技术利用研究所等
荃优929	浙审稻2020012	中国水稻研究所	泰两优晶丝苗	浙审稻2020013	浙江科原种业有限公司等
浙大两优168	浙审稻2020014	浙江绿巨人生物技术有限公司等	禾香优1号	浙审稻2020015	浙江省嘉兴市农业科学研究院等
甬优58	浙审稻2020016	浙江宁波种业股份有限公司	嘉科优11	浙审稻2020017	浙江省嘉兴市农业科学研究院等
甬优31	浙审稻2020018	浙江宁波种业股份有限公司	秀水6545	浙审稻2020019	浙江省嘉兴市农业科学研究院
浙大两优宜糖籼1号	浙审稻2020020	浙江大学原子核农业科学研究所	浙大锌稻	浙审稻2020021	浙江大学原子核农业科学研究所

（续表）

品种名称	审定编号	选育单位	品种名称	审定编号	选育单位
浙397S	浙审稻（不育系）2020001	浙江省农业科学院作物与核技术利用研究所	中智2S	浙审稻（不育系）2020002	中国水稻研究所
哈勃1S	浙审稻（不育系）2020003	江苏无锡哈勃生物种业技术研究院有限公司等	之5012S	浙审稻（不育系）2020004	中国水稻研究所
之5038S	浙审稻（不育系）2020005	中国水稻研究所	中广A	浙审稻（不育系）2020006	中国水稻研究所等
浙大抗1S	浙审稻（不育系）2020007	浙江大学原子核农业科学研究所	浙大01S	浙审稻（不育系）2020008	浙江大学原子核农业科学研究所
泰3S	浙审稻（不育系）2020009	浙江省温州市农业科学研究院等	中767S	浙审稻（不育系）2020010	中国水稻研究所
中国水稻研究所	浙审稻（不育系）2020011	浙江省嘉兴市农业科学研究院等	嘉禾549A	浙审稻（不育系）2020012	浙江禾天下种业股份有限公司等
嘉禾112A	浙审稻（不育系）2020013	浙江省嘉兴市农业科学研究院等	浙粳12A	浙审稻（不育系）2020014	浙江省农业科学院作物与核技术利用研究所等
浙杭K2A	浙审稻（不育系）2020015	浙江省农业科学院作物与核技术利用研究所等	申优42	沪审稻2020001	上海市农业科学院等
申优28	沪审稻2020002	上海市农业科学院	金农粳4号	沪审稻2020003	上海市金山区农业技术推广中心
光明粳5号	沪审稻2020004	光明种业有限公司等	青香软526	沪审稻2020005	上海市青浦区农业技术推广服务中心
青早香软18	沪审稻2020006	上海市青浦区农业技术推广服务中心等	沪早香181	沪审稻2020007	上海市农业科学院
鑫禾香软1号	沪审稻2020008	禾兰迪农业科技（上海）有限公司	金早粳3号	沪审稻2020009	上海市金山区农业技术推广中心
早香玉	沪审稻2020010	光明种业有限公司等	沪早106	沪审稻2020011	上海市农业生物基因中心
优糖稻3号	沪审稻2020012	上海市农业科学院	沪早1512	沪审稻2020013	上海市农业生物基因中心
旱优681	沪审稻2020014	上海市农业生物基因中心	中早57	赣审稻20200001	江西农嘉种业有限公司等
Z两优1号	赣审稻20200002	江西洪崖种业有限责任公司	江早365	赣审稻20200003	江西科源种业有限公司等
江早518	赣审稻20200004	江西科源种业有限公司	陵两优739	赣审稻20200005	江西洪崖种业有限责任公司等
株两优1123	赣审稻20200006	江西省灏德种业有限公司	陵两优238	赣审稻20200007	江西惠农种业有限公司等

（续表）

品种名称	审定编号	选育单位	品种名称	审定编号	选育单位
C两优福星占	赣审稻20200008	江西博大种业有限公司	汇两优真占	赣审稻20200009	江西汇丰源种业有限公司
C两优皇占	赣审稻20200010	江西赣州职业技术学院等	甬优6711	赣审稻20200011	浙江宁波种业股份有限公司等
农优212	赣审稻20200012	江西现代种业股份有限公司等	隆两优1957	赣审稻20200013	袁隆平农业高科技股份有限公司等
赣稻象牙占	赣审稻20200014	广西恒茂农业科技有限公司等	泰两优香占	赣审稻20200015	江西省天仁种业有限公司等
亮两优1221	赣审稻20200016	江西科源种业有限公司等	农优133	赣审稻20200017	江西雅农科技实业有限公司等
营两优294	赣审稻20200018	江西红一种业科技股份有限公司等	昌两优丝占	赣审稻20200019	江西科源种业有限公司
浙两优39	赣审稻20200020	中国水稻研究所	宸两优665	赣审稻20200021	江西金山种业有限公司
泰优631	赣审稻20200022	江西现代种业股份有限公司等	金珍优早丝	赣审稻20200023	江西金山种业有限公司等
五乡优398	赣审稻20200024	江西省天仁种业有限公司等	吉田优12	赣审稻20200025	江西省天仁种业有限公司等
广泰优晶占	赣审稻20200026	江西科源种业有限公司等	长田优9号	赣审稻20200027	江西红一种业科技股份有限公司
玖两优133	赣审稻20200028	江西雅农科技实业有限公司等	五优粤禾丝苗	赣审稻20200029	广东省农业科学院水稻研究所等
玖两优1257	赣审稻20200030	江西洪崖种业有限责任公司等	野香优靓占	赣审稻20200031	江西省农业科学院水稻研究所
泰优305	赣审稻20200032	江西现代种业股份有限公司等	H优华西丝苗	赣审稻20200033	江西汇丰源种业有限公司
金丰优花占	赣审稻20200034	江西金山种业有限公司	天优520	赣审稻20200035	江西省超级水稻研究发展中心等
赣73优661	赣审稻20200036	江西省农业科学院水稻研究所	泰乡优261	赣审稻20200037	江西华昊水稻协同创新科技有限公司等
泰优817	赣审稻20200038	江西省邓家埠水稻原种场农科所等	粤良珍禾	赣审稻20200039	广东粤良种业有限公司
华晶	赣审稻20200040	江西农业大学农学院等	靓占	赣审稻20200041	江西省农业科学院水稻研究所
丰山丝苗	赣审稻20200042	江西国穗种业有限公司	晶优1068	赣审稻20200043	江西科源种业有限公司等
软华优安占	赣审稻20200044	江西科源种业有限公司	野香优莉丝	赣审稻20200045	江西天稻粮安种业有限公司等
泰乡优粤禾丝苗	赣审稻20200046	江西天涯种业有限公司等	赣宁粳3号	赣审稻20200047	南京农业大学等
赣宁粳2号	赣审稻20200048	江西省农业科学院水稻研究所等	甬优1538	赣审稻20200049	江西兴安种业有限公司

（续表）

品种名称	审定编号	选育单位	品种名称	审定编号	选育单位
千优 3500	赣审稻 20200050	江西现代种业股份有限公司等	钢两优 18	赣审稻 20200051	江西天涯种业有限公司等
恒优 8339	赣审稻 20200052	江西天涯种业有限公司等	泰两优粤标 5 号	赣审稻 20200053	江西现代种业股份有限公司等
1000A	赣审稻 20200054	江西农业大学农学院	晶泰 A	赣审稻 20200055	江西先农种业有限公司
华盛 A	赣审稻 20200056	江西先农种业有限公司	长田 A	赣审稻 20200057	江西红一种业科技股份有限公司等
金丰 A	赣审稻 20200058	江西金山种业有限公司	金珍 A	赣审稻 20200059	湖南怀化职业技术学院等
汇 098S	赣审稻 20200060	江西汇丰源种业有限公司	钢 S	赣审稻 20200061	江西天涯种业有限公司
岑 3518S	赣审稻 20200062	江西兴安种业有限公司等	兴 1539S	赣审稻 20200063	江西兴安种业有限公司等
宸 S	赣审稻 20200064	湖南怀化职业技术学院等	聚两优 919	闽审稻 20200001	福建亚丰种业有限公司等
恒丰优 371	闽审稻 20200002	福建省农业科学院水稻研究所等	赣优 7319	闽审稻 20200003	福建省农业科学院水稻研究所等
金泰优 2050	闽审稻 20200004	福建农林大学农学院	律优 308	闽审稻 20200005	福建省农业科学院水稻研究所等
五丰优 450	闽审稻 20200006	福建省农业科学院水稻研究所	榕盛优 1131	闽审稻 20200007	福建农林大学农学院
金泰优 2877	闽审稻 20200008	中种集团福建农嘉种业股份有限公司等	潢优粤禾丝苗	闽审稻 20200009	福建省农业科学院水稻研究所等
金达优 683	闽审稻 20200010	福建农林大学农学院等	福香占	闽审稻 20200011	福建省农业科学院水稻研究所
野香优 699	闽审稻 20200012	福建禾丰种业股份有限公司等	18 优华占	闽审稻 20200013	福建旺穗种业有限公司等
谷优 693	闽审稻 20200014	福建省农业科学院水稻研究所等	旗 2 优 2015	闽审稻 20200015	福建金品农业科技股份有限公司等
广优 618	闽审稻 20200016	福建科力种业有限公司等	遂两优 164	闽审稻 20200017	福建六三种业有限责任公司等
谷优 366	闽审稻 20200018	福建旺穗种业有限公司等	雅 5 优明占	闽审稻 20200019	福建农乐种业有限公司等
野香优 6813	闽审稻 20200020	福建禾丰种业股份有限公司等	禾两优 639	闽审稻 20200021	福建农林大学农学院等
宁 12 优黑 807	闽审稻 20200022	宁德市农业科学研究所	深两优 2802	闽审稻 20200023	福建六三种业有限责任公司等
创源优 151	闽审稻 20200024	福建旺穗种业有限公司等	创源优 918	闽审稻 20200025	福建农乐种业有限公司等
君红丝苗	闽审稻 20200026	福建君和生物科技有限公司等	Q 优 12	闽审稻 20200027	重庆中一种业有限公司等

（续表）

品种名称	审定编号	选育单位	品种名称	审定编号	选育单位
元丰优 998	闽审稻 20200028	福建省三明市农业科学研究院等	恒丰优 6107	闽审稻 20200029	福建省农业科学院水稻研究所等
金泰优 156	闽审稻 20200030	福建省宁德市农业科学研究所等	金泰优 99	闽审稻 20200031	福建农林大学农学院等
金泰优 1057	闽审稻 20200032	福建农林大学农学院	金泰优 6863	闽审稻 20200033	福建农林大学农学院等
恒丰优 212	闽审稻 20200034	福建省农业科学院水稻研究所等	启优 2165	闽审稻 20200035	福建省农业科学院水稻研究所等
神农 39	闽审稻 20200036	福建神农大丰种业科技有限公司	野香优靓占	闽审稻 20200037	福建禾丰种业股份有限公司等
泰谷优 466	闽审稻 20200038	福建科荟种业股份有限公司	华元优 533	闽审稻 20200039	福建科荟种业股份有限公司
柏两优 533	闽审稻 20200040	福建科荟种业股份有限公司	玉华占	闽审稻 20200041	福建科荟种业股份有限公司
金油占	闽审稻 20200042	福建科荟种业股份有限公司	广 8 优 1059	闽审稻 20200043	福建农林大学农学院等
佳福香占	闽审稻 20200044	厦门大学生命科学学院	清香优 2 号	闽审稻 20200045	福建丰田种业有限公司等
旗 5 优 862	闽审稻 20200046	福建金品农业科技股份有限公司等	福占 1 号	闽审稻 20200047	福建省农业科学院水稻研究所
旗 5 优 661	闽审稻 20200048	福建省农业科学院水稻研究所	福昌优 661	闽审稻 20200049	福建省农业科学院水稻研究所
元两优 6503	闽审稻 20200050	福建省农业科学院水稻研究所等	金岩优 683	闽审稻 20200051	福建农林大学农学院等
内优 6478	闽审稻 20200052	福建科力种业有限公司等	福玖优 2165	闽审稻 20200053	福建省农业科学院水稻研究所
野香优 744	闽审稻 20200054	福建省农业科学院水稻研究所等	鑫两优 6832	闽审稻 20200055	福建丰田种业有限公司等
两优 1516	闽审稻 20200056	福建省南平市农业科学研究所等	福建省南平市农业科学研究所等	闽审稻 20200057	福建省泉州市农业科学研究所等
长优 1103	闽审稻 20200058	福建省建瓯市益农种子商行等	福泰 738	闽审稻 20200059	福建科荟种业股份有限公司
野香优 967	闽审稻 20200060	福建省农业科学院水稻研究所等	福农优 163	闽审稻 20200061	福建省漳州市农业科学研究所等
恒丰优 712	闽审稻 20200062	福建省农业科学院水稻研究所等	潢优 808	闽审稻 20200063	福建省农业科学院水稻研究所
福农优 101	闽审稻 20200064	福建省南平市农业科学研究所等	广 8 优 1131	闽审稻 20200065	福建农林大学农学院等
东联红	闽审稻 20200066	福建省南安市码头东联农业科技示范场	紫两优 737	闽审稻 20200067	福建省农业科学院水稻研究所
紫两优 212	闽审稻 20200068	福建省农业科学院水稻研究所	T 两优 186	闽审稻 20200069	福建省三明市农业科学研究院等

（续表）

品种名称	审定编号	选育单位	品种名称	审定编号	选育单位
红两优 6 号	闽审稻 20200070	福建旺穗种业有限公司等	清达 A	闽审稻 20200071	福建省农业科学院水稻研究所
创源 A	闽审稻 20200072	福建省农业科学院水稻研究所	启源 A	闽审稻 20200073	福建省农业科学院水稻研究所
福泰 1A	闽审稻 20200074	福建省农业科学院水稻研究所	旗 5A	闽审稻 20200075	福建省农业科学院水稻研究所
明太 A	闽审稻 20200076	福建省三明市农业科学研究院	福玖 A	闽审稻 20200077	福建省农业科学院水稻研究所
君 A	闽审稻 20200078	福建君和生物科技有限公司等	明糯 A	闽审稻 20200079	福建省三明市农业科学研究院
陆 A	闽审稻 20200080	厦门大学	佳谷 A	闽审稻 20200081	福建省泉州市农业科学研究所
秾谷 A	闽审稻 20200082	福建省农业科学院生物技术研究所等	榕盛 A	闽审稻 20200083	福建农林大学农学院
金达 A	闽审稻 20200084	福建农林大学农学院	云香 A	闽审稻 20200085	建瓯市厚积农业科学研究所等
1678S	闽审稻 20200086	福建省农业科学院生物技术研究所	闽糯 2S	闽审稻 20200087	福建农林大学作物遗传改良研究所
虬 S	闽审稻 20200088	福建省农业科学院水稻研究所	榕夏 S	闽审稻 20200089	福建省农业科学院水稻研究所
榕 S	闽审稻 20200090	福建省农业科学院水稻研究所	N15S	闽审稻 20200091	福建省南平市农业科学研究所等
君 S	闽审稻 20200092	福建君和生物科技有限公司等	紫 05S	闽审稻 20200093	福建省南平市农业科学研究所等
杉农 S	闽审稻 20200094	福建科荟种业股份有限公司	柏农 S	闽审稻 20200095	福建科荟种业股份有限公司
榕 25S	闽审稻 20200096	福建农林大学农产品品质研究所	春 80S	闽审稻 20200097	福建省建瓯市厚积农业科学研究所等
富稻 19	皖审稻 20200001	安徽省创富种业有限公司	两优 9178	皖审稻 20200002	安徽省农业科学研究院水稻研究所
23 两优 603	皖审稻 20200003	合肥科源农业科学研究所	C 两优 099	皖审稻 20200004	安徽喜多收种业科技有限公司
C 两优星占	皖审稻 20200005	安徽阜顺种业科技有限公司	徽两优雅占	皖审稻 20200006	安徽锦色秀华农业科技有限公司等
两优 1160	皖审稻 20200007	安徽省农业科学院水稻研究所等	两优 8761	皖审稻 20200008	安徽省农业科学院水稻研究所
荃 9 优 106	皖审稻 20200009	安徽省皖农种业有限公司等	荃两优华占	皖审稻 20200010	安徽荃银高科种业股份有限公司等
徽两优 968	皖审稻 20200011	安徽喜多收种业科技有限公司等	新混优 6 号	皖审稻 20200012	安徽省农业科学院水稻研究所等
原两优 185	皖审稻 20200013	安徽原谷公社生态农业科技有限公司	茉两优 1032	皖审稻 20200014	安徽富诚生物科技有限公司

（续表）

品种名称	审定编号	选育单位	品种名称	审定编号	选育单位
荃香优 89	皖审稻 20200015	安徽省宣城市种植业局等	9 优 766	皖审稻 20200016	江苏红旗种业股份有限公司等
两优 118	皖审稻 20200017	安徽省农业科学研究院水稻研究所	两优 7768	皖审稻 20200018	安徽省农业科学研究院水稻研究所
两优 5792	皖审稻 20200019	安徽省农业科学研究院水稻研究所	两优 696	皖审稻 20200020	安徽瑞和种业有限公司
隆两优 4118	皖审稻 20200021	安徽隆平高科（新桥）种业有限公司	两优 393	皖审稻 20200022	安徽嘉农种业有限公司
中粳糯 588	皖审稻 20200023	安徽华安种业有限责任公司	绿两优 778	皖审稻 20200024	安徽绿雨种业股份有限公司
吉优华占	皖审稻 20200025	广东省金稻种业有限公司等	早优粤农丝苗	皖审稻 20200026	江西先农种业有限公司等
两优 4305	皖审稻 20200027	安徽隆平高科（新桥）种业有限公司等	两优 3962	皖审稻 20200028	合肥丰乐种业股份有限公司
湘融优华占	皖审稻 20200029	湖南省湘融农业科技有限公司等	谷神糯 116	皖审稻 20200030	安徽谷神种业有限公司
晚粳 117	皖审稻 20200031	安徽芜湖青弋江种业有限公司等	武运 402	皖审稻 20200032	合肥源植农业科技研究所
弋粳 10 号	皖审稻 20200033	安徽芜湖青弋江种业有限责任公司等	星粳 1 号	皖审稻 20200034	合肥市五星农业科技研究所等
巡粳 168	皖审稻 20200035	安徽巡天农业科技有限公司	同丰粳 62	皖审稻 20200036	安徽省同丰种业有限公司
创两优丰占	皖审稻 20200037	袁氏种业高科技有限公司等	红两优瑞占	皖审稻 20200038	合肥国丰农业科技有限公司
两优 3386	皖审稻 20200039	合肥丰乐种业股份有限公司	早籼 617	皖审稻 20201001	安徽省农业科学院水稻研究所等
欣两优三号	皖审稻 20201002	安徽荃银欣隆种业有限公司	两优 1598	皖审稻 20201003	安徽国瑞种业有限公司
徽两优 899	皖审稻 20201004	安徽国瑞种业有限公司	C 两优德占	皖审稻 20201005	安徽省广德市农业科学研究所等
徽两优 272	皖审稻 20201006	安徽五星农业科技有限公司等	荃优德占	皖审稻 20201007	安徽省广德市农业科学研究所等
创两优丰占 66	皖审稻 20201008	寿县农业科学研究所等	野香优丰占	皖审稻 20201009	安徽枝柳农业科技有限公司
N 两优 151	皖审稻 20201010	安徽新安种业有限公司	Q 两优 506	皖审稻 20201011	安徽荃银种业科技有限公司等
徽两优珍丝苗	皖审稻 20201012	安徽真金彩种业有限责任公司等	两优 1999	皖审稻 20201013	安徽省农业科学院水稻研究所
两优 1976	皖审稻 20201014	安徽省农业科学院水稻研究所	两优 1190	皖审稻 20201015	安徽徽商农家福有限公司
两优 5181	皖审稻 20201016	安徽徽商农家福有限公司	荃优 760	皖审稻 20201017	安徽省农业科学院水稻研究所等

（续表）

品种名称	审定编号	选育单位	品种名称	审定编号	选育单位
两优 728	皖审稻 20201018	安徽蓝田农业开发有限公司等	喜两优华占	皖审稻 20201019	安徽喜多收种业科技有限公司等
中禾优 1 号	皖审稻 20201020	中国科学院遗传与发育生物学研究所等	九优 386	皖审稻 20201021	安徽荃银超大种业有限公司等
裕禾丝苗	皖审稻 20201022	安徽喜多收种业科技有限公司	晶香丝占	皖审稻 20201023	安徽喜多收种业科技有限公司
喜两优晶丝苗	皖审稻 20201024	安徽喜多收种业科技有限公司	喜两优丰丝苗	皖审稻 20201025	安徽喜多收种业科技有限公司
深两优 3688	皖审稻 20201026	安徽喜多收种业科技有限公司	巧两优晶占	皖审稻 20201027	安徽喜多收种业科技有限公司
巧两优晶丝苗	皖审稻 20201028	安徽喜多收种业科技有限公司	钻两优超占	皖审稻 20201029	安徽喜多收种业科技有限公司等
勤两优 2 号	皖审稻 20201030	安徽理想种业有限公司	两优 857	皖审稻 20201031	安徽丰大农业科技有限公司
川优 616	皖审稻 20201032	安徽丰大农业科技有限公司等	深两优粤禾丝苗	皖审稻 20201033	安徽台沃农业科技有限公司等
深优粤禾丝苗	皖审稻 20201034	安徽台沃农业科技有限公司等	梓两优 5 号	皖审稻 20201035	合肥金色生物研究有限公司等
两优 1134	皖审稻 20201036	安徽咏悦农业科技有限公司	科两优 986	皖审稻 20201037	合肥科翔种业研究所
淮两优 42	皖审稻 20201038	安徽绿洲农业发展有限公司	徽两优早占	皖审稻 20201039	安徽华赋农业发展有限公司等
Q 两优 155	皖审稻 20201040	安徽荃银超大种业有限公司等	秋两优新占	皖审稻 20201041	安徽原谷公社生态农业科技有限公司
原谷珍香	皖审稻 20201042	安徽原谷公社生态农业科技有限公司等	徽粳 753	皖审稻 20201043	安徽省农业科学院水稻研究所
徽粳 722	皖审稻 20201044	安徽省农业科学院水稻研究所	中粳 736	皖审稻 20201045	安徽蓝田农业开发有限公司等
华粳 123	皖审稻 20201046	安徽华安种业有限责任公司等	金粳糯 6288	皖审稻 20201047	合肥国丰农业科技有限公司等
徽粳 719	皖审稻 20201048	安徽喜多收种业科技有限公司等	丰粳 3227	皖审稻 20201049	江苏神农大丰种业科技有限公司等
富糯 628	皖审稻 20201050	安徽省创富种业有限公司等	春优 590	皖审稻 20201051	安徽省创富种业有限公司等
春优 987	皖审稻 20201052	安徽省创富种业有限公司等	知粳 207	皖审稻 20201053	合肥知本生物科技发展有限公司
赛粳 618	皖审稻 20201054	安徽赛诺种业有限公司	中香黄占	皖审稻 20201055	海南波莲水稻基因科技有限公司
豪优华占	皖审稻 20201056	安徽国豪农业科技有限公司等	徽粳 706	皖审稻 20201057	安徽省农业科学院水稻研究所
徽粳 755	皖审稻 20201058	安徽省农业科学院水稻研究所	金粳 778	皖审稻 20201059	安徽省农业科学院水稻研究所

（续表）

品种名称	审定编号	选育单位	品种名称	审定编号	选育单位
元粳3号	皖审稻20201060	安徽红旗种业科技有限公司等	绿亿香糯	皖审稻20201061	安徽绿亿种业有限公司
日辉粳1号	皖审稻20201062	安徽日辉生物科技有限公司	粳糯335	皖审稻20201063	安徽省创富种业有限公司等
豪粳1号	皖审稻20201064	安徽国豪农业科技有限公司	亚两优6号	皖审稻20201065	安徽亚信种业有限公司
两优粤禾丝苗	皖审稻20201066	安徽台沃农业科技有限公司等	柒两优785	湘审稻20200001	湖南杂交水稻研究中心等
粮两优芸占	湘审稻20200002	湖南粮安种业科技股份有限公司等	民两优华占	湘审稻20200003	湖南怀化职业技术学院
旌优607	湘审稻20200004	中国种子集团有限公司等	荃优607	湘审稻20200005	中国种子集团有限公司等
生两优273	湘审稻20200006	湖南杂交水稻研究中心	恒丰优金丝苗	湘审稻20200007	广东粤良种业有限公司
泰优金华粘	湘审稻20200008	湖南永益农业科技发展有限公司等	两优88	湘审稻20200009	湖南省贺家山原种场等
农香39	湘审稻20200010	湖南省水稻研究所	农香42	湘审稻20200011	湖南省水稻研究所
泉两优芸占	湘审稻20200012	湖南粮安科技股份有限公司等	松雅早1号	湘审稻20200013	湖南桃花源农业科技股份有限公司等
锦两优8号	湘审稻20200014	湖南桃花源农业科技股份有限公司等	艳两优039	湘审稻20200015	湖南希望种业科技股份有限公司等
钰两优611	湘审稻20200016	袁隆平农业高科技股份有限公司等	钰两优113	湘审稻20200017	袁隆平农业高科技股份有限公司等
泓两优503	湘审稻20200018	袁隆平农业高科技股份有限公司等	平两优华占	湘审稻20200019	袁隆平农业高科技股份有限公司等
冠两优华占	湘审稻20200020	袁隆平农业高科技股份有限公司等	悦两优3189	湘审稻20200021	袁隆平农业高科技股份有限公司等
韵两优隆王丝苗	湘审稻20200022	袁隆平农业高科技股份有限公司等	韵两优象牙香珍	湘审稻20200023	袁隆平农业高科技股份有限公司等
赞两优570	湘审稻20200024	袁隆平农业高科技股份有限公司等	民升优丝占	湘审稻20200025	袁隆平农业高科技股份有限公司等
韵两优128	湘审稻20200026	袁隆平农业高科技股份有限公司等	悦两优1273	湘审稻20200027	袁隆平农业高科技股份有限公司等
两优205	湘审稻20200028	袁氏种业高科技有限公司	裕两优18	湘审稻20200029	湖南科裕隆种业有限公司
科两优梅占	湘审稻20200030	湖南科裕隆种业有限公司	科裕两优华占	湘审稻20200031	湖南科裕隆种业有限公司
玖两优玖39	湘审稻20200032	湖南金色农丰种业有限公司等	玖两优1858	湘审稻20200033	湖南金健种业科技有限公司等
泰优1261	湘审稻20200034	湖南金健种业科技有限公司等	中两优凡9	湘审稻20200035	湖南金健种业科技有限公司等

（续表）

品种名称	审定编号	选育单位	品种名称	审定编号	选育单位
玖两优玉占	湘审稻 20200036	湖南恒德种业科技有限公司等	麓山丝苗	湘审稻 20200037	湖南希望种业科技股份有限公司等
枫林丝苗	湘审稻 20200038	湖南希望种业科技股份有限公司等	隆优 2991	湘审稻 20200039	袁隆平农业高科技股份有限公司等
T 两优 131	湘审稻 20200040	湖南希望种业科技股份有限公司等	隆优 2129	湘审稻 20200041	袁隆平农业高科技股份有限公司等
五优 3636	湘审稻 20200042	湖南恒德种业科技有限公司等	隆晶优 4171	湘审稻 20200043	袁隆平农业高科技股份有限公司等
陵两优 1309	湘审稻 20200044	湖南佳和种业股份有限公司等	浙两优 166	湘审稻 20200045	湖南佳和种业股份有限公司等
康两优 911	湘审稻 20200046	湖南袁创超级稻技术有限公司	吨两优 17	湘审稻 20200047	湖南袁创超级稻技术有限公司
利两优华晶	湘审稻 20200048	湖南垦惠商业化育种有限责任公司等	望两优 815	湘审稻 20200049	湖南湘穗种业有限责任公司
圳两优 2018	湘审稻 20200050	长沙利诚种业有限公司	汉两优 1607	湘审稻 20200051	湖南佳和种业股份有限公司
韶优 766	湘审稻 20200052	湖南佳和种业股份有限公司等	旺两优 911	湘审稻 20200053	湖南袁创超级稻技术有限公司
深优 610	湘审稻 20200054	湖南佳和种业股份有限公司等	吉优粤占	湘审稻 20200055	益阳市惠民种业科技有限公司等
吉优晶占	湘审稻 20200056	湖南永益农业科技发展有限公司等	创优华九	湘审稻 20200057	湖南袁创超级稻技术有限公司
旺两优 98 丝苗	湘审稻 20200058	湖南袁创超级稻技术有限公司等	板仓早糯	湘审稻 20200059	湖南省水稻研究所
板仓早紫	湘审稻 20200060	湖南省水稻研究所	板仓全彩	湘审稻 20200061	湖南省水稻研究所
板仓红糯	湘审稻 20200062	湖南省水稻研究所	湘糯 28	湘审稻 20200063	湖南湘穗种业有限责任公司
赞两优 13	湘审稻 20200064	袁隆平农业高科技股份有限公司等	珂两优 1273	湘审稻 20206001	袁隆平农业高科技股份有限公司等
隆 8 优 5438	湘审稻 20206002	袁隆平农业高科技股份有限公司等	捷两优 7810	湘审稻 20206003	袁隆平农业高科技股份有限公司等
捷两优 8612	湘审稻 20206004	袁隆平农业高科技股份有限公司等	莉晶优 4945	湘审稻 20206005	袁隆平农业高科技股份有限公司等
俊两优黄莉占	湘审稻 20206006	袁隆平农业高科技股份有限公司等	平两优丝苗	湘审稻 20206007	袁隆平农业高科技股份有限公司等
隆 8 优 1308	湘审稻 20206008	袁隆平农业高科技股份有限公司等	隆两优 3817	湘审稻 20206009	袁隆平农业高科技股份有限公司等
臻两优 3703	湘审稻 20206010	袁隆平农业高科技股份有限公司等	靓两优丝苗	湘审稻 20206011	袁隆平农业高科技股份有限公司等
韵两优 5438	湘审稻 20206012	袁隆平农业高科技股份有限公司等	韵两优 1308	湘审稻 20206013	袁隆平农业高科技股份有限公司等

（续表）

品种名称	审定编号	选育单位	品种名称	审定编号	选育单位
D两优8146	湘审稻20206014	袁隆平农业高科技股份有限公司等	玮两优8612	湘审稻20206015	袁隆平农业高科技股份有限公司等
玮两优1206	湘审稻20206016	袁隆平农业高科技股份有限公司等	珂两优8612	湘审稻20206017	袁隆平农业高科技股份有限公司等
隆晶优蒂占	湘审稻20206018	袁隆平农业高科技股份有限公司等	增两优黄莉占	湘审稻20206019	袁隆平农业高科技股份有限公司等
隆晶优5438	湘审稻20206020	袁隆平农业高科技股份有限公司等	隆晶优1273	湘审稻20206021	袁隆平农业高科技股份有限公司等
捷两优1057	湘审稻20206022	袁隆平农业高科技股份有限公司等	彦两优黄莉占	湘审稻20206023	袁隆平农业高科技股份有限公司等
隆晶优534	湘审稻20206024	袁隆平农业高科技股份有限公司等	五优蒂占	湘审稻20206025	袁隆平农业高科技股份有限公司等
隆香优1624	湘审稻20206026	袁隆平农业高科技股份有限公司等	泽两优6502	湘审稻20206027	袁隆平农业高科技股份有限公司等
隆晶优2911	湘审稻20206028	袁隆平农业高科技股份有限公司等	隆科丝苗14号	湘审稻20206029	袁隆平农业高科技股份有限公司等
妙两优1221	湘审稻20206030	袁隆平农业高科技股份有限公司等	隆晶优3135	湘审稻20206031	袁隆平农业高科技股份有限公司等
隆晶优5842	湘审稻20206032	袁隆平农业高科技股份有限公司等	隆晶优2636	湘审稻20206033	袁隆平农业高科技股份有限公司等
莉优1221	湘审稻20206034	袁隆平农业高科技股份有限公司等	妙两优3287	湘审稻20206035	袁隆平农业高科技股份有限公司等
妙两优2056	湘审稻20206036	袁隆平农业高科技股份有限公司等	莉优058	湘审稻20206037	袁隆平农业高科技股份有限公司等
隆科丝苗13号	湘审稻20206038	袁隆平农业高科技股份有限公司等	隆晶优1195	湘审稻20206039	袁隆平农业高科技股份有限公司等
芯两优9011	鄂审稻20200001	湖北省黄冈市农业科学院等	陵两优686	鄂审稻20200002	中国水稻研究所等
华两优2817	鄂审稻20200003	华中农业大学	华两优3734	鄂审稻20200004	华中农业大学
凯两优1368	鄂审稻20200005	湖北华泓种业科技有限公司等	强两优688	鄂审稻20200006	武汉市文鼎农业生物技术有限公司等
创两优挺占	鄂审稻20200007	湖北农华农业科技有限公司等	华两优2869	鄂审稻20200008	湖北省孝感市农业科学院等
香两优16	鄂审稻20200009	湖北中香农业科技股份有限公司等	两优粤禾丝苗	鄂审稻20200010	安徽台沃农业科技有限公司等
巨2优70	鄂审稻20200011	湖北省农业科学院粮食作物研究所等	7优88	鄂审稻20200012	湖北大学
荃优锦禾	鄂审稻20200013	北京金色农华种业科技股份有限公司等	荃优133	鄂审稻20200014	华控种业科创服务（武汉）有限公司等
荃优303	鄂审稻20200015	湖北省种子集团有限公司等	荃优425	鄂审稻20200016	湖北鄂科华泰种业股份有限公司等

（续表）

品种名称	审定编号	选育单位	品种名称	审定编号	选育单位
广8优粤禾丝苗	鄂审稻20200017	广东省农业科学院水稻研究所等	领优华占	鄂审稻20200018	湖南隆平种业有限公司等
甬优4919	鄂审稻20200019	武汉佳禾生物科技有限责任公司等	甬优6720	鄂审稻20200020	浙江宁波种业股份有限公司等
甬优7055	鄂审稻20200021	武汉佳禾生物科技有限责任公司等	糯两优8号	鄂审稻20200022	湖北荆楚种业科技有限公司等
襄两优138	鄂审稻20200023	湖北省襄阳市农业科学院等	魅两优美香新占	鄂审稻20200024	湖北华之夏种子有限责任公司等
仙两优757	鄂审稻20200025	湖北联航农业科技有限公司等	创两优412	鄂审稻20200026	湖北省种子集团有限公司等
春两优华占	鄂审稻20200027	中国农业科学院作物科学研究所等	旺两优911	鄂审稻20200028	湖南袁创超级稻技术有限公司
荃优071	鄂审稻20200029	武汉惠华三农种业有限公司等	恒丰优金丝占	鄂审稻20200030	重庆大爱种业有限公司
敦优972	鄂审稻20200031	湖北荆楚种业科技有限公司	隆华丝苗	鄂审稻20200032	湖北隆华种业有限公司
谷神占	鄂审稻20200033	湖北谷神科技有限责任公司	晶两优1252	鄂审稻20200034	袁隆平农业高科技股份有限公司等
瑜晶优50	鄂审稻20200035	湖南中朗种业有限公司	伍两优鄂莹丝苗	鄂审稻20200036	湖北荃银高科种业有限公司
泰优628	鄂审稻20200037	长江大学等	荆楚优8671	鄂审稻20200038	湖北荆楚种业科技有限公司等
玺优447	鄂审稻20200039	湖北省黄冈市农业科学院等	益9优447	鄂审稻20200040	湖北农益生物科技有限公司等
长粳优582	鄂审稻20200041	湖北中香农业科技股份有限公司等	汉粳2号	鄂审稻20200042	武汉市农业科学院等
申稻8号	鄂审稻20200043	上海天谷生物科技股份有限公司	虾稻1号	鄂审稻20200044	湖北省农业科学院粮食作物研究所等
景华丝苗	鄂审稻20200045	湖北华之夏种子有限责任公司	鄂中6号	鄂审稻20200046	湖北省农业科学院粮食作物研究所等
淳丰优1028	鄂审稻20200047	湖北鄂科华泰种业股份有限公司等	华两优2882	鄂审稻20200048	武汉弘耕种业有限公司等
创两优068	鄂审稻20200049	湖北康农种业股份有限公司等	全两优鄂丰丝苗	鄂审稻20200050	湖北荃银高科种业有限公司
E两优575	鄂审稻20200051	湖北荃银高科种业有限公司等	E两优15	鄂审稻20200052	湖北惠民农业科技有限公司等
勇两优586	鄂审稻20200053	湖北荃银高科种业有限公司	勇两优全赢占	鄂审稻20200054	湖北荃银高科种业有限公司
全两优18	鄂审稻20200055	湖北荃银高科种业有限公司	全两优158	鄂审稻20200056	湖北荃银高科种业有限公司
忠两优618	鄂审稻20200057	湖北荃银高科种业有限公司	忠两优鄂晶丝苗	鄂审稻20200058	湖北荃银高科种业有限公司

（续表）

品种名称	审定编号	选育单位	品种名称	审定编号	选育单位
华两优金 12	鄂审稻 20200059	中垦锦绣华农武汉科技有限公司等	襄两优 336	鄂审稻 20200060	中垦锦绣华农武汉科技有限公司等
G 两优 7 号	鄂审稻 20200061	湖北楚创高科农业有限公司	敦优 526	鄂审稻 20200062	中垦锦绣华农武汉科技有限公司等
荃优鄂晶丝苗	鄂审稻 20200063	湖北荃银高科种业有限公司等	银两优 822	鄂审稻 20200064	湖北荃银高科种业有限公司等
魅两优黄丝苗	鄂审稻 20200065	湖北华之夏种子有限责任公司	皖两优华占	鄂审稻 20200066	湖北惠民农业科技有限公司等
两优 185	鄂审稻 20200067	湖北省荆州市金龙发种业有限公司等	郢两优 258	鄂审稻 20200068	湖北荃银高科种业有限公司
郢两优鄂丰丝苗	鄂审稻 20200069	湖北荃银高科种业有限公司等	魅两优 601	鄂审稻 20200070	湖北华之夏种子有限责任公司等
华两优 2847	鄂审稻 20200071	武汉惠华三农种业有限公司	崇优华占	鄂审稻 20200072	武汉惠华三农种业有限公司等
鄂香优 418	鄂审稻 20200073	湖北荃银高科种业有限公司等	红香优丝苗	鄂审稻 20200074	湖北中香农业科技股份有限公司
郢丰丝苗	鄂审稻 20200075	湖北荃银高科种业有限公司	鄂莹丝苗	鄂审稻 20200076	湖北荃银高科种业有限公司
荆糯 8 号	鄂审稻 20200077	武汉科珈种业科技有限公司等	绣占 9 号	鄂审稻 20200078	中垦锦绣华农武汉科技有限公司等
隆稻 3 号	鄂审稻 20200079	武汉弘耕种业有限公司等	节优 804	鄂审稻 20200080	湖北省黄冈市农业科学院等
银 58S	鄂审稻 20200081	湖北荃银高科种业有限公司	魅 051S	鄂审稻 20200082	湖北华之夏种子有限责任公司
襄 1S	鄂审稻 20200083	湖北省襄阳市农业科学院	华 1006S	鄂审稻 20200084	华中农业大学
华 1037S	鄂审稻 20200085	华中农业大学作物遗传改良国家重点实验室	勇 658S	鄂审稻 20200086	湖北荃银高科种业有限公司
伍 331S	鄂审稻 20200087	湖北荃银高科种业有限公司	郢 216S	鄂审稻 20200088	湖北荃银高科种业有限公司
凯 68S	鄂审稻 20200089	湖北华泓种业科技有限公司等	香 62S	鄂审稻 20200090	湖北中香农业科技股份有限公司等
G98S	鄂审稻 20200091	湖北楚创高科农业有限公司	清-1S	鄂审稻 20200092	湖北省种子集团有限公司等
长农 2A	鄂审稻 20200093	长江大学主要粮食作物产业化湖北省协同创新中心	崇农 A	鄂审稻 20200094	武汉惠华三农种业有限公司
玺 A	鄂审稻 20200095	湖北省黄冈市农业科学院等	益 9A	鄂审稻 20200096	湖北省黄冈市农业科学院等
创两优 303	鄂审稻 20206001	湖北省种子集团有限公司等	两优 303	鄂审稻 20206002	湖北省种子集团有限公司

（续表）

品种名称	审定编号	选育单位	品种名称	审定编号	选育单位
圳优 6377	鄂审稻 20206003	湖北省种子集团有限公司等	旱优 73	鄂审稻 20210001	上海市农业生物基因中心
金科丝苗 1 号	鄂审稻 20216001	湖北省种子集团有限公司等	大两优 111	渝审稻 20200001	重庆大爱种业有限公司
川康优 583	渝审稻 20200002	四川农业大学水稻研究所等	川农优 1505	渝审稻 20200003	四川农业大学水稻研究所等
科两优 105	渝审稻 20200004	江西惠农种业有限公司	九优 386	渝审稻 20200005	安徽荃银超大种业有限公司等
明 2 优明占	渝审稻 20200006	福建六三种业有限责任公司等	乐 5 优 16	渝审稻 20200007	重庆三峡农业科学院等
西大 8 优 727	渝审稻 20200008	西南大学农学与生物科技学院等	神 9 优 52	渝审稻 20200009	重庆中一种业有限公司
CY 优 268	渝审稻 20200010	丰都县亿金农业科学研究所	神农优 446	渝审稻 20200011	重庆市农业科学院
万 73 优 16	渝审稻 20200012	重庆三峡农业科学院	渝香优 8133	渝审稻 20200013	重庆市农业科学院等
渝优 8421	渝审稻 20200014	重庆市农业科学院等	神 9 优 46	渝审稻 20200015	重庆市农业科学院
神 9 优 28	渝审稻 20200016	重庆中一种业有限公司	忠香优 904	渝审稻 20200017	重庆市渝东南农业科学院
巴两优 132	渝审稻 20200018	中国科学院遗传与发育生物学研究所等	野香优海丝	渝审稻 20200019	广西绿海种业有限公司等
七香优晶占	渝审稻 20200020	重庆大爱种业有限公司	野香优新华粘	渝审稻 20200021	广西绿海种业有限公司
Y 两优 305	渝审稻 20200022	国家杂交水稻工程技术研究中心等	启优 609	渝审稻 20200023	重庆帮豪种业股份有限公司等
祥优 609	渝审稻 20200024	重庆市迪卡农业有限公司	云两优 609	渝审稻 20200025	重庆帮豪种业股份有限公司
U 早优 548	渝审稻 20200026	重庆三峡农科所种子开发公司等	神农优 455	渝审稻 20200027	重庆市农业科学院
沪优 716	渝审稻 20200028	上海天谷生物科技股份有限公司等	巴黑糯 1 号	渝审稻 20200029	重庆大学
晶红优 52	渝审稻 20200030	重庆市农业科学院	西紫 1 号	渝审稻 20200031	西南大学农学与生物科技学院
Q 糯 2 号	渝审稻 20200032	重庆三千种业有限公司	渝红优 9341	渝审稻 20200033	重庆市农业科学院等
渝红优 8941	渝审稻 20200034	重庆市农业科学院等	荃优 9573	川审稻 20200001	四川农业大学水稻研究所等
宜优 919	川审稻 20200002	乐山市农业科学研究院等	千乡优 8123	川审稻 20200003	四川正达农业科技有限责任公司等
内 5 优 2303	川审稻 20200004	乐山市农业科学研究院等	川绿优 3411	川审稻 20200005	乐山市农业科学研究院等

（续表）

品种名称	审定编号	选育单位	品种名称	审定编号	选育单位
千乡优 817	川审稻 20200006	四川省内江市农业科学院	千乡优 523	川审稻 20200007	四川正达农业科技有限责任公司等
雅 7 优 3203	川审稻 20200008	四川农业大学农学院等	裕 55 优 16	川审稻 20200009	四川裕丰种业有限责任公司
川绿优 470	川审稻 20200010	四川省绵阳市农业科学研究院等	旌康优 3241	川审稻 20200011	四川省农业科学院水稻高粱研究所
冈 8 优 3663	川审稻 20200012	达州市农业科学研究院等	川绿优 313	川审稻 20200013	四川农业大学水稻研究所等
泸优 5183	川审稻 20200014	四川农业大学水稻研究所等	千乡优 6516	川审稻 20200015	四川省农业科学院水稻高粱研究所等
锦 1 优 324	川审稻 20200016	成都市农林科学院作物研究所	德 1 优 3241	川审稻 20200017	四川省农业科学院水稻高粱研究所
蓉 18 优 339	川审稻 20200018	成都市农林科学院作物研究所	川农优 623	川审稻 20200019	四川农业大学水稻研究所等
蓉优 451	川审稻 20200020	四川农业大学水稻研究所等	千乡优 917	川审稻 20200021	四川省内江市农业科学院
德优 6699	川审稻 20200022	四川省农业科学院水稻高粱研究所等	雅优 637	川审稻 20200023	四川农业大学农学院等
雅优 212	川审稻 20200024	四川农业大学农学院等	旌 13 优 938	川审稻 20200025	四川省农业科学院水稻高粱研究所
泰丰优 6139	川审稻 20200026	四川省绵阳市农业科学研究院等	隆晶优 1706	川审稻 20200027	袁隆平农业高科技股份有限公司等
德优 6669	川审稻 20200028	四川得月科技种业有限公司等	千乡优 918	川审稻 20200029	四川省内江市农业科学院
广 8 优 589	川审稻 20200030	四川农业大学水稻研究所等	旌早优 2938	川审稻 20200031	四川省农业科学院水稻高粱研究所等
旌早优 1391	川审稻 20200032	四川省农业科学院水稻高粱研究所	蓉 7 优 680	川审稻 20200033	四川鑫源种业有限公司等
乐优 3313	川审稻 20200034	四川省绵阳市农业科学研究院等	川农优 657	川审稻 20200035	四川农业大学水稻研究所等
川优 7021	川审稻 20202001	四川科瑞种业有限公司等	川康优 1883	川审稻 20202002	四川科瑞种业有限公司等
川优 6245	川审稻 20202003	四川蜀兴种业有限责任公司等	川优 8621	川审稻 20202004	四川省自贡市农业科学研究所等
川优 1098	川审稻 20202005	四川省润丰种业有限责任公司等	荃优 2115	川审稻 20202006	四川科瑞种业有限公司等
锦花优 627	川审稻 20202007	四川德瑞富顿农业科技有限公司等	野香优明月丝苗	川审稻 20202008	广西绿海种业有限公司
野香优 9 号	川审稻 20202009	广东粤良种业有限公司	内香优 505	川审稻 20202010	四川福糠农业科技有限公司等
野香优冰丝	川审稻 20202011	广西绿海种业有限公司	川康优 1620	川审稻 20202012	四川省农业科学院作物研究所

（续表）

品种名称	审定编号	选育单位	品种名称	审定编号	选育单位
野香优莉丝	川审稻20202013	广西绿海种业有限公司	花香优2145	川审稻20202014	四川福糠农业科技有限公司等
广8优6139	川审稻20202015	四川省绵阳市农业科学研究院等	内10优579	川审稻20202016	四川农业大学水稻研究所等
千乡优956	川审稻20202017	四川省内江市农业科学院	川农7优58	川审稻20202018	四川农业大学水稻研究所等
盛泰优018	川审稻20202019	湖南洞庭高科种业股份有限公司等	资优281	川审稻20203001	四川农业大学水稻研究所
Z优281	川审稻20203002	四川农业大学水稻研究所	千乡优5040	川审稻20206001	仲衍种业股份有限公司等
忠香泰苗	川审稻20206002	西科农业集团股份有限公司等	兴蓉丝苗	川审稻20206003	仲衍种业股份有限公司等
玉黄占	川审稻20206004	仲衍种业股份有限公司等	兆优6319	川审稻20206005	海南神农基因科技股份有限公司
泰优粤禾丝苗	川审稻20206006	广东省金稻种业有限公司等	广8优粤禾丝苗	川审稻20206007	广东省农业科学院水稻研究所等
友香优4001	黔审稻20200001	贵州华亘农业科技有限公司	乐优891	黔审稻20200002	四川省双流县发兴农作物研究所
香两优619	黔审稻20200003	贵州省水稻研究所等	M两优727	黔审稻20200004	四川发生种业有限责任公司等
G优325	黔审稻20200005	贵州黔农源农业开发有限公司等	雅5优5217	黔审稻20200006	四川农业大学农学院
锦香优2017	黔审稻20200007	贵州省黔南州农业科学研究院等	荃两优丝苗	黔审稻20200008	安徽荃银高科种业股份有限公司等
深两优8245	黔审稻20200009	四川发生种业有限责任公司等	隆两优1988	黔审稻20200010	袁隆平农业高科技股份有限公司等
创优4001	黔审稻20200011	贵州省黔东南州农业科学院等	旌3优674	黔审稻20200012	四川一粒农业科技开发有限公司等
荃优527	黔审稻20200013	安徽荃银高科种业股份有限公司等	宜优2108	黔审稻20200014	四川福华高科种业有限责任公司
安粳1580	黔审稻20200015	贵州省安顺市农业科学院等	毕粳46	黔审稻20200016	贵州省毕节市农业科学研究所等
毕粳优7号	黔审稻20200017	贵州省毕节市农业科学研究所	得优815	黔审稻20206001	贵州卓豪农业科技股份有限公司等
岫粳29号	滇审稻2020001	云南省保山市农业科学研究所	滇籼糯16号	滇审稻2020002	云南农业大学稻作研究所等
德盈418	滇审稻2020003	云南省德宏州种子管理站等	德盈168	滇审稻2020004	云南省德宏州种子管理站等
宏惠1号	滇审稻2020005	云南省德宏州种子管理站等	德泰88	滇审稻2020006	云南省德宏州种子管理站等
滇谷163	滇审稻2020007	云南农业大学稻作研究所等	文稻25号	滇审稻2020008	云南省文山州农业科学院

（续表）

品种名称	审定编号	选育单位	品种名称	审定编号	选育单位
川优 712	滇审稻 2020009	四川省农业科学院水稻高粱研究所等	赣 73 优明占	滇审稻 2020010	福建省三明市农业科学研究院等
优Ⅰ8 号	滇审稻 2020011	贵州省水稻研究所等	黔优 1130	滇审稻 2020012	贵州省水稻研究所等
红云优 2602	滇审稻 2020013	云南省蒙自市红云作物研究所	蓉优 352	滇审稻 2020014	四川省江油市太和作物研究所等
内优 616	滇审稻 2020015	云南奎禾种业有限公司	广 8 优 1973	滇审稻 2020016	云南省农业科学院粮食作物研究所等
内 5 优 1973	滇审稻 2020017	云南省农业科学院粮食作物研究所等	长泰优 7011	滇审稻 2020018	福建省农业科学院水稻研究所等
宜优 2077	滇审稻 2020019	云南霖鹏农业科技有限公司等	内 6 优五山丝苗	滇审稻 2020020	云南霖鹏农业科技有限公司等
黔优 35	滇审稻 2020021	贵州省水稻研究所	内 6 优 927	滇审稻 2020022	云南省国有资本运营金鼎禾朴农业科技有限公司等
中浙优 H7	滇审稻 2020023	浙江勿忘农种业股份有限公司等	赣 73 优 164	滇审稻 2020024	江西省农业科学院水稻研究所等
德优 164	滇审稻 2020025	福建省三明市农业科学研究院等	峰 1 优 5 号	滇审稻 2020026	云南农业大学稻作研究所
恒优 1380	滇审稻 2020027	云南省国有资本运营金鼎禾朴农业科技有限公司等	蓉优 206	滇审稻 2020028	云南省文山州农业科学院等
蓉优 324	滇审稻 2020029	云南省文山州农业科学院等	野优 674	滇审稻 2020030	广西绿海种业有限公司等
保两优 285	滇审稻 2020031	云南省保山市农业科学研究所	锦两优 902	滇审稻 2020032	云南金瑞种业有限公司
明两优 164	滇审稻 2020033	福建省三明市农业科学研究院等	闽两优 1 号	滇审稻 2020034	福建旺穗种业有限公司
T 两优 186	滇审稻 2020035	福建省三明市农业科学研究院等	红两优 6 号	滇审稻 2020036	福建旺穗种业有限公司等
Y 两优 5846	滇审稻 2020037	云南农业大学稻作研究所等	福两优 387	滇审稻 2020038	云南省国有资本运营金鼎禾朴农业科技有限公司等
中农大 4 号	滇审稻 2020039	中国农业大学农学院等	多年生稻 23	滇审稻 2020040	云南大学等
云大 25	滇审稻 2020041	云南大学等	云大 107	滇审稻 2020042	云南大学等
广矮占	粤审稻 20200001	广东省农业科学院水稻研究所	粤南丝苗	粤审稻 20200002	广东省农业科学院水稻研究所
广晶莉占	粤审稻 20200003	广东省农业科学院水稻研究所	广晶丝苗	粤审稻 20200004	广东省农业科学院水稻研究所
禾银丝苗	粤审稻 20200005	广东省农业科学院水稻研究所	津黄占 1 号	粤审稻 20200006	广州市农业科学研究院等

（续表）

品种名称	审定编号	选育单位	品种名称	审定编号	选育单位
粤籼占8号	粤审稻20200007	广州市农业科学研究院等	新泰丝苗	粤审稻20200008	广东省佛山市农业科学研究所
源美丝苗	粤审稻20200009	广东省农业科学院水稻研究所	双黄秀占	粤审稻20200010	广东省农业科学院水稻研究所
南广丝苗	粤审稻20200011	广东省农业科学院水稻研究所	粤福占	粤审稻20200012	广东省农业科学院水稻研究所
红两优6号	粤审稻20200013	福建旺穗种业有限公司等	广红6号	粤审稻20200014	广东省农业科学院水稻研究所
双红占1号	粤审稻20200015	广东省农业科学院水稻研究所	南红6号	粤审稻20200016	广东省农业科学院水稻研究所等
玄两优623	粤审稻20200017	广东省农业科学院水稻研究所	旺两优华7	粤审稻20200018	湖南杂交水稻研究中心等
新泰优华占	粤审稻20200019	广东省农业科学院水稻研究所等	华两优华占	粤审稻20200020	广东兆华种业有限公司等
吉田优609	粤审稻20200021	广东省连山县农业科学研究所等	弘优689	粤审稻20200022	广东天弘种业有限公司
中映优265	粤审稻20200023	广东现代种业发展有限公司	恒丰优812	粤审稻20200024	广东粤良种业有限公司
五优767	粤审稻20200025	广东省农业科学院水稻研究所	台两优粤禾丝苗	粤审稻20200026	广东省农业科学院水稻研究所等
裕优油占	粤审稻20200027	广东天之源农业科技有限公司等	广泰优259	粤审稻20200028	北京金色农华种业科技股份有限公司等
亚两优70122	粤审稻20200029	袁隆平农业高科技股份有限公司等	宁两优1212	粤审稻20200030	湖南隆平种业有限公司
吉优青占	粤审稻20200031	广州市金粤生物科技有限公司	吉优563	粤审稻20200032	广东华茂高科种业有限公司等
卓优492	粤审稻20200033	广东海洋大学农学院等	特优5511	粤审稻20200034	广东粤良种业有限公司
广龙优1028	粤审稻20200035	广东省金稻种业有限公司等	晶两优510	粤审稻20200036	袁隆平农业高科技股份有限公司等
梦两优10	粤审稻20200037	袁隆平农业高科技股份有限公司等	晶两优1252	粤审稻20200038	袁隆平农业高科技股份有限公司等
Y两优2018	粤审稻20200039	国家植物航天育种工程技术研究中心（华南农业大学）	南两优530	粤审稻20200040	广东省农业科学院水稻研究所
特优粤禾丝苗	粤审稻20200041	广东省农业科学院水稻研究所	春两优534	粤审稻20200042	中国农业科学院深圳农业基因组研究所等
胜优6126	粤审稻20200043	广东华农大种业有限公司等	兴两优278	粤审稻20200044	广东天弘种业有限公司
中映优166	粤审稻20200045	广东现代种业发展有限公司等	群优196	粤审稻20200046	广东源泰农业科技有限公司

（续表）

品种名称	审定编号	选育单位	品种名称	审定编号	选育单位
广九优 098	粤审稻 20200047	广东省良种引进服务公司等	特优 3331	粤审稻 20200048	广东粤良种业有限公司
黄软华占	粤审稻 20200049	广东省农业科学院水稻研究所	合新丝苗	粤审稻 20200050	广东省农业科学院水稻研究所
禅银丝苗	粤审稻 20200051	广东省佛山市农业科学研究所	桂晶油占	粤审稻 20200052	广东省农业科学院水稻研究所
五禾丝苗	粤审稻 20200053	广州市农业科学研究院等	禾油占	粤审稻 20200054	广东省农业科学院水稻研究所
华粤占 16 号	粤审稻 20200055	广州市农业科学研究院等	黄广太占	粤审稻 20200056	广东省农业科学院水稻研究所
黄广香占	粤审稻 20200057	广东省农业科学院水稻研究所	黄晶丝苗	粤审稻 20200058	广东省农业科学院水稻研究所
合美丝苗	粤审稻 20200059	广东省农业科学院水稻研究所	粤特油占	粤审稻 20200060	广东省农业科学院水稻研究所
晶美丝苗	粤审稻 20200061	广东省农业科学院水稻研究所	清红优 1 号	粤审稻 20200062	广东省清远市农业科技推广服务中心等
粤香 430	粤审稻 20200063	广东省农业科学院水稻研究所	美巴香占	粤审稻 20200064	广东兆华种业有限公司
19 香	粤审稻 20200065	广东省农业科学院水稻研究所	莉香占	粤审稻 20200066	广东省农业科学院水稻研究所等
广 10 优 2156	粤审稻 20200067	广东省农业科学院水稻研究所等	软华优金丝	粤审稻 20200068	广东华农大种业有限公司等
二广香占 3 号	粤审稻 20200069	广州市农业科学研究院等	耕香优 792	粤审稻 20200070	广东恒昊农业有限公司
南晶香占	粤审稻 20200071	广东省农业科学院水稻研究所等	裕优 033	粤审稻 20200072	广东鲜美种苗股份有限公司
青香优 033	粤审稻 20200073	广东鲜美种苗股份有限公司	广 8 优 305	粤审稻 20200074	广西兆和种业有限公司等
粤禾优 736	粤审稻 20200075	广东华茂高科种业有限公司等	创两优茉莉占	粤审稻 20200076	湖北鄂科华泰种业股份有限公司等
香龙优 625	粤审稻 20200077	中国种子集团有限公司等	奇两优华占	粤审稻 20200078	湖北省种子集团有限公司等
恒丰优金丝苗	粤审稻 20200079	广东粤良种业有限公司	中恒优珍丝苗	粤审稻 20200080	广东粤良种业有限公司
沃两优粤禾丝苗	粤审稻 20200081	广东省农业科学院水稻研究所等	金隆优 132	粤审稻 20200082	广东鲜美种苗股份有限公司
深两优 1978	粤审稻 20200083	国家植物航天育种工程技术研究中心（华南农业大学）等	兴两优 3088	粤审稻 20200084	广东海洋大学农学院等
Y 两优 1378	粤审稻 20200085	国家植物航天育种工程技术研究中心（华南农业大学）	荃优 2388	粤审稻 20200086	广东省农业科学院水稻研究所等

（续表）

品种名称	审定编号	选育单位	品种名称	审定编号	选育单位
博Ⅱ优 5522	粤审稻 20200087	广东粤良种业有限公司	航 5 优 1978	粤审稻 20200088	国家植物航天育种工程技术研究中心（华南农业大学）
宇两优 121	粤审稻 20200089	湖南隆平种业有限公司	本两优 2156	粤审稻 20200090	广东省农业科学院水稻研究所等
闽糯 6 优 6 号	粤审稻 20200091	福建农林大学作物遗传改良研究所等	永丰优玉丝苗	粤审稻 20200092	广东粤良种业有限公司
B 两优 851	粤审稻 20206001	湖南希望种业科技股份有限公司	B 两优 131	粤审稻 20206002	湖南希望种业科技股份有限公司
望两优 851	粤审稻 20206003	湖南希望种业科技股份有限公司	N 两优 345	粤审稻 20206004	湖南希望种业科技股份有限公司等
巡两优 838	桂审稻 2020001	广西区贺州市农业科学院等	春两优 61	桂审稻 2020002	广西区河池市农业科学研究所等
紫两优 301	桂审稻 2020003	广西区贺州市农业科学院等	巡两优 92	桂审稻 2020004	广西区贺州市农业科学院等
智优 758	桂审稻 2020005	广西智友生物科技股份有限公司	两优晶玉	桂审稻 2020006	合肥丰乐种业股份有限公司
华浙优 110	桂审稻 2020007	广西农业科学院水稻研究所等	迪优 1168	桂审稻 2020008	广西瑞特种子有限责任公司等
更香优 12	桂审稻 2020009	广西绿海种业有限公司	穗香优品丝	桂审稻 2020010	广西区陆川县穗园农业良种培育中心
穗香优 2816	桂审稻 2020011	广西区陆川县穗园农业良种培育中心等	惠丰优粜占	桂审稻 2020012	广西壮族自治区博白县农业科学研究所等
软华优 131	桂审稻 2020013	广西壮族自治区农业科学院水稻研究所等	野香优 12	桂审稻 2020014	广西绿海种业有限公司
满香优 905	桂审稻 2020015	广西仙德农业科技有限公司	徽两优 183	桂审稻 2020016	广西大学等
欣荣优粤农丝苗	桂审稻 2020017	北京金色农华种业科技股份有限公司等	春两优 29	桂审稻 2020018	广西区贺州市农业科学院等
吉田优粤农丝苗	桂审稻 2020019	北京金色农华种业科技股份有限公司等	川浙优 908	桂审稻 2020020	安徽丰大种业股份有限公司等
香两优 1618	桂审稻 2020021	中国水稻研究所等	玖两优金 2 号	桂审稻 2020022	深圳市金谷美香实业有限公司等
吉田优 701	桂审稻 2020023	广西区连山县农业科学研究所等	五优 5013	桂审稻 2020024	湖南省水稻研究所等
泰优 553	桂审稻 2020025	湖南金健种业科技有限公司等	玖两优黄莉占	桂审稻 2020026	湖南隆平种业有限公司等
隆优 534	桂审稻 2020027	袁隆平农业高科技股份有限公司等	鄂香优华占	桂审稻 2020028	江西汇丰源种业有限公司等
桃湘优 188	桂审稻 2020029	湖南桃花源农业科技股份有限公司	万象优 982	桂审稻 2020030	江西红一种业科技股份有限公司

（续表）

品种名称	审定编号	选育单位	品种名称	审定编号	选育单位
金福优 8339	桂审稻 2020031	江西省萍乡市农业科学研究所	创宇 9 号	桂审稻 2020032	湖南省水稻研究所等
泰丰优 736	桂审稻 2020033	四川农大高科农业有限责任公司等	软华优 6100	桂审稻 2020034	广东华农大种业有限公司等
恒两优金农丝苗	桂审稻 2020035	湖南恒德种业科技有限公司等	文优 6133	桂审稻 2020036	广东华农大种业有限公司
五优玉占	桂审稻 2020037	湖南恒德种业科技有限公司等	泰优粤占	桂审稻 2020038	湖南永益农业科技发展有限公司等
旱优 78	桂审稻 2020039	上海天谷生物科技股份有限公司	软华优 651	桂审稻 2020040	华南农业大学
桂乡优 909	桂审稻 2020041	广西鼎烽种业有限公司	巡两优 317	桂审稻 2020042	广西区贺州市农业科学院等
浙两优丝苗	桂审稻 2020043	浙江农科种业有限公司等	特优 7678	桂审稻 2020044	广西国良种业有限公司
骏香优 186	桂审稻 2020045	广西万禾种业有限公司	先红优 981	桂审稻 2020046	广西壮族自治区农业科学院水稻研究所
特优 1168	桂审稻 2020047	广西稻花源农业科技有限公司	那优 5722	桂审稻 2020048	广西壮族自治区农业科学院水稻研究所
特优 723	桂审稻 2020049	四川金牌农业发展有限公司	厨香优 556	桂审稻 2020050	广西金卡农业科技有限公司
特优 5266	桂审稻 2020051	广西万千种业有限公司	香两优 1613	桂审稻 2020052	广西瑞特种子有限责任公司
隆两优华占	桂审稻 2020053	袁隆平农业高科技股份有限公司等	隆晶优 1 号	桂审稻 2020054	湖南亚华种业科学研究院
韵两优 633	桂审稻 2020055	袁隆平农业高科技股份有限公司等	良相优品来	桂审稻 2020056	广西万川种业有限公司等
中智香优 8 号	桂审稻 2020057	广西金卡农业科技有限公司	广 8 优龙丝苗	桂审稻 2020058	广西兆和种业有限公司等
珍野优郁香	桂审稻 2020059	广西兆和种业有限公司	珍野优 11 香	桂审稻 2020060	广西兆和种业有限公司等
立丰优新贵粘	桂审稻 2020061	广西区岑溪市振田水稻研所	泰两优 1808	桂审稻 2020062	四川泰隆汇智生物科技有限公司
星火优 981	桂审稻 2020063	广西绿丰种业有限责任公司	特优 6188	桂审稻 2020064	广西农业职业技术学院等
可香优裕丝	桂审稻 2020065	广西区陆川县穗园农业良种培育中心	穗香优 9168	桂审稻 2020066	广西区陆川县穗园农业良种培育中心等
穗香优氽丝	桂审稻 2020067	广西区陆川县穗园农业良种培育中心等	可香优氽丝	桂审稻 2020068	广西区陆川县穗园农业良种培育中心等

（续表）

品种名称	审定编号	选育单位	品种名称	审定编号	选育单位
C两优新华粘	桂审稻2020069	湖南永益农业科技发展有限公司等	台优越占	桂审稻2020070	广西博士园种业有限公司
广两优油占	桂审稻2020071	广西南宁华稻种业有限责任公司	满香优613	桂审稻2020072	广西仙德农业科技有限公司等
达丰优197	桂审稻2020073	广西仙德农业科技有限公司	更香优莉丝	桂审稻2020074	广西绿海种业有限公司
更香优星星丝苗	桂审稻2020075	广西绿海种业有限公司	科德优9938	桂审稻2020076	广西仙德农业科技有限公司
野香优海丝	桂审稻2020077	广西绿海种业有限公司等	特优685	桂审稻2020078	广西壮族自治区农业科学院水稻研究所等
广珍优1168	桂审稻2020079	广西稻花源农业科技有限公司	广珍优1598	桂审稻2020080	广西稻花源农业科技有限公司
绿两优田油占	桂审稻2020081	广西区贺州市农业科学院等	荃优粤农丝苗	桂审稻2020082	北京金色农华种业科技股份有限公司等
大丰两优175	桂审稻2020083	安徽丰大种业股份有限公司	泷两优868	桂审稻2020084	广西桂稻香农作物研究所有限公司等
甜优3号	桂审稻2020085	广西桂稻香农作物研究所有限公司等	金香优6号	桂审稻2020086	中种华南（广州）种业有限公司
壮香优银儿	桂审稻2020087	广西白金种子股份有限公司等	百香优1022	桂审稻2020088	广西百香高科种业有限公司
华浙优1561	桂审稻2020089	广西壮族自治区农业科学院水稻研究所等	桃湘优莉晶	桂审稻2020090	湖南桃花源农业科技股份有限公司等
软华优147	桂审稻2020091	广西壮族自治区农业科学院水稻研究所等	敦优华占	桂审稻2020092	武汉敦煌种业有限公司
景圻优1899	桂审稻2020093	广西万川种业有限公司等	五乡优晶占	桂审稻2020094	广西恒茂农业科技有限公司等
馫香优1068	桂审稻2020095	广西恒茂农业科技有限公司等	扬籼优719	桂审稻2020096	广西智友生物科技股份有限公司等
馫香优纳丝	桂审稻2020097	广西恒茂农业科技有限公司等	顺丰优新贵占	桂审稻2020098	广西区岑溪市振田水稻研究所
馨优399	桂审稻2020099	广西绿丰种业有限责任公司	万香优8688	桂审稻2020100	广西农业职业技术学院等
广8优粤禾丝苗	桂审稻2020101	广东省农业科学院水稻研究所等	穗香优裕丝	桂审稻2020102	广西区陆川县穗园农业良种培育中心
达丰优101	桂审稻2020103	广西仙德农业科技有限公司	昌盛优玉兔占	桂审稻2020104	江西天涯种业有限公司
更香优糖丝	桂审稻2020105	广西绿海种业有限公司	野香优818	桂审稻2020106	广西绿海种业有限公司
晶1优纳丝	桂审稻2020107	广西百香高科种业有限公司	银泰优香占	桂审稻2020108	广西仙德农业科技有限公司

（续表）

品种名称	审定编号	选育单位	品种名称	审定编号	选育单位
泰优 305	桂审稻 2020109	广东省农业科学院水稻研究所等	旺优 672	桂审稻 2020110	广西桂稻香农作物研究所有限公司等
万象优丰香 1 号	桂审稻 2020111	广西南宁良农种业有限公司等	晶泰优京贵占	桂审稻 2020112	北京金色农华种业科技股份有限公司
泰乡优玉兔占	桂审稻 2020113	江西天涯种业有限公司	越两优丝苗	桂审稻 2020114	广西荃鸿农业科技有限公司等
川农优 7653	桂审稻 2020115	安徽丰大种业股份有限公司等	广 8 优壮乡丝苗	桂审稻 2020116	广西兆和种业有限公司等
丰泽优 1158	桂审稻 2020117	广西区岑溪市振田水稻研究所	文两优 2098	桂审稻 2020118	广西燕坤农业科技有限公司等
圳两优 578	桂审稻 2020119	长沙利诚种业有限公司	桂乡优丝苗	桂审稻 2020120	广西鼎烽种业有限公司
晶两优 3206	桂审稻 2020121	袁隆平农业高科技股份有限公司等	壮香优白金 6	桂审稻 2020122	广西白金种子股份有限公司
清两优 183	桂审稻 2020123	长沙中亿丰农业科技有限公司	华浙优 22	桂审稻 2020124	中国水稻研究所等
壮香优 1252	桂审稻 2020125	广西白金种子股份有限公司	珍两优 3 号	桂审稻 2020126	华南农业大学
巡两优 151	桂审稻 2020127	广西区贺州市农业科学院等	昌两优 9 号	桂审稻 2020128	广西恒茂农业科技有限公司等
深两优 9353	桂审稻 2020129	广西智友生物科技股份有限公司	万泰香占	桂审稻 2020130	广西万川种业有限公司等
科德优 189	桂审稻 2020131	广西仙德农业科技有限公司	绿海优巴丝	桂审稻 2020132	广西绿海种业有限公司
绿海优星星丝苗	桂审稻 2020133	广西绿海种业有限公司	昌两优香 2	桂审稻 2020134	广西恒茂农业科技有限公司等
昌两优香久久	桂审稻 2020135	广西恒茂农业科技有限公司等	丰田优香 653	桂审稻 2020136	广西金卡农业科技有限公司
丰顺优金香丝苗	桂审稻 2020137	广西金卡农业科技有限公司	隆两优 1212	桂审稻 2020138	袁隆平农业高科技股份有限公司等
乾两优馥香占	桂审稻 2020139	广西恒茂农业科技有限公司等	荣两优 22	桂审稻 2020140	广西恒茂农业科技有限公司等
望两优 851	桂审稻 2020141	湖南希望种业科技股份有限公司	B 两优 851	桂审稻 2020142	湖南希望种业科技股份有限公司
望两优 161	桂审稻 2020143	安徽新安种业有限公司	瀚香优桂占	桂审稻 2020144	广西瀚林农业科技有限公司
瀚香优银丝	桂审稻 2020145	广西瀚林农业科技有限公司	莉两优 89	桂审稻 2020146	四川金牌农业发展有限公司等
中浙优 26	桂审稻 2020147	浙江勿忘农种业股份有限公司等	旺优 1431	桂审稻 2020148	广西桂稻香农作物研究所有限公司等
先红优 826	桂审稻 2020149	广西壮族自治区农业科学院水稻研究所	长香优 8688	桂审稻 2020150	广西万禾种业有限公司

（续表）

品种名称	审定编号	选育单位	品种名称	审定编号	选育单位
博优 1168	桂审稻 2020151	广西稻花源农业科技有限公司	中浙 2 优金丝苗	桂审稻 2020152	广东粤良种业有限公司等
兴泰优越占	桂审稻 2020153	广西博士园种业有限公司	野香优糖丝	桂审稻 2020154	广西壮族自治区农业科学院水稻研究所等
野香优新华粘	桂审稻 2020155	广西绿海种业有限公司	金九优玉占	桂审稻 2020156	广西大学等
野香优冰丝	桂审稻 2020157	广西绿海种业有限公司	晶 1 优 1068	桂审稻 2020158	广西百香高科种业有限公司
高峰优 1 号	桂审稻 2020159	广西绿海种业有限公司	更香优 703	桂审稻 2020160	广西绿海种业有限公司
高峰优 5 号	桂审稻 2020161	广西绿海种业有限公司	徽两优 181	桂审稻 2020162	安徽丰大种业股份有限公司等
徽两优丝苗	桂审稻 2020163	安徽荃银高科种业股份有限公司等	五乡优 1918	桂审稻 2020164	北京金色农华种业科技股份有限公司等
巡两优 907	桂审稻 2020165	广西区贺州市农业科学院等	荃两优 427	桂审稻 2020166	广西荃鸿农业科技有限公司等
留香优 15 香	桂审稻 2020167	南宁谷源丰种业有限公司	10 香优郁香	桂审稻 2020168	南宁谷源丰种业有限公司
丝香优郁香	桂审稻 2020169	广西兆和种业有限公司等	丝香优香丝	桂审稻 2020170	广西兆和种业有限公司等
又香优雅丝香	桂审稻 2020171	广西兆和种业有限公司	珍香优 11 香	桂审稻 2020172	南宁谷源丰种业有限公司
顺丰优 1158	桂审稻 2020173	广西区岑溪市振田水稻研究所	秀优 1652	桂审稻 2020174	广西桂稻香农作物研究所有限公司等
丰田优 051	桂审稻 2020175	广西壮族自治区农业科学院水稻研究所	桂锦丝苗	桂审稻 2020176	广西大学
河丰稻 445	桂审稻 2020177	广西区河池市农业科学研究所等	桂丰 30	桂审稻 2020178	广西壮族自治区农业科学院水稻研究所
秀玉 88	桂审稻 2020179	广西鼎烽种业有限公司	富美占	桂审稻 2020180	广西恒茂农业科技有限公司等
金灿 99	桂审稻 2020181	广西鼎烽种业有限公司	桂丰香占	桂审稻 2020182	广西壮族自治区农业科学院水稻研究所
桂香 18	桂审稻 2020183	广西壮族自治区农业科学院水稻研究所	桂野香占	桂审稻 2020184	广西壮族自治区农业科学院水稻研究所
广粮香占	桂审稻 2020185	广西粮发种业有限公司	桂香 99	桂审稻 2020186	广西壮族自治区农业科学院水稻研究所
力拓 5 号	桂审稻 2020187	广西象州黄氏水稻研究所等	力拓 6 号	桂审稻 2020188	广西象州黄氏水稻研究所等

（续表）

品种名称	审定编号	选育单位	品种名称	审定编号	选育单位
阑香 463	桂审稻 2020189	广西博士园种业有限公司	雅丝 881	桂审稻 2020190	广西博士园种业有限公司
万千香占	桂审稻 2020191	广西万千种业有限公司	红两优 6 号	桂审稻 2020192	福建旺穗种业有限公司等
孟两优黑占	桂审稻 2020193	广西区贺州市农业科学院等	坤两优紫 88	桂审稻 2020194	广西恒茂农业科技有限公司等
丰糯 3 号	桂审稻 2020195	广西皓凯生物科技有限公司等	红占 1 号	桂审稻 2020196	广西大学等
紫香优 306	桂审稻 2020197	广西象州黄氏水稻研究所	荃优 33	桂审稻 2020198	北京金色农华种业科技股份有限公司等
徽两优 280	桂审稻 2020199	江西金信种业有限公司等	唐两优 280	桂审稻 2020200	江西金信种业有限公司
梦两优黄莉占	桂审稻 2020201	袁隆平农业高科技股份有限公司等	晶两优 534	桂审稻 2020202	袁隆平农业高科技股份有限公司等
隆两优 534	桂审稻 2020203	袁隆平农业高科技股份有限公司等	泰两优 217	桂审稻 2020204	浙江科原种业有限公司等
两优 98816	桂审稻 2020205	合肥信达高科农业科学研究所	兆优 5431	桂审稻 2020206	深圳市兆农农业科技有限公司
简两优 534	桂审稻 2020207	袁隆平农业高科技股份有限公司等	韵两优 332	桂审稻 2020208	湖南隆平种业有限公司等
创两优宏占	桂审稻 2020209	袁氏种业高科技有限公司	渝香 203	桂审稻 2020210	重庆再生稻研究中心等
旌优 781	桂审稻 2020211	四川省农业科学院水稻高粱研究所	深两优 898	桂审稻 2020212	广东兆华种业有限公司
韵两优 827	桂审稻 2020213	袁隆平农业高科技股份有限公司等	华浙优 1 号	桂审稻 2020214	中国水稻研究所等
荃优 1393	桂审稻 2020215	盐城明天种业科技有限公司等	农香 32	桂审稻 2020216	湖南省水稻研究所
华浙优 71	桂审稻 2020217	中国水稻研究所等	荃 9 优 801	桂审稻 2020218	安徽荃银欣隆种业有限公司等
科两优 10 号	桂审稻 2020219	湖南科裕隆种业有限公司	嘉禾优 7245	桂审稻 2020220	中国水稻研究所等
蓉 3 优 918	桂审稻 2020221	武胜县农业科学研究所	冈 8 优 316	桂审稻 2020222	四川华元博冠生物育种有限责任公司等
鑫两优 318	桂审稻 2020223	合肥市蜀香种子有限公司	Q 优 12	桂审稻 2020224	重庆中一种业有限公司等
神农优 228	桂审稻 2020225	重庆中一种业有限公司	18 优 28	桂审稻 2020226	重庆中一种业有限公司
冈优 916	桂审稻 2020227	重庆金穗种业有限责任公司等	瑞优 189	桂审稻 2020228	重庆永梁宏生态农业有限公司

（续表）

品种名称	审定编号	选育单位	品种名称	审定编号	选育单位
泸优 727	桂审稻 2020229	四川省农业科学院水稻高粱研究所等	繁优 609	桂审稻 2020230	重庆帮豪种业有限责任公司等
旺两优 338	桂审稻 2020231	福建旺穗种业有限公司等	科两优 1 号	桂审稻 2020232	湖南科裕隆种业有限公司
科两优 3219	桂审稻 2020233	湖南科裕隆种业有限公司	惠两优 419	桂审稻 2020234	湖南省春云农业科技股份有限公司
旌优华珍	桂审稻 2020235	四川绿丹至诚种业有限公司等	特优 366	琼审稻 2020001	福建丰田种业有限公司等
特优 776	琼审稻 2020002	福建省农业科学院水稻研究所等	谷优 3186	琼审稻 2020003	福建农林大学等
吉两优 3885	琼审稻 2020004	湖南恒大种业高科技有限公司	香龙优 163	琼审稻 2020005	中种华南（广州）种业有限公司等
内 10 优 7185	琼审稻 2020006	内江杂交水稻科技开发中心等	科珞优 108	琼审稻 2020007	中国科学院亚热带农业生态研究所等
吉丰优 5522	琼审稻 2020008	广东粤良种业有限公司等	爽两优 1143	琼审稻 2020009	湖南杂交水稻研究中心等
绿金占 1 号	琼审稻 2020010	海南省农业科学院粮食作物研究所	垦选 9276	琼审稻 2020011	安徽皖垦种业股份有限公司等
海丰黑稻 3 号	琼审稻 2020012	海南省农业科学院粮食作物研究所	海文 483S	琼审稻 2020013	海南省农业科学院粮食作物研究所
海文 486S	琼审稻 2020014	海南省农业科学院粮食作物研究所	隆晶优华宝	琼审稻 2020015	湖南亚华种业科学研究院等
赣优华宝占	琼审稻 2020016	海南大学等			
北方稻区					
普育 1616	黑审稻 20200001	黑龙江省普田种业有限公司	雾稻二号	黑审稻 20200002	绥化雾钧农业技术研究所
龙稻 113	黑审稻 20200003	绥化雾钧农业技术研究所	东富 106	黑审稻 20200004	东北农业大学等
唯农 103	黑审稻 20200005	东北农业大学等	龙稻 363	黑审稻 20200006	黑龙江省农业科学院耕作栽培研究所
东富 109	黑审稻 20200007	东北农业大学等	松粳 33	黑审稻 20200008	黑龙江省农业科学院生物技术研究所
益农稻 3 号	黑审稻 20200009	哈尔滨市益农种业有限公司	东富 104	黑审稻 20200010	东北农业大学等
粳禾 8 号	黑审稻 20200011	黑龙江省五常市禾地源水稻种植专业合作社	寒稻 162	黑审稻 20200012	哈尔滨市寒地农作物研究所
鸿源 20	黑审稻 20200013	黑龙江孙斌鸿源农业开发集团有限责任公司	东富 111	黑审稻 20200014	东北农业大学等

（续表）

品种名称	审定编号	选育单位	品种名称	审定编号	选育单位
东富 112	黑审稻 20200015	东北农业大学等	绥粳 209	黑审稻 20200016	黑龙江省农业科学院绥化分院
牡育稻 49	黑审稻 20200017	黑龙江省农业科学院牡丹江分院	绥稻 8 号	黑审稻 20200018	绥化市北林区盛禾农作物科研所
绥粳 106	黑审稻 20200019	黑龙江省农业科学院绥化分院	鸿源 5 号	黑审稻 20200020	黑龙江孙斌鸿源农业开发集团有限责任公司
盛禾 2 号	黑审稻 20200021	绥化市北林区盛禾农作物科研所	盛禾 1 号	黑审稻 20200022	绥化市盛昌种子繁育有限责任公司
东富 202	黑审稻 20200023	东北农业大学等	棱峰 1	黑审稻 20200024	黑龙江省绥棱县水稻综合试验站
未来 177	黑审稻 20200025	黑龙江田友种业有限公司	莲盈 4 号	黑审稻 20200026	佳木斯市莲盈农业科学研究所
龙粳 2305	黑审稻 20200027	黑龙江省农业科学院水稻研究所	天盈 2 号	黑审稻 20200028	黑龙江省莲江口农场有限公司科研站
中农粳 865	黑审稻 20200029	黑龙江田友种业有限公司、中国农业科学院作物科学研究所	莲汇粘 23	黑审稻 20200030	黑龙江省莲汇农业科技有限公司
龙粳 4131	黑审稻 20200031	黑龙江省农业科学院水稻研究所	绥粳 31	黑审稻 20200032	黑龙江省农业科学院绥化分院
绥粳 103	黑审稻 20200033	黑龙江省农业科学院绥化分院	建原香 177	黑审稻 20200034	黑龙江省建三江农垦吉地原种业有限公司
龙庆稻 9 号	黑审稻 20200035	庆安县北方绿洲稻作研究所	龙粳 1539	黑审稻 20200036	黑龙江省农业科学院水稻研究所
天盈 4 号	黑审稻 20200037	黑龙江省天盈种子有限公司	龙桦 15	黑审稻 20200038	黑龙江田友种业有限公司
龙盾 310	黑审稻 20200039	黑龙江省莲江口种子有限公司	绥粳 32	黑审稻 20200040	黑龙江省农业科学院绥化分院
龙盾 1595	黑审稻 20200041	黑龙江省莲江口种子有限公司	鸿源 19	黑审稻 20200042	黑龙江孙斌鸿源农业开发集团有限责任公司
松粘 5148	黑审稻 20200043	黑龙江省农业科学院生物技术研究所	东富糯 2 号	黑审稻 20200044	东北农业大学等
佳丰糯 2	黑审稻 20200045	佳木斯丰收种业有限公司	绥锦 096236	黑审稻 20200046	黑龙江省农业科学院绥化分院
绥粳 101	黑审稻 20200047	黑龙江省农业科学院绥化分院	莲育 125	黑审稻 20200048	黑龙江省莲汇农业科技有限公司
鸿源粘 2 号	黑审稻 20200049	黑龙江孙斌鸿源农业开发集团有限责任公司	中科 613	黑审稻 20200050	中国科学院遗传与发育生物学研究所等
龙稻 208	黑审稻 20200051	黑龙江省农业科学院耕作栽培研究所	沃科收 1 号	黑审稻 20200052	五常沃科收种业有限责任公司

（续表）

品种名称	审定编号	选育单位	品种名称	审定编号	选育单位
龙稻 203	黑审稻 20200053	黑龙江省农业科学院耕作栽培研究所	松粳 201	黑审稻 20200054	黑龙江省农业科学院生物技术研究所
益农稻 12 号	黑审稻 20200055	哈尔滨市益农种业有限公司	绥粳 30	黑审稻 20200056	黑龙江省农业科学院绥化分院
益农稻 6 号	黑审稻 20200057	哈尔滨市益农种业有限公司	龙庆稻 25 号	黑审稻 20200058	黑龙江省庆安县北方绿洲稻作研究所
绥稻 818	黑审稻 20200059	黑龙江省绥化市盛昌种子繁育有限责任公司	绥粳 109	黑审稻 20200060	黑龙江省农业科学院绥化分院
绥稻 7 号	黑审稻 20200061	黑龙江省绥化市北林区盛禾农作物科研所	盛禾 5 号	黑审稻 20200062	黑龙江省绥化市盛昌种子繁育有限责任公司
珍宝香 7	黑审稻 20200063	黑龙江省虎林市绿都种子有限责任公司	东富 105	黑审稻 20200064	东北农业大学等
龙稻 124	黑审稻 20200065	黑龙江省农业科学院耕作栽培研究所	禾兴稻 1 号	黑审稻 20200066	哈尔滨禾兴农业科技有限公司
盛昌 1 号	黑审稻 20200067	黑龙江省绥化市北林区中盛农业技术服务中心	丰硕 3 号	黑审稻 20200068	黑龙江省绥化市盛昌种子繁育有限责任公司
龙庆稻 31 号	黑审稻 20200069	黑龙江省庆安县北方绿洲稻作研究所	星粳 1 号	黑审稻 20200070	黑龙江省穆棱市永彪水稻育种研究所
龙粳 1740	黑审稻 20200071	黑龙江省农业科学院水稻研究所	莲育 711	黑审稻 20200072	黑龙江省莲江口种子有限公司
龙粳 1525	黑审稻 20200073	黑龙江省农业科学院佳木斯水稻研究所	富稻 19	黑审稻 20200074	黑龙江省齐齐哈尔市富尔农艺有限公司
育龙 34	黑审稻 2020L0001	黑龙江省农业科学院作物资源研究所	富稻 14	黑审稻 2020L0002	黑龙江省齐齐哈尔市富尔农艺有限公司
东富 107	黑审稻 2020L0003	东北农业大学等	松粳 48	黑审稻 2020L0004	黑龙江省农业科学院生物技术研究所
松粳 204	黑审稻 2020L0005	黑龙江省农业科学院生物技术研究所	东富 201	黑审稻 2020L0006	东北农业大学等
富稻 1	黑审稻 2020L0007	黑龙江省齐齐哈尔市富尔农艺有限公司	鸿源 29	黑审稻 2020L0008	黑龙江孙斌鸿源农业开发集团有限责任公司
龙粳 1656	黑审稻 2020L0009	黑龙江省农业科学院水稻研究所	东富 204	黑审稻 2020L0010	东北农业大学等
富稻 6	黑审稻 2020L0011	黑龙江省齐齐哈尔市富尔农艺有限公司	天盈 8 号	黑审稻 2020L0012	黑龙江省莲江口种子有限公司
稼禾 6 号	黑审稻 2020L0013	黑龙江稼禾种业有限公司	稼禾 8 号	黑审稻 2020L0014	黑龙江稼禾种业有限公司
承泽 2 号	黑审稻 2020L0015	黑龙江省绥化市承泽农业科技有限公司	惠生黑稻	黑审稻 2020L0016	黑龙江省绥化市惠生肥业有限公司

（续表）

品种名称	审定编号	选育单位	品种名称	审定编号	选育单位
倍育3号	黑审稻2020L0017	黑龙江倍丰种业有限公司	稻香4	黑审稻2020L0018	黑龙江省虎林市垦农种子商店
莲汇2005	黑审稻2020L0019	黑龙江省莲汇农业科技有限公司	龙粳3407	黑审稻2020L0020	黑龙江省农业科学院水稻研究所
绥粳308	黑审稻2020L0021	黑龙江省农业科学院绥化分院	龙粳3095	黑审稻2020L0022	黑龙江省农业科学院水稻研究所
绥粳112	黑审稻2020L0023	黑龙江省农业科学院绥化分院	盛昌3号	黑审稻2020L0024	黑龙江省绥化市盛昌种子繁育有限责任公司
乾稻7号	黑审稻2020L0025	黑龙江省绥化市北林区鸿利源现代农业科学研究所	中盛1号	黑审稻2020L0026	黑龙江省绥化市北林区中盛农业技术服务中心
唯农303	黑审稻2020L0027	东北农业大学等	莲育606	黑审稻2020L0028	黑龙江省宝泉岭农垦谷丰种业有限公司
龙盾1614	黑审稻2020L0029	黑龙江省莲江口种子有限公司	天隆粳311	黑审稻2020L0030	黑龙江天隆科技有限公司
寒稻13	黑审稻2020L0031	黑龙江省齐齐哈尔农垦查哈阳寒地 粳稻工程技术有限公司等	响稻12	黑审稻2020L0032	黑龙江省宁安市水稻研究所等
佳香4	黑审稻2020L0033	黑龙江省虎林市绿都农业科学研究所	鑫圣稻3	黑审稻2020L0034	黑龙江省稻美佳种业有限公司等
莲汇3861	黑审稻2020L0035	黑龙江省莲汇农业科技有限公司	莲汇6612	黑审稻2020L0036	黑龙江省莲汇农业科技有限公司
龙粳1624	黑审稻2020L0037	黑龙江省农业科学院水稻研究所	绥香075206	黑审稻2020L0038	黑龙江省农业科学院绥化分院
绥粳306	黑审稻2020L0039	黑龙江省农业科学院绥化分院	富合31	黑审稻2020L0040	黑龙江省农业科学院佳木斯分院
富稻10	黑审稻2020L0041	黑龙江省齐齐哈尔市富尔农艺有限公司	方圆308	黑审稻2020L0042	黑龙江省五常市方圆农业科学研究所
寒稻79	黑审稻2020L0043	黑龙江省齐齐哈尔农垦查哈阳寒地粳稻工程技术有限公司等	佳香3	黑审稻2020L0044	黑龙江省虎林市绿都农业科学研究所
龙粳3001	黑审稻2020L0045	黑龙江省农业科学院水稻研究所	龙粳3040	黑审稻2020L0046	黑龙江省农业科学院水稻研究所
东富301	黑审稻2020L0047	东北农业大学等	莲汇1608	黑审稻2020L0048	黑龙江省莲汇农业科技有限公司
龙粳1665	黑审稻2020L0049	黑龙江省农业科学院水稻研究所	绥098038	黑审稻2020Z0001	黑龙江省农业科学院绥化分院等
垦稻17413	黑垦审稻20200001	黑龙江省农垦科学院水稻研究所	垦稻17113	黑垦审稻20200002	黑龙江省农垦科学院水稻研究所
垦稻1726	黑垦审稻20200003	黑龙江省农垦科学院水稻研究所	农丰1702	黑垦审稻20200004	黑龙江八一农垦大学

（续表）

品种名称	审定编号	选育单位	品种名称	审定编号	选育单位
垦稻 1725	黑垦审稻 20200005	黑龙江省农垦科学院水稻研究所	龙垦 290	黑垦审稻 20200006	北大荒垦丰种业股份有限公司等
龙垦 292	黑垦审稻 20200007	北大荒垦丰种业股份有限公司等	龙垦 2020	黑垦审稻 20200008	北大荒垦丰种业股份有限公司等
龙垦 2021	黑垦审稻 20200009	北大荒垦丰种业股份有限公司等	龙垦 2002	黑垦审稻 20200010	北大荒垦丰种业股份有限公司等
龙垦 2027	黑垦审稻 20200011	北大荒垦丰种业股份有限公司等	龙垦 2004	黑垦审稻 20200012	北大荒垦丰种业股份有限公司等
龙垦 2014	黑垦审稻 20200013	北大荒垦丰种业股份有限公司等	龙垦 2011	黑垦审稻 20200014	北大荒垦丰种业股份有限公司等
龙垦 2013	黑垦审稻 20200015	北大荒垦丰种业股份有限公司等	龙垦 2037	黑垦审稻 20200016	北大荒垦丰种业股份有限公司等
北作 132	吉审稻 20200001	吉林省吉阳农业科学研究院等	华育 5505	吉审稻 20200002	吉林省长春市华茂种业科技有限公司
翔贺 611	吉审稻 20200003	吉林省松泽农业科技有限公司	东稻 122	吉审稻 20200004	中国科学院东北地理与农业生态研究所
吉大 198	吉审稻 20200005	吉林大学植物科学学院等	新科 33	吉审稻 20200006	吉林省新田地农业开发有限公司
汇研 615	吉审稻 20200007	吉林市昌邑区汇丰水稻种植基地	吉农大 679	吉审稻 20200008	吉林大农种业有限公司
长粳 619	吉审稻 20200009	吉林省长春市农业科学院	吉农大 671	吉审稻 20200010	吉林农业大学等
通系 954	吉审稻 20200011	吉林省通化市农业科学研究院	通育 337	吉审稻 20200012	吉林省通化市农业科学研究院
通科 77	吉审稻 20200013	吉林省通化市农业科学研究院	福粳 688	吉审稻 20200014	吉林省梅河口市金种子种业有限公司
旭粳 12	吉审稻 20200015	吉林东丰东旭农业有限公司	庆林 713	吉审稻 20200016	吉林省吉林市丰优农业研究所
九稻 617	吉审稻 20200017	吉林省吉林市农业科学院	吉农大 777	吉审稻 20200018	吉林大农种业有限公司
吉农大 771	吉审稻 20200019	吉林农业大学等	通育 271	吉审稻 20200020	吉林省通化市农业科学研究院
通禾 868	吉审稻 20200021	吉林省通化市农业科学研究院	通禾 866	吉审稻 20200022	吉林省通化市农业科学研究院
吉粳 536	吉审稻 20200023	吉林省农业科学院	东粳 79	吉审稻 20200024	吉林省通化市富民种子有限公司
松粮 869	吉审稻 20200025	吉林省松原粮食集团水稻研究所有限公司	长粳 817	吉审稻 20200026	吉林省长春市农业科学院
吉农大 873	吉审稻 20200027	吉林农业大学等	吉农大 810	吉审稻 20200028	吉林农业大学
通禾 898	吉审稻 20200029	吉林省通化市农业科学研究院	通系 941	吉审稻 20200030	吉林省通化市农业科学研究院

（续表）

品种名称	审定编号	选育单位	品种名称	审定编号	选育单位
通科 79	吉审稻 20200031	吉林省通化市农业科学研究院	吉粳 821	吉审稻 20200032	吉林省农业科学院
吉粳 823	吉审稻 20200033	吉林省农业科学院	通禾 861	吉审稻 20200034	吉林省通化市农业科学研究院
吉粳 830	吉审稻 20200035	吉林省农业科学院	通系 943	吉审稻 20200036	吉林省通化市农业科学研究院
吉大 313	吉审稻 20200037	吉林大学植物科学学院等	长乐 520	吉审稻 20200038	吉林省长春市农业科学院
沅粳 6	吉审稻 20200039	吉林省金沅种业有限责任公司	吉粳 561	吉审稻 20200040	吉林省农业科学院
吉粳 560	吉审稻 20200041	吉林省农业科学院	长粳 735	吉审稻 20200042	长春市农业科学院
天育 8 号	吉审稻 20200043	吉林省公主岭国家农业科技园区兴农水稻研究所等	吉源 788	吉审稻 20200044	吉林省公主岭市吉源水稻种子培育中心
盛稻 98	吉审稻 20200045	吉林省吉盛种业开发有限公司	佳稻 11	吉审稻 20200046	吉林省佳信种业有限公司
吉农大 604	吉审稻 20200047	吉林大农种业有限公司	宏科 289	吉审稻 20200048	吉林省辉南县宏科水稻科研中心
宏科 287	吉审稻 20200049	吉林省辉南县宏科水稻科研中心	吉宏 669	吉审稻 20200050	吉林省吉林市宏业种子有限公司
佳稻 10	吉审稻 20200051	吉林省佳信种业有限公司	玺农 919	吉审稻 20200052	吉林省吉玺农业发展有限公司
吉宏 29	吉审稻 20200053	吉林省吉林市宏业种子有限公司	腴妃 2 号	吉审稻 20200054	吉林省松原粮食集团水稻研究所有限公司
宏科 581	吉审稻 20200055	吉林省辉南县宏科水稻科研中心	宏科 728	吉审稻 20200056	吉林省辉南县宏科水稻科研中心
美锋稻 217	辽审稻 20200001	辽宁东亚种业有限公司	美锋稻 245	辽审稻 20200002	辽宁东亚种业有限公司
富禾稻 275	辽审稻 20200003	辽宁富友种业有限公司	源粳 2 号	辽审稻 20200004	辽宁省抚顺市广源种业有限公司
富禾稻 258	辽审稻 20200005	辽宁富友种业有限公司	富禾稻 273	辽审稻 20200006	辽宁富友种业有限公司
北粳 1705	辽审稻 20200007	沈阳农业大学水稻研究所	美锋稻 271	辽审稻 20200008	辽宁东亚种业有限公司
铁粳 1507	辽审稻 20200009	辽宁省铁岭市农业科学院	富禾稻 255	辽审稻 20200010	辽宁富友种业有限公司
美锋稻 251	辽审稻 20200011	辽宁东亚种业有限公司	鸿粳 4 号	辽审稻 20200012	沈阳市天实水稻技术研究所
阳光稻 63	辽审稻 20200013	辽宁省大石桥市阳光种业有限公司	盐粳糯 30	辽审稻 20200014	辽宁省盐碱地利用研究所

（续表）

品种名称	审定编号	选育单位	品种名称	审定编号	选育单位
锦稻香 103	辽审稻 20200015	辽宁盘锦北方农业技术开发有限公司	盘粳 968	辽审稻 20200016	辽宁盘锦北方农业技术开发有限公司
天隆粳 213	辽审稻 20200017	天津天隆科技股份有限公司	北粳 1702	辽审稻 20200018	沈阳农业大学水稻研究所
盐粳 431	辽审稻 20200019	辽宁省盐碱地利用研究所	盐粳 752	辽审稻 20200020	辽宁省盐碱地利用研究
佳昌稻 6 号	辽审稻 20200021	辽宁省营口市佳昌种子有限公司	万利粳 1 号	辽审稻 20200022	辽宁万利农业科技有限公司
丹粳优 4 号	辽审稻 20200023	辽宁省丹东市农业科学院	桥选粳 162	辽审稻 20200024	辽宁省营口天地源农业科学研究所
东研稻 19	辽审稻 20200025	辽宁省东港市示范繁殖农场	辽粳 1540	辽审稻 20200026	辽宁省水稻研究所
锦稻香 208	辽审稻 20200027	辽宁盘锦北方农业技术开发有限公司	丹粳 24	辽审稻 20200028	辽宁省丹东市农业科学院
盐粳 313	辽审稻 20200029	辽宁省盐碱地利用研究所	盐粳 219	辽审稻 20200030	辽宁省盐碱地利用研究所
盐粳 337	辽审稻 20200031	辽宁省盐碱地利用研究所	彦粳软玉 11	辽审稻 20200032	沈阳农业大学农学院
彦粳软玉 12	辽审稻 20200033	沈阳农业大学农学院	彦粳软玉 14	辽审稻 20200034	沈阳农业大学农学院
乾稻 5 号	辽审稻 20200035	辽宁省大洼县秦那种业有限公司	沈星稻 8 号	辽审稻 20200036	沈阳市北星水稻研究所
桥选稻 121	辽审稻 20200037	辽宁营口久丰农业科技有限责任公司	盐星稻 1820	辽审稻 20200038	辽宁盘锦喜禾瑞农业科技开发有限责任公司
华香粳 1 号	辽审稻 20200039	辽宁丰民农业高新技术有限公司	锦黑稻 1 号	辽审稻 20200040	辽宁盘锦北方农业技术开发有限公司
天隆优 617	辽审稻 20200041	天津天隆科技股份有限公司	洼晶香稻 1 号	辽审稻 20200042	辽宁盘锦祝氏种业有限公司
天域稻 6 号	辽审稻 20200043	辽宁营口天域稻业有限公司	天域稻 18	辽审稻 20200044	辽宁营口天域稻业有限公司
元发稻 6 号	辽审稻 20200045	沈阳领先种业有限公司	美锋稻 331	辽审稻 20200046	辽宁东亚种业有限公司
美锋稻 336	辽审稻 20200047	辽宁东亚种业有限公司	十新稻 405	辽审稻 20200048	辽宁东亚种业有限公司
秀秋稻 369	辽审稻 20200049	辽宁东亚种业有限公司	沈农 508	辽审稻 20200050	沈阳农业大学水稻研究所

（续表）

品种名称	审定编号	选育单位	品种名称	审定编号	选育单位
沈农 511	辽审稻 20200051	沈阳农业大学水稻研究所	沈农 625	辽审稻 20200052	沈阳农业大学水稻研究所
禾田稻 2 号	蒙审稻 2020001 号	吉林省公主岭市松辽农业科学研究所	垦稻 167	冀审稻 20200001	河北省农林科学院滨海农业研究所
垦育 25	冀审稻 20200002	河北省农林科学院滨海农业研究所	津育粳 28	冀审稻 20200003	天津市农作物研究所等
滨稻 8 号	冀审稻 20200004	河北省农林科学院滨海农业研究所	垦糯 10 号	冀审稻 20200005	河北省农林科学院滨海农业研究所
金稻 777	津审稻 20200001	天津市水稻研究所	津原 U9	津审稻 20200002	天津市原种场
津稻 328	津审稻 20200003	天津市水稻研究所	津育粳 25	津审稻 20200004	天津市农作物研究所等
津育粳 29	津审稻 20200005	天津市农作物研究所等	天隆优 619	津审稻 20200006	天津天隆种业科技有限公司
宁粳 59 号	宁审稻 20200001	宁夏农林科学院农作物研究所	宁粳 60 号	宁审稻 20200002	宁夏农林科学院农作物研究所
宁粳 61 号	宁审稻 20200003	宁夏农林科学院农作物研究所	金谷 1 号	宁审稻 2020L004	宁夏吴忠市金谷丰科技种业有限公司
金谷 5 号	宁审稻 2020L005	宁夏吴忠市金谷丰科技种业有限公司	临稻 26	鲁审稻 20200001	山东省沂南县水稻研究所
圣稻 31	鲁审稻 20200002	山东省农业科学院生物技术研究中心等	圣香 802	鲁审稻 20206003	山东省水稻研究所等
D 两优丰占	陕审稻 2020001 号	汉中现代农业科技有限公司等	晶香	陕审稻 2020002 号	陕西华盛种业科技有限公司等
陕稻 10 号	陕审稻 2020003 号	陕西省汉中市农业科学研究所	陕稻 12 号	陕审稻 2020004 号	陕西省汉中市农业科学研究所等
泰丰优 1168	陕审稻 2020005 号	四川华丰种业有限责任公司等	五优 3 号	陕审稻 2020006 号	广东省农业科学院水稻研究所等
新丰 1517	豫审稻 20200001	河南省新乡市远缘分子育种工程技术研究中心	光灿 9 号	豫审稻 20200002	河南正艺达种业有限公司
郑稻 201	豫审稻 20200003	河南省农业科学院粮食作物研究所等	宛粳 68D	豫审稻 20200004	河南省南阳市农业科学院
信粳 1787	豫审稻 20200005	河南省信阳市农业科学院	豫稻 16	豫审稻 20200006	河南农业大学
粳优 7699	豫审稻 20200007	河南省信阳市农业科学院	G 两优 98	豫审稻 20200008	湖北楚创高科农业有限公司
华优 1302	豫审稻 20200009	北京北农睿丰农业科技有限公司			

附表 8 2020 年水稻新品种授权情况

品种权号	品种名称	品种权人	品种权号	品种名称	品种权人
授权日：2019-12-19					
CNA20121065.2	珞扬 69	武汉大学	CNA20141136.5	嘉糯恢 9 号	福建农林大学
CNA20141218.6	隆两优 0293	湖南隆平种业有限公司	CNA20141285.4	恒丰优 7166	广东粤良种业有限公司
CNA20141286.3	恒丰优 777	广东粤良种业有限公司	CNA20141382.6	T77S	安徽依多丰农业科技有限公司
CNA20141480.7	津稻 372	天津市农作物研究所	CNA20141571.7	光 5	江汉大学
CNA20141573.5	复改 11	江汉大学	CNA20141575.3	复金 1B	江汉大学
CNA20141576.2	光 28	江汉大学	CNA20141579.9	光金 1B	江汉大学
CNA20141580.6	光改 11	江汉大学	CNA20150004.5	济稻 1 号	山东省农业科学院
CNA20150046.5	瀚香 A	广西瀚林农业科技有限公司	CNA20150050.8	申粳 1221	上海市农业科学院
CNA20150141.9	鲁资稻 5 号	山东省农作物种质资源中心	CNA20150142.8	鲁资稻 6 号	山东省农作物种质资源中心
CNA20150259.7	C125	天津天隆科技股份有限公司	CNA20150340.8	粤恢 426	广东粤良种业有限公司
CNA20150342.6	恒丰优 778	广东粤良种业有限公司	CNA20150343.5	粤恢 778	广东粤良种业有限公司
CNA20150345.3	恒丰优 3512	广东粤良种业有限公司	CNA20150598.7	中种 Z0017	中国种子集团有限公司
CNA20150637.0	川 358B	四川省农业科学院作物研究所	CNA20150818.1	中种恢 157	中国种子集团有限公司
CNA20150880.4	旌 3A	四川省农业科学院水稻高粱研究所	CNA20150959.0	洁田稻 001	深圳兴旺生物种业有限公司
CNA20151068.6	渝 650A	重庆市农业科学院	CNA20151234.5	天隆粳 6 号	天津天隆科技股份有限公司
CNA20151352.1	湘恢 8 号	长沙奥林生物科技有限公司	CNA20151358.5	R9194	长沙奥林生物科技有限公司
CNA20151459.3	中益 1958	湖南中益仁种业股份有限公司	CNA20151467.3	广龙占	广东省农业科学院水稻研究所
CNA20151576.1	泰恢 166	江苏红旗种业股份有限公司	CNA20151577.0	泰恢 206	江苏红旗种业股份有限公司
CNA20151579.8	泰恢 187	四川泰隆农业科技有限公司	CNA20151580.5	泰恢 46	四川泰隆农业科技有限公司
CNA20151679.7	申两优 3517	上海天谷生物科技股份有限公司	CNA20151703.7	京香粳 1 号	中国农业科学院作物科学研究所

（续表）

品种权号	品种名称	品种权人	品种权号	品种名称	品种权人
CNA20151704.6	XD992	中国农业科学院作物科学研究所	CNA20151710.8	桂恢089	广西壮族自治区农业科学院水稻研究所
CNA20151711.7	桂育8号	广西壮族自治区农业科学院水稻研究所	CNA20151728.8	粤花占1号	广东省农业科学院水稻研究所
CNA20151763.4	全1S	湖北荃银高科种业有限公司	CNA20151770.5	中种芯8B	中国种子集团有限公司
CNA20151771.4	广YS	中国种子集团有限公司	CNA20151792.9	广恢618	广东省农业科学院水稻研究所
CNA20151848.3	粤王丝苗	广东省农业科学院水稻研究所	CNA20151856.2	广恢305	广东省农业科学院水稻研究所
CNA20151857.1	岳优3700	湖南桃花源农业科技股份有限公司	CNA20151858.0	桃湘A	湖南桃花源农业科技股份有限公司
CNA20151891.9	信3122Awx	信阳市农业科学院	CNA20151898.2	百绿优籼01	深圳市百绿生物科技有限公司
CNA20151904.4	R9038	广西瀚林农业科技有限公司	CNA20151909.9	嘉陵1A	南充市农业科学院
CNA20151910.6	南恢968	南充市农业科学院	CNA20151924.0	恒丰优丝苗	北京金色农华种业科技股份有限公司
CNA20151930.2	桃农优粤农丝苗	北京金色农华种业科技股份有限公司	CNA20151952.5	沈农9903	吉林省农业科学院
CNA20151953.4	吉粳302	吉林省农业科学院	CNA20151961.4	全3S	湖北荃银高科种业有限公司
CNA20152010.3	南晶占	广东省农业科学院水稻研究所	CNA20152025.6	糯1优687	湖南隆平种业有限公司
CNA20152030.9	隆两优黄莉占	湖南隆平种业有限公司	CNA20152032.7	深两优1813	湖南隆平种业有限公司
CNA20160024.0	黄丝莉占	广东省农业科学院水稻研究所	CNA20160036.6	M32S	湖北中香农业科技股份有限公司
CNA20160037.5	M2607A	湖北中香农业科技股份有限公司	CNA20160044.6	早籼616	马鞍山神农种业有限责任公司
CNA20160045.5	早籼618	马鞍山神农种业有限责任公司	CNA20160063.2	泰红1A	江苏红旗种业股份有限公司
CNA20160065.0	泰红3A	江苏红旗种业股份有限公司	CNA20160067.8	泰红166A	江苏红旗种业股份有限公司
CNA20160100.7	哈135002	黑龙江省农业科学院耕作栽培研究所	CNA20160112.3	隆粳66	天津天隆科技股份有限公司
CNA20160115.0	福恢2075	福建省农业科学院水稻研究所	CNA20160148.1	深华优4号	深圳华大农业与循环经济科技有限公司

（续表）

品种权号	品种名称	品种权人	品种权号	品种名称	品种权人
CNA20160153.3	宁香优2号	江苏省农业科学院	CNA20160157.9	旭98S	益阳市农业科学研究所
CNA20160174.8	双亚黑一号	陕西双亚有机农业集团有限公司	CNA20160175.7	双亚红香1号	陕西双亚有机农业集团有限公司
CNA20160209.7	绵香1S	绵阳市农业科学研究院	CNA20160216.8	西大优216	西南大学
CNA20160220.2	荣优233	湖南金稻种业有限公司	CNA20160223.9	益早052	益阳市农业科学研究所
CNA20160227.5	中种恢587	中国种子集团有限公司	CNA20160250.5	KX4024	安徽省农业科学院水稻研究所
CNA20160252.3	KX4012	安徽省农业科学院水稻研究所	CNA20160253.2	KX4085	安徽省农业科学院水稻研究所
CNA20160254.1	KX4086	安徽省农业科学院水稻研究所	CNA20160255.0	KX4137	安徽省农业科学院水稻研究所
CNA20160292.5	盐粳16号	盐城市盐都区农业科学研究所	CNA20160336.3	PWR8970	安徽省农业科学院水稻研究所
CNA20160337.2	PWR8977	安徽省农业科学院水稻研究所	CNA20160341.6	PZR9996	安徽省农业科学院水稻研究所
CNA20160353.1	甬优4149	宁波市种子有限公司	CNA20160354.0	鄂粳403	湖北省农业科学院粮食作物研究所
CNA20160376.4	中粳糯588	安徽华安种业有限责任公司	CNA20160377.3	粳糯795	安徽华安种业有限责任公司
CNA20160448.8	龙稻28	黑龙江省农业科学院耕作栽培研究所	CNA20160503.0	晶两优3206	湖南隆平种业有限公司
CNA20160504.9	隆两优987	湖南隆平种业有限公司	CNA20160506.7	梦两优534	湖南隆平种业有限公司
CNA20160507.6	梦两优华占	湖南隆平种业有限公司	CNA20160508.5	梦两优黄莉占	湖南隆平种业有限公司
CNA20160518.3	R1581	湖南年丰种业科技有限公司	CNA20160558.4	永丰12391	合肥市永乐水稻研究所
CNA20160559.3	永旱二号	合肥市永乐水稻研究所	CNA20160572.6	中恢61	中国水稻研究所
CNA20160610.0	锦315A	云南金瑞种业有限公司	CNA20160611.9	锦319A	云南金瑞种业有限公司
CNA20160638.8	雅恢2117	四川农业大学	CNA20160639.7	雅恢2118	四川农业大学
CNA20160642.2	雅恢2918	四川农业大学	CNA20160658.3	天龙1号	湖南省天龙米业有限公司
CNA20160664.5	G098	广东省良种引进服务公司	CNA20160666.3	金禾5号	黑龙江省巨基农业科技开发有限公司

（续表）

品种权号	品种名称	品种权人	品种权号	品种名称	品种权人
CNA20160668.1	兆 A	深圳市兆农农业科技有限公司	CNA20160669.0	兆优 5431	深圳市兆农农业科技有限公司
CNA20160670.7	兆优 5455	深圳市兆农农业科技有限公司	CNA20160681.4	全紫稻	湖南五彩农业科技发展有限公司
CNA20160703.8	皖垦粳 2 号	安徽皖垦种业股份有限公司	CNA20160704.7	皖垦粳 3 号	安徽皖垦种业股份有限公司
CNA20160734.1	申繁 24	上海市农业科学院	CNA20160735.0	申优 24	上海市农业科学院
CNA20160750.0	金玉 A	广西五泰种子有限公司	CNA20160763.5	内 7 优 39	内江杂交水稻科技开发中心
CNA20160860.7	皖垦糯 1116	安徽皖垦种业股份有限公司	CNA20160881.2	寻稻 01	寻培之
CNA20161004.2	中科发 5 号	中国科学院遗传与发育生物学研究所	CNA20161005.1	中科 804	中国科学院遗传与发育生物学研究所
CNA20161017.7	冈优 558	南充市农业科学院	CNA20161049.9	品黑一号	安徽省农业科学院水稻研究所
CNA20161057.8	松香软粳	上海师范大学	CNA20161099.8	隆晶优 2 号	湖南亚华种业科学研究院
CNA20161141.6	宁大 12596	宁夏大学	CNA20161173.7	华航 36 号	华南农业大学
CNA20161174.6	华航 37 号	华南农业大学	CNA20161175.5	航恢 1198	华南农业大学
CNA20161182.6	中种芯 4R	中国种子集团有限公司	CNA20161184.4	中种芯 10B	中国种子集团有限公司
CNA20161185.3	中种芯 11B	中国种子集团有限公司	CNA20161203.1	中种芯 9B	中国种子集团有限公司
CNA20161241.5	望恢 013	湖南希望种业科技股份有限公司	CNA20161245.1	望恢 091	湖南希望种业科技股份有限公司
CNA20161252.1	望恢 772	湖南希望种业科技股份有限公司	CNA20161253.0	望恢 780	湖南希望种业科技股份有限公司
CNA20161254.9	望恢 781	湖南希望种业科技股份有限公司	CNA20161259.4	卓 201S	湖南希望种业科技股份有限公司
CNA20161299.6	葛 68A	湖南正隆农业科技有限公司	CNA20161369.1	白金 1252	广西白金种子股份有限公司
CNA20161388.8	焦粳 162	江苏焦点农业科技有限公司	CNA20161389.7	焦粳 884	江苏焦点农业科技有限公司
CNA20161390.4	焦龙粳 34	江苏焦点农业科技有限公司	CNA20161407.5	NR213	江苏农科种业研究院有限公司
CNA20161408.4	NR218	江苏农科种业研究院有限公司	CNA20161442.2	胜 A	广州市金粤生物科技有限公司

（续表）

品种权号	品种名称	品种权人	品种权号	品种名称	品种权人
CNA20161491.2	金青占	广州市金粤生物科技有限公司	CNA20161524.3	深两优 8386	广西兆和种业有限公司
CNA20161525.2	HD1712	广西兆和种业有限公司	CNA20161526.1	H 两优 9219	广西兆和种业有限公司
CNA20161528.9	兆两优 7213	广西兆和种业有限公司	CNA20161592.0	正香优 217	安徽丰大种业股份有限公司
CNA20161630.4	桂育糯 188	广西壮族自治区农业科学院水稻研究所	CNA20161637.7	徐稻 9 号	江苏徐淮地区徐州农业科学研究所
CNA20161662.5	宣粳糯 1 号	宣城市种植业局	CNA20161663.4	宣粳 2 号	宣城市种植业局
CNA20161670.5	泰优 98	江西现代种业股份有限公司	CNA20161731.2	绥稻 5 号	绥化市盛昌种子繁育有限责任公司
CNA20161763.3	永丰 4024	合肥市永乐水稻研究所			
授权日：2020-07-27					
CNA20130666.6	中浙 2A	中国水稻研究所	CNA20140435.5	海稻 86	谢小青
CNA20150550.3	L21S	罗　琳	CNA20150989.4	春江 29A	中国水稻研究所
CNA20151810.7	5561S	中国种子集团有限公司	CNA20151931.1	五优粤农丝苗	江西先农种业有限公司
CNA20152009.6	N198	广东省农业科学院水稻研究所	CNA20152019.4	黄泰占	江苏红旗种业股份有限公司
CNA20152061.1	鑫满 6 号	广西象州黄氏水稻研究所	CNA20160350.4	F136S	合肥丰乐种业股份有限公司
CNA20160650.1	嘉育 938	浙江省嘉兴市农业科学研究院（所）	CNA20160871.4	金早 239	金华市农业科学研究院
CNA20161030.0	C 两优粤农丝苗	北京金色农华种业科技股份有限公司	CNA20161187.1	F 两优 6876	信阳市农业科学院
CNA20161309.4	隆粳 772	国家粳稻工程技术研究中心	CNA20161683.0	鑫晟稻 3 号	黑龙江省巨基农业科技开发有限公司
CNA20161948.1	徽两优粤农丝苗	北京金色农华种业科技股份有限公司	CNA20170132.8	广泰优粤农丝苗	北京金色农华种业科技股份有限公司
CNA20170133.7	广 8 优粤农丝苗	北京金色农华种业科技股份有限公司	CNA20170138.2	昌盛优粤农丝苗	北京金色农华种业科技股份有限公司
CNA20170319.3	旺恢 685	云南省国有资本运营金鼎禾朴农业科技有限公司	CNA20170325.5	绿糯 3 号	安徽绿雨种业股份有限公司
CNA20171679.5	隆两优 1319	袁隆平农业高科技股份有限公司	CNA20171689.3	隆晶优 534	袁隆平农业高科技股份有限公司

（续表）

品种权号	品种名称	品种权人	品种权号	品种名称	品种权人
CNA20172220.7	龙垦229	北大荒垦丰种业股份有限公司	CNA20172221.6	龙垦227	北大荒垦丰种业股份有限公司
CNA20172224.3	龙垦223	北大荒垦丰种业股份有限公司	CNA20172274.2	吉田优粤农丝苗	北京金色农华种业科技股份有限公司
CNA20173199.2	龙粳3407	黑龙江省农业科学院水稻研究所	CNA20173350.7	浙沣糯188	宣城市水阳江种业有限责任公司
CNA20173409.8	龙粳3001	黑龙江省农业科学院水稻研究所	CNA20173410.5	龙粳3040	黑龙江省农业科学院水稻研究所
CNA20173411.4	龙粳3095	黑龙江省农业科学院水稻研究所	CNA20173624.7	旺两优959	湖南袁创超级稻技术有限公司
CNA20173625.6	旺两优1577	湖南袁创超级稻技术有限公司	CNA20180932.9	龙粳1615	黑龙江省农业科学院水稻研究所
CNA20180933.8	龙粳1624	黑龙江省农业科学院水稻研究所	CNA20180935.6	龙粳1656	黑龙江省农业科学院水稻研究所
CNA20180936.5	龙粳1665	黑龙江省农业科学院水稻研究所	CNA20181282.3	低谷软香5号	江苏省农业科学院
CNA20181283.2	南粳56	江苏省农业科学院	CNA20181284.1	南粳58	江苏省农业科学院
CNA20181285.0	南粳60	江苏省农业科学院	CNA20181286.9	南粳9036	江苏省农业科学院
CNA20181287.8	宁6820	江苏省农业科学院	CNA20181289.6	宁7817	江苏省农业科学院
CNA20182210.8	兆优6319	四川国豪种业股份有限公司	CNA20182674.7	龙垦257	北大荒垦丰种业股份有限公司
CNA20182675.6	龙垦263	北大荒垦丰种业股份有限公司	CNA20182903.0	扬籼优919	江苏里下河地区农业科学研究所
CNA20183043.9	航57S	华南农业大学	CNA20183476.5	航93S	华南农业大学
CNA20183776.2	壮两优911	湖南袁创超级稻技术有限公司	CNA20183893.0	内优6183	四川农业大学
CNA20183953.7	欣两优2172	安徽荃银欣隆种业有限公司	CNA20184538.9	W031	南京农业大学
CNA20184544.1	玖两优29	湖南省水稻研究所	CNA20184640.4	光伟11号	张友光
CNA20191000024	龙粳3020	黑龙江省农业科学院水稻研究所	CNA20191000025	广优7289	信阳市农业科学院
CNA20191000125	龙粳3021	黑龙江省农业科学院水稻研究所	CNA20191000166	湘农大194B	湖南农业大学
CNA20191000198	龙粳3025	黑龙江省农业科学院水稻研究所	CNA20191000232	龙粳4569	黑龙江省农业科学院水稻研究所
CNA20191000333	郑稻C10	河南省农业科学院粮食作物研究所	CNA20191000337	郑稻C42	河南省农业科学院粮食作物研究所

（续表）

品种权号	品种名称	品种权人	品种权号	品种名称	品种权人
CNA20191000340	郑稻 201	河南省农业科学院粮食作物研究所	CNA20191000344	郑稻 C44	河南省农业科学院粮食作物研究所
CNA20191000388	龙粳 2315	黑龙江省农业科学院水稻研究所	CNA20191000393	龙粳 2314	黑龙江省农业科学院水稻研究所
CNA20191000463	春江 151	中国水稻研究所	CNA20191000510	龙粳 3027	黑龙江省农业科学院水稻研究所
CNA20191000523	龙粳 3024	黑龙江省农业科学院水稻研究所	CNA20191000528	荃优 10 号	安徽荃银高科种业股份有限公司
CNA20191000529	全两优 1822	安徽荃银高科种业股份有限公司	CNA20191000543	荃优 291	安徽荃银高科种业股份有限公司
CNA20191000583	龙粳 4695	黑龙江省农业科学院水稻研究所	CNA20191000590	旭粳 9 号	公主岭市吉农研水稻研究所有限公司
CNA20191000619	广恢 158	广东省农业科学院水稻研究所	CNA20191000661	辽粳 168	辽宁省水稻研究所
CNA20191000778	宏科 328	高玉森	CNA20191000788	M14252	江苏省农业科学院
CNA20191000820	宏科 389	高玉森	CNA20191000828	龙粳 3023	黑龙江省农业科学院水稻研究所
CNA20191000984	泗稻 301	江苏省农业科学院宿迁农科所	CNA20191001030	粤禾优 1002	广东华茂高科种业有限公司
CNA20191001142	龙庆稻 8 号	庆安县北方绿洲稻作研究所	CNA20191001189	龙粳 3022	黑龙江省农业科学院水稻研究所
CNA20191001268	徽两优 2628	安徽喜多收种业科技有限公司	CNA20191001324	华智 193	华智水稻生物技术有限公司
CNA20191001397	隆两优 1236	袁隆平农业高科技股份有限公司	CNA20191001400	隆晶优 1187	袁隆平农业高科技股份有限公司
CNA20191001444	蒂占	湖南亚华种业科学研究院	CNA20191001448	华恢 3190	湖南亚华种业科学研究院
CNA20191001453	华恢 1957	湖南隆平高科种业科学研究院有限公司	CNA20191001456	华恢 765	湖南亚华种业科学研究院
CNA20191001457	华恢 6089	湖南亚华种业科学研究院	CNA20191001458	R1319	湖南隆平高科种业科学研究院有限公司
CNA20191001460	华恢 4171	湖南隆平高科种业科学研究院有限公司	CNA20191001461	华恢 4013	湖南隆平高科种业科学研究院有限公司
CNA20191001462	华恢 1706	袁隆平农业高科技股份有限公司	CNA20191001474	华恢 8669	袁隆平农业高科技股份有限公司
CNA20191001489	华恢 3703	袁隆平农业高科技股份有限公司	CNA20191001491	华恢 8401	袁隆平农业高科技股份有限公司

（续表）

品种权号	品种名称	品种权人	品种权号	品种名称	品种权人
CNA20191001492	华恢 2646	湖南亚华种业科学研究院	CNA20191001493	华恢 1234	湖南隆平高科种业科学研究院有限公司
CNA20191001516	荃优 523	安徽荃银高科种业股份有限公司	CNA20191001518	荃优 9028	安徽荃银高科种业股份有限公司
CNA20191001519	银 312S	安徽荃银高科种业股份有限公司	CNA20191001520	绥稻 616	绥化市盛昌种子繁育有限责任公司
CNA20191001549	吉粳 811	吉林省农业科学院	CNA20191001555	Q 两优 851	安徽荃银高科种业股份有限公司
CNA20191001556	Q 两优丝苗	安徽荃银高科种业股份有限公司	CNA20191001575	绿亿香糯	安徽绿亿种业有限公司
CNA20191001585	吉优 5618	广东省农业科学院水稻研究所	CNA20191001593	银两优 851	安徽荃银高科种业股份有限公司
CNA20191001604	广泰优 736	广东省农业科学院水稻研究所	CNA20191001619	吉农大 667	吉林农业大学
CNA20191001621	振湘 S	袁隆平农业高科技股份有限公司	CNA20191001625	勤 77S	袁隆平农业高科技股份有限公司
CNA20191001652	潇湘 828S	袁隆平农业高科技股份有限公司	CNA20191001657	华誉 568S	袁隆平农业高科技股份有限公司
CNA20191001659	华炫 302S	袁隆平农业高科技股份有限公司	CNA20191001660	华捷 912S	袁隆平农业高科技股份有限公司
CNA20191001661	华捷 221S	袁隆平农业高科技股份有限公司	CNA20191001669	泰丰优 158	广东省农业科学院水稻研究所
CNA20191001715	徽两优福星占	湖北华田农业科技股份有限公司	CNA20191001766	春两优华占	中国农业科学院作物科学研究所
CNA20191001767	春两优 534	中国农业科学院深圳农业基因组研究所	CNA20191001814	C 两优新华粘	湖南永益农业科技发展有限公司
CNA20191001816	荣优新华粘	湖南永益农业科技发展有限公司	CNA20191001817	恒丰优银华粘	湖南永益农业科技发展有限公司
CNA20191001818	五优新华粘	湖南永益农业科技发展有限公司	CNA20191001819	泰优粤占	湖南永益农业科技发展有限公司
CNA20191001916	泸两优 2840	四川川种种业有限责任公司	CNA20191002007	L6B	天津天隆科技股份有限公司
CNA20191002048	D 两优 722	袁隆平农业高科技股份有限公司	CNA20191002061	泗稻 18 号	江苏省农业科学院宿迁农科所
CNA20191002073	华恢 4456	袁隆平农业高科技股份有限公司	CNA20191002083	喜两优超占	安徽喜多收种业科技有限公司
CNA20191002092	龙粳 1832	黑龙江省农业科学院水稻研究所	CNA20191002099	两优 253	安徽绿亿种业有限公司

（续表）

品种权号	品种名称	品种权人	品种权号	品种名称	品种权人
CNA20191002110	绿秀 19	安徽绿亿种业有限公司	CNA20191002162	广恢 466	广东省农业科学院水稻研究所
CNA20191002171	广恢 792	广东省农业科学院水稻研究所	CNA20191002173	广恢 5618	广东省农业科学院水稻研究所
CNA20191002178	广恢 226	广东省农业科学院水稻研究所	CNA20191002179	2335S	武汉大学
CNA20191002210	龙粳 2305	黑龙江省农业科学院水稻研究所	CNA20191002272	龙粳 2317	黑龙江省农业科学院水稻研究所
CNA20191002318	龙粳 2316	黑龙江省农业科学院水稻研究所	CNA20191002358	龙粳 1833	黑龙江省农业科学院水稻研究所
CNA20191002361	龙粳 1834	黑龙江省农业科学院水稻研究所	CNA20191002369	龙粳 1841	黑龙江省农业科学院水稻研究所
CNA20191002371	龙粳 1842	黑龙江省农业科学院水稻研究所	CNA20191002499	龙粳 1837	黑龙江省农业科学院水稻研究所
CNA20191002683	神 9 优 28	重庆中一种业有限公司	CNA20191002877	隆华 703A	袁隆平农业高科技股份有限公司
CNA20191002878	晶锋 8A	袁隆平农业高科技股份有限公司	CNA20191002879	隆锋 18A	袁隆平农业高科技股份有限公司
CNA20191002880	晶沅 42A	袁隆平农业高科技股份有限公司	CNA20191002881	晶湘 57A	袁隆平农业高科技股份有限公司
CNA20191002882	锐 5S	袁隆平农业高科技股份有限公司	CNA20191002883	华琦 686S	袁隆平农业高科技股份有限公司
CNA20191002884	隆臻 36S	袁隆平农业高科技股份有限公司	CNA20191002885	湘沅 508S	袁隆平农业高科技股份有限公司
CNA20191002886	华泽 621S	袁隆平农业高科技股份有限公司	CNA20191002902	龙粳 1836	黑龙江省农业科学院水稻研究所
CNA20191002908	龙粳 1831	黑龙江省农业科学院水稻研究所	CNA20191002968	龙粳 1822	黑龙江省农业科学院水稻研究所
CNA20191003158	龙粳 1823	黑龙江省农业科学院水稻研究所	CNA20191003162	龙粳 1825	黑龙江省农业科学院水稻研究所
CNA20191003262	甜优 1 号	广西桂稻香农作物研究所有限公司	CNA20191003265	博Ⅲ优 466	广东华茂高科种业有限公司
授权日：2020-09-30					
CNA20121238.4	两优 228	安徽绿亿种业有限公司	CNA20130534.6	甬优 538	宁波市种子有限公司
CNA20140570.0	嘉糯恢 7 号	福建农林大学	CNA20150399.8	喜 06S	安徽喜多收种业科技有限公司

（续表）

品种权号	品种名称	品种权人	品种权号	品种名称	品种权人
CNA20150400.5	喜 08S	安徽喜多收种业科技有限公司	CNA20150486.2	徽敏 S	安徽省农业科学院水稻研究所
CNA20151320.0	宁 16S	江苏省农业科学院	CNA20160089.2	隆粳 968	江苏徐淮地区淮阴农业科学研究所
CNA20160155.1	05YP16	浙江省农业科学院	CNA20160362.0	吉大粳稻 518	吉林大学
CNA20160498.7	福 228S	湖南隆平种业有限公司	CNA20160511.0	金廊粳 1 号	上海市农业生物基因中心
CNA20160679.8	镇稻 448	江苏丘陵地区镇江农业科学研究所	CNA20160731.4	中粳 616	中国种子集团有限公司
CNA20160863.4	WYJ18	安徽皖垦种业股份有限公司	CNA20161058.7	香软早粳	上海师范大学
CNA20161204.0	武运粳 80	江苏（武进）水稻研究所	CNA20161372.6	锦稻香 103	盘锦北方农业技术开发有限公司
CNA20161462.7	福巨 2 号	福建农林大学	CNA20161463.6	福巨 4 号	福建农林大学
CNA20161582.2	苏秀 125	南京苏乐种业科技有限公司	CNA20161584.0	苏秀 8608	连云港市苏乐种业科技有限公司
CNA20161639.5	湘宁早 3 号	海南波莲水稻基因科技有限公司	CNA20161642.0	湘宁早 4 号	海南波莲水稻基因科技有限公司
CNA20162027.3	泰恢 2547	江苏红旗种业股份有限公司	CNA20162028.2	松辽 838	公主岭市松辽农业科学研究所
CNA20162299.4	科辐糯 2 号	中国科学院合肥物质科学研究院	CNA20162305.6	陵两优 7717	袁隆平农业高科技股份有限公司
CNA20162326.1	申 34A	上海市农业科学院	CNA20162327.0	申优 415	上海市农业科学院
CNA20162329.8	沪软 1212	上海市农业科学院	CNA20162332.3	两优 6816	安徽省农业科学院水稻研究所
CNA20162366.2	金恢 113 号	福建农林大学	CNA20162367.1	金恢 114 号	福建农林大学
CNA20162368.0	金恢 115 号	福建农林大学	CNA20162479.6	中秧 A	中国水稻研究所
CNA20170001.6	信丰 19	信阳市农业科学院	CNA20170044.5	中早 51	中国水稻研究所
CNA20170093.5	锦瑞 4 号	云南金瑞种业有限公司	CNA20170144.4	中 64A	中国水稻研究所
CNA20170183.6	润稻 118	镇江润健农艺有限公司	CNA20170184.5	镇籼 2S	江苏丘陵地区镇江农业科学研究所
CNA20170185.4	镇糯 22 号	江苏丘陵地区镇江农业科学研究所	CNA20170194.3	保丰 1435	江苏保丰集团公司
CNA20170234.5	云恢 68	云南金瑞种业有限公司	CNA20170241.6	龙粳 1539	佳木斯龙粳种业有限公司

（续表）

品种权号	品种名称	品种权人	品种权号	品种名称	品种权人
CNA20170525.3	金粳667	江苏省金地种业科技有限公司	CNA20170573.4	扬两优316	江苏里下河地区农业科学研究所
CNA20170579.8	C两优198	安徽喜多收种业科技有限公司	CNA20171179.0	星88S	安徽袁粮水稻产业有限公司
CNA20171555.4	中恢158	中国水稻研究所	CNA20171572.3	桃HS	安徽桃花源农业科技有限责任公司
CNA20171573.2	桃恢88	安徽桃花源农业科技有限责任公司	CNA20171880.0	八宝谷2号	广南县八宝米研究所
CNA20172287.7	裕两优华占	安徽喜多收种业科技有限公司	CNA20172289.5	深两优868	安徽喜多收种业科技有限公司
CNA20173191.0	凤稻30号	大理白族自治州农业科学推广研究院	CNA20173192.9	凤稻31号	大理白族自治州农业科学推广研究院
CNA20173245.6	浙17104	浙江省农业科学院	CNA20173351.6	亮两优423	合肥国丰农业科技有限公司
CNA20173352.5	红两优丝占	合肥国丰农业科技有限公司	CNA20173355.2	G两优6369	合肥国丰农业科技有限公司
CNA20173421.2	Z2028S	安徽省农业科学院水稻研究所	CNA20173496.2	雍丰香1号	安徽丰永种子有限责任公司
CNA20173634.5	科珍丝苗	安徽荃银种业科技有限公司	CNA20180056.9	圣稻1722	山东省水稻研究所
CNA20180062.1	圣稻31	山东省农业科学院生物技术研究中心	CNA20180094.3	9优智占	安徽华安种业有限责任公司
CNA20180095.2	荃优280	安徽华安种业有限责任公司	CNA20180097.0	R113	江苏瑞华农业科技有限公司
CNA20180139.0	圣稻28	山东省水稻研究所	CNA20180186.2	焦粳36	江苏焦点农业科技有限公司
CNA20184736.9	荃香优822	安徽荃银高科种业股份有限公司	CNA20184737.8	YR851	安徽荃银高科种业股份有限公司
CNA20184738.7	5HR004	安徽荃银高科种业股份有限公司	CNA20184739.6	5HR015	安徽荃银高科种业股份有限公司
CNA20184740.3	YR95占	安徽荃银高科种业股份有限公司	CNA20184749.4	5HR108	安徽荃银高科种业股份有限公司
CNA20191001053	华恢1195	袁隆平农业高科技股份有限公司	CNA20191001361	两优1314	武汉大学
CNA20191001455	R1199	湖南亚华种业科学研究院	CNA20191001479	华恢1755	袁隆平农业高科技股份有限公司
CNA20191001488	华恢2017	袁隆平农业高科技股份有限公司	CNA20191001578	R340	武汉大学

（续表）

品种权号	品种名称	品种权人	品种权号	品种名称	品种权人
CNA20191001579	R255	武汉大学	CNA20191001680	象竹香丝苗	广东省农业科学院水稻研究所
CNA20191001684	华泰 S	广东省农业科学院水稻研究所	CNA20191001700	禾福香占	广东省农业科学院水稻研究所
CNA20191001976	YR857	安徽荃银高科种业股份有限公司	CNA20191001977	银丝苗	安徽荃银高科种业股份有限公司
CNA20191001978	洁丰丝苗	安徽荃银高科种业股份有限公司	CNA20191002111	YR069	安徽荃银高科种业股份有限公司
CNA20191002176	广恢 1055	广东省农业科学院水稻研究所	CNA20191002247	广雅 S	广东省农业科学院水稻研究所
CNA20191002360	两优 5311	武汉大学	CNA20191002434	两优 2618	武汉大学
CNA20191003119	K516	袁隆平农业高科技股份有限公司	CNA20191003120	K526	袁隆平农业高科技股份有限公司
CNA20191003121	K531	袁隆平农业高科技股份有限公司	CNA20191003122	K3265	袁隆平农业高科技股份有限公司
CNA20191003123	K3287	袁隆平农业高科技股份有限公司	CNA20191003124	K3291	袁隆平农业高科技股份有限公司
CNA20191003126	R1624	袁隆平农业高科技股份有限公司	CNA20191003127	R1761	袁隆平农业高科技股份有限公司
CNA20191003128	R1777	袁隆平农业高科技股份有限公司	CNA20191003130	R2056	袁隆平农业高科技股份有限公司
CNA20191003134	冠 S	袁隆平农业高科技股份有限公司	CNA20191003135	麟 S	袁隆平农业高科技股份有限公司
CNA20191003137	平 S	袁隆平农业高科技股份有限公司	CNA20191003139	味 S	袁隆平农业高科技股份有限公司
CNA20191003143	彦 S	袁隆平农业高科技股份有限公司	CNA20191003145	英 S	袁隆平农业高科技股份有限公司
CNA20191003146	增 S	袁隆平农业高科技股份有限公司	CNA20191003148	珍 20S	袁隆平农业高科技股份有限公司
CNA20191003173	R322	武汉衍升农业科技有限公司	CNA20191003176	R224	武汉衍升农业科技有限公司
CNA20191003245	龙粳 1824	黑龙江省农业科学院水稻研究所	CNA20191003283	润珠香	湖北省农业科学院粮食作物研究所
CNA20191003304	花香 1R	天津天隆科技股份有限公司	CNA20191003526	琦 S	袁隆平农业高科技股份有限公司
CNA20191003527	挺 S	袁隆平农业高科技股份有限公司	CNA20191003531	赞 6158S	袁隆平农业高科技股份有限公司

（续表）

品种权号	品种名称	品种权人	品种权号	品种名称	品种权人
CNA20191003535	秀 S	袁隆平农业高科技股份有限公司	CNA20191003581	泰优 1627	湖南农业大学
CNA20191003844	桂占 151	广西壮族自治区农业科学院水稻研究所	CNA20191003845	桂占 165	广西壮族自治区农业科学院水稻研究所
CNA20191003846	桂野 4 号	广西壮族自治区农业科学院水稻研究所	CNA20191004102	巨 2 优 67	湖北省农业科学院粮食作物研究所
CNA20191004175	桂恢 113	广西壮族自治区农业科学院水稻研究所	CNA20191004304	荆玉香丝	湖北省农业科学院粮食作物研究所
CNA20191004382	至 427S	湖南农业大学	CNA20191004384	卓 234S	湖南农业大学
CNA20191004386	湘农恢 301	湖南农业大学	CNA20191004387	湘农恢 161	湖南农业大学
CNA20191004388	湘农恢 313	湖南农业大学	CNA20191004389	湘农恢 1105	湖南农业大学
CNA20191004480	ZY532	湖北省农业科学院粮食作物研究所	CNA20191004566	桂 R17	广西壮族自治区农业科学院水稻研究所
CNA20191004753	钱江 101	浙江省农业科学院	CNA20191004778	湘农恢 009	湖南农业大学
CNA20191004808	桂恢 251	广西壮族自治区农业科学院水稻研究所	CNA20191004816	那丰占	广西壮族自治区农业科学院水稻研究所
CNA20191004817	那谷香	广西壮族自治区农业科学院水稻研究所	CNA20191004819	那香丝苗	广西壮族自治区农业科学院水稻研究所
CNA20191004820	那玉香	广西壮族自治区农业科学院水稻研究所	CNA20191004831	浙粳 78	浙江省农业科学院
CNA20191004892	珞香 1A	武汉衍升农业科技有限公司	CNA20191004960	禾香 1A	浙江省嘉兴市农业科学研究院（所）
CNA20191005128	浙香银针	浙江省农业科学院	CNA20191005204	恢 10	中国水稻研究所
CNA20191005267	浙恢 1578	浙江省农业科学院			
授权日：2020-12-31					
CNA20140944.9	忠香 A	重庆皇华种业股份有限公司	CNA20151826.9	随 1723S	王宗炎
CNA20160236.4	镇稻 21 号	江苏丘陵地区镇江农业科学研究所	CNA20160707.4	牡育稻 42	黑龙江省农业科学院牡丹江分院
CNA20160736.9	申矮 173	上海市农业科学院	CNA20160990.0	龙粳 3007	黑龙江省农业科学院水稻研究所
CNA20160990.0	龙粳 3007	黑龙江省农业科学院水稻研究所	CNA20160991.9	龙粳 3033	佳木斯龙粳种业有限公司
CNA20160992.8	龙粳 3047	黑龙江省农业科学院水稻研究所	CNA20160993.7	龙粳 3077	佳木斯龙粳种业有限公司

（续表）

品种权号	品种名称	品种权人	品种权号	品种名称	品种权人
CNA20160994.6	龙粳3100	佳木斯龙粳种业有限公司	CNA20160995.5	龙粳3767	黑龙江省农业科学院水稻研究所
CNA20161300.3	浙粳70	浙江省农业科学院	CNA20161434.2	宿两优918	安徽华成种业股份有限公司
CNA20161437.9	望恢441	中国科学院亚热带农业生态研究所	CNA20161438.8	望恢1013	中国科学院亚热带农业生态研究所
CNA20161464.5	福巨糯6号	福建农林大学	CNA20161467.2	福巨糯9号	福建农林大学
CNA20161887.4	源15S	湖南桃花源农业科技股份有限公司	CNA20161949.0	川优粤农丝苗	北京金色农华种业科技股份有限公司
CNA20161982.8	旱恢157	上海天谷生物科技股份有限公司	CNA20161983.7	旱恢163	上海天谷生物科技股份有限公司
CNA20162067.4	武运367	江苏（武进）水稻研究所	CNA20162082.5	浙粳99	浙江省农业科学院
CNA20162129.0	长农1A	长江大学	CNA20162313.6	永优6258	宜春学院
CNA20162325.2	申优26	上海市农业科学院	CNA20162352.8	中种13H376	中国种子集团有限公司
CNA20162353.7	中种13H381	中国种子集团有限公司	CNA20162357.3	金恢102号	福建农林大学
CNA20162375.1	金和	南昌市康谷农业科技有限公司	CNA20162423.3	蓝9S	赵培昌
CNA20162424.2	天源130S	武汉武大天源生物科技股份有限公司	CNA20162478.7	新质2A	中国种子集团有限公司
CNA20162484.9	R5437	深圳市兆农农业科技有限公司	CNA20162485.8	R332	深圳市兆农农业科技有限公司
CNA20162486.7	R5312	深圳市兆农农业科技有限公司	CNA20170024.9	鲁盐稻13号	山东省水稻研究所
CNA20170051.5	临稻22号	临沂市农业科学院	CNA20170080.0	玖两优3号	湖南省水稻研究所
CNA20170134.6	荣3优粤农丝苗	北京金色农华种业科技股份有限公司	CNA20170137.3	万象优粤农丝苗	北京金色农华种业科技股份有限公司
CNA20170139.1	欣荣优粤农丝苗	北京金色农华种业科技股份有限公司	CNA20170153.2	创恢958	湖南袁创超级稻技术有限公司
CNA20170154.1	创恢9188	湖南袁创超级稻技术有限公司	CNA20170211.2	大粮302	临沂市金秋大粮农业科技有限公司
CNA20170278.2	莲CS	江西省农业科学院水稻研究所	CNA20170345.1	圣香66	山东省水稻研究所
CNA20170349.7	萍恢106	萍乡市农业科学研究所	CNA20170407.6	中种粳6227	中国种子集团有限公司

（续表）

品种权号	品种名称	品种权人	品种权号	品种名称	品种权人
CNA20170431.6	丰两优3948	合肥丰乐种业股份有限公司	CNA20170448.7	津稻565	天津市水稻研究所
CNA20170641.2	新稻567	河南省新乡市农业科学院	CNA20171175.4	松峰696	公主岭市吉农研水稻研究所有限公司
CNA20171176.3	通育266	通化市农业科学研究院	CNA20171177.2	松峰199	公主岭市吉农研水稻研究所有限公司
CNA20171196.9	早丰优五山丝苗	北京金色农华种业科技股份有限公司	CNA20171269.1	靓占	江西省农业科学院水稻研究所
CNA20171504.6	赣恢993	江西省农业科学院水稻研究所	CNA20171581.2	泸优粤农丝苗	北京金色农华种业科技股份有限公司
CNA20171582.1	泰丰优粤农丝苗	北京金色农华种业科技股份有限公司	CNA20171583.0	天丰优粤农丝苗	北京金色农华种业科技股份有限公司
CNA20171584.9	深95优粤农丝苗	北京金色农华种业科技股份有限公司	CNA20171611.6	晚籼紫宝	益阳市惠民种业科技有限公司
CNA20171612.5	板仓香糯	益阳市惠民种业科技有限公司	CNA20171755.2	长两优319	湖南农业大学
CNA20171835.6	玖两优华占	湖南金健种业科技有限公司	CNA20171839.2	荃优665	湖南金健种业科技有限公司
CNA20171843.6	德两优华占	湖南金健种业科技有限公司	CNA20171876.6	金香粳518	北京金色农华种业科技股份有限公司
CNA20172279.7	新丰88	河南丰源种子有限公司	CNA20172281.3	苑丰136	河南丰源种子有限公司
CNA20172307.3	两优1316	湖南金健种业科技有限公司	CNA20172529.5	津育粳22	天津市农作物研究所
CNA20172535.7	华琦S	湖南亚华种业科学研究院	CNA20172627.6	RC6	中国农业科学院作物科学研究所
CNA20172677.5	创两优茉莉占	湖南农大金农种业有限公司	CNA20172688.2	德两优665	湖南金健种业科技有限公司
CNA20172878.2	R3155	湖南隆平种业有限公司	CNA20172879.1	R947	湖南隆平种业有限公司
CNA20172882.6	和源A	湖南隆平种业有限公司	CNA20172883.5	和源B	湖南隆平种业有限公司
CNA20172885.3	隆8B	湖南隆平种业有限公司	CNA20172887.1	YR96	湖南隆平种业有限公司
CNA20172888.0	兴3A	湖南隆平种业有限公司	CNA20172890.6	R10	湖南隆平种业有限公司
CNA20172891.5	AC3134	湖南隆平种业有限公司	CNA20172899.7	津原U99	天津市原种场

（续表）

品种权号	品种名称	品种权人	品种权号	品种名称	品种权人
CNA20172954.9	方稻 3 号	方正县农业技术推广中心	CNA20172995.0	苏恢 5 号	江苏中江种业股份有限公司
CNA20172997.8	苏恢 063	江苏中江种业股份有限公司	CNA20173011.8	RC69	湖南桃花源农业科技股份有限公司
CNA20173012.7	RC112	湖南桃花源农业科技股份有限公司	CNA20173014.5	RC188	湖南桃花源农业科技股份有限公司
CNA20173075.1	创恢 950	湖南袁创超级稻技术有限公司	CNA20173087.7	创宇 107	长沙大禾科技开发中心
CNA20173088.6	创宇 10 号	长沙大禾科技开发中心	CNA20173211.6	M7 优 3301	福建农林大学
CNA20173212.5	金恢 966	福建农林大学	CNA20173213.4	金恢 1059	福建农林大学
CNA20173214.3	金恢 2050	福建农林大学	CNA20173236.7	Y 两优 18	湖南袁创超级稻技术有限公司
CNA20173247.4	苏 2110	江苏太湖地区农业科学研究所	CNA20173339.3	R6312	湖南省水稻研究所
CNA20173345.5	创恢 107	湖南袁创超级稻技术有限公司	CNA20173346.4	创恢 959	湖南袁创超级稻技术有限公司
CNA20173348.2	望两优 361	安徽新安种业有限公司	CNA20173353.4	红两优瑞占	合肥国丰农业科技有限公司
CNA20173475.7	彩美籼紫	湖南省水稻研究所	CNA20173494.4	两优 1134	安徽咏悦农业科技有限公司
CNA20173626.5	旺两优 911	湖南袁创超级稻技术有限公司	CNA20173627.4	旺两优 958	湖南袁创超级稻技术有限公司
CNA20173683.5	龙稻 1602	黑龙江省农业科学院耕作栽培研究所	CNA20173684.4	龙稻 102	黑龙江省农业科学院耕作栽培研究所
CNA20173718.4	平占	湖南奥谱隆科技股份有限公司	CNA20173719.3	坤占	湖南奥谱隆科技股份有限公司
CNA20173722.8	奥 R3000	湖南奥谱隆科技股份有限公司	CNA20173723.7	奥 R1066	湖南奥谱隆科技股份有限公司
CNA20173725.5	奥 R990	湖南奥谱隆科技股份有限公司	CNA20173726.4	奥 R877	湖南奥谱隆科技股份有限公司
CNA20173728.2	奥 R688	湖南奥谱隆科技股份有限公司	CNA20173732.6	奥 R520	湖南奥谱隆科技股份有限公司
CNA20173733.5	奥 R218	湖南奥谱隆科技股份有限公司	CNA20173734.4	W55	湖南奥谱隆科技股份有限公司
CNA20173736.2	奥 R2205	湖南奥谱隆科技股份有限公司	CNA20173787.0	中种恢 2810	中国种子集团有限公司

（续表）

品种权号	品种名称	品种权人	品种权号	品种名称	品种权人
CNA20180057.8	济 T166	山东省农业科学院生物技术研究中心	CNA20180063.0	圣 1752	山东省水稻研究所
CNA20180138.1	圣稻 158	山东省水稻研究所	CNA20180162.0	华智 181	华智水稻生物技术有限公司
CNA20180163.9	华智 183	华智水稻生物技术有限公司	CNA20180165.7	湘农 182B	湖南农业大学
CNA20180166.6	湘农 184	湖南农业大学	CNA20180167.5	湘农 186	湖南农业大学
CNA20180185.3	巨风优 650	湖北省农业科学院粮食作物研究所	CNA20180250.3	农香 40	湖南省水稻研究所
CNA20180251.2	农香 41	湖南省水稻研究所	CNA20180252.1	农香 42	湖南省水稻研究所
CNA20180295.0	ZY56	湖北省农业科学院粮食作物研究所	CNA20180480.5	BS82	湖南省水稻研究所
CNA20180680.3	寒稻 13	天津天隆科技股份有限公司	CNA20180852.5	绥粳 27	黑龙江省农业科学院绥化分院
CNA20181224.4	申优 114	上海黄海种业有限公司	CNA20181461.6	通系 936	通化市农业科学研究院
CNA20181819.5	镇稻 656	江苏丘陵地区镇江农业科学研究所	CNA20181846.2	绥稻 9 号	绥化市盛昌种子繁育有限责任公司
CNA20182302.7	淮 119	江苏徐淮地区淮阴农业科学研究所	CNA20182303.6	淮稻 268	江苏徐淮地区淮阴农业科学研究所
CNA20182304.5	淮稻 20 号	江苏徐淮地区淮阴农业科学研究所	CNA20182378.6	扬辐粳 9 号	江苏里下河地区农业科学研究所
CNA20182570.2	浙 1613	浙江省农业科学院	CNA20183151.7	徽两优鄂丰丝苗	湖北荃银高科种业有限公司
CNA20183153.5	忠两优鄂丰丝苗	湖北荃银高科种业有限公司	CNA20183156.2	忠 605S	湖北荃银高科种业有限公司
CNA20183182.0	郢 216S	湖北荃银高科种业有限公司	CNA20183183.9	D916S	湖北荃银高科种业有限公司
CNA20183184.8	宝 618S	湖北荃银高科种业有限公司	CNA20183185.7	郢丰丝苗	湖北荃银高科种业有限公司
CNA20183189.3	鄂莹丝苗	湖北荃银高科种业有限公司	CNA20183190.0	伍 331S	湖北荃银高科种业有限公司
CNA20183191.9	香 525S	湖北荃银高科种业有限公司	CNA20183194.6	银 58S	湖北荃银高科种业有限公司
CNA20183195.5	荃优鄂丰丝苗	湖北荃银高科种业有限公司	CNA20183543.4	龙稻 111	黑龙江省农业科学院耕作栽培研究所
CNA20183665.6	万香丝苗	江西翃壹农业科技有限公司	CNA20183767.3	吨两优 17	湖南袁创超级稻技术有限公司

（续表）

品种权号	品种名称	品种权人	品种权号	品种名称	品种权人
CNA20183773.5	旺两优98丝苗	湖南袁创超级稻技术有限公司	CNA20183774.4	吨两优900	湖南袁创超级稻技术有限公司
CNA20184022.2	田佳优338	武汉佳禾生物科技有限责任公司	CNA20184083.8	龙盾1614	黑龙江省莲江口种子有限公司
CNA20184141.8	莲汇3861	黑龙江省莲汇农业科技有限公司	CNA20184335.4	浙粳优1796	浙江省农业科学院
CNA20184375.5	DFE02	南京农业大学	CNA20184376.4	DFE05	南京农业大学
CNA20184429.1	豫农粳11号	河南农业大学	CNA20184430.8	豫农粳12	河南农业大学
CNA20184431.7	豫稻16	河南农业大学	CNA20184466.5	绥粳101	黑龙江省农业科学院绥化分院
CNA20184469.2	绥粳106	黑龙江省农业科学院绥化分院	CNA20184472.7	绥粳103	黑龙江省农业科学院绥化分院
CNA20184707.4	玖两优1339	湖南省水稻研究所	CNA20184733.2	湘农恢1174	湖南农业大学
CNA20184734.1	湘农恢887	湖南农业大学	CNA20184735.0	荃两优851	安徽荃银高科种业股份有限公司
CNA20184742.1	桂恢117	广西壮族自治区农业科学院水稻研究所	CNA20184750.0	湘农恢227	湖南农业大学
CNA20184751.9	湘农恢013	湖南农业大学	CNA20184752.8	湘农恢188	湖南农业大学
CNA20184753.7	粤禾A	广东省农业科学院水稻研究所	CNA20184754.6	广恢2388	广东省农业科学院水稻研究所
CNA20184755.5	发S	广东省农业科学院水稻研究所	CNA20184756.4	杰524S	袁隆平农业高科技股份有限公司
CNA20184757.3	光2S	袁隆平农业高科技股份有限公司	CNA20184759.1	K570	袁隆平农业高科技股份有限公司
CNA20184760.8	玉2862S	袁隆平农业高科技股份有限公司	CNA20184764.4	民升B	袁隆平农业高科技股份有限公司
CNA20184765.3	桂恢1836	广西壮族自治区农业科学院水稻研究所	CNA20184775.1	长泰A	广东省农业科学院水稻研究所
CNA20184779.7	华珂226S	袁隆平农业高科技股份有限公司	CNA20184780.4	华恢1144	袁隆平农业高科技股份有限公司
CNA20184781.3	华恢1237	袁隆平农业高科技股份有限公司	CNA20184782.2	华恢1074	袁隆平农业高科技股份有限公司
CNA20184783.1	R1988	袁隆平农业高科技股份有限公司	CNA20184795.7	华悦468S	袁隆平农业高科技股份有限公司
CNA20184796.6	华玮338S	袁隆平农业高科技股份有限公司	CNA20184799.3	忠恢244	湖南杂交水稻研究中心

（续表）

品种权号	品种名称	品种权人	品种权号	品种名称	品种权人
CNA20184800.0	中广 10 号	广西壮族自治区农业科学院水稻研究所	CNA20184801.9	桂野 1 号	广西壮族自治区农业科学院水稻研究所
CNA20184802.8	桂野 2 号	广西壮族自治区农业科学院水稻研究所	CNA20184803.7	桂野 3 号	广西壮族自治区农业科学院水稻研究所
CNA20184804.6	桂 R24	广西壮族自治区农业科学院水稻研究所	CNA20184805.5	桂育 11 号	广西壮族自治区农业科学院水稻研究所
CNA20184806.4	R1301	袁隆平农业高科技股份有限公司	CNA20184809.1	钦 B	袁隆平农业高科技股份有限公司
CNA20184810.8	糯 1B	袁隆平农业高科技股份有限公司	CNA20184811.7	桂丰 30	广西壮族自治区农业科学院水稻研究所
CNA20184819.9	隆菲 656S	袁隆平农业高科技股份有限公司	CNA20184820.6	鼎 623S	袁隆平农业高科技股份有限公司
CNA20184821.5	华晖 217S	袁隆平农业高科技股份有限公司	CNA20184822.4	华浩 339S	袁隆平农业高科技股份有限公司
CNA20184823.3	华烨 650S	袁隆平农业高科技股份有限公司	CNA20184824.2	华磊 656S	湖南隆平高科种业科学研究院有限公司
CNA20184825.1	湘钰 668S	袁隆平农业高科技股份有限公司	CNA20184830.4	桂 7571	广西壮族自治区农业科学院水稻研究所
CNA20184831.3	桂恢 6971	广西壮族自治区农业科学院水稻研究所	CNA20191000298	凯恢 608	黔东南苗族侗族自治州农业科学院
CNA20191000465	春江 157	中国水稻研究所	CNA20191000515	辽粳 1402	辽宁省水稻研究所
CNA20191000738	京粳 8 号	中国农业科学院作物科学研究所	CNA20191000979	泗稻 260	江苏省农业科学院宿迁农科所
CNA20191000980	申优 28	上海市农业科学院	CNA20191000993	申优 42	上海市农业科学院
CNA20191001100	通育 265	通化市农业科学研究院	CNA20191001214	易两优华占	武汉大学
CNA20191001358	易 S	武汉大学	CNA20191001360	容 S	武汉大学
CNA20191001366	1808S	武汉大学	CNA20191001367	R2618	武汉大学
CNA20191001419	京粳 5 号	中国农业科学院作物科学研究所	CNA20191001420	京粳 4 号	中国农业科学院作物科学研究所
CNA20191001510	广香丝苗	广东省农业科学院水稻研究所	CNA20191001558	沪香软 450	上海市农业科学院
CNA20191001598	宛粳 68D	郭俊红	CNA20191001694	广恢 3472	广东省农业科学院水稻研究所
CNA20191001713	华粳 0029	江苏省大华种业集团有限公司	CNA20191001745	宁 7926	江苏省农业科学院
CNA20191001750	宁 7743	江苏省农业科学院	CNA20191001757	宁 7702	江苏省农业科学院

（续表）

品种权号	品种名称	品种权人	品种权号	品种名称	品种权人
CNA20191001764	南粳 70	江苏省农业科学院	CNA20191001765	宁 5713	江苏省农业科学院
CNA20191001785	宁 7712	江苏省农业科学院	CNA20191001786	宁 9020	江苏省农业科学院
CNA20191001787	宁 9015	江苏省农业科学院	CNA20191001788	荃优 42	江苏省农业科学院
CNA20191001789	南粳 62	江苏省农业科学院	CNA20191001790	南粳 518	江苏省农业科学院
CNA20191001791	南粳 9008	江苏省农业科学院	CNA20191001792	南粳 7603	江苏省农业科学院
CNA20191001793	南粳 66	江苏省农业科学院	CNA20191002089	镇籼优 382	江苏丘陵地区镇江农业科学研究所
CNA20191002183	徽两优 8061	江苏红旗种业股份有限公司	CNA20191002198	华两优 1568	江苏红旗种业股份有限公司
CNA20191002250	宁 7822	江苏省农业科学院	CNA20191002283	昌两优明占	江苏明天种业科技股份有限公司
CNA20191002365	甬籼 634	宁波市农业科学研究院	CNA20191002478	深两优 8012	中国水稻研究所
CNA20191002480	R1564	武汉大学	CNA20191002518	R2431	武汉大学
CNA20191002716	浙 1702	浙江省农业科学院	CNA20191002785	益早软占	江西现代种业股份有限公司
CNA20191002976	恒两优新华粘	湖南恒德种业科技有限公司	CNA20191002979	徽两优 982	安徽凯利种业有限公司
CNA20191003045	黑金珠 6 号	江西春丰农业科技有限公司	CNA20191003149	浙粳优 1412	浙江省农业科学院
CNA20191003241	DS552	浙江大学	CNA20191003248	江 79S	浙江大学
CNA20191003253	黑粳 1518	黑龙江省农业科学院黑河分院	CNA20191003269	两优 778	安徽日辉生物科技有限公司
CNA20191003274	泰两优 1413	浙江科原种业有限公司	CNA20191003318	华恢 6341	袁隆平农业高科技股份有限公司
CNA20191003325	玛占	袁隆平农业高科技股份有限公司	CNA20191003327	华恢 1672	袁隆平农业高科技股份有限公司
CNA20191003340	深两优 1110	湖北谷神科技有限责任公司	CNA20191003452	新混优 6 号	安徽省农业科学院水稻研究所
CNA20191003497	沪旱 68	上海天谷生物科技股份有限公司	CNA20191003565	深两优 475	湖南恒德种业科技有限公司
CNA20191003902	成恢 1443	四川省农业科学院作物研究所	CNA20191003906	成恢 1781	四川省农业科学院作物研究所
CNA20191003937	成恢 1778	四川省农业科学院作物研究所	CNA20191003984	两优 57 华占	安徽日辉生物科技有限公司

（续表）

品种权号	品种名称	品种权人	品种权号	品种名称	品种权人
CNA20191004011	通禾 819	通化市农业科学研究院	CNA20191004113	鼎优华占	玉林市农业科学院
CNA20191004237	珞红 6A	武汉大学	CNA20191004396	隆望 S	湖南希望种业科技股份有限公司
CNA20191004446	佳丰糯 2	苏玉林	CNA20191004538	桂香 99	广西壮族自治区农业科学院水稻研究所
CNA20191004539	桂育 13	广西壮族自治区农业科学院水稻研究所	CNA20191004559	创野优	广西壮族自治区农业科学院水稻研究所
CNA20191004563	桂香 18	广西壮族自治区农业科学院水稻研究所	CNA20191004564	桂育 12	广西壮族自治区农业科学院水稻研究所
CNA20191004577	瑞两优 1578	安徽国瑞种业有限公司	CNA20191004585	成恢 1053	四川省农业科学院作物研究所
CNA20191004589	成糯恢 2511	四川省农业科学院作物研究所	CNA20191004590	成恢 1099	四川省农业科学院作物研究所
CNA20191004777	南 3502S	湖南农业大学	CNA20191004886	通禾 869	通化市农业科学研究院
CNA20191004897	鼎烽 2 号	广西鼎烽种业有限公司	CNA20191004899	成恢 4313	四川省农业科学院作物研究所
CNA20191004914	两优 106	江苏红旗种业股份有限公司	CNA20191004923	龙桦 15	黑龙江田友种业有限公司
CNA20191004945	千乡优 917	四川省内江市农业科学院	CNA20191004964	千乡优 8123	四川省内江市农业科学院
CNA20191004966	千乡优 817	四川省内江市农业科学院	CNA20191005007	蓉 7 优 2115	四川农业大学
CNA20191005008	九优 2117	四川农业大学	CNA20191005016	南粳 53013	江苏省农业科学院
CNA20191005019	南粳 55	江苏省农业科学院	CNA20191005129	钱江 103	浙江省农业科学院
CNA20191005203	恢 8	中国水稻研究所	CNA20191005483	天盈 8 号	黑龙江省莲江口种子有限公司
CNA20191005558	临稻 25	沂南县水稻研究所	CNA20191005577	宁粳 041	南京农业大学
CNA20191005620	通禾 829	通化市农业科学研究院	CNA20191005807	田友 518	黑龙江田友种业有限公司
CNA20191006027	中作 1803	中国农业科学院作物科学研究所	CNA20191006031	京粳 3 号	中国农业科学院作物科学研究所
CNA20201000477	早优 1710	湖南省水稻研究所			

注：来源于农业农村部科技发展中心《品种权授权公告》（2020 年）。